电子通信行业职业技能等级认定指导丛书

信息通信网络运行管理员（中、高级工）指导教程

工业和信息化部教育与考试中心　组　编

任洪川　主　编

赵立志　张海墨　副主编

田智丹　参　编

電子工業出版社

Publishing House of Electronics Industry

北京 • BEIJING

内容简介

本教程以《信息通信网络运行管理员》国家职业技能标准为依据，紧紧围绕“以企业需求为导向，以职业能力为核心”的编写理念，力求突出职业技能培训特色，满足职业技能培训与鉴定考核的需要。

本教程详细介绍了信息通信网络运行管理员中级工、高级工应掌握的相关知识和能力要求。全书分为8章，主要内容包括信息通信专业基础、电话通信网、移动通信网、接入网、数据通信网、TCP/IP协议、职业道德等。

本教程是信息通信网络运行管理员中级工、高级工职业技能培训与鉴定考核用书，也可供相关人员参加在职培训、岗位培训使用。

图书在版编目（CIP）数据

信息通信网络运行管理员（中、高级工）指导教程 / 工业和信息化部教育与考试中心组编. —北京：电子工业出版社，2020.11

ISBN 978-7-121-39439-3

Ⅰ. ①信… Ⅱ. ①工… Ⅲ. ①计算机通信网－职业技能－鉴定－教材 Ⅳ. ①TN915

中国版本图书馆 CIP 数据核字（2020）第 156239 号

责任编辑：蒲　玥　　文字编辑：张镨丹
印　　刷：涿州市京南印刷厂
装　　订：涿州市京南印刷厂
出版发行：电子工业出版社
　　　　　北京市海淀区万寿路 173 信箱　邮编：100036
开　　本：787×1 092　1/16　印张：20　字数：512 千字
版　　次：2020 年 11 月第 1 版
印　　次：2025 年 2 月第 13 次印刷
定　　价：59.80 元

凡所购买电子工业出版社图书有缺损问题，请向购买书店调换。若书店售缺，请与本社发行部联系，联系及邮购电话：（010）88254888，88258888。

质量投诉请发邮件至 zlts@phei.com.cn，盗版侵权举报请发邮件至 dbqq@phei.com.cn。

本书咨询联系方式：（010）88254485，puyue@phei.com.cn。

前　言

2020年，我国正式进入5G时代，人们的生活也因这一时刻的到来而发生翻天覆地的变化。处于国际5G发展第一梯队的中国通信行业，正在全力以赴为中国从网络大国成为网络强国而奋进。建设网络强国，人才是第一资源。

为适应新一代信息通信技术发展对技术人才、技能人才提出的新要求，进一步引领技能人才培养模式，夯实人才培养基础。工业和信息化部教育与考试中心组织专家以工业和信息化部、人力资源和社会保障部发布的通信行业相关职业标准为依据，紧密结合我国通信行业技术技能发展现状，编写了这套通信行业职业技能等级认定指导图书。

本套图书内容包括信息通信网络机务员、信息通信网络线务员、信息通信网络运行管理员、信息通信网络终端维修员四个职业。

本套图书按照国家职业技能标准规定的职业层级，分级别编写职业能力相关知识内容，力求通俗易懂、深入浅出、灵活实用地让读者掌握本职业的主要技术技能要求，以满足企业技术技能人才培养与评价工作的需要。

本套图书的编写团队主要由企业一线的专业技术人员及长期从事职业能力水平评价工作的院校骨干教师组成，确保图书内容能在职业技能、工艺技术及专业知识等方面得到最佳组合，并突出技能人员培养与评价的特殊需求。

本套图书适用于通信行业职业技能等级认定工作，也可作为通信行业企业岗位培训教材以及职业院校、技工院校通信类专业的教学用书。

本书由任洪川任主编，赵立志、张海墨任副主编，田智丹参与编写。其中，任洪川编写了本书第二章和第三章；赵立志编写了本书第一章和第八章；张海墨编写了本书第五至第七章；田智丹编写了本书第四章；全书由任洪川主审，在编写过程中，得到了工业和信息化部教育与考试中心、河南省通信管理局职业技能鉴定中心的指导帮助。另外，还得到了云南大学信息学院蔡光卉、宗容两位教授的悉心指导，得到了华为技术有限公司云南政企部赵聪的大力支持。在此一并向他们表示诚挚的感谢。

限于编者的水平以及受时间等外部条件影响，书中难免存在疏漏之处，恳请使用本书的企业、培训机构及读者批评指正。

工业和信息化部教育与考试中心

2020年6月

目　录

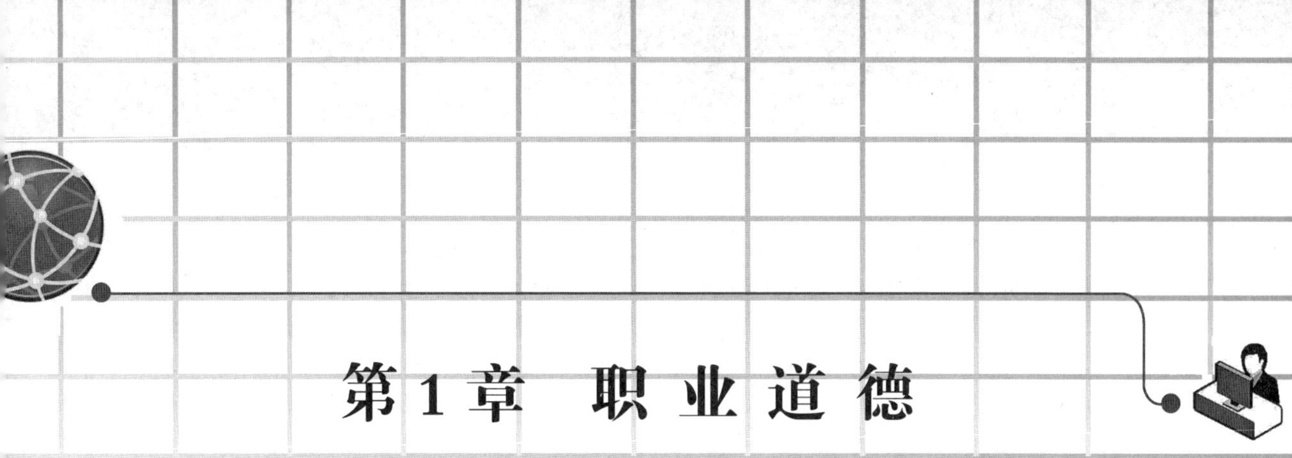

第 1 章　职 业 道 德

通信行业从业人员肩负着发展通信生产力，确保通信畅通无阻的艰巨使命。通信行业从业人员不仅要掌握现代化的科学技术，还要恪守职业道德，只有这样，才能将现代科学技术的作用充分发挥出来。本章主要介绍职业道德、通信行业从业人员的职业道德和通信职业道德特点。

1.1　职业道德概述

为了确保职业活动的正常进行，必须建立用于调节职业生活中各类关系的职业道德规范。职业道德的内涵与概念与职业性质密不可分。

1.1.1　职业

所谓职业，是指由于社会分工和生产内部的劳动分工而形成的具有特定专业和专门职责，并以劳动所得收入作为主要生活来源的工作，是在人类社会出现分工之后产生的一种社会形态。职业在社会生活中主要体现出三方面的要素：一是职业职责，即每一种职业都包含着一定的社会责任，必须承担一定的社会义务，为社会做出应有的贡献；二是职业权利，即每一种职业人员都有一定的业务权利，就是说，只有从事这种职业的人才有这种权利，而在此职业之外的人不具有这种权利；三是职业利益，即每种职业人员都能从职业工作中取得工资、奖金、荣誉等利益。任何一种职业都是职业职责、职业权利和职业利益的统一体。

职业既是人们谋生的手段，又是人们与社会进行交往的一种主要渠道。在交往中必然涉及各方面的利益，于是如何调节职业交往中的矛盾问题摆在了人们的面前。

1.1.2　什么是职业道德

所谓职业道德，就是同人们的职业活动紧密联系的符合职业特点所要求的道德准则、道德情操与道德品质的总和。每个从业人员，不论从事哪种职业，在职业活动中都要遵守职业道德。如教师要遵守教书育人、为人师表的职业道德，医生要遵守救死扶伤的职业道德等。

职业道德不仅是从业人员在职业活动中的行为标准和要求，还意味着本行业对社会所承担的道德责任和义务。职业道德是社会道德在职业生活中的具体化，理解职业道德需要掌握以下四点要素。

1．内容

职业道德要鲜明表达职业义务、职业责任及职业行为上的道德准则。职业道德反映职业、行业及产业特殊利益的要求，它不是在一般意义上的社会实践基础上形成的，而是在特定职业实践的基础上形成的，因而它往往表现为某一职业特有的道德传统和道德习惯，表现为从事某一职业的人们所特有的道德心理和道德品质，甚至造成了从事不同职业的人们在道德品貌上的差异。

2．表现形式

职业道德往往比较具体、灵活、多样。它总是从本职业交流活动的实际出发，采用制度、守则、公约、承诺、誓言、条例及标语口号之类的形式。这些灵活的形式既易于为从业人员所接受和实行，又易于形成一种职业的道德习惯。

3．调节的范围

职业道德一方面用来调节从业人员的内部关系，加强行业内部人员的凝聚力；另一方面用来调节从业人员与其服务对象之间的关系，塑造本职业从业人员的形象。

4．产生的效果

职业道德既能使一定的社会或阶级的道德原则和规范“职业化”，又能使个人道德品质“成熟化”。职业道德虽然是在特定的职业生活中形成的，但它绝不是离开阶级道德和社会道德而独立存在的道德类型。在阶级社会里，职业道德始终是在阶级道德和社会道德的制约和影响下存在和发展的，职业道德同阶级道德和社会道德之间的关系，就是一般与特殊、共性与个性之间的关系。任何一种形式的职业道德，都在不同程度上体现着阶级道德或社会道德的要求。同样，阶级道德或社会道德在很大范围上都是通过具体的职业道德形式表现出来的。同时，职业道德主要表现在从事一定职业的成人意识和行为中，是道德意识和道德行为成熟的阶段。职业道德与各种职业要求和职业生活结合，具有较强的稳定性和连续性，形成比较稳定的职业心理和职业习惯，以至于可以在很大程度上改变人们在学校生活阶段和少年生活阶段所形成的品行，影响道德主体的道德风貌。

1.1.3 职业道德的特点

职业道德具有以下特点。

1．职业道德具有适用范围的有限性

每种职业都担负着一种特定的职业责任和职业义务，由于各种职业的职业责任和义务不同，从而形成了各自特定的职业道德规范。

2．职业道德具有发展的历史继承性

由于职业具有不断发展和世代延续的特征，不仅其技术世代延续，其管理员工的方法、与服务对象打交道的方法也都有一定的历史继承性。如“有教无类”“学而不厌，诲人不倦”等从古至今始终是教师的职业道德。

3．职业道德表达形式多种多样

由于各种职业道德的要求都较为具体、细致，因此其表达形式也就多种多样。

4. 职业道德兼有强烈的纪律性

纪律也是一种行为规范，但它是介于法律和道德之间的一种特殊的规范。它既要求人们能自觉遵守，又带有一定的强制性。就前者而言，它具有道德色彩；就后者而言，又带有一定的法律色彩。就是说，遵守纪律一方面是一种美德，另一方面又带有强制性。例如，工人必须执行操作规程和安全规定，军人要有严明的纪律，等等。因此，职业道德有时又通过制度、章程、条例等形式表达，让从业人员认识到职业道德具有纪律的规范性。

1.1.4　职业道德的社会作用

职业道德是社会道德体系的重要组成部分，它一方面具有社会道德的一般作用，另一方面具有自身的特殊作用，具体表现在如下几个方面。

1. 调节职业交往中从业人员之间的关系

职业道德的基本职能是调节职能。一方面，它可以调节从业人员内部的关系，即运用职业道德规范约束从业人员的行为，促进从业人员的团结与合作，如职业道德规范要求各行各业的从业人员都要团结、互助、爱岗、敬业、齐心协力地为发展本行业、本职业服务。另一方面，职业道德又可以调节从业人员和服务对象之间的关系，如营销人员怎样对顾客负责，医生怎样对病人负责，教师怎样对学生负责等。

2. 有助于维护和提高本行业的信誉

一个行业或企业的信誉也就是它们的形象、信用和声誉，是指行业或企业及其产品与服务在社会公众中的信任程度。提高企业的信誉主要靠产品质量和服务质量，而从业人员具有较高的职业道德水平是产品质量和服务质量的有效保证。若从业人员的职业道德水平不高，就很难生产出优质的产品并提供优质的服务。

3. 促进本行业的发展

行业、企业的发展依赖良好的经济效益，而良好的经济效益源于优秀的员工素质。员工素质主要包括知识、能力、责任心三个方面，其中责任心是最重要的，而职业道德水平高的从业人员的责任心是极强的，因此，职业道德能促进本行业的发展。

4. 有助于提高全社会的道德水平

职业道德是整个社会道德的主要内容。一方面，职业道德是一个从业人员的生活态度和价值观念的表现，同时也涉及每个从业者如何对待职业和工作；另一方面，职业道德也是一个职业集体甚至是一个行业全体人员的行为表现。如果每个行业、每个职业集体都具备优良的道德，对整个社会道德水平的提高会发挥重要的作用。

1.2　通信职业道德概述

1.2.1　通信职业道德

概括地说，通信职业道德是指通信从业人员在职业活动中应遵循的道德规范和应具备的道德品质。这是从事通信行业的职工在长期的工作实践中，以及在履行国家所赋予的社会职能中，逐步形成的体现社会主义通信事业的性质，保证通信服务质量，维护和提高通信行业信誉而共同遵循的行为规范。通信行业的任务、特点和作用要求通信职工必须具备高尚的职业道德。

通信企业有纵横万里、四通八达的通信网络，在其内部有各种不同的工种，每一工种的具体任务、服务方式和作用也不尽相同，即各工种都有区别于其他工种的特殊性。因此，生产、服务人员和技术、管理人员的职业道德也各有差异。

1.2.2 通信职业道德的特点

结合通信行业的特殊性，通信职业道德同其他行业的职业道德一样，是社会主义道德的具体化和补充，并且是社会主义道德规范体系的一个组成部分，同时又具有通信行业的特点，具体内容如下所述。

1. 通信职业道德充分体现通信生产（服务）的高度集中统一性

所谓集中统一，一方面要求在通信生产（服务）中必须树立整体观念，服从统一指挥调度，保证通信畅通，反对各自为政；另一方面反映了通信员工加强团结协作、强化组织纪律的必要性。

2. 通信职业道德充分体现通信行业“迅速、准确、安全、方便”的服务方针

通信职业道德反映了通信职业的基本特点和工作标准，也反映了社会和人民群众对通信的基本要求。通信生产（服务）的效用在于缩短时间和距离，时间要求迅速，效用要求准确、安全，服务要求便利。所以时间观念、准确观念、安全观念和方便观念既是通信职业的服务方针，又是通信职业道德的基本内容。

3. 通信职业道德应与法律相辅相成

通信职业道德与法律、通信职业纪律既有联系又有区别，它们的共性都是约束人们行为的准则。一般而言，违法乱纪的行为都是败坏道德的行为，要受到惩罚和问责。但是，法律和纪律的根本特征是强制性，而作为社会意识形态的通信职业道德规范则不同，其具有相对的独立性，是一种精神力量，依靠通信行业员工的思想信念、传统习惯、社会舆论和教育力量发挥作用。通信职业道德可以激发通信职工的良知和觉悟，并贯穿心灵深处和行为的始终。它既可防患于未然，提高人们的精神境界，抵制丑恶行为的发生，又能约束于后，使人幡然悔悟，知过改过，引导人们朝良好的方向发展。道德具有法律和纪律所起不到的重要作用，通信职业道德也是这样，它像无声的命令，成为通信从业人员自觉地明断是非、辨别好坏、认识荣辱、分清美丑及判断善恶的标尺。

通信职业道德对于精神文明建设、职工队伍建设、企业信誉维护和经济效益提高具有重要的作用。

1.2.3 通信职业道德的基本要求

通信从业人员在从事通信科技的职业活动中应具有通信职业道德。通信职业道德的基本要求如下。

1．树立服务保障观念、不图名利地位

树立服务保障观念、不图名利地位，就是树立全心全意确保党和国家、人民群众通信的思想，守职尽责，保质保量地完成通信任务。

树立服务保障观念，是通信科技工作的出发点和落脚点，是通信科技职业道德的最高宗旨和根本原则，是通信科技人员把自己造福人民、振兴祖国的良好愿望与行动统一起来的基本要求。

树立服务保障观念、不图名利地位，主要应从以下两方面做起。

（1）工作第一，服从需要。

通信科技是通信的技术保障。在平时，通信科技是完成党和国家指挥工作、组织生产、了解情况，以及人民群众相互联系的工具。在战时或非常时期，它又是配合军事通信部门、临时指挥机关，保证战斗指挥、沟通联络的重要手段。因此通信科技人员应树立工作第一、服从需要的观念。

首先要热爱平凡的工作。通信科技有多种分工，有的维护保养机器设备，有的用于攻克高精尖科技战斗，它们像人的神经一样，无时无刻不牵动着党和国家的每一个部门，牵动着千家万户和亿万群众的心。因此工作在各个岗位上的通信科技工作者，都应充分认识到自己平凡劳动的伟大意义。安其位，忠其职，兢兢业业，在平凡的岗位上，做出不平凡的成绩。

其次要不畏艰苦。通信科技工作的艰苦性主要是生活、工作环境的艰苦，它需要有人常年战斗在生产第一线，战斗在实验室，战斗在边陲、孤岛、深山老林和未开发的贫穷落后地区，无论严冬酷暑、白天黑夜、节日假日、敌情、险情、灾情，都要坚守岗位。关键时刻还要挺身而出，当好“先行官”。通信科技工作者，要确保通信的畅通无阻和质量效益的不断提高，赶超世界先进通信水平，就需要有不畏艰苦的精神。

最后要不怕牺牲。通信科技工作要保障通信的畅通无阻，不仅需要有不为名、不图利，不畏艰苦，甘当螺丝钉的精神，还要有不怕牺牲的精神。在紧要关头，为了确保通信，通信科技工作者要做到临危不惧，坚守岗位，以自己的鲜血和生命确保通信任务的完成。

（2）质量第一，确保设备的完好率。

通信科技设备，是完成通信科技任务的工具和手段。没有完好优质的设备，科技服务保障就成了无源之水，无本之木。因此通信科技人员树立服务保障观念，不仅要有为人民服务的良好愿望和精神状态，还要树立质量第一的思想，努力精通技术业务，勇于革新创造，不断为通信提供良好的、先进的设备和技术。

首先要树立质量第一的观念。通信科技是为提高传递信息和实物的效益提供服务和技术保障的，通信科技工作一旦发生质量问题，就会影响通信效益或造成通信的中断，从而给通信和使用者造成严重的、甚至是不可估量的损失和危害。因此通信科技工作者，应把确保通信质量放到高于一切、重于一切、大于一切的位置上去，牢固地树立质量第一和创全优的思想。

其次要努力学习，不断提高科技水平。一是要精通通信科技知识，不断更新知识结构并提高自己的通信科技理论水平；二是要精通设备的维修技术，“养兵千日，用兵一时”，在发生故障时应能应用自如，及时排除；三是要加强设备的维修保养，确保设备的完好率，以严谨、求实的态度对待可疑的现象和故障，不敷衍塞责，不麻痹轻“敌”，不因个人的失职或疏忽大意而导致通信的中断和传递的差错。

最后要发扬开拓、创新精神，勇于革新、有所创造、有所发明。开拓、创新是通信科技工作者的必备品质，发扬开拓、创新精神，用自己创造的劳动，改造旧设备、更新旧技术、研制新设备、拓展新技术，为填补我国通信设备的空白，提高技术装备、增强通信能力、增强服务效益做出积极的贡献。

2. 着眼全程全网、反对本位主义

本位主义是从本地区、本部门的利益出发，不顾大局、不顾整体、不顾别的部门的不良思想作风，是放大了的个人主义。通信科技工作的行业特点，要求通信科技工作者必须树立着眼全程全网的观念，反对本位主义的思想作风。

着眼全程全网、反对本位主义，是社会主义集体主义思想在通信科技职业活动中的重要体现，是通信科技职业道德的重要规范，主要应从以下方面努力：

（1）树立整体观念。

要一切从整体的利益出发，识大体、顾大局、维护整体通信。在开通电路、维修引进、安装设备等科技工作中都要做到支线服从干线、局部服从全局、下级服从上级、地方服从中央，在处理企业间、局际间、工序间、班组间的关系中，要主动为对方着想，紧密配合，互相支持，一切从实现全程全网的通信出发。

要克服个人主义和小团体主义。因为在个人主义思想的支配下，为了个人利益和小团体利益，常常使国家的、集体的利益受损害，在互联互通上不自觉地给全程全网的通信造成恶劣影响。

要立足于本职，从自己做起。全程全网通信，要求每一个局部、每一个岗位都要首先做好本职工作。任何一个部门、一个岗位的失调都会使通信发生故障，受到阻碍。通信科技工作这个岗位肩负的责任较其他工种更为重大，稍有失误影响所及将不仅是几个用户，往往会使大面积的通信受到干扰和损失。因此通信科技人员一定要严格要求自己，立足于本职，为确保全程全网的通信畅通，兢兢业业、勤勤恳恳做好科技工作。

（2）发扬协作精神。

通信的联合作业，既有明确的分工和严明的岗位职责，又有紧密的衔接、主动协作和配合。因此通信科技工作者必须发挥主观能动性，充分发扬协作精神，才能优质高效地完成通信任务。

发扬协作精神，首先要协调好人际关系。和谐的人际关系是实现全程全网联合作业的重要保证，因此同志之间要做到互敬、互尊、互助、互谅。其次要树立集体荣誉感。要破除知识和技术私有的观念，积极开展学术方面的交流，促进通信科技水平的全面提高。最后要发扬科学技术的民主精神。工作不分彼此，分配不斤斤计较，不互相扯皮。要紧密配合，充分调动各方面的积极性，共同完成科研设计和设备维护等任务。要发扬把困难留给自己，把方便让给他人的共产主义风格。

3. 高度的组织纪律性、强烈的社会责任感

高度的组织纪律性、强烈的社会责任感，是通信科技人员职业道德的突出要求。通信是一个高度集中统一、与国与民息息相关的极其复杂的庞大系统，它要求通信人员具有高度的组织纪律性、强烈的社会责任感。尤其是从事通信科技的人员与从事其他科技工作的人员相比，其职业活动受集体、受组织纪律的约束要多得多、严得多。因此为了确保通信，通信科技工作者必须具有高度的组织纪律性，一切行动听从指挥，严格遵纪守法。其具体要求如下。

（1）要有强烈的社会责任感。

社会责任感，是与科技工作者对祖国、对社会、对人民所持正确态度相关联的一种情感，是通信科技工作者具有高度组织纪律性的思想基础，是通信科技人员在任何情况、任何时候做到服从组织领导、遵纪守法的内在动力。只有具有强烈的社会责任感，才能把自己从事的通信

科技工作和祖国、社会、人民的利益紧密联系起来，从而产生职业情感、职业信念，并通过自己内心的道德法庭鞭策自己，自觉地、无条件地、不折不扣地服从组织纪律，在关键时刻不离岗，危险关头抢上岗，自觉遵纪守法。

具有强烈的社会责任感是通信科技工作者的光荣传统。在革命战争年代，为了拯救中华，通信科技工作者奋不顾身，冒着牺牲生命的危险，在通信战线上坚持了艰苦卓绝的斗争，谱写了可歌可泣的动人篇章。在今天，为了确保通信，无数通信科技工作者，又怀着强烈的社会责任感战斗在自己的工作岗位上。

（2）要有高度的组织纪律观念。

人的行为是受思想支配的。只有从思想上树立了高度的组织纪律观念，掌握了辨别是非善恶的标准，才能保证法律、纪律、规章制度的贯彻执行，通信科技工作者也毫不例外。增强组织纪律观念，一是要提高对遵纪守法的重要性的认识；二是要认真学习法律、纪律、规章制度，懂得工作中的行为规范；三是要把法律、纪律、规章制度变成自己的信念，自觉自愿地遵守和服从。只有这样，才能奠定遵纪守法的坚实理论思想基础。

（3）要遵守通信法律。

法律带有强制性，它以国家颁布的法律、法令为手段，要求通信科技工作者必须以它来规范自己的职业行为。现在已经颁布的与通信有关的宪法、刑法、反不正当竞争法、保密法、电信条例等，都是通信科技人员必须认真学习和严格遵守的。

（4）要执行规章制度。

通信规章制度，是多年来通信工作的正反两方面经验的总结，通信科技工作者必须自觉遵守，严格贯彻执行。

第一要遵守劳动纪律。劳动纪律是组织人们进行劳动的形式，又是劳动过程中人与人之间的一种社会联系。纪律作为一种行为规则，以服从为前提，具有强制性和约束力。遵守纪律又是一种美德，因而具有道德意义。遵守劳动纪律，首先要遵守劳动时间，不迟到、不早退、不旷工，有事提前请假；其次上岗要聚精会神，注重质量效益，不磨洋工、不闲谈、不做私事；最后要听从指挥、服从调度。

第二要遵守保密制度。通信是传递信息的，因而保密尤为重要。通信科技人员遵守保密制度，一是对工作中接触到的通信内容及其他需要保密的内容、科技资料、图纸等都要守口如瓶，严格保管保密，不得随意泄露；二是在测试、维修通信设备时，要严格按照有关规定的程序作业，不得任意更改；三是严防调错、插错电路、设备，防止电路设备间串音串话；四是提高警惕，防止别有用心的人盗窃机密，如拦截通信信号、窃听通信内容等。

4. 服从社会整体利益，不图谋技术垄断

通信全程全网的特点决定了通信科技人员必须从服从社会整体利益的高度出发，正确对待通信科学技术的发展、应用、交流、传播和发明创造。尤其在引入商品经济的竞争机制、大力推进技术市场的发展、科技成果商品化的今天，服从社会整体利益，不图谋技术垄断，成为通信科技工作者从事职业活动的一项重要道德原则。遵循这条原则是通信科技人员树立服务保障观念、不图名利地位的重要体现，也是通信科技人员将个人利益、团体利益服从整体利益和强烈的社会责任感的重要体现。遵循这一原则，主要应从以下几方面做起。

（1）端正竞争态度。

社会主义市场经济条件下，企业竞争的根本利益是一致的，竞争者之间的关系是打破垄断，互相促进共同提高。在社会主义制度下，通信科技工作者如果为了竞争，企图把持、独占、封

锁技术或采用不正当的竞争手段，则是应该摒弃的。为了通信科技的进步，同行间应通过正常的竞争加强技术合作和技术交流，相互学习、相互促进，将通信科技不断推向新的水平。

（2）不保守技术，搞好传、帮、带。

要积极传授新技术；要热情帮助新职工，使其尽快掌握和利用先进技术；要带动一片，各展才能，共同促进通信科技事业的发展。

（3）不搞技术封锁。

为推动通信科技的进步，科技人员要积极参加技术协作、技术攻关和技术交流。通信科技人员都应同行相亲，通力合作，不封锁技术。要正确对待科技成果，有了发明创造，应按照国家专利法正确履行应有的权利与义务。

第 2 章 法律法规及通信基础知识

随着信息技术的不断发展和人民生活水平的逐步提高，现代社会对于电信技术与业务的需求越发强烈，相信随着通信市场的发展，必将出现更多新的电信业务，从而促进新技术的进一步发展，以适应用户对电信业务千变万化的需求。本章主要介绍通信行业相关法律法规、安全管理及通信专业基础知识，帮助读者系统地了解和掌握行业有关内容。

2.1 法律法规

信息通信行业的法律法规是规范市场秩序、维护行业各方的合法利益、保障行业设施的安全、促进行业健康发展的基本保证。本节主要介绍《中华人民共和国电信条例》（以下简称“电信条例”）《公用电信网间互联管理规定》《反不正当竞争法》《消费者权益保护法》的相关内容。

2.1.1 中华人民共和国电信条例

1. 电信条例概述

（1）制定电信条例的必要性。

《中华人民共和国电信条例》于 2000 年 9 月 25 日，由中华人民共和国国务院令第 291 号公布，根据 2014 年 7 月 29 日《国务院关于修改部分行政法规的决定》（国务院令第 653 号）第一次修订，根据 2016 年 2 月 6 日《国务院关于修改部分行政法规的决定》（国务院令第 666 号）第二次修订。

自 1978 年我国实施改革开放政策以来，电信行业发生了飞跃式的发展，电信业务在国民经济和社会生活中的作用越来越重要，它同国家发展及人民生活联系得更加紧密，电信改革与电信立法也越来越受到社会各界的关注。

根据九届全国人大一次会议的决议精神，1998 年在原邮电部、原电子部基础上组建了信息产业部，实现了政企分开，同年完成了全国邮电分营。1999 年根据国务院批准的中国电信重组方案，全面开展了全国电信服务企业的重组工作。至此我国电信市场多元化的竞争架构已经初步形成，但是政企分开、引入竞争机制之后，政府对各个企业都不再拥有直接指挥权，管理方式必须从依靠行政手段向依法管理转变。由于我国对竞争性电信市场管理缺乏有效的法律规范，因此政府很难实施有效管理，企业也很难实现公平竞争，这些问题在当时得不到解决的重要原因之一就是缺乏相关的电信法规以对电信市场实施有效的监管，以及对电信活动进行必要的规范。我国加入世界贸易组织之后，电信市场已按照我国对外承诺逐步放开，外国投资者逐步进入我国电信市场，参与电信业的竞争，此外为了解决在电信网络与信息安全方面出现的问题，也需要相关律法来对其进行规范。

（2）起草电信条例的指导原则。

按照什么样的指导原则及遵循何种思路来起草电信条例，直接关系到制定电信条例的基本价值取向。在起草工作中，经过反复研究，针对电信活动实际存在的问题和情况，确定如下指导原则：

一是体现我国电信改革的成果；

二是解决电信发展中的主要突出问题，如电信市场准入、电信网间互联、电信服务、电信安全等问题；

三是要处理好电信发展与电信业改革开放等方面的关系；

四是研究、借鉴国际惯例和外国经验，如关于“电信”的定义，国际电联早有明确的定义，我国电信条例关于“电信”的定义就对其有所参考。

（3）电信条例的立法目的。

一是规范电信市场秩序。我国的电信市场从 1993 年 8 月开始对国内经营者放开部分增值电信业务及部分无线电通信业务，经过一系列改革，我国电信市场多元化的竞争架构已经初步形成，为避免无序竞争，规范电信市场秩序，因此制定电信条例。

二是维护电信用户和电信业务经营者的合法利益。如果电信业务经营者的服务行为不规范，就会发生损害消费者权益的行为，同时由于缺乏必要的竞争规则，电信业务经营者的竞争行为不规范，有的利用自己的垄断优势排挤竞争对手，有的为了获取市场份额不择手段地损害其他电信业务经营者的合法利益；一些电信用户的消费行为不规范，甚至有的恶意欠费，损害电信企业的合法权益，这些问题必须通过电信立法予以规范解决。电信条例一方面要保护电信消费者的合法权益，另一方面也要防止电信业务经营者合法权益被侵害，对那些侵害电信业务经营者合法权益的行为也要给予严厉的制裁。

三是保障电信网络和信息的安全。我国电信业持续快速发展，电信网络规模、技术层次等发生了质的飞跃，通信与信息服务的普及程度有了很大的提高，但与此同时，电信网络和信息的安全问题也已成为直接关系国家安全和经济安全的大问题。近年来，危害电信网络和信息安全的行为时有发生，针对这些问题，我们必须通过电信立法对危害电信网络和信息安全的行为予以制裁，保障电信网络和信息的安全。

四是促进电信事业的健康发展。国家就是要通过立法为电信事业发展创造良好的法律环境，使电信业务经营者能够在良好的法律环境中依法经营和发展，也使电信业务经营者的市场经营行为得到规范，广大的电信用户能够依法接受优质的电信服务，国家和广大的电信用户也可以依法对电信服务进行监督，从而形成良好的互动关系，达到促进电信事业健康发展的目的。

2．电信条例概念及监管体系

（1）电信条例的定义及其执行范围。

电信条例第二条是关于电信条例调整范围的规定，电信条例明确了其适用范围包括两个方面，一是在中华人民共和国境内；二是从事电信活动或从事与电信有关的活动两种对象。在中华人民共和国境内直接从事电信活动的行为皆称为从事电信活动。国际电信联盟于 1992 年在日内瓦通过的《国际电信联盟组织法、公约和行政规则》所用术语定义中对电信做了如下定义：“电信是

利用有线、无线、光或者其他电磁系统传输、发射或接收符号、信号、文字、图像、声音或者其他任何性质的信息。”电信条例在参照世界各国公认的国际电信联盟的电信定义基础上对“电信”做了如下表述：“本条例所称电信，是指利用有线、无线的电磁系统或者光电系统，传送、发射或者接收语音、文字、数据、图像，以及其他任何形式信息的活动。”

从事与电信有关的活动主要是指与电信有关的其他活动，如电信网间互联的协调、电信资费的制定与管理、电信资源的管理、电信设施建设、电信设备进网管理和电信安全等方面的活动。这些活动尽管不属于直接的电信活动，但在现代社会里要开展正常的电信活动离不开这些与电信有关的活动的保障，电信活动和与电信有关的活动已形成了上下游工作关系和相互依存关系。

（2）我国的电信管理体制。

电信管理体制是指我国电信管理组织的机构设置、所处地位、职能权限划分和活动方式的总和。电信条例的第三条对我国电信管理体制提出了相应的规定，即国务院信息产业主管部门依照本条例的规定对全国电信业实施监督管理。省、自治区、直辖市电信管理机构在国务院信息产业主管部门的领导下，依照电信条例的规定对本行政区域内的电信业实施监督管理。

① 设置现行电信管理体制的理由。

一是通信行业关系到国家主权和信息安全，属于敏感性行业，必须加强集中统一管理。由于数据通信技术的发展，现代电信网络规模异常庞杂，电信业对外开放及信息安全管理工作情况更加复杂，政策敏感性更强，必须从全国和全局利益的高度统一掌握，以免造成失控局面；二是电信业是全程全网联合作业，必要时还要进行全国统一指挥调度，我国主要通信企业和通信网络都是全国性的，无线电波的传送也不受行政区划的限制，因此通信行业的行政管理体制必须与之相适应；三是通信行业监管的技术性、专业性很强，需要有一支相对稳定的专业干部队伍，不宜实行属地化管理；四是目前世界上绝大多数国家对电信业都是由中央政府直接管理的，改革开放以来，我国邮电通信业一直实行以部为主的部省双重领导体制。实践表明，这种体制有利于加快通信发展，有利于保障国家通信与信息安全。

② 现行电信管理体制的特点。

a．省、自治区、直辖市电信管理机构的性质发生了变化，即将省、自治区、直辖市电信管理机构由原来的企业经营管理和履行行业管理双重职能的企业属性，转变为单一的行使通信行政管理职能的行政管理机构。

b．中央通信行政管理机关与省级通信行政管理机构的设置原则上对口。

c．通信行政管理机构上下级之间职能权限分工，遵循集中与分级管理的原则。

③ 现行省、自治区、直辖市电信管理机构与原有机构的异同。

a．现行省、自治区、直辖市电信管理机构与原有机构都是本行政区域的电信业的管理机构，但是两者的性质不同。原省、自治区、直辖市电信管理机构基本性质是通信企业，该机构同时依法履行地区通信管理职能；现行省、自治区、直辖市电信管理机构的性质是在工业和信息化部的领导下，依法对本行政区域的电信业实施监督管理的行政机构。

b．现行省、自治区、直辖市电信管理机构与原有机构都履行对本行政区域的电信业的管理职能，但是两者的职能不同。原省、自治区、直辖市电信管理机构履行的是双重职能，即通信企业职能和行业管理职能；现行省、自治区、直辖市电信管理机构仅履行对本行政区域的电信业实施监督管理的职能。

④ 现行电信管理体制的结构、职责分工和关系。

a．中央电信行政管理机关。

根据电信条例的规定，国务院信息产业主管部门，即中华人民共和国工业和信息化部是电信业的行业主管部门，负责对电信业进行监督管理。电信条例的这一规定并不排除其他有关部门依照其职责分工，在其职责范围内对电信业实施相应的监督管理。工业和信息化部必须依照电信条例的授权对全国电信业实施监督管理，不得越权行政，同时也不排斥其他有关部门依职责对电信活动的监督管理。

b．地区电信管理行政机关。

地区电信管理行政机关为省、自治区、直辖市通信管理局，省、自治区、直辖市通信管理局是依法对本行政区域的电信业实施监督管理的行政机构，受工业和信息化部的直接领导。省、自治区、直辖市通信管理局也实行行政首长负责制，根据履行职责的需要，设 2 个至 4 个职能处室。

3．电信条例的确定原则

（1）电信监督管理的基本原则。

所谓电信监督管理的基本原则，就是监督管理电信市场必须遵守的行为规范和准则。电信作为重要的社会基础产业，与其他基础产业一样具有自然垄断性，长期以来，世界各国在电信基础产业领域均实行由政府直接投资、垄断经营的政府监督管理体制。这种高度集中的政府监管体制在相当长的历史阶段里，在集中大量资金投资建设电信基础设施、发展电信事业等方面发挥了巨大的作用，但是随着经济和电信技术的发展，这种高度集中的政府监管体制阻碍了竞争的开展。因此电信条例在我国监督管理电信市场上，坚持政企分开、破除垄断、鼓励竞争、促进发展和公开、公平、公正的原则。

① 政企分开、破除垄断、鼓励竞争、促进发展原则。

政企分开、破除垄断、鼓励竞争、促进发展原则就是电信市场的行政监督管理机构要与原有的由国家垄断经营的电信业务经营者相分离，并且在电信市场监督管理中破除任何形式的市场垄断，鼓励所有电信业务经营者开展公平有序的市场竞争，进而达到促进电信事业健康发展的目的。

② 公开、公平、公正原则。

公开、公平、公正原则是保证政企分开、破除垄断、鼓励竞争、促进发展原则实现的重要方面和补充，这一原则的贯彻执行直接关系到电信管理机构的形象和威信。

所谓公开就是不加隐蔽，面对公众，具体是指电信管理机构在对电信业实施监督管理的依据和过程是公开的，按照这一原则，电信管理机构的相关办事程序和制度均应公开。

所谓公平就是要求公正和合理相平衡，具体是指电信管理机构对电信业实施监督管理过程中，一是其在行政管理中的权利与义务，要与被管理的人的权利与义务基本上相一致、相平衡，要做到公平合理；二是对不同电信业务经营者的权利义务要公正平等地对待；三是电信管理机构在对违反电信条例行为进行处罚时，要本着错罚相适应的原则处罚，尤其是规定电信管理机构有自由裁量权时更要注意。

所谓公正就是要公平正直、没有偏私，具体是指电信管理机构在对电信业实施监督管理的过程中，一是要对所有的监督管理对象都公平对待，一视同仁，尤其不能“官官相护”；二是对不同的监督管理对象，不论其规模大小、实力强弱、与电信管理机构有无关系等，均应一律对待，不能厚此薄彼，更不能有偏私；三是对申请电信业务经营许可证或电信设备进网许可证的审查，对违法行为的处罚等，要严格以法律法规规定的和社会公认的标准为尺度。

（2）电信业务经营者的经营基本原则。

依法经营，遵守商业道德，接受依法实施的监督检查是电信业务经营者经营活动的基本原则。这里所说的电信业务经营者，既包括专门经营电信业务的企业和单位，如电信公司（分公司、局）、通信公司等，也包括经营电信业务的其他单位或组织，如某某公司电信（通信）服务部（分公司、科、处）等。

依法经营就是要求电信业务经营者在经营活动中，遵守国家法律法规，按照依法经营的规定规范经营活动、建立健全内部规章、保护自己的合法权益。遵守商业道德就是要求电信业务经营者在经营活动中，要遵守公认的商业经营规则和善良习俗。接受依法实施的监督检查就是要求电信业务经营者在经营活动中，接受电信管理机构等部门依法实施的监督检查。

（3）电信业务经营者为电信用户提供服务的原则。

电信业务经营者为电信用户提供服务的原则是迅速、准确、安全、方便、价格合理。迅速就是要求电信企业传递信息速度要及时，电信服务通过对信息的传递，实现信息的转移，其效用在于缩短时间和空间距离，信息传递得越快，其效用就越显著；准确就是要求信息在传递过程中不出错、不失真、不走样，电信服务的特点决定了电信服务过程和电信用户使用电信业务的过程是同时发生的，因此确保电信服务不发生差错是电信服务工作的核心要求；安全就是要求信息在传递过程中不发生事故，做到万无一失，即信息不丢失且保密性有保证；方便就是要为电信用户使用电信业务提供便利条件；价格合理就是要求电信业务经营者向电信用户提供电信服务时，所收取的费用要符合国家制定的价格政策和标准。无论何种电信服务价格的确定，都要以电信行业的平均成本为基础，并考虑国民经济与社会发展要求、电信业的发展和电信用户的承受能力等因素，只有这样才能使电信服务的价格合理。

4．电信条例确定的若干规定

（1）电信业务许可制度。

① 电信业务许可管理。

电信业务许可是电信行政管理机关颁发给电信业务经营者并赋予其拥有电信业务经营资格的一种凭证。颁发电信业务经营许可是电信行政管理机关的一种具体行政行为，它属于行政许可范畴。所谓行政许可，是行政机关应行政相对方的申请，通过颁发许可证、执照等形式，依法赋予行政相对方从事某种活动的法律资格或实施某种行为的法律权利的行政行为。

电信条例明确了国家对经营电信业务采取经营许可的市场准入管理制度。取得经营许可证后可以合法进入电信业务市场，参与电信业务市场的公平竞争，经营许可证是进入电信业务市场的法定凭证，电信业务经营是按照电信业务划分的种类来进行分类许可的。

电信条例规定了电信业务经营许可证的发证机关为国务院信息产业主管部门和省、自治区、直辖市电信管理机构，经营电信业务必须向发证机关申办电信业务经营许可证。条例规定了未取得电信业务经营许可证的任何组织或个人都无资格开展电信业务的经营活动，擅自开展电信业务经营活动的一律属违法行为，要受到相应的处罚。

② 不同电信业务的许可制度。

电信业务分为基础电信业务和增值电信业务，基础电信业务是指提供公共网络基础设施、公共数据传送和基本语音通信服务的业务；增值电信业务是指利用公共网络基础设施提供的电信与信息服务的业务。

由于基础电信业务涉及要建设全国性的网络设施，占用大量的网络资源，为了避免重复建设，充分发挥规模经济的作用，要进行适度的竞争、有效的控制、严格的管理。增值电信业务一般来讲由于其规模经济效益不十分明显，基本可以用市场经济进行资源的有效配置，要制定宽松的管制政策和办法，逐步放松管制。

电信条例规定，经营基础电信业务须经国务院信息产业主管部门审查批准，取得《基础电信业务经营许可证》。经营增值电信业务，业务覆盖范围在两个以上省、自治区、直辖市的须经国务院信息产业主管部门审查批准，取得《跨地区增值电信业务经营许可证》；业务覆盖范围在一个省、自治区、直辖市行政区域内的，须经省、自治区、直辖市电信管理机构审查批准，取得《增值电信业务经营许可证》。

国家为了鼓励技术创新，对采用新技术试办《电信业务分类目录》中未列出的新型电信业务的，简化审批手续，试办者只需要向省、自治区、直辖市电信管理机构办理备案手续后就可对社会提供这类电信新业务。

③ 经营电信业务须具备的条件。

a．经营基础电信业务须具备的条件。

一是要求经营者必须是依法设立的公司，该公司必须是专门从事基础电信业务的，而非兼营的；公司的股权结构中，国有股权或股份不得少于 51%，要绝对控股；

二是要求经营基础电信业务的，必须有所经营业务的可行性研究报告和组网技术方案；

三是要求有与从事经营活动相适应的资金和专业人员；

四是要求有从事经营活动的场地及相应的资源，经营基础电信业务需要有放置电信设备的机房和开展业务的营业场所及公司相应的资源等；

五是要求有为用户提供长期服务的信誉或能力；

六是根据国家信息业发展的产业政策和基础电信业务发展情况，由国家规定其他的条件作为市场准入的条件。

颁发《基础电信业务经营许可证》，按照国家有关规定应由现行的申请审批制转变为经营许可证招标制，从而实现基础电信业务经营许可证发放采用招标方式进行，这种方式的采用使基础电信业务申办者更能平等地参与竞争，增加发证的透明度。

b．经营增值电信业务应当具备的条件。

一是申办经营增值电信业务者必须是依法设立的公司，而不能是其他形式的经济组织（可兼营）；

二是申办者应有必要的资金保证和与开办业务相适应的专业人员；

三是要求有为用户提供长期服务的信誉或者能力；

四是满足国家规定的其他条件。

经营增值电信业务许可证的规定：申请经营增值电信业务，应当向国务院信息产业主管部门或省、自治区、直辖市电信管理机构提出申请，并提交相关文件。管理部门自收到申请之日起 60 日内审查完毕，做出批准或不予批准的决定。

电信业务经营者在经营过程中，变更经营主体、业务范围或停止经营的，应当提前 90 日向原发证机关提出申请，并办理相应手续，停止经营的，还应当按照国家有关规定做好善后工作。如果没有提前向原发证机关提出申请变更经营主体或业务范围，未经批准实施，即可视为违规行为，应予以处理。对于经批准停止经营电信业务的，应向工商行政管理部门注销其营业范围中相应的电信业务种类。经批准经营电信业务的，应当持依法取得的电信业务经营许可证，向企业登记机关办理登记手续。

（2）电信资费。

① 电信资费标准的制定原则。

电信资费标准实行以成本为基础的定价原则，同时考虑国民经济与社会发展要求、电信服务业的发展和电信用户的承受能力等因素。

《中华人民共和国价格法》（以下简称《价格法》）规定，价格分为商品价格和服务价格，商品价格是指各类有形产品和无形资产的价格，服务价格是指各类有偿服务的收费，电信资费属于服务价格的一种。

一般来说，电信生产经营成本主要包括以下几个方面：工资、职工福利费、折旧费、修理费、低值易耗品摊销、业务费、其他应计入成本的费用认识社会平均成本。社会平均成本是指行业内不同企业生产同种商品或提供同种服务的平均成本。政府定价、政府指导价以社会平均成本为基础制定电信资费，对电信市场的发展具有极大的促进作用。

② 电信资费定价形式和分类目录。

与《价格法》相一致，电信资费分为市场调节价、政府指导价和政府定价三种形式，按照《价格法》的规定："市场调节价是由经营者自主制定，通过市场竞争形成的价格；政府指导价是政府有关部门，按照定价权限和范围规定基准价及其浮动幅度，指导经营者制定的价格；政府定价是由政府价格主管部门或者其他有关部门，按照定价权限和范围制定的价格。"

基础电信业务资费实行政府定价、政府指导价或市场调节价。就目前情况来看，在基础电信业务的三种定价形式中，政府定价、政府指导价占有主导地位，市场调节价起辅助作用，这是因为基础电信业务在电信服务业中与人们日常生活最为密切，尤其是在我国电信市场的发展初期，政府控制基础电信业务的价格对于建立一个健康、公平、有序的电信市场环境，以及维护国家利益、保护电信用户和电信业务经营者的合法权益是至关重要的。

增值电信业务资费实行市场调节价或政府指导价，由于我国电信市场正处于相对竞争阶段，政府注定要对电信资费进行比较严格的控管，因此政府定价、政府指导价将是制定电信资费标准的主要形式。

相对于实行政府定价的电信业务而言，实行政府指导价的电信业务的影响要小一些，因此电信业务资费标准制定的程序要相对简单一些，电信条例仅规定由国务院信息产业主管部门经征求国务院价格主管部门意见后，制定并公布施行，不需要报国务院批准。而对于电信业务经营者在政府指导价的规定范围内自主确定的电信资费标准，只需要报省、自治区、直辖市电信管理机构备案即可。在备案过程中，如果省、自治区、直辖市电信管理机构发现电信业务经营者制定的电信资费标准不符合有关规定，应当责令电信业务经营者及时改正。

③ 听证会制度。

《价格法》规定："制定关系群众切身利益的公用事业价格、公益性服务价格、自然垄断经营的商品价格等政府指导价、政府定价，应当建立听证会制度，由政府价格主管部门主持，征求消费者、经营者和有关方面的意见，论证其必要性、可行性。"与此相一致，电信条例也进行了类似的规定。

电信资费属于公用事业价格的一种，与千家万户的切身利益密切相连，举行电信资费听证会，请电信业务经营者、电信用户和社会其他有关方面对其必要性、可行性、科学合理性进行论证，是电信资费标准实行民主决策的重要途径和形式，有利于各方面的沟通与联系，提高政府制定电信资费标准的科学性、正确性。

（3）电信服务质量。

电信服务质量是使电信用户对电信服务质量评价达到持续的满意程度的综合效果，包括服务性能质量和网络性能质量。电信服务质量评判的标准是用户满意程度，为了方便电信用户选择、办理和使用电信业务，规范和监督经营者的行为，企业应当在营业场所及业务宣传资料中，公布以下内容，并报各省、自治区、直辖市电信管理机构备案：服务种类和范围、资费标准、服务时限。电信业务经营者应将以上所公布的内容，在向社会公布之前至少 15 日内，报各省、自治区、直辖市电信管理机构备案。

电信服务时限应参照《电信服务标准》执行，国家鼓励企业制定并公布实施高于国家规定的电信服务标准的企业标准。由于通信能力限制，不具备条件提供电信服务（装设电信终端设备并开通）的，应向用户说明原因，可暂不受理用户申请或暂不收取装移机费用，但应加快工程或网络建设，尽早提供服务，满足用户的需求。

电信业务经营者接受用户申请并收取相关费用后，由于经营者自身的原因，逾期未能装设电信终端设备并开通的，应向电信用户支付违约金。按照工业和信息化部《关于调整部分电信资费标准的通知》规定，固定电话的装移机工料费的收取标准不得高于 300 元。

电信用户申告电信服务障碍的，电信业务经营者应当自接到申告之日起，城镇 48 小时、农村 72 小时内修复或调通。不能按期修复或调通的，应当及时通知电信用户，并免收障碍期间的月租费用，但属于电信终端设备的原因造成电信服务障碍的除外。特别需要指出的是，上述各项业务的服务障碍修复或调通时限是针对一般用户而言的。

修复或调通电信服务障碍时限是指自用户向障碍台申告时起，至恢复正常通信所需要的时间。电信业务经营者应设立受理电信用户申告电信服务障碍的服务台，且 24 小时受理用户申告，并向社会公布障碍台电话号码。

由于各种原因不能近期修复或调通的，电信业务经营者应当在规定的障碍修复或调通时限到达时或提前，以可能通知到的手段和方式及时告知电信用户，并免收障碍期间的月租费用。

（4）电信用户交费和查询的规定。

① 电信业务经营者的义务。

电信业务经营者应当为电信用户交费和查询提供方便，电信用户要求提供国内长途通信、国际通信、移动通信和信息服务等收费清单的，电信业务经营者应当免费提供。

电信用户出现异常的巨额电信费用时，电信业务经营者一经发现，应当尽可能迅速告知电信用户，并采取相应的措施。巨额电信费用是指突然出现超过电信用户此前三个月平均电信费用 5 倍以上的费用。

电信用户有权知悉使用电信服务费用的有关情况。经营者有义务为用户交费和查询提供方便，现行的电信费用交纳有两种方式，即先使用后结算交费和先预存后使用（包括储值卡方式）。采取哪一种交费方式，应由电信用户自行选择，或以格式条款方式确定，经营者不得强迫用户接受某种或擅自改变已确定的交费方式，其中预存话费应按照当年中国人民银行人民币活期存款基准利率计息（电话卡储值费除外）。

② 电信用户的相关义务。

电信用户应当按照约定的时间和方式及时、足额地向电信业务经营者交纳电信费用。电信用户逾期不交纳电信费用的，电信业务经营者有权要求其补交电信费用，并可以按照所欠费用每日加收 3‰的违约金。

对超过收费约定期限 30 日仍不交纳电信费用的电信用户，电信业务经营者可以暂停服务。电信用户在暂停服务 60 日内仍未补交电信费用和违约金的，电信业务经营者可以终止提供服务，并可以依法追缴欠款和违约金。

电信业务经营者应当在迟延交纳电信费用的电信用户补足电信费用、违约金后的 48 小时内，恢复暂停的电信服务。

（5）由于企业原因影响服务的有关规定。

电信业务经营者由于工程施工、网络建设等原因，影响或可能影响正常电信服务的，必须按照规定的时限及时告知用户并向省、自治区、直辖市电信管理机构报告。由于电信业务经营者原因中断电信服务的，电信业务经营者应当相应减免用户在电信服务中断期间的相关费用。因工程施工、网络建设中断服务，在规定的时限内未及时告知用户的，电信业务经营者应当赔偿由此给用户造成的可以预见的直接损失。赔偿数额应按照电信业务、电路或设备的月（时）租费和按月（时）收取的其他固定费用之和的两倍计算。

《电信服务标准》规定："影响用户使用在 24 小时以内的，应在 72 小时以前告知所涉及的用户，并向省、自治区、直辖市电信管理机构报告。影响正常电信服务的时间超过 24 小时或影响重要用户使用的，应事先报电信管理机构批准后方可进行。"

（6）保障公益电信服务的规定。

经营本地电话业务和移动电话业务的电信业务经营者，应当免费向用户提供火警、匪警、医疗急救、交通事故报警等公益性电信服务并保障通信线路畅通。

（7）电信用户申诉及其受理的规定。

电信业务经营者应当向社会公开受理投诉的机构和联系方式，明确职责和权限。应当自接到用户投诉之日起 15 个工作日内答复用户，对较为复杂或需要观测的尚未处理完毕的申诉，不能按时答复用户的，应告知用户未处理完毕的原因及再次答复的时间，直至最终答复处理结果。

对电信业务经营者的处理结果不满意或电信业务经营者在接到投诉后 15 个工作日内未答复的，用户可以向电信管理机构的申诉受理部门提起申诉。申诉受理机构就所争议的事项对双方当事人进行调解，达成协议的，可以制作调解书；自受理之日起 30 日内仍达不成调解协议的，应争议任何一方的要求，申诉受理机构可以出具调解意见书。申诉受理机构调解无效的，争议任何一方可以依照国家有关法律规定就申诉事项向人民法院提起诉讼。

（8）经营者不正当行为的规定。

电信业务经营者在经营活动中不得有以下不正当竞争行为：

① 以任何方式限制用户选择其他电信业务经营者依法开办的电信服务；

② 对其经营的不同业务进行不合理的交叉补贴；

③ 以排挤竞争对手为目的，低于成本提供电信业务或者服务，进行不正当竞争。

（9）电信建设。

① 电信建设统筹规划问题。

电信建设行业管理的范围包括公用电信网、专用电信网、广播电视传输网等网络的建设，电信建设行业管理主体是国务院信息产业主管部门。

电信建设行业管理的重点是公用电信网、专用电信网、广播电视传输网的建设中属于全国性信息网络工程的建设项目和在国家规定限额以上的建设项目。上述建设项目在征得国务院信息产业主管部门同意后，方可按照国家基本建设项目审批程序进行报批，其中全国性信息网络工程是指覆盖多个省份或跨多个省份的信息网络工程，属于全国性信息网络工程的建设项目是指属于全国性信息网络工程的组成部分的建设项目。国家规定限额以上的建设项目是指按照国家固定资产投资管理体制的规定须由国家计划主管部门审批的限额以上的建设项目，包括基本建设和技术改造项目。

电信建设项目特别是基础电信建设项目与地方城市建设规划和村镇、集镇建设规划密切相关。为使电信建设与地方城市建设和村镇、集镇建设协调、配套，避免出现建设上的脱节，影响社会使用电信业务和电信企业为社会提供电信服务，电信条例明确了基础电信建设项目应当纳入地方各级人民政府城市建设总体规划和村镇、集镇建设总体规划，通过统筹规划对基础电信建设和城市建设及村镇、集镇建设予以协调，各地方政府规划主管部门应积极支持并协助电信建设项目的实施。

② 协调、配套建设电信设施的规定。

有关单位或部门规划、建设道路、桥梁、隧道或地下铁道等，应当事先通知省、自治区、直辖市电信管理机构和电信业务经营者，协商预留电信管道等事宜。

③ 与保障电信设施安全有关的一些规定。

a．从事施工、生产、种植树木等活动，不得危及电信线路和电信设施安全或妨碍线路畅通，这是对从事施工、生产、种植树木等活动的原则性要求。

b．从事其他活动可能危及电信设施安全时，应当事先通知有关电信业务经营者，听取电信业务经营者对安全防护措施的意见，并由从事该活动的单位或个人负责采取必要的安全防护措施。在安全防护措施未到位之前不得开展可能危及电信设施安全的施工，可能危及电信设施安全的活动主要包括以下几个方面：

一是可能危及电信管道、光电缆线路安全的活动，包括与电信管道、光电缆线路近距离施工、植树，所建设的易燃、易爆或高压电力、发电厂、变电站及其地网等设施与电信管道、光电缆线路的距离较近或超出有关规定范围，从事对光电缆线路有电磁干扰影响的施工、生产等；

二是可能危及无线通信设施安全的活动，包括未经无线电频率管理部门同意非法占用无线通信频带，在微波站、卫星地面站、移动通信基站附近建设高层建筑阻挡无线通信信息的传输，影响无线通信的畅通等；

三是可能危及电信局站安全的活动，包括在电信局站附近施工危及电信局站供电设施、地网或其他防雷接地设施等。

如有违反电信条例规定，造成损害电信线路或者其他电信设施或妨碍线路畅通的，应当由造成损害的一方负责恢复原状或予以修复，并赔偿由此造成的经济损失。

c．将建和已建电信线路之间的关系。

从事电信线路建设，应当与已建的电信线路保持必要的安全距离，以防止新的电信线路建设影响已建电信线路安全。

新建电信线路与已建电信线路难以避开或必须穿越，或者需要使用已建电信管道的，应当与已建电信线路的产权人协商，并签订协议，包括施工安全协议、维护协议、电信管道租用协议等，以共同保证电信线路安全。经协商不能达成协议的，根据不同情况，由国务院信息产业主管部门或者省、自治区、直辖市电信管理机构协调解决。

d．基础电信业务经营者的法律权利。

基础电信业务经营者拥有依法从事电信设施建设和向电信用户提供公共电信服务的权利和义务，法律对基础电信业务经营者依法从事电信设施建设和向电信用户提供公共电信服务的权利予以保护，任何组织或者个人不得进行阻止或妨碍，但是国家规定禁止或限制进入的区域除外。

为保证特殊通信、应急通信和抢修、抢险工作的顺利完成，在保证交通安全畅通的情况下，经公安交通管理机关批准，执行特殊通信、应急通信和抢修、抢险任务的电信车辆可以不受各

种禁止机动车通行标志的限制。

（10）电信设备进网许可制度。

国家对电信终端设备、无线电通信设备和涉及网间互联的设备这三类设备实行进网许可制度。电信设备是指利用有线、无线电、光学或其他电磁系统，发送、接收或传送语音、文字、数据、图像或其他任何性质信息的设备。电信终端设备是指连接在公用电信网的末端、为用户提供通信功能的电信设备，如人们常见的电话机、移动电话机、传真机、调制解调器等。无线电通信设备是指连接在公用电信网上，以无线电为通信手段的电信设备，如移动通信基站等。涉及网间互联的设备指的是涉及不同电信经营者网络之间或不同电信业务网络之间实现互联互通的电信设备，如交换机、路由器、IP 电话网关、光传送设备等。

（11）禁止扰乱电信市场秩序的规定。

电信条例列举了四项扰乱电信市场秩序的行为：一是采取租用电信国际专线、私设转接设备或者其他方法，擅自经营国际或者中国香港特别行政区、中国澳门特别行政区与中国台湾地区电信业务的行为；二是盗接他人电信线路，复制他人电信网号，使用明知是盗接、复制的电信设施或码号的行为；三是伪造电话卡及其他各种电信服务有价凭证的行为；四是以虚假、冒用的身份证件办理入网手续并使用移动电话的行为。

（12）电信用户通信自由的规定。

通信自由和通信秘密权是宪法赋予公民的一项基本人身自由权。电信用户使用电信进行通信的自由和秘密，受到国家法律的保护。按照宪法和法律规定，只有公安机关、国家安全机关（《刑事诉讼法》第 4 条规定，国家安全机关依照法律的规定办理危害国家安全的刑事案件，行使与公安机关相同的职权）和人民检察院，依照法律规定的职权，为了追查刑事犯罪的需要，依照法律规定的程序，即依照我国《刑事诉讼法》规定的程序才可以对用户使用电信通信的内容进行检查。电信内容，包括电信业务经营者所传递的信息内容、电信用户使用电信的一些信息内容，如用户地址、通信时间等数据资料。

（13）电信法律责任。

法律责任是指行为人对其违法行为所应承担的法律后果，违反电信条例的法律责任是指从事电信活动或者与电信有关的活动的各方主体，由于其行为违反电信条例规定的行为准则，必须承担的法律后果。电信条例第六章规定了违反电信条例的法律责任，针对危害电信安全的行为、扰乱电信市场秩序的行为、经营者违反电信条例等行为分别做出了处罚规定。

2.1.2　公用电信网间互联管理规定

自电信业打破垄断、引入竞争以来，互联互通就一直备受关注，电信网间互联互通不仅是电信市场改革和开放的重要条件，更是一个首要条件，它已成为衡量我国电信改革成功与否的关键。

1. 概述

由于电信需求具有网络性特征，当一个新用户接入到电信网络时，不仅新用户因为产生消费者需求而使个人效用增加，而且使网络中原有用户的效用增加，这是因为新用户的加入意味着网络中原有用户可以与更多的用户进行联系。

（1）电信需求的网络外部性。

电信需求的一个主要特点就是电信网络中的每个要素之间存在互补关系，当需要通过电信网络实现某种功能时，具有互补关系的要素必须相互衔接和配合。比如在一次通话过程中，通话双方存在一种互补关系，当一个主叫方电话用户发话时，必须有被叫方电话用户的配合才能实现通话，换句话说，如果只有一个用户安装了电话而其他人都没有安装，安装电话不能带来任何效用。实际上，只有当电话网络中存在足够多的用户，能够利用电话网络进行相互联系时，电话带来的潜在效用才能够得以实现。网络的规模越大，这些用户从电信网络中得到的效用也越大，更重要的是已经拥有电话的用户不必为这样的额外收益而付费。

电信网络用户的效用与电信网络规模有关的特征被称为电信网络外部性或消费外部性。由于存在电信网络外部性，一个新用户决定安装电话不仅给本人带来效用，而且还会使网络中原有用户的效用增加。虽然个人的决策直接影响其他人的福利，但个人在做决策时，只会考虑安装电话的成本及自己从中将会得到的收益，而不会顾及电信网络外部性给网络中原有用户带来的效用，这时由于个人收益小于社会效益，在电信市场有可能产生所谓的“市场失灵”，即电信网络的市场规模或覆盖范围小于社会最优规模。

（2）解决电信网络外部性的方法。

由于电信网络外部性是一种正的外部性，因此有必要将这种外部性内部化，以增加整体社会福利。一般来说，有两种解决办法：一种是对用户提供补贴，另一种是实行互联互通，但这两种方法是有区别的。可以考虑为用户的接入服务提供补贴，使接入价格低于接入成本，从而减少接入服务的私人成本，增加安装电话的净收益。实际上，实行接入补贴只是对用户进行补贴的一种方法。根据电信需求理论，除了接入服务价格以外，电信服务的使用价格也会影响用户的效用，所以从理论上讲，降低市话、长话或其他电信服务的使用价格，甚至对这些服务提供补贴，也会起到同样的作用。但规制机构在实施补贴的时候会遇到一个无法避免的信息不对称问题，即规制者并不确知电信网络外部性的大小及补贴的程度。但是在电信引入竞争之后，电信网络外部性变成了一种重要的市场准入壁垒。在引入电信竞争的初期，新进入者的网络覆盖范围要远远小于主导运营商的网络覆盖范围，对用户来讲，在同等条件下，加入主导运营商的电信网络带来的效用，要大大高于加入新进入运营商的网络得到的效用，这不是接入补贴所能解决的问题。这个时候就有必要实行互联互通，一旦主导运营商和新进入运营商实现了互联互通，并辅以相应的规制政策（也可以是运营商之间通过协商而确定互惠互利的互联互通条件），就可以消除电信网络外部性给主导运营商带来的竞争优势，使主导运营商和新进入者公平竞争，从而促进有效竞争的形成。

总的来说，在电信垄断时期，主要是靠对用户提供补贴来纠正外部性，在引入电信竞争后，补贴政策必须同互联互通政策结合起来，而且要以互联互通为基础。

2. 互联互通的产生与发展

（1）互联互通的产生。

互联互通是指电信网间的物理连接，以使一个电信运营企业的用户能够与另一个电信运营企业的用户相互通信，或者能够享用另一个电信运营企业提供的各种电信业务。

互联互通问题产生的一个必要条件就是必须存在两个或两个以上的电信网络，这里的网络主要指公用网络，也可以包括专用网络，不过只有在两个公用网络之间，特别是其中某一网络存在明显竞争优势的时候，互联问题才真正显现出来。

根据各国的实践，一般都先存在一个垄断运营商，随着电信技术的发展及政府规制政策的转变，有新的运营商进入电信市场。对于新运营商来说，网间互联可以说是生命之源，没有与主导运营商的网络互联，业务难以得到充分开展，网络成本也就无法回收，而要投巨资建设一

个与原垄断运营商相抗衡的电信网一般来说也是不现实的，因此没有互联，新运营商就很难生存下去，最终只能因破产而退出电信市场。

（2）我国互联互通的产生与发展。

互联互通在我国首先体现在公用网络与专用网络之间的互联。因为公用网络同专用网络互联后，会将分营前中国电信的一部分利润分流出去，所以许多基层电信企业与专用网的关系非常紧张，在联网问题上持不配合或拒绝的态度。这一问题一直延续了很长时间。1996 年，原中华人民共和国邮电部（以下简称原邮电部）发布了《专用网与公用网联网的暂行规定》，但由于处于电信垄断时期，又加上政企合一的管理体制，很多问题并没有得到根本性的解决。

为了促进中国电信业的改革与发展，国务院决定于 1994 年成立中国联合通信有限公司（以下简称联通公司）。联通公司成立后，开始同分营前中国电信展开竞争。真正意义上的互联互通，也就是从这个时候出现的，我们可以看出这是由于中国联通同分营前中国电信之间更多的是一种竞争关系。分营前中国电信与联通公司 GSM 网的互联互通，双方在原邮电部电政司、财务司及原国家计划委员会价格司的组织协调下，就互联的原则、方式、技术要求和结算办法进行了反复的讨论，于 1995 年下半年由原邮电部和原国家计划委员会分别颁发了相应的技术规范和结算办法，作为双方互联互通的基本依据。到 1996 年上半年，联通 GSM 网与分营前中国电信实现了京、津、沪等四地网络间的互联互通。在此之后，随着联通公司 GSM 网的建设，上百个城市实现了互联互通。从 1997 年开始，分营前中国电信又陆续完成了联通公司在成都、重庆等市的固定本地电话网与分营前中国电信网络间的互联互通。1998 年原信息产业部成立后，颁布了一系列互联原则、结算方法和相关技术规定。在这些相关文件的指导下，2000 年又完成了联通公司国际网、国内长途网与分营前中国电信固定本地电话网之间的互联互通。

1999 年，中国移动从分营前的中国电信分离出去，中国电信与中国移动在一系列互联互通协议的基础上，实现了从企业内部不同网络间的相互配合到不同企业间网络的互联互通的转变。同年，中国网通公司成立，其 IP 电话业务也在 2000 年与中国电信的相关业务互联互通，与此同时，中国电信也实现了与中国吉通公司 IP 电话业务的互通和接入吉通计算机互联网的工作。

2001 年，我国电信管理部门根据电信条例，结合我国将加入 WTO 的实际，相继出台了一些互联规则，如《电信网间通话费结算办法》《公用电信网间互联管理规定》等，基本形成了电信网间互联规则体系的保障，并且在政府的倡导下，各运营商都成立了网间互联互通工作机构，建立了企业正常协商机构，政府管制机构改革基本到位，加强了地方管理力度。从 2000 年年底到 2001 年上半年，全国各省、自治区、直辖市相继成立了通信管理局，对各省市网间互联进行深入而细致的督促。到 2001 年年底，我国的几大运营商之间都签订了网间互联及结算协议，网间互联已经走上了正常轨道，所有运营商的网络，包括专用网与公共网，都实现了互联互通。

3. 网间互联费用的构成

电信网间互联互通的主要障碍有两个，一是技术问题，二是经济问题。就目前的电信技术而言，技术上的困难已不会阻碍互联互通的实现，所以互联互通问题的关键在于运营商之间的利益如何分配。一方面，非主导电信运营企业希望在互联中尽可能少地支付互联费用；另一方面，主导电信企业希望在互联中尽可能地降低成本，实现互联条件下的利润最大化。

广义的互联费基本包括以下几个项目。

（1）连接费。专门补偿为提供互联而发生的直接工程成本，主要指交换机及配套设施，一般为一次性费用。

（2）接续费。它是指为完成非主导电信公司的呼叫而收取的费用，一般按呼叫时间计费，并和互联点（POI）位置相关。

（3）电路租费。它主要是指非主导电信公司向主导电信公司租用电路的费用。

（4）辅助服务费。这是指和通话接续无关的辅助服务的费用，如提供紧急呼叫业务、查号、话务员辅助、号码翻译、主叫号码显示等方面的费用。

（5）接入赤字补偿费（ADC）。它也叫普遍服务补偿费，这部分费用主要是对市话业务的亏损，以及主导运营商向落后地区提供普遍服务的亏损进行补偿。

以上资费项目基本上涵盖了主导电信企业同非主导运营商互联时发生的各项费用，能对其成本进行清晰合理的界定。互联费中连接费、接续费和电路费是相互联系的，辅助服务费和接入赤字补偿费是比较独立的。一般地，两个电信运营商之间的互联互通是通过互联点（POI）实现的（专用接口局 GW 方式实际上也可理解为互联点互联的一种特例）。实现互联后，非主导电信公司要向主导电信公司交纳连接费（可以理解为 POI 建立费）、接续费和电路费（即月租费，此项费用不是必需的，非主导电信公司可以自己建设，也可以向其他电信公司租用，不一定向主导电信公司租用）。

互联点（POI）较少，对非主导电信公司而言，可以节省连接费和电路费，但由于互联点的覆盖范围增大，接续费自然会比较高。互联点多了接续费会降低，但连接费和电路费也会相应上升，可见连接费、接续费和电路费是相互联系的一个整体，一项变化了，另两项也会有所变化。对非主导电信公司而言，可以根据网络规模、业务发展情况等进行技术分析，从中找到一个最优点。

4．网间接续的管制

（1）互联互通与电信管制。

根据运营商所经营的电信业务，可以将网络之间的关系简单地分为两类，即垂直相关和水平相关。当运营商提供的电信产品属于互补情形时，其关系为垂直相关；属于替代情形时，为水平相关。

由于产品的互补性，垂直网络之间的互联会增加双方的利润，在这种情况下，运营商会自动实现互联互通；而水平网络的互联，会造成激烈的市场竞争，在这种情况下，互联互通一般不会自动实现，即使实现了互联互通，每一个网络运营商也将试图把对方驱赶出市场，或者打压对方的市场份额。

现实中比较典型的情况是网络之间既有互补又有竞争，并且竞争有不断加强的趋势。由于网络规模的差距，小型网络从互联中所获得的收益通常要比大型网络多，因此互联双方受到互联的激励是不一样的。如果网络规模的差距有足够大的话，那么大型网络对网络互联就会采取消极态度，从而互联不可能有效地自动实现。这就是政府必须对网络互联进行规制的重要原因，只有在竞争性的网络之间、并且网络存在着明显不对称的条件下，互联互通的管制才是有必要的。

（2）目前的管制条例。

我国公网与专网的互联一直是作为一项政府职能加以管制的，从 1989 年原邮电部成立通信司行使行业管理职能以来，政府主管部门就介入了专用电信网与公用电信网的互联互通管理，并制定了一系列协调公网专网关系的法规性文件，相继出台了《关于大型工矿企业通信网与公网联网资费标准等问题的通知》《关于调整公网与专网关系充分发挥专用通信网作用的通知》《专用网与公用网联网的暂行规定》，1999 年制定了《关于调整大型工矿企业专用电信网与中国电信通信网关系及有关费用的通知》，这些法规性文件是协调公专网联网，理顺双方经济利益

关系的主要政策依据。

互联管制主要针对主导运营商与非主导运营商，除主导运营商以外的其他运营商之间的网间互联，双方可以通过协商加以解决，出现互联争议时，再由政府主管部门协调。政府主管部门对主导运营商的互联管制比对其他运营商要严格，政府主管部门对有可能影响到互联进程的关键问题在《中华人民共和国电信条例》中都有明文规定。

网间接续费标准是最容易产生争议的地方，因为它直接影响到运营商之间的利益分配。为了协调运营商之间的利益，促进电信竞争，我国于 2001 年制定了《电信网间通话费结算办法》，对各种接续费标准做了规定。

5. 网间互联争议解决

目前我国有关电信网间互联争议解决机制的规定主要体现在 2000 年公布施行的行政法规《中华人民共和国电信条例》、2001 年发布施行的部门规章《公用电信网间互联管理规定》及 2002 年起施行的部门规章《电信网间互联争议处理办法》，上述行政法规及部门规章初步构建了现阶段我国电信网间互联争议解决机制的基本框架。

根据《电信网间互联争议处理办法》第二条规定，电信网间互联争议解决机制的管辖范围是中华人民共和国境内的基础电信业务经营者之间及其与专用电信网单位之间发生的下列七项电信网间的互联争议：

（1）因互联技术方案而产生的争议。

（2）因与互联有关的网络功能及通信设施的提供而产生的争议。

（3）因互联时限而产生的争议。

（4）因电信业务的提供而产生的争议。

（5）因网间通信质量而产生的争议。

（6）因与互联有关的费用而产生的争议。

（7）工业和信息化部规定应当依照本办法处理的其他电信网间互联争议。

电信网间互联争议解决的基本程序包括协商、电信主管部门协调、公开论证及裁决、裁决的执行等。

协商是针对基础电信业务经营者及专用电信网单位是电信网间互联争议的当事人。由《电信网间互联争议处理办法》第六条规定的内容来分析，当发生电信网间互联争议时，争议当事人之间首先应当协商解决。原则上，协商是电信网间互联争议解决的必经程序。

电信主管部门协调是指当互联争议当事人对其之间发生的互联争议协商解决不成时，任何一方当事人均可向工业和信息化部或省、自治区、直辖市通信管理局（以下简称“电信主管部门”）书面提出互联争议协调申请。电信主管部门在收到互联争议协调申请书后，经初步审查符合要求的，应当在 7 日内正式开始进行协调。协调阶段分为初步协调阶段和最后协调阶段，并且协调阶段应自开始协调之日起 45 日内结束。

公开论证及裁决是指若协调不能使互联争议各方当事人达成协议的，电信主管部门应当根据不同类型的互联争议，随机邀请电信技术、经济、法律方面的专家进行公开论证，并根据所邀专家的公开论证结论和提出的网间互联争议解决方案在 45 日内做出行政决定，且应以适当方式向社会公布。

裁决的执行是在电信主管部门做出行政决定后，互联争议各方当事人应当在行政决定规定的时限内履行。对拒不执行该行政决定的当事人，电信主管部门将依据职权责令改正，处 5 万元以上 50 万元以下的罚款，情节严重的，责令停业整顿。

上述 4 个阶段共同构成了一般情况下电信网间互联争议解决的基本程序，此外在互联争议当事人因未能协商达成一致而向电信主管部门提出互联争议协调申请之后，互联争议各方仍可在行政决定做出之前继续自行协商而达成互联协议，但应将此互联协议报电信主管部门备案。

2.1.3 反不正当竞争法

1. 反不正当竞争法概述

不正当竞争是指经营者违反法律、法规的规定，损害其他经营者和消费者的合法权益，扰乱社会经济秩序的行为。这里所说的经营者，是指从事商品经营或营利性服务的法人、其他经济组织和个人。

反不正当竞争法是指经过国家制定的，用于调整在市场经济活动中形成的不正当竞争关系的法律规范的总称。制定反不正当竞争法是为保障社会主义市场经济健康发展，鼓励和保护公平竞争，制止不正当竞争行为，保护经营者和消费者合法权益。

2. 不正当竞争行为

《反不正当竞争法》明确规定不正当竞争行为的内容，包括以下 11 种情况。

（1）经营者不得采用假冒、伪造、冒用标志擅自使用他人的企业名称和姓名或商品特有与相近似的名称，损害竞争对手。其中包括：

① 假冒他人的注册商标；

② 擅自使用知名商品特有的或与知名商品近似的名称、包装、装潢，使购买者误认为是该知名商品；

③ 擅自使用他人的企业名称和姓名，引人误认为是他人的商品；

④ 在商品上伪造或冒用认证标志、名优标志，或伪造产地，对商品质量做引人误解的虚假表示。

（2）经营者不得采用财物或其他手段进行贿赂以销售或购买商品。在账外暗中给予对方单位或个人回扣的，以行贿论处，对方单位或个人在账外暗中接受回扣的，以受贿论处。但是，可以以明示方式给对方折扣，可以给中间人佣金，但双方必须如实入账。

（3）经营者不得利用广告或其他方法，对商品的质量、制作、成分、性能、用途、生产者、有效期限、产地等做引人误解的虚假宣传。广告的经营者不得在明知或应知的情况下，代理、设计、制作、发布虚假广告。

（4）经营者不得侵犯商业秘密。所谓商业秘密是指不为公众所知悉，能为权利人带来经济利益，具有实用性并经权利人采取保密措施的技术信息和经营信息。

经营者不得采用下列手段侵犯商业秘密，获得非法利益：

① 以盗窃、利诱、胁迫或者其他不正当手段获取权利人的商业秘密；

② 披露使用或者允许他人使用以上各项手段获取权利人的商业秘密；

③ 违反约定或违反权利人有关保守商业秘密的要求，披露、使用或者允许他人使用其所掌握的商业秘密；

④ 第三人明知或者应知上款所列违法情况，获取、使用或披露他人的商业秘密，视为侵犯商业秘密。

（5）经营者不得以排挤竞争对手为目的，以低于成本的价格销售商品。

下列行为之一的，不属于不正当竞争行为：

① 销售鲜活商品；

② 处理有效期限即将到期的商品或者其他积压的商品；

③ 季节性降价；

④ 因清偿债务、转产、歇业降价销售的商品。

（6）经营者销售商品，不得违背购买者的意愿搭售商品或附加其他不合理的条件。

（7）经营者不得从事下列有奖销售：

① 采取谎称有奖或故意让内定人员中奖的欺骗方式进行有奖销售；

② 利用有奖销售的手段推销质次价高的商品；

③ 抽奖式的有奖销售，最高奖的金额超过 5 000 元的。

（8）经营者不得捏造、散布虚伪事实，损害竞争对手的商业信誉、商品声誉。

（9）公用企业或者依法具有独占地位的经营者，不得限定他人购买其指定的经营者的商品，以排挤其他经营者公平竞争。

（10）政府及其所属部门不得滥用行政权力，限定他人购买其指定的经营者的商品，限制其他经营者正当的经营活动，限制外地商品进入本地市场，或者本地商品流向外地市场。

（11）投标者不得串通投标、抬高或压低标价。投标者和招标者不得相互勾结，以排挤竞争对手的公平竞争。

2.1.4　消费者权益保护法

1. 消费者权益保护法概述

消费包括生产资料消费和生活资料消费，1993 年 10 月 31 日第八届全国人大常委会第四次会议通过并颁布了《中华人民共和国消费者权益保护法》，其中第二条规定："消费者为生活需要购买、使用商品或者接受服务，其权益受本法保护；本法未做规定的，受其他有关法律、法规保护。"可见这里所指的消费者是生活资料的消费者。

消费者权益保护法是调整生活消费关系的法律规范的总称。它调整着消费者和经营者、服务者之间的经济关系，以及与生活消费活动有关的国家管理机关、消费者组织之间的社会关系。

2. 消费者的权利和经营者的义务

（1）消费者的权利。

消费者在购买、使用商品和接受服务时享有人身、财产安全不受损害的权利；消费者享有知悉其购买、使用的商品或接受服务的真实情况的权利；消费者有权自主选择、自主决定购买或不购买商品，接受或不接受服务的权利；消费者在购买商品或接受服务时，有获得公平交易条件的权利；当消费者因购买、使用商品或接受服务时受到人身、财产损害的，有要求赔偿的权利；消费者有依法成立维护自身合法权益的社会团体的权利；消费者享有其人格尊严、民族风俗习惯得到尊重的权利；消费者享有批评、监督的权利等。

（2）经营者的义务。

经营者有遵守法律的义务；接受监督的义务；保障安全的义务；提供信息的义务；标明名称、标志的义务；出具凭证的义务；保证质量的义务；承担责任的义务；实现公平、合理交易的义务；尊重人格、人身自由的义务。

3．争议解决途径及责任承担者

（1）消费争议解决的途径有：协商和解、消费者协会调解、向有关行政部门申诉、按仲裁协议提起仲裁、向法院起诉。

（2）发生消费争议时，损害消费者合法权益的责任承担者如下。

① 消费者在购买、使用商品时，其合法权益受到损害的，可以向销售者要求赔偿，销售者赔偿后，属于生产者的责任或属于向销售者提供商品的其他销售者的责任的，销售者有权向生产者或其他销售者追偿。

消费者或其他受害人因商品缺陷造成人身、财产损害的赔偿问题：消费者可以向销售者要求赔偿，也可以向生产者要求赔偿。属于生产者责任的，销售者赔偿后，有权向生产者追偿；属于销售者责任的，生产者赔偿后，有权向销售者追偿。消费者在接受服务时，其合法权益受到损害的，可以向服务者要求赔偿。

② 企业分立、合并给消费者造成损害的赔偿问题：消费者在购买、使用商品或者接受服务时，其合法权益受到损害，因原企业分立、合并的，可以向变更后的承受其权利义务的企业要求赔偿。

③ 使用他人营业执照搞违法经营给消费者造成损害的赔偿问题：使用他人营业执照搞违法经营提供商品或服务，损害消费者合法权益的，消费者可以向其要求赔偿，也可以向营业执照的持有人要求赔偿。

④ 在展销会、租赁柜台给消费者造成损害的赔偿问题：消费者在展销会、租赁柜台购买商品或者接受服务，其合法权益受到损害的，可以向销售者或者服务者要求赔偿。展销会结束或者柜台租赁期满后，也可以向展销会的举办者、柜台的出租者要求赔偿。展销会的举办者、柜台的出租者赔偿后，有权向销售者或者服务者要求赔偿。

⑤ 利用虚假广告给消费者造成损害的赔偿问题：消费者因经营者利用虚假广告提供商品或者服务，其合法权益受到损害的，可以向经营者要求赔偿。广告的经营者发布虚假广告的，消费者可以请求行政主管部门予以惩处。广告的经营者不能提供经营者的真实名称、地址的，应当承担赔偿责任。

2.2 安全生产及保密常识

2.2.1 安全生产基本知识

1．安全生产的定义

安全是指企业或公司职员在生产过程中没有危险、不受威胁、不出事故，企业财产在生产经营活动中不受损害。在生产中通过计划、组织、指挥、协调、监控等环节消除在生产经营活动过程中的不稳定和潜在的因素，避免事故发生，保证企业在良好的生产环境中实现经营目标。

狭义的安全生产是指在生产过程中有效防止事故的发生，使在生产经营活动中，保证企业员工的安全和健康、企业的财产不受损失。广义的安全生产就是包含整个社会生产、生活各个环节与方面的安全。

安全生产管理指管理者对安全生产工作进行的计划、组织、指挥、协调和控制的一系列活动，为了保证在生产、经营活动中的人身安全与健康及财产安全，促进生产的稳定发展，保障社会稳定，安全生产管理有微观和宏观之分：宏观安全生产管理体现安全生产管理的一切措施与活动，都属于安全生产管理的范畴；微观安全生产管理指从事经济和生产管理部门，以及企业、事业单位进行的具体安全生产管理的活动。

安全生产是一项系统工程。主要包括以下几方面的内容。

（1）安全生产管理：它包括国家安全生产的监督管理和企业的自主安全生产管理。国家安全生产监督管理主要是立法、执法和监督检查等管理，企业根据国家的法规和政策，对企业自身的安全生产进行具体的直接管理。

（2）安全技术：它包括机械（起重与运输机械）安全技术，电气安全技术，消防安全技术，化工安全技术，锅、压、管、特种安全技术，矿山安全技术，建筑安全技术，冶金安全技术等科学技术。

（3）劳动保护：它主要防止职业病、职业中毒和物理伤害，确保劳动者的身心健康，在实际工作中，安全生产的内容既包含劳动保护（保护人）的内容，又包括财产安全（保护物）的内容。在保护人和物两个方面，由于人身安全是主要的，因此劳动保护是安全生产的主要内容。劳动保护包括劳动安全、劳动卫生、工作时间和休息休假管理、女职工和未成年工特殊保护方面的内容。

2. 安全生产方针及任务

我国现阶段的安全生产方针是“以人为本，坚持安全发展，坚持安全第一、预防为主、综合治理”，它是党和国家从社会主义建设全局出发提出的经济建设的重要指导方针，也是国家一项基本政策。这一方针是对安全生产工作的根本要求，社会主义建设必须遵循这一方针，认真贯彻这一方针，它是正确处理国家、企业和职工的关系，促使安全生产与经济、社会协调发展的重要保证。

安全管理的任务有以下几方面：

（1）贯彻落实国家安全生产法规，落实“以人为本，坚持安全发展，坚持安全第一、预防为主、综合治理”的安全生产方针；

（2）科学制定安全生产的各种规程、规定和制度并认真贯彻实施；

（3）积极采取各种安全工程技术措施进行综合管理，使企业的生产机械设备和设施达到本质化安全的要求，保障员工有一个安全可靠的作业条件，减少和杜绝各类事故造成的人员伤亡和财产损失；

（4）采取各种劳动卫生措施，不断改善劳动条件和环境，定期检测，防止和消除职业病及职业危害，做好女工和未成年工的特殊保护，保障劳动者的身心健康；

（5）对企业领导、特种作业人员和所有职工进行安全教育，提高安全素质；

（6）对职工伤亡及生产过程中的各类事故进行调查、处理和上报；

（7）推动安全生产目标管理，推广和应用现代化安全管理技术与方法，深化企业安全管理。

在企业的生产经营活动中，安全生产管理的任务十分繁重，各单位和部门应充分发挥安全生产管理部门的计划、组织、指挥、协调和控制五大功能的作用。

3．安全生产的特点

（1）电信企业生产的特点。

① 良好的通信效率。其核心就是稳定、快速地进行通信，否则将失去通信的意义。通信生产须做到：保持通信线路、设备处于运行良好状况；科学地组织由各电信网点和电信线路有机连接起来的电信通信网；按照连续性、比例性、节奏性的要求合理组织生产过程。

② 稳定的通信环境。电信业的生产活动不是实物的传递，而是信息的复制和再现，因此要求通信全程各环节密切协调，电信网络的传输质量高度可靠。

③ 规范的操作规程。电信业的生产活动是用户直接参与共同进行的，因此用户使用通信手段的正确与否将直接影响信息的传递，必须进行广泛宣传和具体指导。

④ 受多方因素作用。由于通信系统结构受社会经济体制和科学技术发展等因素的作用，进而对电信产业产生影响。

⑤ 先进的通信技术。电信产业传递信息主要靠技术设备，没有技术手段则难以进行通信，随着电子技术的飞速发展，技术密集、复杂程度高的电信通信新业务不断出现。

（2）电信生产安全的特点。

电信生产具有“全程全网、联合作业”的特点，它要求参与电信生产的所有设备、设施的技术性能要安全、可靠，同时要求操作、使用这些设备和设施的人员具有迅速、准确、安全的操作技能，因此在研制、采用相应的安全技术措施时，应首先考虑安全技术措施的可靠性，其次在电信生产过程中，应消除存在的许多危险因素。

由于电信生产的特殊性，电信企业的安全技术可分为电信生产安全技术和辅助生产安全技术。电信安全技术是指为防止在电信生产过程中危险因素对从业人员可能造成人身伤害而采取的各种预防性技术措施的总称，辅助生产安全技术是指在电信企业中为电信生产服务的其他生产（电力供应、设备维修、采暖通风、物资供应、环保等）过程中所需采取的安全技术措施。

4．安全生产的意义

安全生产关系企业发展、人民群众生命财产安全及社会稳定大局，若安全生产脱节，会对人民群众的生命与健康，对社会中每一个家庭产生极大的损害与威胁，由此可能引发一系列严重的问题。安全是开展工作的基石，作为社会各界的管理人员和劳动人员都应牢固树立安全生产的理念，而作为每一位公民都应努力学习安全生产知识和技能，增强自我保护意识。

（1）充分认识安全生产工作的重要性。

做好安全生产工作是全面建设小康社会、统筹社会各界全面发展的重要内容，是实施可持续发展战略的重要组成部分，是政府履行社会管理和市场监管职能的基本任务，是企业生存发展的基本要求。做好安全生产工作，切实保障人民群众的生命财产安全，体现了最广大人民群众的根本利益，反映了先进生产力的发展要求和先进文化的前进方向。

（2）安全生产工作的重要意义。

要构建良好的安全生产环境，必须持续奋斗，各行各业要把安全生产作为一项长期艰巨的任务常抓不懈，全面贯彻“以人为本，坚持安全发展，坚持安全第一、预防为主、综合治理”的安全方针，要站在维护人民群众生命财产安全的高度，充分认识加强安全生产工作的重要意义，加强安全生产工作，牢固树立安全理念。

2.2.2　安全生产有关法规

1.《中华人民共和国安全生产法》

《中华人民共和国安全生产法》是为了加强安全生产工作，防止和减少生产安全事故，保障人民群众生命和财产安全，促进经济社会持续健康发展而制定的。它由中华人民共和国第九届全国人民代表大会常务委员会第二十八次会议于 2002 年 6 月 29 日通过，自 2002 年 11 月 1 日起施行。2014 年 8 月 31 日第十二届全国人民代表大会常务委员会第十次会议通过《全国人民代表大会常务委员会关于修改<中华人民共和国安全生产法>的决定》，自 2014 年 12 月 1 日起施行。本法共七章，一百一十四条。

2.《中华人民共和国建筑法》

《中华人民共和国建筑法》经 1997 年 11 月 1 日第八届全国人大常委会第二十八次会议通过；根据 2011 年 4 月 22 日第十一届全国人大常委会第二十次会议《关于修改〈中华人民共和国建筑法〉的决定》修正。本法共八章，八十五条，自 1998 年 3 月 1 日起施行。《中华人民共和国建筑法》主要规定了建筑许可、建筑工程发包承包、建筑工程监理、建筑安全生产管理、建筑工程质量管理及相应法律责任等方面的内容。

3.《中华人民共和国劳动法》

《中华人民共和国劳动法》是为了保护劳动者的合法权益，调整劳动关系，建立和维护适应社会主义市场经济的劳动制度，促进经济发展和社会进步，根据宪法制定的。1994 年 7 月 5 日第八届全国人民代表大会常务委员会第八次会议通过，自 1995 年 1 月 1 日起施行。本法共十三章，一百零七条。

该法与建设工程安全生产密切相关的规定主要包括：劳动安全卫生设施必须符合国家规定的标准；新建、改建、扩建工程的劳动安全卫生设施必须与主体工程同时设计、同时施工、同时投入生产和使用；用人单位必须为劳动者提供符合国家规定的劳动安全卫生条件和必要的劳动防护用品，对从事有职业危害作业的劳动者应当定期进行健康检查。

4.《中华人民共和国工会法》

《中华人民共和国工会法》是为了保障工会在国家政治、经济和社会生活中的地位，确定工会的权利与义务，发挥工会在社会主义现代化建设事业中的作用，根据宪法而制定的。本法共七章，五十七条。

5.《中华人民共和国消防法》

《中华人民共和国消防法》（1998 年 4 月 29 日第九届全国人民代表大会常务委员会第二次会议通过，2008 年 10 月 28 日第十一届全国人民代表大会常务委员会第五次会议修订）是为了预防火灾和减少火灾危害，加强应急救援工作，保护人身、财产安全，维护公共安全而制定的。本法共七章，七十四条。

6.《中华人民共和国刑法》

《中华人民共和国刑法》用刑罚同一切反革命和其他刑事犯罪行为作斗争，以保卫无产阶级专政制度，保护社会主义的全民所有的财产和劳动群众集体所有的财产，保护公民私人所有的合法财产，保护公民的人身权利、民主权利和其他权利，维护社会秩序、生产秩序、工作秩序、教学科研秩序和人民群众生活秩序，保障社会主义革命和社会主义建设事业的顺利进行。

7.《中华人民共和国环境保护法》

《中华人民共和国环境保护法》是为保护和改善环境，防治污染和其他公害，保障公众健康，推进生态文明建设，促进经济社会可持续发展制定的国家法律，由中华人民共和国第十二届全国人民代表大会常务委员会第八次会议于 2014 年 4 月 24 日修订通过，自 2015 年 1 月 1 日起施行。

8.《中华人民共和国环境噪声污染防治法》

《中华人民共和国环境噪声污染防治法》是为防治环境噪声污染，保护和改善生活环境，保障人体健康，促进经济和社会发展制定的。1996 年 10 月 29 日第八届全国人民代表大会常务委员会第二十二次会议通过，自 1997 年 3 月 1 日起施行。

9.《安全生产许可证条例》

《安全生产许可证条例》是为了严格规范安全生产条件，进一步加强安全生产监督管理，防止和减少生产安全事故，根据《中华人民共和国安全生产法》的有关规定制定的条例，由中华人民共和国国务院于 2004 年 1 月 7 日首次发布，自 2004 年 1 月 13 日起正式施行。根据 2014 年 7 月 29 日《国务院关于修改部分行政法规的决定》修订，共计二十四条。

10.《中华人民共和国电信条例》

《中华人民共和国电信条例》于 2000 年 9 月 20 日国务院第三十一次常务会议讨论通过，国务院令第 291 号发布，并于公布之日起正式施行。

这是我国电信发展史上的一件大事，也是电信法制建设中的一座重要里程碑。该行政法规的公布施行，为电信管理部门依法行政提供重要依据，对于加速我国国民经济和社会信息化，保障信息安全，依法维护电信业务经营者、电信用户的合法权益，促进我国电信事业的健康有序发展，起到了积极作用。

2.2.3 保密基本知识

1. 保密工作概述

保密工作是为维护国家安全和利益，将国家秘密控制在一定范围和时间内，防止泄露或被非法利用，由国家专门机构组织实施的活动。从工作目的看，保密工作包括预防和打击窃密泄密活动；从工作过程看，保密工作贯穿国家秘密运行的全过程；从工作方式看，保密工作主要包括宣传教育、法制建设、指导管理、技术防护、监督检查等方面。

（1）保密工作的方针和原则。

《中华人民共和国保守国家秘密法》规定，保守国家秘密的工作，实行积极防范、突出重点、依法管理的方针，既确保国家秘密安全，又便利信息资源合理利用。法律、行政法规规定公开的事项，应当依法公开。保密工作应当坚持最小化、全程化、精准化、自主化、法制化五项原则。

（2）保密工作领导体制。

中央保密委员会是党中央统一领导党政军保密工作的领导机构，负责中国共产党和中华人民共和国涉密资料的密级审定，规章制度建立、落实、督办，失密案件的查处，行政处罚等工作。

（3）保密工作管理体制。

国家保密行政管理部门主管全国的保密工作，县级以上地方各级保密行政管理部门主管本行政区域的保密工作，机关及单位设立保密工作机构或者指定人员专门负责本机关和本单位的保密工作，中央国家机关在其职权范围内，管理或指导本系统的保密工作。

（4）上下级单位保密工作管理关系。

业务工作接受上级业务部门垂直管理的单位，保密工作以上级业务部门管理为主，同时接受地方保密行政管理部门的指导；业务工作接受上级业务部门指导的单位，保密工作以地方保密行政管理部门管理为主，同时接受上级业务部门的指导。

2. 国家秘密

国家秘密是关系国家安全和利益，依照法定程序确定，在一定时间内只限一定范围的人员知悉的事项。国家秘密的密级分为秘密级、机密级和绝密级三级，秘密级是指一般的国家秘密，泄露会使国家安全和利益遭受损害；机密级是指重要的国家秘密，泄露会使国家安全和利益遭受严重的损害；绝密级是指最重要的国家秘密，泄露会使国家安全和利益遭受特别严重的损害。

（1）定秘授权。

中央国家机关、省级机关及设区的市、自治州一级的机关（以下简称授权机关）可以根据工作需要或者机关、单位申请做出定密授权，保密行政管理部门应当将授权机关名单在有关范围内公布。

中央国家机关可以在主管业务工作范围内做出授予绝密级、机密级和秘密级国家秘密定密权的决定。省级机关可以在主管业务工作范围内或本行政区域内做出授予绝密级、机密级和秘密级国家秘密定密权的决定；设区的市、自治州一级的机关可以在主管业务工作范围内或者本行政区域内做出授予机密级和秘密级国家秘密定密权的决定。定密授权不得超出授权机关的定密权限，被授权机关、单位不得再行授权，授权机关根据工作需要，可以对承担本机关定密权限内的涉密科研、生产或其他涉密任务的机关及单位就具体事项做出定密授权。

（2）定秘责任人。

机关及单位负责人为本机关、本单位的定密责任人，对定密工作负总责，根据工作需要，可以指定本机关、本单位其他负责人、内设机构负责人或其他工作人员为定密责任人，并明确相应的定密权限。指定的定密责任人应当熟悉涉密业务工作，符合在涉密岗位工作的基本条件，机关及单位应当在本机关、本单位内部公布定密责任人名单及其定密权限，并报同级保密行政管理部门备案，定密责任人和承办人应当接受定密培训，熟悉定密职责和保密事项范围，掌握定密程序和方法。

（3）国家秘密的标志。

国家秘密一经确定，应当同时在国家秘密载体上做出国家秘密标志。国家秘密标志形式为“密级★保密期限”“密级★解密时间”或“密级★解密条件”。

在纸介质和电子文件国家秘密载体上做出国家秘密标志的，应当符合有关国家标准。没有国家标准的，应当标注在封面左上角或标题下方的显著位置。光介质、电磁介质等国家秘密载体和属于国家秘密的设备、产品的国家秘密标志，应当标注在壳体及封面、外包装的显著位置。

国家秘密标志应当与载体不可分离，明显并易于识别，无法做出或不宜做出国家秘密标志的，确定该国家秘密的机关、单位应当书面通知知悉范围内的机关、单位或者人员。凡未标明保密期限或解密条件，且未作书面通知的国家秘密事项，其保密期限按照绝密级事项 30 年、机密级事项 20 年、秘密级事项 10 年执行。

（4）定密监督。

机关、单位应当定期对本机关、本单位定密及定密责任人履行职责、定密授权等定密制度落实情况进行检查，对发现的问题及时纠正，同时应当向同级保密行政管理部门报告本机关、本单位年度国家秘密事项统计情况。下一级保密行政管理部门应当向上一级保密行政管理部门报告本行政区域年度定密工作情况，上级机关、单位或业务主管部门发现下级机关、单位定密不当的，应当及时通知其纠正，也可以直接做出确定、变更或解除的决定。中央国家机关应当依法对本系统、本行业的定密工作进行指导和监督，保密行政管理部门应当依法对机关、单位定密工作进行指导、监督和检查，对发现的问题及时纠正或责令整改。

3．涉密人员

涉密人员是指在涉密岗位（在日常工作中产生、经管或者经常接触、知悉国家秘密事项的岗位）工作的人员，涉密人员分为核心涉密人员、重要涉密人员和一般涉密人员。

任用、聘用涉密人员应当按照有关规定进行审查，涉密人员应当具备一定的基本条件：具有中华人民共和国国籍；热爱祖国、遵纪守法；政治立场坚定、品行端正、忠诚可靠；具备涉密岗位要求的业务素质和能力。

（1）涉密人员上岗要求。

涉密人员上岗应当经过保密教育培训，掌握保密知识技能，签订保密承诺书，严格遵守保密规章制度，不得以任何方式泄露国家秘密。

（2）在岗人员保密承诺书。

在岗人员保密承诺书内容主要包括：认真遵守国家保密法律、法规和规章制度，履行保密义务；不提供虚假个人信息，自愿接受保密审查；不违规记录、存储、复制国家秘密信息，不违规留存涉密载体；不以任何方式泄露所接触和知悉的国家秘密；未经单位审查批准，不擅自发表涉及未公开工作内容的文章、著述；离岗时，自愿接受脱密期管理，签订保密承诺书；违反上述承诺，自愿承担党纪、政纪责任和法律后果。

（3）涉密人员离岗、离职。

涉密人员离岗、离职应当及时清退个人持有和使用的涉密载体及涉密信息设备，签订保密承诺书，严格脱密期管理等。

涉密人员脱密期，一般情况下，核心涉密人员为 3 年至 5 年，重要涉密人员为 2 年至 3 年，一般涉密人员为 1 年至 2 年。对特殊的高知密度人员，可以依法设定超过上述期限的脱密期。涉密人员脱密期自机关、单位批准涉密人员离开涉密岗位之日起计算。

涉密人员脱密期管理要求主要包括：明确脱密期限；与原机关、单位签订保密承诺书，做出继续履行保密义务、不泄露所知悉国家秘密的承诺；及时清退所持有和使用的全部涉密载体和涉密信息设备，并办理移交手续；未经审查批准，不得擅自出境；不得到境外驻华机构、组织或者外资企业工作；不得为境外组织人员或者外资企业提供劳务、咨询或其他服务。

涉密人员离岗（离开涉密工作岗位，未离开本机关、单位）的，脱密期管理由本机关、单位负责。涉密人员离开原涉密单位，调入其他国家机关和涉密单位的，脱密期管理由调入单位负责；属于其他情况的，由原涉密单位、保密行政管理部门或公安机关负责。

（4）涉密人员应当报告的重大事项。

涉密人员应当报告的重大事项主要有：发生泄密或者造成重大泄密隐患的；发现针对本人渗透、策反行为的；接受境外机构、组织及非亲属人员资助的；与境外人员结婚的；配偶、子女获得境外永久居留资格或者取得外国国籍的；其他可能影响国家秘密安全的个人情况。

（5）涉密人员要求。

涉密人员出国（境）应当严格按照出国（境）审批制度。确需携带涉密载体出国（境）的应当履行审批程序。涉密人员在境外遇到盘问、利诱、胁迫或者其他重大异常情况的，应当及时报告。

涉密人员发表文章，著作不得涉及国家秘密。凡涉及本系统、本单位业务工作或对是否涉及国家秘密界限不清的，以及拟向境外新闻出版机构提供报道，出版涉及国家政治、经济、外交、科技、军事等方面内容的，应当事先经本单位或上级机关、单位审定。向境外投寄稿件，应当按照国家有关规定办理。

（6）涉密人员的权益保障。

涉密人员除享有作为机关、单位一般工作人员应有的各项权利外，还有权要求机关、单位为其提供符合保密要求的工作条件，配备必要的保密设施、设备，参加保密业务培训，对本岗位的保密工作提出意见建设，依法享有相应的岗位津贴等。

4．涉密载体

涉密载体是指以文字、数据、符号、图形、图像、声音等方式记载国家秘密信息的纸介质、光介质、电磁介质等各类物品。

制作涉密载体应当由机关、单位或经保密行政管理部门保密审查合格的单位承担；制作场所应当符合保密要求，使用电子设备的应当采取电磁泄漏发射防护等措施；制作过程中形成的不需归档的材料要及时销毁。

（1）复制涉密载体内容的管理。

机密级、秘密级涉密载体的复制、摘录、引用、汇编，应当按照规定报批，不得擅自改变原件的密级、保密期限和知悉范围，复制件应当加盖复制机关、单位戳记，并视同原件进行管理。绝密级涉密载体，一般不得复制、摘录、引用、汇编，确有工作需要的，必须征得原定密机关、单位或者其上级机关、单位同意。

（2）收发、传递涉密载体。

收发涉密载体应当履行清点、编号、登记、签收手续；传递涉密载体应当通过机要交通、机要通信或其他符合保密要求的方式进行，不得通过普通邮政、快递等无保密措施的渠道传递；指派专人传递时，要选择安全的交通工具和交通路线，并采取相应的安全保密措施；设有机要文件交换站的城市，在市内传递机密级、秘密级涉密载体，可以通过机要文件交换站进行。

（3）阅读和使用涉密载体。

阅读和使用涉密载体应当在符合保密要求的办公场所进行；确需在办公场所以外阅读和使用涉密载体的，应当遵守有关保密规定。阅读和使用涉密载体，应当办理登记、签收手续，管理人员随时掌握涉密载体的去向。

（4）涉密载体的保存及维修。

保存涉密载体应选择安全保密的场所和部位，配备必要的保密设施、设备，同时应定期清查、核对，发现问题及时报告，离开办公场所，应将涉密载体存放在保密设备中。

携带涉密载体外出，要采取严格的保密措施，使涉密载体始终处于携带人的有效管控之下。参加涉外活动一般不得携带涉密载体，确需携带机密级、秘密级涉密载体的，要经机关、单位负责人批准。

维修涉密载体应由本机关、本单位内部专门技术人员负责。确需外单位人员维修的，要在本机关、本单位内部进行，并指定专人全程现场监督。确需送外维修的，应送保密行政管理部门审查批准的定点单位进行，并在送修前拆除信息存储部件。

（5）涉密载体的销毁。

销毁涉密载体应当履行清点、登记、审批手续，并送交保密行政管理部门设立的销毁工作机构或指定的单位销毁。机关、单位送销涉密载体应当分类封装、安全运送，并派专人现场监销。自行销毁少量涉密载体的应当使用符合国家保密标准的销毁设备和方法。涉密载体销毁的登记、审批记录应当长期保存备查。

绝密级涉密载体应当在符合国家保密标准的设施、设备中保存，并指定专人管理；未经原定密机关、单位或者上级机关批准，不得复制和摘抄；收发、传递和外出携带，应当指定人员负责，并采取必要的安全措施。

（6）涉密载体的移交、清退。

机构撤并时，原机构的涉密载体应根据不同情况，分别移交给制发单位、档案管理部门或合并后的新单位。移交时须履行登记、签收手续，制发单位不收回的，要按规定登记销毁。

5. 防泄密措施

（1）涉密场所防窃听措施。

常见的窃听方式主要有有线搭线窃听、无线窃听（包括专门的无线窃听器、手机窃听、智能终端窃听等）、激光探测窃听、定向探测窃听等。

有线窃听，可通过建设专用电话网、采用光纤传输等方式进行防范；无线窃听，可通过建设电磁屏蔽室等方式进行防范；激光窃听，可通过加装能够阻挡激光的遮盖物或安装语音干扰装置等方式进行防范；定向窃听和振动窃听，可通过限制声源大小、实施隔声防护和管道消声、布置声掩蔽装置等方式进行防范。

（2）涉密场所防窃照措施。

常见的窃照方式主要有间谍卫星窃照、高空侦察机窃照、照相器材窃照、手机窃照、专用小型设备窃照等。间谍卫星、高空侦察机对场所景象、建筑布局结构、大型设备等的窃照，可采取伪装技术手段进行防范；照相器材、手机、专用小型设备对涉密文件、小型设备等的窃照、可采取出入口控制（门禁）、视频监控等控制手段和微型电子设备检测、金属探测等检测手段进行防范。

（3）涉密场所电磁泄漏发射保护措施。

常见的电磁泄漏发射方式主要有传导发射、辐射发射、耦合发射等。涉密设备分散、涉密程度高的场所，可采用低泄射计算机进行防护；涉密设备集中、涉密程度高的场所，可采用建设电磁屏蔽室、配置电磁屏蔽机柜的方式进行防护；处理机密级及以下密级信息的设备，可采用配备视频干扰器的方式进行防护。

2.3 通信系统概论

通信是指利用声、光、电子等手段，借助电信号（含光信号）实现从一地向另一地进行信息传递和交换的过程，通信的基本形式是在信源与信宿之间建立一个传输信息的通道（信道）。现代通信不仅可以无失真、高效率地传输信息，并可在传输过程中抑制无用信息，同时还具有存储、处理、采集及显示等功能。

信源与信宿：信源是消息的产生者，即信息的来源，而信宿是消息的接收者。提供或接收消息的可以是人也可以是电子设备。

消息：即通信系统要传送的对象，它由信源产生。消息可以是语音、图像、文字或某些物理参数。

信息：即消息中的有效内容，消息中有效内容的含量用信息量衡量。

信号：在通信系统中为传送消息而对其变换后传输的某种物理量，如电信号、声信号、光信号等，信号是消息的载体。

信令：通信系统进行控制操作或为用户服务的一类控制信号。

2.3.1　通信系统模型

1. 通信系统基本模型

通信系统的一般模型必须包含五个部分：信源、发送设备、信道、接收设备和信宿。通信的任务是完成信息的传递和交换，而实现信息传输所需的一切设备和传输介质的总和称为通信系统。

信源：其作用是把待传输的消息转换成原始电信号，根据原始电信号的特征，基带信号可分为数字基带信号和模拟基带信号，相应地信源也分为数字信源和模拟信源。不同的信源构成不同形式的通信系统，如人与人之间通信的电话通信系统、计算机之间通信的数据通信系统等。

发送设备：其基本功能是将信源与信道匹配起来，即将信源产生的原始电信号（基带信号）变换成适合在信道中传输的信号，即对基带信号进行某种变换或处理，使原始电信号适应信道传输特性的要求。

信道：即传输信息的通道，又是传输信号的设施，按传输介质（又称传输媒介）的不同，可分为有线信道和无线信道两大类。

接收设备：功能与发送设备（变换器）相反，即把从信道上接收的信号经过解调、译码、解码等变换成信息接收者可以接收的信息，起着恢复原始电信号的作用。

信宿：即信息的接收者（也称收终端），将复原的原始电信号转换成相应的消息。信宿可以与信源相对应，构成“人—人通信”或“机—机通信”，如电话机将对方传来的电信号还原成了声音；也可与信源不一致，构成“人—机通信”或“机—人通信”。

噪声源：即系统内各种干扰影响的等效结果，系统的噪声来自各个部分，从发出和接收信息的周围环境、各种设备的电子器件，到信道所受到的外部电磁场干扰，都会对信号形成噪声影响。为便于分析，一般将系统内存在的干扰折合于信道中，用噪声源表示。

图 2-1 给出的是通信系统基本模型，按照信道中所传信号的形式不同，可进一步具体化为模拟通信系统和数字通信系统。

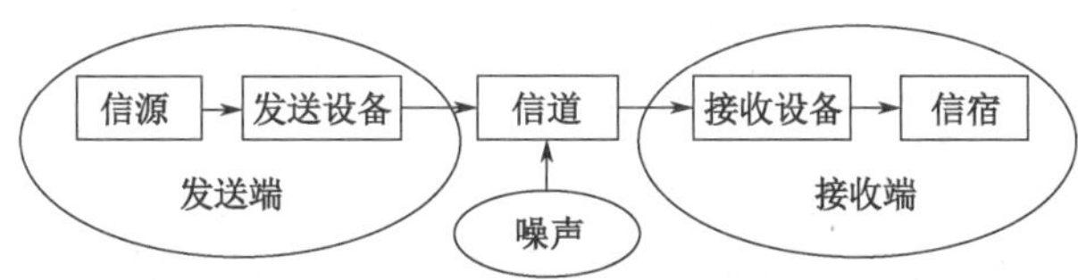

图 2-1　通信系统基本模型

2．模拟通信系统

在模拟通信系统中传送的一定是模拟信号，模拟通信系统的组成可由基本通信系统模型略加改变而成，其模型如图 2-2 所示。

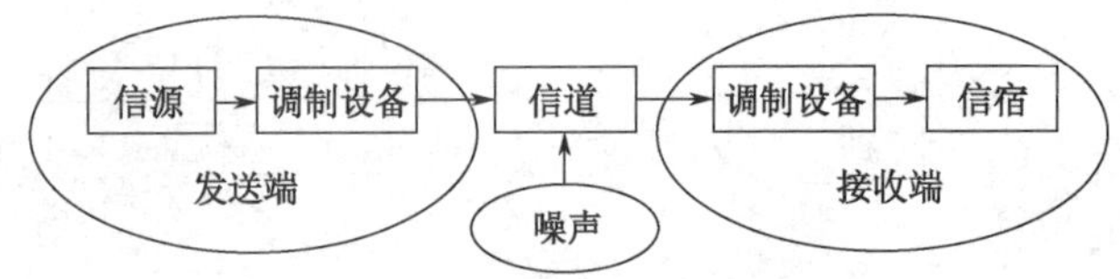

图 2-2　模拟通信系统模型

对于模拟通信系统，需要包含两种重要变换：一是把连续信息变换成电信号（发端信源完成）和把电信号恢复成最初的连续信号（收端信宿完成）；二是将基带信号变换成适合信道传输的信号，这一变换由调制器完成，在接收端则由解调器进行相反变换，这些变换过程分别称为调制和解调，经调制后的信号称为已调信号。

已调信号有三个特征：一是其携带信息，二是适合在信道中传输，三是频谱具有带通形式且中心频率远离零频，通常将发送端调制前和接收端解调后的信号称为基带信号，所以，原始电信号是一种基带信号，而已调信号常称为频带信号。

3．数字通信系统

在数字通信系统中传送的是数字信号，其模型如图 2-3 所示。

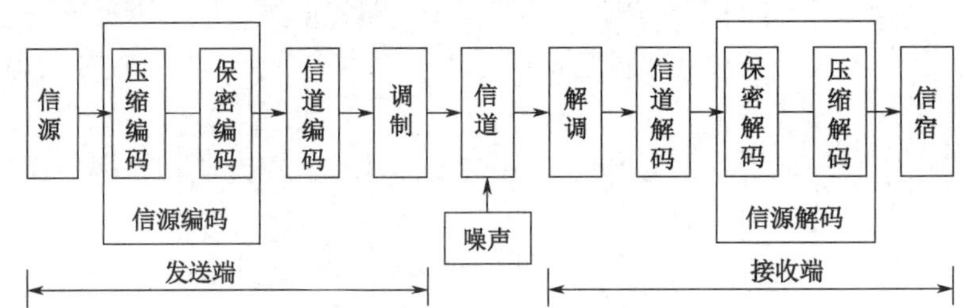

图 2-3　数字通信系统模型

数字通信的信息或信号具有“离散”或“数字”的特性，从而使数字通信具有许多特殊的问题。以调制与解调的信号变换为例，在模拟通信中强调变换的线性特性（已调参量与信息之间的呈比例性），而在数字通信中则强调其开关特性（已调参量与信息之间的一一对应性）。此外数字通信还具有差错控制、加密与保密、同步等突出问题。

相对于模拟通信系统来说，数字通信系统更能适应现代社会对通信技术越来越高的要求。其主要优点有：

（1）抗干扰能力强。

由于在数字通信系统中，传输的信号幅度是离散的，以二进制为例，信号的取值只有两个，这样接收端只需判别两种状态，信号在传输过程中受到噪声的干扰，必然会使波形失真，接收端对其进行抽样判决，以辨别是两种状态中的哪一种，只要噪声的大小不足以影响判决的正确性，就能正确接收（再生），因而数字通信的质量不会随数字中继站的数量变化而受影响。而在模拟通信中，传输的信号幅度是连续变化的，一旦叠加噪声后，即使噪声很小也很难被消除。

（2）差错可控。

数字信号在传输过程中出现的错误（差错）可通过系统中的纠错编码技术来控制，从而可

提高传输的可靠性。

（3）保密性好。

与模拟信号相比，数字信号容易加密和解密，可采取保密性极高的保密技术，从而提高系统的保密度。

（4）易于与现代技术相结合。

由于计算机技术、数字存储技术、数字交换技术及数字处理技术的迅速发展，许多设备与终端接口均采用数字信号，因此极易与数字通信系统相连。数字通信系统可以综合传输各种模拟和数字输入消息，包括语音、图像、文字、信令等，且便于存储和处理（如编码、交换等）。

（5）数字信号可压缩。

数字基带信号占用的频带比模拟信号宽，但可通过信源编码进行压缩以减小冗余度，并采用数字调制技术来提高信道利用率。

（6）设备体积小、重量轻。

与模拟通信设备相比，数字通信设备的设计和制造更容易，体积更小，重量更轻。

相对于模拟通信来说，数字通信存在以下两个缺点。

（1）频带利用率不高。

数字通信中，数字信号占用的频带宽。以电话为例，一路模拟电话通常只占据 4kHz 带宽，但一路语音质量接近相同的数字电话可能要占据 20～60kHz 的带宽，如果系统传输带宽一定，模拟电话的频带利用率要高出数字电话 5～15 倍。

（2）系统设备比较复杂。

数字通信中，要准确地恢复信号，接收端需要严格的同步系统，以保持接收端和发送端的节拍、编组一致，因此数字通信系统及设备一般都比较复杂，体积较大。

2.3.2　通信系统的分类

通信系统可以从不同的角度来分类。

（1）按信道中传输的信号特征可分为模拟通信和数字通信。

（2）按传输介质的不同可分为有线通信和无线通信两大类。有线通信是指采用架空明线、电缆、光缆、光波导等传输介质进行通信的方式，其传输介质看得见、摸得着。该传输方式一般受干扰较小，可靠性、保密性强，但建设费用大。无线通信是指传输消息的方式为看不见、摸不着的介质（如电磁波）的一种通信形式。其常见的通信方式有微波通信、短波通信、卫星通信、散射通信和激光通信等。

（3）按是否采用调制可分为基带通信和频带（调制）通信。

（4）按通信者是否运动可分为固定通信和移动通信。

（5）按多地址接入方式可分为频分多址通信、时分多址通信和码分多址通信等。

（6）按用户类型可分为公用通信和专用通信。

（7）按通信对象的位置可分为地面通信、对空通信、深空通信和水下通信等。

（8）按传输内容可分为单媒体通信（电话、传真等）与多媒体通信（电视、可视电话、远程教学等）。

（9）按传输方向可分为单向通信（广播、电视等）与交互通信（电话、视频点播等）。

（10）按传输带宽可分为窄带通信（电话、电报、低速数据等）与宽带通信（会议电视、高速数据等）。

（11）按传输时间可分为实时通信（电话、电视等）与非实时通信（数据通信等）。

2.3.3 通信方式

从不同角度考虑，通信的工作方式通常有以下几种。

1. 按消息传送的方向与时间分

对于点对点之间的通信，按消息传送的方向与时间，通信方式可分为单工通信、半双工通信及全双工通信三种。

单工通信：是指消息只能单方向进行传输的一种通信工作方式，如图 2-4（a）所示。单工通信的例子很多，如广播、遥控、无线寻呼等。

半双工通信：是指通信双方都能收发消息，但不能同时进行收和发的工作方式，如图 2-4（b）所示，对讲机、收发报机等都是这种通信方式。

全双工通信：是指通信双方可同时进行双向传输消息的工作方式，如图 2-4（c）。在这种方式下，双方都可同时进行收发消息，普通电话、手机等都是这种通信方式。

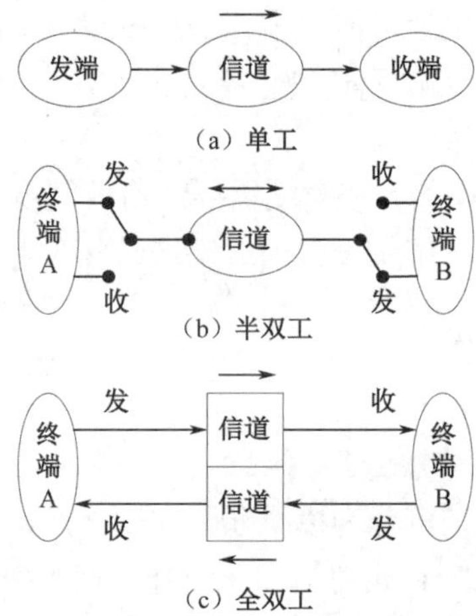

图 2-4　单工、半双工、全双工通信方式示意图

2. 按数字信号排序方式分

在数字通信中，按照数字信号代码排列顺序方式的不同，可将通信方式分为串行传输和并行传输。

串行传输是将代表信息的数字信号序列按时间顺序一个接一个地在信道中传输的方式，如图 2-5（a）所示。如果将代表信息的数字信号序列分割成两路或两路以上的数字信号序列同时在信道上传输，则称为并行传输通信方式，如图 2-5（b）所示。

一般的数字通信方式大都采用串行传输，这种方式只需占用一条通路，缺点是传输时间相对较长；并行传输方式在通信中也会用到，它需要占用多条通路，优点是传输时间较短。

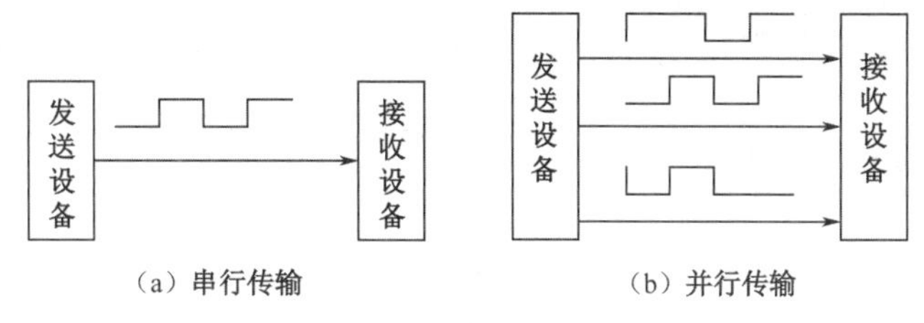

图 2-5　串行和并行传输方式示意图

2.3.4　通信信道

1．无线信道

在无线信道中，信号的传输是利用电磁波在空间的传播来实现的，无线介质指可以传播电磁波（包括光波）的空间或大气，主要由无线电波和光波作为传输载体。由于无线电波传输距离远，能够穿过建筑物，既可全方向传播，也可定位传播，因此绝大多数无线电通信都采用无线电波作为信号传输的载体。根据频率范围进行划分，一般可把无线传输信道分为长波信道、中波信道、短波信道、超短波信道和微波信道。

2．有线信道

在有线传输信道中，信号沿有线介质传播并构成直接信息流通的通路。有线介质包括平衡电缆（双绞线）、同轴电缆、多芯电缆、架空明线（已被替代）和光缆等。

（1）平衡电缆又称双绞线，平衡电缆中每对信号传输线间的距离比明线小，包于绝缘体内，外界破坏和干扰较小，性能也较稳定。平衡电缆的质量和可靠性比早期的架空明线好，通信容量也相对较大，但其损耗随工作频率的增大而急剧增大，通常每公里的衰减分贝数与频率成正比，因而容量受到限制。这类平衡电缆通常制成多芯电缆，从 2 对 4 芯起直到 200 对，形成多层结构而包成一条电缆，外层保护芯线和绝缘体不易被侵蚀和破坏，并起着屏蔽外界干扰的作用。

（2）同轴电缆有粗缆、中同轴和细缆之分，其传输带宽较宽，是容量较大的有线信道。在同轴电缆中，电磁波在外管和内芯之间传播，无发射损耗，也较少受外界干扰，可靠性和传输质量都很好。该类线路每公里衰减的分贝数大致与频率的平方根成正比，在高频段可传输足够的信号能量，带宽和传输容量都较大，其缺点是造价高、施工复杂。

（3）光缆是以光波为载频，以光导纤维（简称光纤）为传输介质的一种通信信道，光纤的基本结构由纤芯和包层组成。光纤通信传输频带宽、通信容量大、传输距离长、损耗低、抗电磁干扰能力强、无串音干扰、保密性强、体积小、重量轻，同时还需要额外的光电转换过程。经过多年的建设与发展，我国现有的基础传输网络主要构建在光通信网上，光缆已取代同轴电缆，成为基础传输网的干线和本地信道。

3．信道特性

从信道统计的特征划分，信道可分为恒参信道和变参信道。

（1）恒参信道。一般的有线信道和部分无线信道（包括卫星链路和某些视距传输链路）可视为恒参信道，因其特性变化小，可视其为参数恒定的信道。恒参信道还可能存在非线性失真、频率偏移和相位抖动等导致信号失真的因素。

（2）变参信道。许多无线信道都是变参信道，各种变参信道具有的共同特性为：信号的传输衰减随时间而变；信号的传输时延随时间而变；存在对信号传输质量影响很大的多径传播现象，且每条路径的长度（时延）和衰减均随时间而变化。

2.3.5 系统评价指标

通信系统的性能指标是一个十分复杂的问题，涉及通信的有效性、可靠性、适应性、标准性、经济性及可维护性等。通信的任务是快速、准确地传递信息，因此从研究信息传输的角度来说，有效性和可靠性是评价通信系统优劣的最重要的指标。

1. 模拟通信系统的质量指标

有效性：模拟通信系统的有效性用有效传输带宽来度量，同样的消息采用不同的调制方式，需要不同的频带宽度，信号占用的频带宽度越窄有效性越好。

可靠性：模拟通信系统的可靠性用接收端最终的输出信噪比来度量，信噪比越大，通信质量越高。如普通电话要求信噪比在 20dB 以上，电视图像则要求信噪比在 40dB 以上。

2. 数字通信系统的质量指标

（1）有效性：数字通信系统的有效性可用传输速率来衡量，传输速率越高，系统的有效性越好。

① 码元传输速率 R_B。

码元传输速率简称码元速率，通常又称为数码率、传码率、码率、信号速率或波形速率，用符号 R_B 表示。码元速率是指单位时间（每秒钟）内传输码元的数目，单位为波特（Baud，B），每秒钟传送一个码元的传输速率为 1 波特。

② 信息传输速率 R_b。

信息传输速率简称信息速率，又可称为传信率、比特速率、比特率等，用符号 R_b 表示。信息速率是指单位时间（每秒钟）内传送的信息量，单位为比特/秒（bit/s），简记为 b/s 或 bps。

③ R_B 与 R_b 之间的关系。

码元速率 R_B 和信息速率 R_b 统称为系统的传输速率，根据码元速率和信息速率的定义可知，N 进制的 R_B 与 R_b 之间在数值上有如下关系：

$$R_b = R_B \log_2 N \text{ bit/s} \qquad \text{（式 2-1）}$$

④ 系统的频带利用率。

通信系统的频带利用率指单位时间、单位频带上传输信息量的多少，单位为比特/（秒·赫兹）[bit/（s·Hz）]。

（2）可靠性：通信系统传输消息的质量即传输的准确程度问题，衡量数字通信系统可靠性的指标用信号在传输过程中出错的概率来表述，即用差错率来衡量，差错率越大，表明系统可靠性越差，差错率常用误码率 P_e、误比特率 P_b 和误组率 P_g 来衡量。

误码率 P_e 又称码元差错率，指在传输过程中发生错码的码元个数与传输的总码元个数之比，也就是传错码元的概率：

$$P_e = \frac{\text{传错码元个数}}{\text{传输的总码元个数}} \qquad \text{（式 2-2）}$$

误比特率 P_b 又称误信率或比特差错率，指在传输过程中产生差错的比特数与传输的总比特数之比：

$$P_{\mathrm{b}}=\frac{\text{传错的比特数}}{\text{传输的总比特数}} \qquad \text{（式 2-3）}$$

当采用二进制码时，误码率与误比特率相等。

误组率 P_{g} 在某些数字通信系统中是以码组为信息单元进行传输的，此时用误组率更为直观，误组率指在发生差错的码组数与所传输的码组总数之比：

$$P_{\mathrm{g}}=\frac{\text{传错的码组数}}{\text{传输的码组总数}} \qquad \text{（式 2-4）}$$

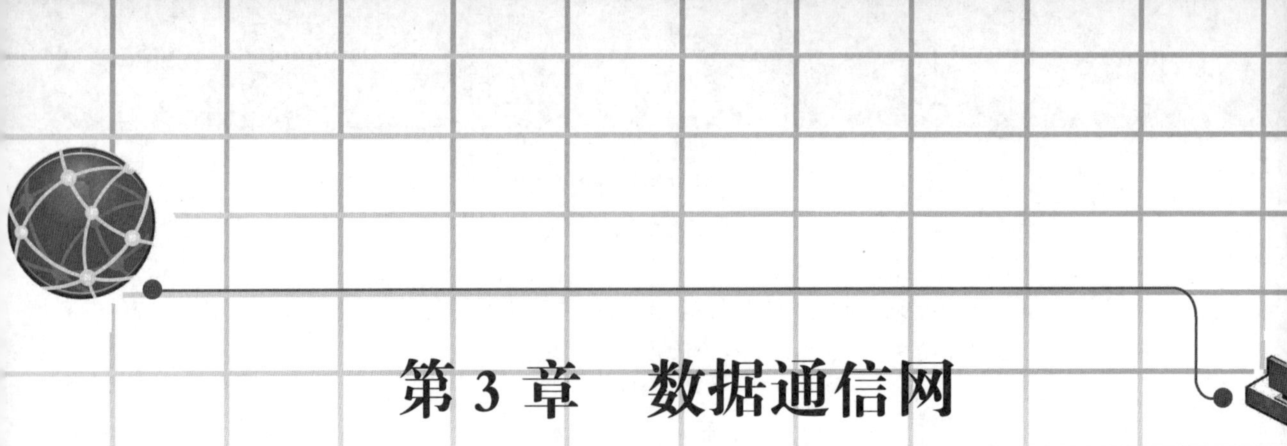

第 3 章　数据通信网

数据通信是计算机与计算机或计算机与终端之间的通信，它传送数据的目的不仅是交换数据，更主要的是利用计算机来处理数据。数据通信系统是通过数据电路将分布在远地的数据终端设备与计算机系统连接起来，实现数据传输、交换、存储和处理的系统。数据通信网是数据通信系统的扩充，或者说是若干个数据通信系统的归并和互联，它是由某一部门建立、操作运行的。其中，为本部门提供数据传输业务的电信网称为专用数据通信网；由电信部门建立、经营，为公众提供数据传输业务的电信网称为公用数据通信网。

3.1　数据通信网概述

数据通信是20世纪50年代随着计算机技术和通信技术的发展与相互渗透而兴起的一种新的通信方式，它是计算机和通信相结合的产物，实现了计算机与计算机之间、计算机与终端之间的信息传递。目前社会正向全面信息化方向大步迈进，社会各部门、企业都已经把数据通信作为参与市场竞争的重要手段，计算机、智能终端等设备进入用户家庭及网络进程应用的加快，为数据通信的发展开辟了广阔的前景。

早期的远程信息处理系统大多以一台或几台计算机为中心，依靠数据通信手段连接大量的远程终端，构成一个面向终端的集中式处理系统；20 世纪 60 年代末，以美国的 ARPA 计算机网的诞生为起点，出现了以资源共享为目的的异机种计算机通信网，从而开辟了计算机技术的一个新领域——网络化与分布处理技术；70 年代后，计算机网与分布处理技术获得了迅速发展，从而推动了数据通信的发展。1976 年，CCITT 正式公布了分组交换数据网的重要标准——X.25 建议，其后又经多次的完善与修改，为公用与专用数据网的技术发展奠定了基础；70 年代末，国际标准化组织（ISO）为了推动异机种系统的连接，提出了开放系统互连（OSI）参考模型，并于 1984 年正式通过，成为一项国际标准，此后计算机网络技术与应用的发展即按照这一模型来进行。

数据通信的发展趋势集中表现为：应用范围与应用规模的扩大，新的应用业务如电子数据互换（EDI）、多媒体通信等不断涌现；随着通信量增大，网络日益向高速、宽带、数字传输与综合利用的方向发展；与移动通信的发展相配合，移动式数据通信正获得迅速发展；随着网络与系统规模的不断扩大，不同类型的网络与系统连接（也包括对互联网的操作与管理）的重要性日趋突出；通信协议标准大量增加，协议工程技术日益发展。

典型的数据网络体系结构有开放系统互连参考模型（Open System Interconnection Reference

Model，OSI/RM）和 TCP/IP 协议体系结构，两种协议之间在存在一些差异的同时也有着密切的关系，事实上大多数针对不同计算机网络类型的体系结构都是参照或基于 OSI/RM 来设计或改进的。

3.1.1 概述

数据通信是在两点或多点之间传送数据信息的过程，具体来说数据通信就是按照通信协议，利用传输技术在功能单元之间传送数据信息，从而实现计算机与计算机之间、计算机与其他数据终端之间、其他数据终端之间的信息交互而产生的一种通信技术。研究数据通信系统包括两方面内容：一方面研究信道的组成、连接、控制及其使用；另一方面研究信号如何在信道上传输和控制。任何一个数据通信系统都是由终端、数据电路和计算机系统三种类型的设备组成的。

数据通信与数字通信有概念上的区别，数据通信是一种通信方式，而数字通信则是一种通信技术体制。在电信系统中，电信号的传输与交换可以采用模拟技术体制，也可以采用数字技术体制，而对于数据通信，既可以采用模拟技术体制，也可以采用数字技术体制，即在信源和信宿中，数据是以数字形式存在的，但在传输期间，数据可以是数字形式也可以是模拟形式。

数据通信系统可用来连接各种类型的数字数据设备，一个数据通信系统可以是简单的两台通过公共电信网络连接的个人计算机，也可以是一台或多台大型计算机和上百台（甚至上千台）远程终端、个人计算机及工作站组成的复杂系统。

1. 系统组成

在数据通信系统中，远端的数据终端设备（DTE）通过由数据通信设备（DCE）和传输信道组成的数据电路，与计算机系统实现连接，如图 3-1 所示。

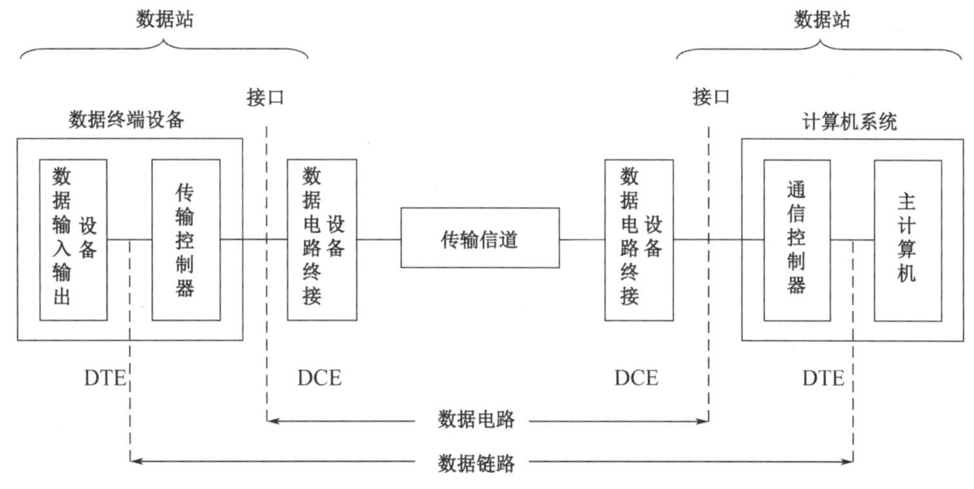

图 3-1 数据通信系统的构成

（1）数据终端设备（Data Terminal Equipment，DTE）。

DTE 是数据通信网中用于处理用户数据的设备，从简单的数据终端、I/O 设备到复杂的中心计算机均称为 DTE。

（2）数据通信设备（Data Communication Equipment，DCE）。

DCE 属于网络终端设备，调制解调器（Modem）、线路接续控制设备及与线路连接的其他数据传输设备均称为 DCE。

（3）传输信道。

传输信道有不同的分类方法，可分为模拟信道和数字信道、专用线路和交换网线路、有线信道和无线信道，以及频分信道、时分信道和码分信道等。

（4）数据链路。

数据通信设备（DCE）与信道一起构成数据电路，数据电路加上传输控制规程及两端的执行规程的传输控制器和通信控制器构成数据链路。数据链路是一条无源的点到点的物理线路段，中间没有任何的交换节点，在传输质量上，数据链路优于数据电路。

数据终端设备是一个通用术语，是数据通信系统中的端设备或端系统，它可以是一个数据源（数据的发生者），也可以是一个数据宿（数据的接收者）或者两者都是。数据通信设备也是一个通用术语，如果传输信道是模拟信道，DCE 的作用就是把 DTE 送来的数据信号转换为模拟信号再送往信道，或者把信道送来的模拟信号转换成数据信号再送到 DTE。如果信道是数字的，DCE 的作用就是实现信号码型与电平的转换、信道特性的均衡、收发时钟的形成及供给，以及线路接续控制等功能。

2．系统功能

（1）传输系统的充分利用（信道复用）：传输信道通常会被多个正在通信的设备共享，为了使若干个信号能在同一信道上传输，“复用”技术可将若干个彼此独立的信号合并为一个可在同一信道上同时传输的信号。

（2）接口：建立设备与传输系统之间的接口并产生信号是进行通信的必要条件，其信号格式及信号强度应能在传输系统上进行传输，并能被接收器转换为数据。

（3）同步：接收器必须能判断信号的开始、到达时间、结束时间及每个信号单元的持续时间，发送器和接收器之间需要达成某种形式的同步，才可使数字通信系统正常运行。

（4）交换管理：若在一段时间内数据的交换为双向的，则收发双方必须合作，系统为此需要收集其他信息。

（5）差错控制：任何通信系统都可能出现差错（如传送的信号在到达终点前失真过度），在不允许出现差错的环节中（如在数据处理系统中）就需要有差错检测和纠正机制。

（6）寻址和路由选择：寻址是传输系统同目的站系统建立连接的过程且保证只有目的主机才能收到通信数据，路由选择是在多路径网络的传输过程中，系统以一定的方式选择性能好、速度快、质量佳的路径。

（7）恢复：当信息数据正在交换时，若因系统某处故障而导致传输中断，则需要使用恢复技术，其任务是从中断处开始继续工作，或恢复到数据交换前的状态。

（8）报文的格式化：为规范和统一数据通信系统的传输格式，在数据交换或转发时，收发双方须使用一致的通信协议（如使用相同的编码格式）。

（9）安全措施：数据通信系统中必须采取若干安全措施，以保证数据准确无误地从发送方传送到接收方。

（10）网络管理：数据通信系统需要各种网络管理功能来设置系统、监视系统状态，在发生故障和过载时进行处理。

3．数据通信的特点

数据通信是计算机与计算机、终端与计算机之间的通信，该过程可以这么认为：

$$数据通信 = 数据处理 + 数据传输 \quad （式 3-1）$$

由于数据通信是计算机（终端）之间的通信，属于非话业务，与实时电话通信相比有如下特点：

（1）数据通信传输和处理离散的数字信号；

（2）数据通信的速率很高，且通信量突发性强；

（3）数据传输的可靠性要求高；

（4）必须事先制定通信双方均应遵守的、功能齐备的通信协议；

（5）数据通信的信息传输效率很高；

（6）数据通信每次呼叫的平均持续时间短。

数据通信是一个以满足数据传送为基本出发点，不断向其他领域延伸的通信技术，它的历史很短，但发展迅速，现在已形成具有多种接入方式，采用多种骨干技术、多种传输介质的数据通信网。

4. 性能评价指标

（1）带宽：带宽有信道带宽和信号带宽之分，一个信道（广义信道）能够传送电磁波的有效频率范围称为该信道的带宽；对信号而言，信号所占据的频率范围就是信号的带宽。

（2）信号传播速度：信号传播速度是指信号在信道上每秒传送的距离（单位为 m/s），通信信号通常都以电磁波的形式出现，因此信号传播速度一般为常量，约为 3×10^5km/s，略低于光在真空中的速度。

（3）数据传输速率（比特率）：数据传输速率即信息传输速率，指每秒能够传输多少位数据，单位为 bit/s。

（4）最大传输速率：指单位时间内系统能够传输的最大数据。

（5）码元速率（波特率）：波特率（Baud）为单位时间内传输的码元个数。

（6）吞吐量：吞吐量是信道在单位时间内成功传输的信息量，单位一般为 bit/s。

（7）利用率：利用率是吞吐量和最大数据传输速率之比。

（8）延迟：延迟指从发送者发送第一位数据开始，到接收者成功地收到最后一位数据为止所经历的时间，可分为传输延迟和传播延迟。传输延迟与数据传输速率、发送机/接收机及中继和交换设备的处理速度有关，传播延迟与传播距离有关。

（9）抖动：延迟的实时变化称为抖动。抖动往往与设备处理能力和信道拥挤程度等有关，某些应用对延迟敏感，如电话；某些应用则对抖动敏感，如实时图像传输。

（10）差错率：差错率是衡量通信信道可靠性的重要指标，在数据通信中常用的是比特差错率、码元差错率和分组差错率。

比特差错率是二进制比特位在传输过程中被误传的概率，在样本足够多的情况下，错传的位数与传输总位数之比近似等于比特差错率的理论值，码元差错率对应于波特率，指码元被误传的概率；分组差错率是指数据分组被误传的概率。

3.1.2　数据传输

1. 数据传输速率

数据传输速率是衡量数据通信系统传输能力的主要指标，通常使用以下三种不同的定义。

（1）码元速率。

码元速率的定义是每秒传输的码元数，又称波特率，单位为波特（Bd），如信号码元持续

时间为 T（s），则码元速率可表示为 $\frac{1}{T}$。

（2）数据传信速率。

数据传信速率的定义是每秒传输二进制码元的个数，又称比特率，单位为比特/秒（bit/s）。比特是英文 binary digit 的缩写，在信息论中作为信息量的度量单位，码元携带的信息量由码元取的离散值个数决定。若码元取两个离散值（如 0 和 1），则一个码元携带 1 比特（bit）信息，若码元可取 4 种离散值（如 0、1、2、3），则一个码元携带 2 比特信息。一个码元携带的信息量 n 比特与码元的种类数即离散值个数 N 有下式关系：$n=\log_2 N$。数据传信速率（bit/s）和码元速率（Bd）之间存在的关系可用如下公式表示：

$$R_b = R_B \log_2 M \quad \text{（式 3-2）}$$

式中，R_b 表示数据传信速率，R_B 表示码元速率，M 为进制数。

如果码元速率为 600Bd，在二进制时，数据传信速率为 600 bit/s；在四进制时，数据传信速率则为 1200bit/s。对于二进制，由于 $\log_2 M=1$，在数值上波特率和比特率是相等的，但其意义是不同的。

（3）数据传送速率。

数据传送速率的定义是单位时间内在数据传输系统中的相应设备之间实际传送的比特、字符或码组平均数，单位分别为比特/秒、字符/秒或码组/秒。数据传信速率与数据传送速率不同，数据传信速率是传输数据的速率；而数据传送速率是相应设备之间实际能达到的平均数据转移速率，它不仅与发送的比特率有关，而且与通信规程、差错控制方式及信道差错率有关，即与传输的效率有关，数据传送速率总是小于数据传信速率。

数据传输速率的三个定义在实际应用上既有联系又有侧重。在介绍信道特性，特别是传输频带宽度时，通常使用码元速率；在介绍传输数据速率时，采用数据传信率；在介绍系统的实际数据传送能力时，使用数据传送速率。

2. 传输方式

数据传输方式是指数据在信道上传送所采取的方式，按数据代码传输的顺序可以分为串行传输和并行传输；按数据传输的同步方式可分为同步传输和异步传输；按数据传输的流向和时间关系可分为单工传输、半双工传输和全双工传输。

（1）串行传输和并行传输。

二进制信息既可以串行传输，也可以并行传输，串行传输主要应用于远距离的数据终端设备，主要是计算机之间的数据传输；而并行传输主要应用于近距离的计算机及其外设如打印机、调制解调器等之间的数据传输。

串行传输：数字流以串行方式在一条信道上传输，即数字信号序列按信号变化的时间顺序，逐位从信源经过信道传输到信宿。

并行传输：数据（一定信息的数字信号序列）按其码元数可分成 n 路（通常，n 为一个字长，如 8 路、16 路、32 路等），同时在 n 路并行信道中传输，信源可将 n 位数据一次传送到信宿。其多用于短距离通信（如计算机与打印机之间的通信）。

（2）同步传输与异步传输。

① 同步传输。

同步传输的基本特点是使接收端的时钟严格与发送端保持一致，从而使接收时钟与接收数据位之间不存在误差积累的问题，确保正确地将每一个数据位区分开并接收下来。这样就省去

了每个数据字传送时添加的附加位，也就是说，同步传输时把全部要发送的有效数据位紧密排列成数据流，在接收端再把这些数据分成数据字。

为了区分数据流中的各个数据字，同步传输对数据格式做了一定的规定，就形成了各种不同的协议。同步传输时一个数据帧中包含以下几部分：帧的开头必须规定同步码，这是一组区别于一般信息编码的一种特殊二进制编码，通常选择在数据码中极少出现的码型，以避免可能造成的混乱；同步码后面紧跟着数据码，每个数据字之间紧密排列不留空隙。原则上讲，数据码的长度不做严格的限定，但在实用系统中，考虑到传输可靠性及网络工作环境，有时对一帧的长度还是做了一些限制的；数据帧的最后部分是校验码，它对本帧的数据进行校验，以确认接收数据的正确性。为了使同步传输的接收端能够连续准确地接收很长的数据串，接收时钟必须与数据速率始终保持一致，失去这个条件"同步"就被破坏，无法正确通信。当收发双方距离很近时，当然可以考虑把发送时钟与数据码一起传送到接收端，但是在大部分情况下，收和发的距离相当远，这种方法显得很不实际。目前通常采用从接收数码的脉冲串中提取时钟，用做接收端时钟的方法，同时要在接收端正确地从数据流中把各数据字区分出来，其关键在于正确识别同步码。

② 异步传输。

实现数字通信的必要条件是保持收发双方的时钟一致，实际上收发双方往往相距很远，且收端的时钟通常是独立产生的，难以保证与发端时钟完全相同，为了在这种条件下满足通信对时钟的最低要求，提出的第一个简便方法就是异步传输。

异步传输时，对每一个数据编码加上一些固定的特殊码，如起始位、奇偶校验位和停止位等，组成一个数据帧。线路上没有数码传输时称为空闲态，线路保持为高电平，在数据正式开始传送前，先发送一个起始位，它占用一个码元的时间，且规定为低电平，紧接着传送 5～8 个数据位，最先传送的是数据编码的最低位（LSB）。在一次确定的传输中，每个异步数据中包括的有效数据长度应是相同的，数据位结束后，可以再传送一位奇偶校验位，对全部数据位进行奇校验或偶校验。是否需要加上这一位，采用奇校验还是偶校验，可以由用户根据情况选择，最后必须加上停止位（规定为高电平），作为这个数据帧的结束标志，停止位的宽度可以是 1 位或 2 位。当前一字符所组成的数据帧全部发送完毕后，下一字符尚未准备好时，线路将回到空闲状态，延续前一帧中停止位的高电平，直到出现下一个起始位为止。

通常在异步数据的接收端，都采用一个独立产生的频率为数据速率 16 倍以上的时钟，利用这个时钟速率检测线路上的状态，检测到起始位后，开始接收数据位，接收到规定的数据位后，接收器还要对接收数据进行校验，如果校验无误，表示这个数据帧基本上已经正确接收，然后将数据移入缓冲寄存器，等待处理机读取。为了提高对数据帧接收的正确性，接收器还必须对停止位检测，只有检测到高电平后，才可以说把这一帧正确地接收完了，否则就认为这一帧的接收发生了帧错误。

异步传输在收发数据时所用的时钟是独立的，最多只是标称值相同而已，这也是采用"异步"这个名称的原因，由于异步传输对时钟的要求不高，对其他设备的要求也较低，这种方式得到了广泛的应用，特别在一些经济条件受限制的情况下更受欢迎，异步传输中对每一个数据位的同步，是依靠确定起始位和接收端时钟的频率准确性和稳定性来保证的，对数据字的同步，依赖预知数据字的位数，以及可以在起始位和停止位之间检测特殊位的功能。

异步传输的最大优点是设备简单、易于实现，但是它的效率很低，如一个数据帧由 10 个码元组成，其中只有 8 位数据，不含信号的码元就占了 20%，这使得线路利用率降低。

一般来说，同步传输较异步传输可以获得较高的数据速率，这种速度上的差异是由于两种传输方式的信号形式不同造成的，异步传输时，由于空闲态长度的不确定，使其不会是时钟周期的整数倍，而同步方式时所有的码元都是等宽的，这种信号形式的差异使同步方式可以采用高效率的调制，实现高速通信。

（3）单工传输、半双工传输与全双工传输。

若通信仅在两个设备之间进行，按信息流向与时间关系的不同，传输方式则可分为单工传输、半双工传输与全双工传输。

① 单工传输：指信息只能向一个方向传输的方式，一条链路的两个站点中，只有一个可进行发送，另一个只能接收。例如，广播、电视即为单工传输模式。

② 半双工传输：两个站点都可发送和接收数据，但同一时刻仅限于一个方向传输。

③ 全双工传输：能同时进行双向通信，双方可同时发送和接收数据，两个方向的信号使用两条独立的物理链路或共享一条链路进行传输，每个方向的信号平分信道的带宽。

3. 数据传输的质量

（1）差错率。

由于数据信号在传输过程中不可避免地会受到外界的噪声干扰，信道的不理想也会带来信号的畸变，因此当噪声干扰和信号畸变达到一定程度时可能导致接收的差错。衡量数据传输质量的最终指标是差错率。差错率有多种定义，在数据传输中，一般采用误码率、误比特率、误组率，其公式见式 2-2、式 2-3、式 2-4。

（2）频带利用率 η。

数据信号的传输需要一定的频带，数据传输系统占用的频带越宽，传输数据信息的能力越大，因此在比较不同数据传输系统的效率时，只考虑它们的数据传信速率是不充分的，即使两个数据传输系统的传信速率相同，但它们的通信效率也可能不同，还要看传输相同信息所占的频带宽度，因此真正衡量数据传输系统的信息传输效率应是单位频带内的码元速率，即每赫兹的波特数：

$$\eta=\frac{\text{系统的码元速率}}{\text{系统的频带宽度}} \qquad \text{（式 3-3）}$$

当然，衡量数据传输系统有效性的指标也可以是单位频带内的传信速率，即每赫兹每秒的比特数［bit/（s・Hz）］。

3.1.3 纠错编码技术

通信系统的主要质量指标是通信的有效性和可靠性，由于信道传输特性不理想及加性噪声的影响，接收到的信息不可避免地会发生错误，从而影响传输系统的可靠性。在数字通信系统中，编码器分为信源编码（解决通信的有效性问题）和信道编码（解决通信的可靠性问题），信道编码也称差错控制编码，是提高数字传输可靠性的一种措施。

1. 差错控制概述

差错控制编码是针对传输信道不理想而采取的提高数字传输可靠性的一种措施。在实际信

道上传输数字信号时，由于信道传输特性不理想及加性噪声的影响，所收到的数字信号不可避免地会发生错误。为了抑制信道噪声对信号的干扰，往往还需要采用信道编码技术，即差错控制编码。

（1）差错的分类。

传输错码的原因可分为两类：一是由乘性干扰引起的码间串扰而造成的错码，该类型干扰可采用均衡的方法以减少或消除错码；二是由加性干扰使信噪比降低从而造成错码，该类型干扰可采用提高发送功率和选用性能优良的调制体制来提高信噪比。

差错可分为随机差错和突发差错：随机差错是指由随机噪声导致的传输信息错误，其表现为独立、稀疏且互不相关发生的差错；突发差错是指在短时段内相对集中出现的差错，其产生原因大多是传输线路接触不良、继电器故障或雷电干扰。

（2）差错控制概念。

在进行数据传输时，应采用一定的方法发现并纠正差错，该过程称为差错控制。在差错控制编码技术中，编码器根据输入信息码元产生相应的监督码元，实现对差错进行控制，而译码器主要是进行检错和纠错，这种检错和纠错能力是用信息量的冗余度来换取的，实际上是通过牺牲信息传输的有效性来换取可靠性的，对于一个实用的通信系统而言，信源编码和信道编码都是必不可少的处理环节。

（3）差错控制方式。

常用的差错控制方式主要有 4 种：前向纠错（FEC）方式、检错重发（ARQ）方式、反馈校验（IRQ）方式和混合纠错（HEC）方式。

① 前向纠错（FEC）方式。

发送端对信息码元进行编码处理，使发送的码组具备纠错能力，接收端收到该码组后，通过译码能自动发现并纠正传输中出现的错误。该方式不需要反向信道，特别适合只能提供单向信道的场合，由于接收端能够自动纠错，不会因发送端反复重发而延误时间，故系统实时性好。

② 检错重发（ARQ）方式。

发送端经过编码后发出能够检错的码组，接收端收到后，若检测出错误，则通过反向信道通知发送端重发，发送端将前面的信息再重发一次，直至接收端确认收到正确信息为止。该方式可发现某个或某些接收码元有错，但不确定错码的准确位置，所以需要使用反向信道，且实时性较差，但是检错译码器的成本和复杂性均明显低于前向纠错方式，常用的检错重发系统有三种：停止-等待重发、返回重发和选择重发。

③ 反馈校验（IRQ）方式。

接收端将收到的信息码元原封不动地转发回发送端，并与发送的码元相比较，若发现错误，发送端再进行重发。该方法原理和设备较简单，无须检错和纠错编译系统，但需要使用反向信道。由于每个信息码元至少要被传送两次，故传输效率低、实时性差。

④ 混合纠错（HEC）方式。

HEC 是前向纠错和检错重发方式的结合，在 HEC 方式中，发送端不但具有纠错能力，而且对超出纠错范围的错误也具有检测能力。常用差错控制方式的系统构成如图 3-2 所示。

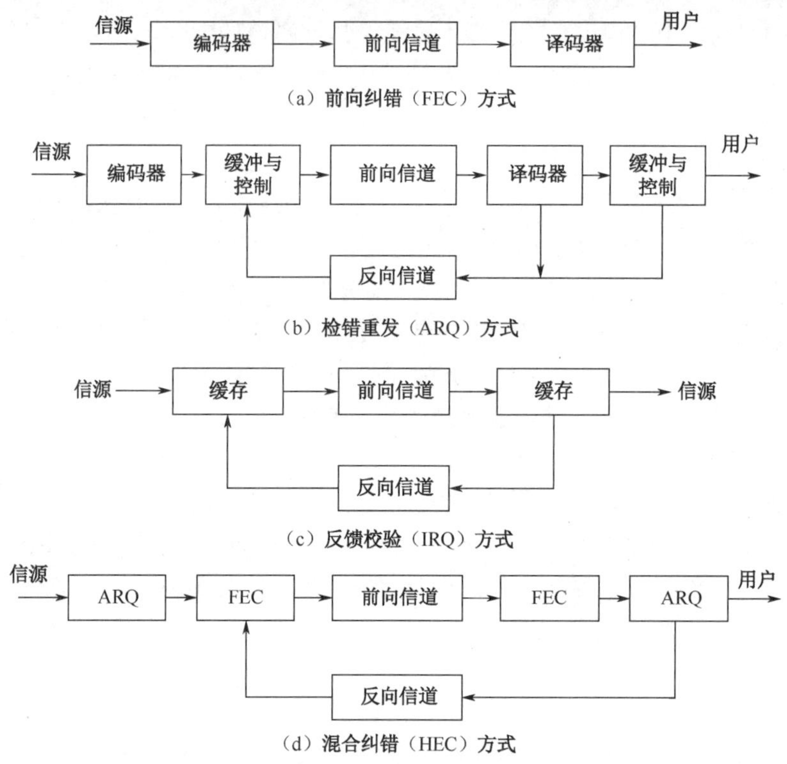

图 3-2　常用差错控制方式的系统构成

2. 差错控制编码

（1）差错控制编码分类。

① 按照编码的不同功能分类。

检错码：能发现错误，但仅能检错。

纠错码：在检错的同时还能纠正误码。

纠删码：不仅具有纠错的功能，还能对不可纠正的码元进行简单的删除。

② 按照信息码元和附加监督码元间的检验关系分类。

线性码：信息码元与监督码元之间的关系为线性关系（即满足一组线性方程组）。

非线性码：信息码元与监督码元之间的关系为非线性关系。

③ 按照信息码元和附加监督码元之间的约束关系分类。

分组码：监督码元仅与本组的信息有关。

卷积码：监督码元既与本组的信息有关，也与以前码组的信息有约束关系，各组之间具有相关性，卷积码的性能优于分组码，在通信中的应用日趋增多。

（2）常用的差错控制编码。

① 奇偶校验码。

奇偶校验码属于检错码，其编码规则是先将所要传输的数据码元进行分组，在分组数据后面附加一位监督位，使得该组码连同监督位在内的码组中的“1”的个数为偶数（称为偶校验）或奇数（称为奇校验）。在许多编码标准中，为了检查字符传输是否有错，常在 7 位码组后加 1 位作为奇偶校验位，使得 8 位码组（1 字节）中“1”或“0”的个数为偶数或奇数。

② 循环冗余校验（CRC）。

循环冗余校验常作为检错码，它是一种通过多项式除法运算检测错误的方法。CRC 码的生成与校验过程可用软件或硬件来实现（许多通信集成电路本身带有标准的 CRC 码生成与校验功能）。CRC 码的校验能力很强，既能检测随机差错，又能检测突发差错。

③ 交织编码。

交织编码的目的是把一个有记忆的突发差错信道改造为基本上无记忆的随机独立差错的信道，把成片误码变为独立分散的误码后再用纠错码（纠随机独立差错）来纠错。常用的交织结构是分组交织和卷积交织。

3.1.4 数据通信传输手段

1. 电缆通信

该通信方式主要采用双绞线、同轴电缆等介质进行传输，主要用于用户市话和长途通信，调制方式为 SSB/FDM。由于光纤通信方式基于同轴的 PCM 时分多路数字基带传输技术，性能相对同轴电缆通信较好，因此电缆通信将越来越多地使用光纤进行传输。

2. 微波中继通信

该通信方式比同轴电缆易架设、投资小、周期短。模拟电话微波通信主要采用 SSB/FM/FDM 调制，通信容量 6 000 路/频道；数字微波通信采用 BPSK、QPSK 及 QAM 调制技术，以及 64QAM、256QAM 等多电平调制技术，提高了微波通信容量，可在 40MHz 频道内传送 1 920 路至 7 680 路 PCM 数字电话。

3. 光纤通信

光纤通信是将光波作为载体，将信息在光纤中进行传输的通信方式，它具有通信容量大、通信距离长及抗干扰性强等特点，目前主要用于本地、长途、干线传输，光纤通信在现代电信网中起着举足轻重的作用，它已成为数据通信中主要的传输方式。

4. 卫星通信

卫星通信是指利用人造地球卫星作为中继站来转发无线电波，从而实现两个或多个地球站之间的通信，它具有通信距离远、传输容量大、覆盖面积广、不受地域限制及可靠性高等特点。卫星通信系统一般由空间分系统、通信地球站、跟踪遥测及指令分系统和监控管理分系统 4 部分组成。

5. 移动通信

移动通信（Mobile Communications）指通信的双方至少有一方是处于移动中的通信方式，移动体可以是人，也可以是汽车、火车、轮船、车载电台等。移动通信使用频段涵盖了低频、中频、高频、甚高频、特高频和微波，如我国陆地移动电话通信系统常采用 160MHz、450MHz、800MHz 及 900MHz 频段；地空之间的航空移动通信系统常采用 108MHz 至 136MHz 频段；岸站与船站的海上移动通信系统常采用 150MHz 频段；国际海事卫星移动通信系统采用 1.5GHz/l.6GHz 的 L 频段；陆地的卫星移动通信系统有采用 L 频段的，也有使用 11/14GHz、12/14GHz 的 Ku 频段进行通信的。

3.2 局域网

3.2.1 局域网概述

局域网（Local Area Network，LAN）是指在某一区域内由多台计算机互联成的计算机组，通信距离一般是几百米至几千米。局域网可以实现文件管理、应用软件共享、打印机共享、扫描仪共享、工作组内的日程安排、电子邮件和传真通信服务等功能，它严格意义上是封闭型的，可以由办公室内几台甚至成千上万台计算机组成，决定局域网的主要技术要素为网络拓扑、传输介质与介质访问控制方法。

目前常见的局域网类型包括以太网（Ethernet）、光纤分布式数据接口（FDDI）、异步传输模式（ATM）、令牌环网（Token Ring）、交换网 Switching 等，它们在拓扑结构、传输介质、传输速率、数据格式等方面都有许多不同，其中应用最广泛的当属以太网，它是一种总线结构的 LAN，是目前发展最迅速、也最经济的局域网。

以太网（Ethernet）是现有局域网采用的通用的通信协议标准，是应用最为广泛的局域网，包括标准以太网（10Mbit/s）、快速以太网（100Mbit/s）、千兆（1 000Mbit/s）以太网和 10G（10Gbit/s）以太网，它采用的是 CSMA/CD（载波监听多路访问和冲突检测）访问控制法，符合 IEEE802.3 标准。

IEEE802.3 不是一种具体的网络而是一种技术规范，该标准定义了在局域网（LAN）中采用的电缆类型和信号处理方法，最初由 Xerox 公司于 1975 年研制成功，由 DEC、Intel 和 Xerox 三家公司制定了以太网的技术规范于 20 世纪 80 年代初首次出版，称为 DIX1.0，1982 年修改后的版本为 DIX2.0。这三家公司将此规范提交给 IEEE（电子电气工程师协会）802 委员会，经过 IEEE 成员的修改并通过，变成了 IEEE 的正式标准，并编号为 IEEE802.3，IEEE802.3 以太网标准在 1989 年正式成为国际标准，30 多年中以太网技术不断发展，成为迄今应用最广泛的局域网技术。

作为最悠久的网络技术之一，以太网技术将继续向前发展。出色的性价比、灵活性和互操作性是其优势，但与大多数技术解决方案一样，成本是决定其发展速度的重要因素。目前像英特尔公司这样的在以太网组件领域处于领先地位的供应商已经致力于推出卓越性价比特性和优势的新产品和构建模块。这些实力强劲的 IT 业界巨头的介入，一方面有助于促进以太网技术的快速发展；另一方面可以凭借其经济实力和规模效应有效地降低产品成本，从而使最终用户受益。

1．局域网的结构类型

LAN 的结构主要有以太网（Ethernet）、令牌环（Token Ring）、令牌总线（Token Bus），以及作为这三种网的骨干网光纤分布数据接口（FDDI），它们所遵循的标准都以 802 开头，目前共有 11 个与局域网有关的标准，它们分别如下所示。

- IEEE 802.1：通用网络概念及网桥等；
- IEEE 802.2：逻辑链路控制等；

- IEEE 802.3：CSMA/CD 访问方法及物理层规定；
- IEEE 802.4：ARCnet 总线结构及访问方法，物理层规定；
- IEEE 802.5：Token Ring 访问方法及物理层规定等；
- IEEE 802.6：城域网的访问方法及物理层规定；
- IEEE 802.7：宽带局域网；
- IEEE 802.8：光纤局域网（FDDI）；
- IEEE 802.9：ISDN 局域网；
- IEEE 802.10：网络的安全；
- IEEE 802.11：无线局域网。

上述 LAN 技术各有自身的敷缆规则与工作站的连接方法，硬件需求及各种其他部件的连接规定。网络拓扑结构有两种类型，一个是指相互连接的工作站的物理布局，另一个是网络的工作方式，前者是人们可以看到的连接结构，后者是逻辑、操作结构，因而是不可见的并称之为逻辑拓扑结构。

2. 局域网的分类

可从下面几个方面对局域网进行划分。

（1）拓扑结构：根据局域网采用的拓扑结构，可分为总线型局域网、环形局域网、星形局域网和混合型局域网等。

（2）传输介质：局域网上常用的传输介质有同轴电缆、双绞线、光缆等，因此可以将局域网分为同轴电缆局域网、双绞线局域网和光缆局域网。如果采用的是无线电波、微波进行传输，则可称为无线局域网。

（3）访问传输介质的方法：传输介质提供了两台或多台计算机互连并进行信息传输的通道，在局域网上，经常是在一条传输介质上连有多台计算机（如总线型和环形局域网），即大家共享同一传输介质，而一条传输介质在某一时间内只能被一台计算机使用，那么在某一时刻到底谁能使用或访问传输介质呢？这就需要有一个共同遵守的准则来控制、协调各计算机对传输介质的同时访问，这种准则就是协议或称为媒体访问控制方法，据此可以将局域网分为以太网、令牌环网等。

（4）网络操作系统：正如微机上的 DOS、UNIX、Windows、OS/2 等不同操作系统一样，局域网上也有多种网络操作系统，因此可以将局域网按使用的操作系统进行分类，如 Novell 公司的 Netware 网、3COM 公司的 3+OPEN 网、Microsoft 公司的 Windows 2000 网、IBM 公司的 LAN Manager 网等。

此外，还可以按数据的传输速度分为 10Mbit/s 局域网、100Mbit/s 局域网、1 000Mbit/s 局域网等；按信息的交换方式可分为交换式局域网、共享式局域网等。

3. 局域网的技术特点

局域网设计中主要考虑的因素是能够在较小的地理范围内更好地运行，资源得到更好的利用，传输的信息更加安全，以及网络的操作和维护更加简便等，从应用的角度来看，局域网有以下几个方面的特点。

（1）覆盖有限的地理范围，通常不超过几十千米，甚至只在一幢建筑或一个房间内，适用于校园、机关、公司、工厂等有限范围内计算机与各类设备连接网络的需求；

（2）提供高传输速率（通常在 10Mbit/s 至 1 000Mbit/s 之间），误码率低（通常低于 10^{-8}），因此利用局域网进行的数据传输快速可靠，可交换各类数字和非数字（如语音、图像、视频等）信息；

（3）决定局域网性质的关键技术要素是拓扑结构、传输媒体和媒体的访问控制技术；

（4）局域网内设备之间的连接，使用有规则网络拓扑结构；

（5）网络的经营权和管理权一般属于某个单位所有，易于建立、维护、管理与扩展。

3.2.2 局域网的基本组成

局域网由网络硬件和网络软件两部分组成，网络硬件主要有服务器、工作站、传输介质和网络连接部件等；网络软件包括网络操作系统、控制信息传输的网络协议及相应的协议软件、大量的网络应用软件等。图 3-3 是常见的局域网模型。

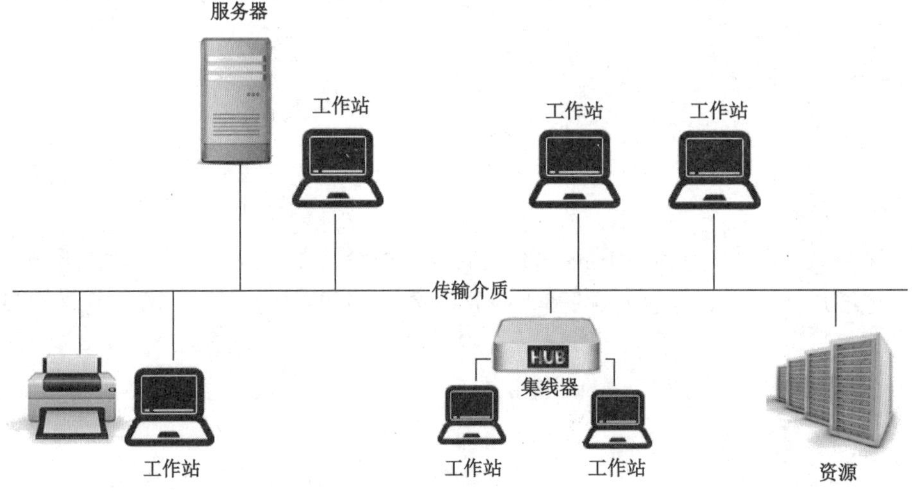

图 3-3 常见的局域网模型

服务器可分为文件服务器、打印服务器、通信服务器、数据库服务器等。文件服务器是局域网上最基本的服务器，用来管理局域网内的文件资源；打印服务器则为用户提供网络共享打印服务；通信服务器主要负责本地局域网与其他局域网、主机系统或远程工作站的通信；而数据库服务器则为用户提供数据库检索、更新等服务。

工作站（Workstation）也称为客户机（Clients），可以是一般的个人计算机，也可以是专用计算机，如图形工作站等，工作站可以有自己的操作系统，可独立工作，通过运行工作站的网络软件可以访问服务器的共享资源，工作站和服务器之间的连接通过传输介质和网络连接部件来实现。

网络连接部件主要包括网卡、中继器、集线器和交换机等。

网卡是工作站与网络的接口部件，它除了作为工作站连接入网的物理接口外，还控制数据帧的发送和接收（相当于物理层和数据链路层功能）。

集线器又叫 Hub，能够将多条线路的端点集中连接在一起，集线器可分为无源和有源两种，无源集线器只负责将多条线路连接在一起，不对信号做任何处理，有源集线器具有信号处理和信号放大功能。

交换机采用交换方式进行工作，能够将多条线路的端点集中连接在一起，并支持端口工作站之间的多个并发连接，实现多个工作站之间数据的并发传输，可以增加局域网带宽，改善局域网的性能和服务质量。与交换机不同的是，集线器多采用广播方式工作，接到同一集线器的所有工作站都共享同一速率；而接到同一交换机的所有工作站都独享同一速率，如图 3-4 所示。

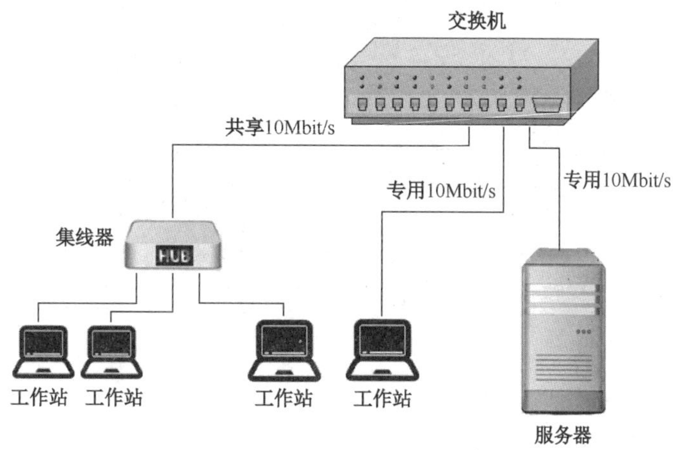

图 3-4　交换式以太网示例

除了网络硬件外，网络软件也是局域网的一个重要组成部分，目前常见的网络操作系统主要有 Netware、UNIX、Linux 和 Windows NT 几种。

1．网络传输介质

（1）双绞线。

双绞线即我们通常所说的“网线”，它采用一对互相绝缘的金属导线以相互绞合的方式来抵御部分外界电磁波干扰。把两根绝缘的铜导线按一定密度互相绞在一起，可以降低信号干扰的程度，每一根导线在传输中辐射的电波会被另一根线上发出的电波抵消，它的名字也由此而来。双绞线一般由两根 22 号至 26 号绝缘铜导线相互缠绕而成，实际使用时，双绞线是由多对双绞线一起包在一个绝缘电缆套管里的。典型的双绞线有四对的，也有更多对双绞线放在一个电缆套管里的，称为双绞线电缆，在双绞线电缆（也称双扭线电缆）内，不同线对具有不同的扭绞长度，一般地说扭绞长度在 14～38.1cm 内，按逆时针方向扭绞，相邻线对的扭绞长度在 12.7cm 以上，一般扭绞越密其抗干扰能力就越强。与其他传输介质相比，双绞线在传输距离、信道宽度和数据传输速度等方面均受到一定限制，但价格较为低廉。

① UTP 和 STP。

双绞线可分为屏蔽双绞线（STP）和非屏蔽双绞线（UTP），屏蔽双绞线［如图 3-5（a）所示］电缆的外层由铝箔包裹，以减小辐射，但并不能完全消除辐射，屏蔽双绞线价格相对较高，安装时要比非屏蔽双绞线电缆困难。

非屏蔽双绞线［如图 3-5（b）所示］无屏蔽外套，直径小，节省所占用的空间，质量轻、易弯曲、易安装，将串扰减至最小或加以消除，具有阻燃性、独立性和灵活性，适用于结构化综合布线。

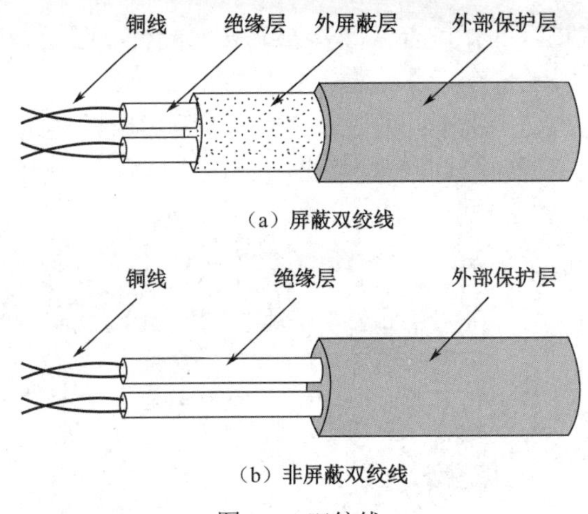

（a）屏蔽双绞线

（b）非屏蔽双绞线

图 3-5　双绞线

② 双绞线的类型。

双绞线规格型号有 1 类线、2 类线、3 类线、4 类线、5 类线、超 6 类线和最新的 6 类线。局域网中非屏蔽双绞线分为 3 类、4 类、5 类、超 5 类及 6 类线五种，屏蔽双绞线分为 3 类和 5 类两种。下面简单介绍以上几类双绞线。

1 类线主要用于语音传输（1 类标准主要用于 20 世纪 80 年代初之前的电话线缆），不用于数据传输。

2 类线传输频率为 1MHz，用于语音传输和最高传输速率 4Mbit/s 的数据传输，常见于使用 4Mbit/s 规范令牌传递协议的令牌网。

3 类线指目前在 ANSI 和 EIA/TIA568 标准中指定的电缆，该电缆的传输频率 16MHz，用于语音传输及最高传输速率为 10Mbit/s 的数据传输，主要用于 10BASE-T 规范。

4 类线电缆内含 4 对线，其传输频率为 20MHz，用于语音传输和最高传输速率为 16Mbit/s 的数据传输，主要用于基于令牌的局域网和 10BASE-T/100BASE-T 规范。

5 类线是新建网络或升级到高级以太网最常用的 UTP，该类电缆增加了绕线密度，外套一种高质量的绝缘材料，传输频率为 100MHz，用于语音传输和最高传输速率为 100Mbit/s 的数据传输，主要用于 100BASE-T 和 10BASE-T 网络，是最常用的以太网电缆。

超 5 类双绞线属非屏蔽双绞线，与普通 5 类双绞线比较，超 5 类双绞线在传送信号时衰减更小，抗干扰能力更强。在 100Mbit/s 网络中，用户设备的受干扰程度只有普通 5 类线的 1/4，并且具有更高的衰减与串扰比值（ACR）和信噪比（Structural Return Loss），更小的时延误差，性能得到很大提升。

6 类双绞线采用了经过一定比例预先扭绞的十字形塑料骨架，保持电缆结构稳定性的同时降低了线对之间的串扰。

③ 双绞线的连接器。

双绞线的连接器最常见的是 RJ-11 和 RJ-45，RJ-11 用于连接 3 对双绞线缆，RJ-45 用于连接 4 对双绞线缆。RJ-45 接头俗称“水晶头”，双绞线的两端必须都安装 RJ-45 插头，以便插在以太网卡、集线器（Hub）或交换机（Switch）RJ-45 接口上。

④ 双绞线的制作标准。

双绞线的制作方法就是把双绞线的 4 对 8 芯导线按一定规则插入水晶头中，插入的规则在布线系统中采用 EIA/TIA568 标准，在电缆的一端将 8 根线与 RJ-45 水晶头根据连线顺序相连，连

线顺序是指电缆在水晶头中的排列顺序。EIA/TIA568 标准提供了 568A 和 568B 两种顺序，根据制作网线过程中两端的线序不同，以太网使用的 UTP 电缆分直通 UTP 和交叉 UTP，直通 UTP 即电缆两端的线序标准是一样的，两端都是 568B 或 568A 标准，而交叉 UTP 两端的线序标准不一样，一端为 568A 标准，另一端为 568B 标准，如图 3-6 所示。

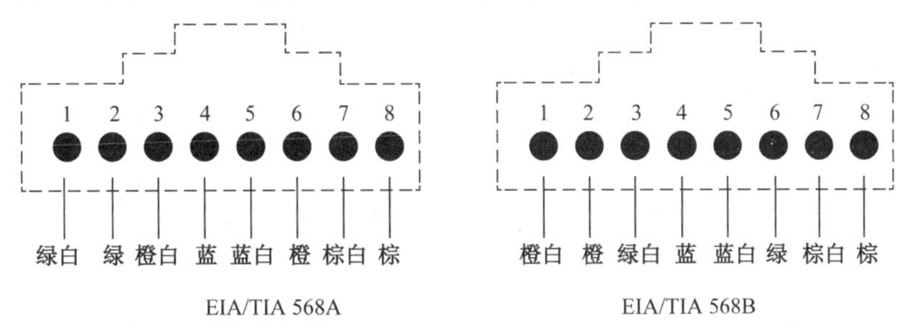

图 3-6　568A 和 568B 的连接规范

⑤ MDI 接口与 MDI-X 接口。

媒体相关接口（MDI 接口）也称上行接口，它是集线器或交换机上用来连接到其他网络设备而不需要交叉线缆的接口，MDI 接口不交叉传送和接收线路，交叉由连接到终端工作站的常规接口（MDI-X 接口）来完成，MDI 接口连接其他设备上的 MDI-X 接口，交叉媒体相关接口（MDI-X 接口）是网络集线器或交换机上将进来的传送线路和出去的接收线路交叉的接口，是在网络设备或接口转接器上实施内部交叉功能的 MDI 端口，它意味着由于端口内部实现了信号交叉，某站点的 MDI 接口和该端口间可使用直通电缆。

由以上的分析可以看出，MDI 接口与 MDI 接口连接或 MDI-X 接口与 MDI-X 接口连接时必须使用交叉线缆才能使发送的管脚与对端接收的管脚对应，而 MDI 接口与 MDI-X 接口连接时则必须使用直通线缆才能使发送的管脚与对端接收的管脚对应。通常集线器和交换机的普通端口为 MDI 接口，而集线器和交换机的级联端口、路由器的以太口和网卡的 RJ-45 接口都是 MDI-X 接口，另外现在的交换机等网络设备多数都有智能 MDI/MDI-X 识别技术，也叫端口自动翻转（Auto MDI/MDIX），可以自动识别连接的网线类型，用户不管采用直通线或交叉网线，均可以正确连接设备。

⑥ 直通线与交叉线的适用场合。

在实际的网络环境中，一根双绞线的两端分别连接不同设备时，必须根据标准确定两端的线序，否则将无法连通。通常在下列情况下，双绞线的两端线序必须一致才可连通（即直通线）：

a．主机与交换机的普通端口相连；

b．交换机与路由器的以太口相连；

c．集线器的 Uplink 口与交换机的普通端口相连。

在下列情况下，双绞线的两端线序必须将一端中的 1 与 3 对调，2 与 6 对调才可连通（即交叉线）：

a．主机与主机的网卡端口相连；

b．交换机与交换机的非 Uplink 口相连；

c．路由器的以太口互连；

d．主机与路由器以太口相连。

（2）同轴电缆。

同轴电缆是一种用途广泛的传输介质，这种传输介质由一根空心的外圆柱导体和一根位于中心轴线的内导线组成，内导线和圆柱导体及外界之间用绝缘材料隔开。

① 同轴电缆的分类。

根据传输频带的不同，同轴电缆可分为基带同轴电缆和宽带同轴电缆两种类型。

② 同轴电缆连接设备。

同轴电缆主要应用于环形拓扑结构的小型局域网中，采用同轴电缆进行网络连接时，常用到BNC连接器（BNC连接器由一根中心针、一个外套和卡座组成，每段电缆的两端必须安装BNC连接器）、BNC T形接头（BNC T形接头用于连接细缆的BNC连接器和网卡，每台工作站都需要一个BNC T形接头）、BNC终端匹配器（每个粗同轴电缆网段都必须用50Ω系列终端匹配器连接，每个细同轴电缆网段的两端都必须有一个50Ω的BNC终端匹配器，直接连接BNC T形接头）。

③ 同轴电缆的特点。

与双绞线相比同轴电缆的抗干扰能力强、屏蔽性能好、传输数据稳定、价格也便宜，它不用连接在集线器或交换机上即可使用。同轴电缆的带宽取决于电缆长度，1km的电缆可以达到1～2Gbit/s的数据传输速率，它可以使用更长的电缆，但是传输速率要降低或使用中间放大器。目前同轴电缆大量被光纤取代，但仍广泛应用于有线电视和某些局域网中。

（3）光纤。

① 光缆的组成。

光纤是光缆的纤芯，光纤由光纤芯、包层和涂覆层三部分组成，最里面的是光纤芯，包层将光纤芯围裹起来，使光纤芯与外界隔离，以防止与其他相邻的光导纤维相互干扰。包层的外面涂覆一层很薄的涂覆层，涂覆材料为硅酮树脂或聚氨基甲酸乙酯，涂覆层的外面套塑（或称二次涂覆）的原料多采用尼龙、聚乙烯或聚丙烯等塑料。

a．光纤芯。

光纤芯是光的传导部分，而包层的作用是将光封闭在光纤芯内。光纤芯和包层的成分都是玻璃，光纤芯的折射率高，包层的折射率低，这样可以把光封闭在光纤不断反射传输的芯内。

b．涂覆层。

涂覆层是光纤的第一层保护，它的目的是保护光纤的机械强度，是第一层缓冲（Primary Buffer），由一层或几层聚合物构成，厚度约为250μm，在光纤的制造过程中就已经涂覆到光纤上。光纤涂覆层在光纤受到外界震动时保护光纤的光学性能和物理性能，同时又可以隔离外界水汽的侵蚀。

c．缓冲保护层。

在涂覆层外面还有一层缓冲保护层，给光纤提供附加保护，在光缆中这层保护分为紧套管缓冲和松套管缓冲两类，紧套管是直接在涂覆层外的一层厚度约为650μm的塑料缓冲材料，与涂覆层合在一起，构成一个900μm的缓冲保护层。松套管缓冲光缆使用塑料套管作为缓冲保护层，套管直径是光纤直径的几倍，在这个大的塑料套管的内部有一根或多根已经有涂覆层保护的光纤。

d．光缆加强元件。

为保护光缆的机械强度和刚性，光缆通常包含一个或几个加强元件，在光缆被牵引时，加强元件使得光缆有一定的抗拉强度，同时还对光缆有一定支持保护作用，光缆加强元件有芳纶

纱、钢丝和纤维玻璃棒三种。

e．光缆护套。

光缆护套是光缆的外围部件，它是非金属元件，作用是将其他光缆部件加固在一起，保护光纤和其他光缆部件免受损害。

光纤既不受电磁干扰，也不受无线电的干扰，由于可以防止内外的噪声，所以光纤中的信号可以比其他有线传输介质传得更远。由于光纤本身只能传输光信号，为了使光纤能传输电信号，光纤两端必须配有光发射机和光接收机，光发射机完成从电信号到光信号的转换，光接收机则完成从光信号到电信号的转换，光电转换通常采用载波调制方式，光纤中传输的是经过调制的光信号。

② 光纤的分类。

光纤可以根据光纤的传输总模数、光纤横截面上的折射率分布和工作波长等进行分类。

a．按照折射率分布不同分类。

通常采用的是均匀光纤（阶跃型光纤）和非均匀光纤（渐变型光纤）两种。

b．按照传输的总模数分类。

这里应当先了解光纤的模态，所谓的模态就是其光波的分布形式。若入射光的模样为圆光斑，射出端仍能观察到圆形光斑，这就是单模传输；若射出端分别为许多小光斑，这就出现了许多杂散的高次模，形成多模传输，称为多模光纤。单模光纤和多模光纤也可以通过纤芯的尺寸大小简单地判断。

单模光纤 SMF（Single Mode Fiber）：纤芯直径很小，为 4～10μm，理论上只传输一种模态。由于单模光纤只传输主模，从而避免了模态色散，使得这种光纤的传输频带很宽，传输容量大，适用于大容量、长距离的光纤通信。

多模光纤 MMF：在一定的工作波长下，当有多个模态在光纤中传输时，这种光纤称为多模光纤（Multi Mode Fiber）。多模光纤又根据折射率的分布，分为多模均匀光纤和多模非均匀光纤。多模光纤由于芯径和数值孔径比单模光纤大，具有较强的集光能力和抗弯曲能力，特别适于多接头的短距离应用场合，并且多模光纤的系统费用仅为单模系统费用的 1/4。

c．按波长分类。

综合布线所用光纤有三个波长区：850nm 波长区、1 310nm 波长区、1 550nm 波长区。

d．按纤芯直径分类。

光纤纤芯直径有三类，光纤的包层直径均为 125μm，分为 62.5μm 渐变增强型多模光纤、50μm 渐变增强型多模光纤和 8.3μm 突变型单模光纤。

③ 光纤通信系统。

目前在局域网中实现的光纤通信是一种光电混合式的通信结构，通信终端的电信号与光缆中传输的光信号之间进行光电转换，光电转换通过光电转换器完成。

在发送端，电信号通过发送器转换为光脉冲在光缆中传输，到了接收端接收器把光脉冲还原为电信号送到通信终端，由于光信号目前只能单方向传输，所以目前光纤通信系统通常用两芯，一芯用于发送信号，另一芯用于接收信号。

④ 光纤连接器。

光纤连接器主要有配线架、端接架、接线盒、光缆信息插座、各种连接器（如 ST、SC、FC 等）及用于光缆与电缆转换的器件，它们的作用是实现光缆线路的端接、接续、交连和光缆传输系统的管理，从而形成光缆传输系统通道。

⑤ 与光纤连接的设备。

与光纤连接的设备目前主要有光纤收发器、光纤接口网卡和光纤模块交换机等。

a．光纤收发器：光纤收发器是一种光电转换设备，主要用于终端设备本身没有光纤收发器的情况，如普通的交换机和网卡。

b．光纤接口网卡：有些服务器需要与交换机进行高速光纤连接，服务器中的网卡应该具有光纤接口，网卡主要有 Intel、IBM、3COM 和 D-Link 等大公司的产品系列。

c．光纤模块交换机：许多中高档的交换机为了满足连接速率与连接距离的需求，一般带有光纤接口，有些交换机为了适应单模和多模光纤的连接，还将光纤接口与收发器设计成通用接口的光纤模块，根据不同的需要选用，把这些光纤模块插入交换机的扩展插槽中。

（4）无线传输介质。

无线传输介质是利用可以穿越外太空的大气电磁波来传输信号的，由于无线信号不需要物理的媒体，可以克服线缆限制引起的不便，解决某些布线有困难的区域联网问题，无线传输介质具有不受地理条件的限制、建网速度快等特点，目前应用于计算机无线通信的手段主要有无线电短波、超短波、微波、红外线、激光及卫星通信等。

2．网络操作系统

网络操作系统（NOS）是网络的心脏和灵魂，是向网络计算机提供服务的特殊的操作系统。它在计算机操作系统下工作，使计算机操作系统增加了网络操作所需要的能力，如前面已谈到的当用户在 LAN 上使用字处理程序时，用户的计算机操作系统的行为如同在没有构成 LAN 时一样，这正是 LAN 操作系统软件管理了用户对字处理程序的访问，网络操作系统运行在称为服务器的计算机上，并由联网的计算机用户共享，这类用户称为客户。

NOS 与运行在工作站上的单用户操作系统或多用户操作系统由于提供的服务类型不同而有差别，一般情况下 NOS 是以使网络相关特性最佳为目的的，如共享数据文件、软件应用及共享硬盘、打印机、调制解调器、扫描仪和传真机等。一般计算机的操作系统，如 DOS 和 OS/2 等，其目的是让用户与系统及在此操作系统上运行的各种应用之间的交互作用最佳。为防止一次由一个以上的用户对文件进行访问，一般网络操作系统都具有文件加锁功能，如果没有这种功能，将不会正常工作。文件加锁功能可跟踪使用中的每个文件，并确保一次只有一个用户对其进行编辑。文件也可由用户的口令加锁，以维持专用文件的专用性。

NOS 还负责管理 LAN 用户和 LAN 打印机之间的连接，NOS 总是跟踪每个可供使用的打印机及每个用户的打印请求，并对如何满足这些请求进行管理。NOS 还对每个网络设备之间的通信进行管理，这是通过 NOS 中的媒体访问法来实现的。

NOS 的各种安全特性可用来管理每个用户的访问权限，确保关键数据的安全保密，因此 NOS 从根本上说是一种管理器，用来管理连接、资源和通信量的流向。

3．以太网的工作原理

不论是总线型网、环形网还是星形网，都在同一传输介质中连接了多个站，且局域网中所有的站是对等的，任何一个站都可以和其他站通信，这就需要有一种仲裁方式来控制各站使用介质的方法，即介质访问方法。

介质访问方法是确保对网络中各节点进行有序访问的一种方法，在共享式局域网的实现过程中，可以采用不同的方法对其共享介质进行控制，常用的介质存取方法包括带有冲突检测的载波侦听多路访问（CSMA/CD）方法、令牌总线（Token Bus）方法及令牌环（Token Ring）

方法。目前应用最广泛的局域网——以太网（Ethernet）使用的就是 CSMA/CD 方法，而 FDDI 网则使用令牌环方法。

（1）以太网帧。

一台以太网的互联设备上通常连接很多台计算机，每台计算机都会接收很多来自网络中其他计算机的信号。以太网对网络中传输的信号进行了规定，把传输的数据当成一些穿过导线的信号，信号以 1 和 0 来表示，这些信号在导线上的传输形成了电流，可以把电流看成是在轨道上运行的火车，如图 3-7 所示，这辆火车只能在轨道上运行，它有起点和终点，也有机车和尾车。

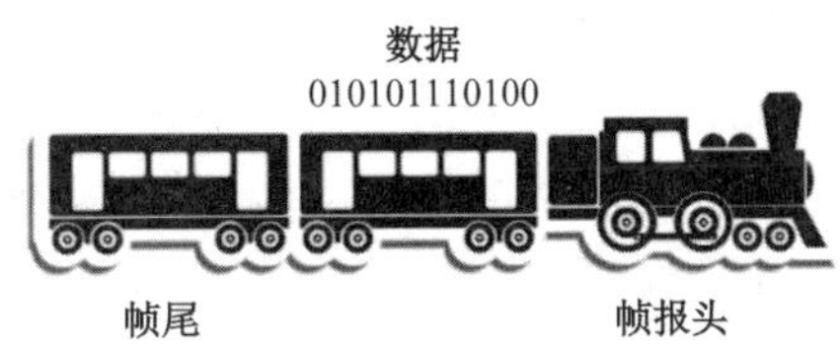

图 3-7　以太网帧信号传输

以太网帧是信息在以太网中传输的基本形式，将以太网帧看成一辆火车，帧有一个起点称为帧报头，也有终点称为帧尾，在每个帧报头中，都包含一个目的 MAC（介质访问控制）地址，这个地址可以告诉计算机帧是否对它进行直接访问，如果计算机发现目的 MAC 地址与其不匹配，计算机将对帧不予处理。

（2）以太网的数据发送。

以太网使用 CSMA/CD 介质访问方法，CSMA/CD 的发送流程可以概括为“先听后发，边听边发，冲突停止，延迟重发”16 个字，图 3-8 是以太网数据发送流程。

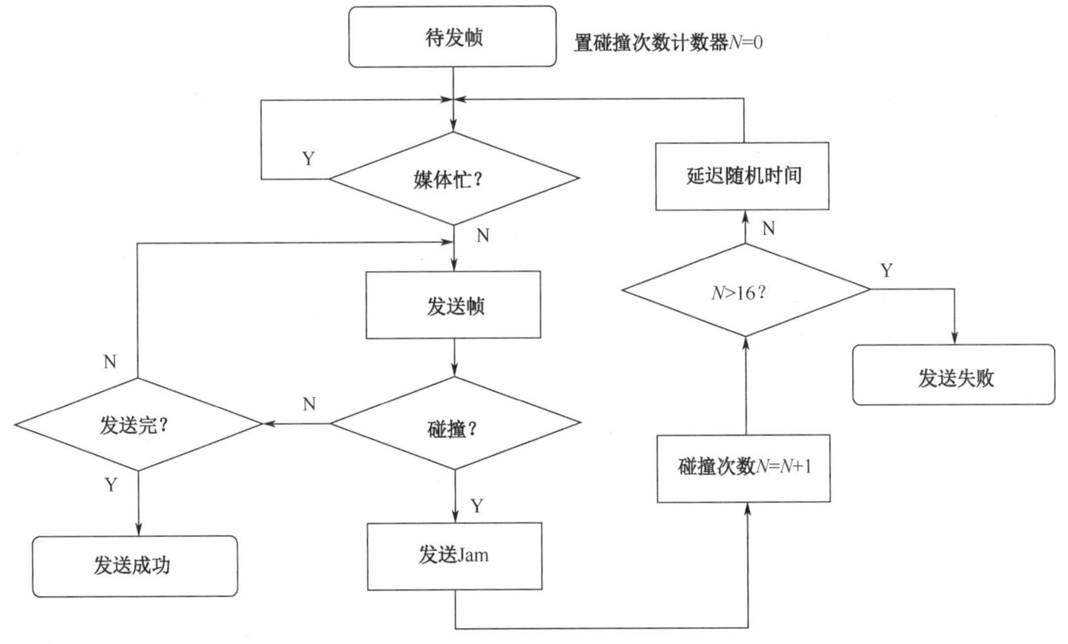

图 3-8　以太网数据发送流程

局域网中的各节点在发送信息前会通过向网络中广播一种载波侦听信号，以了解是否有其他工作站正在发送数据，如果没有那么该信号会给发信息的工作站报告“一切就绪”的信号，该工作站开始传输数据；如果载波侦听信号发现有另一台工作站在发送数据，该工作站就会等待，暂时不发送信息；如果网络很忙、网络过大或两台工作站同时发送信息等情况发生时，这个工作进程就不能正常起到应有的作用，从而不能保证不发生冲突。当冲突发生时，发生冲突的各工作站会选择一个 1～2 的随机数等待一段时间再进行第二次尝试，如果还有工作站选择了同样的随机数，就会同时发送数据，这样冲突会再次发生，然后发生冲突的工作站选择 1～4 的随机数再次尝试。这个过程循环进行一直到各工作站成功发送信息，或各工作站尝试并失败了 16 次后，各工作站暂停尝试，把机会让给其他工作站。

为了便于理解，可以将 CSMA/CD 比作生活中一种文雅的交谈方式，在这种交谈方式中，如果有人想阐述观点，他应该先听听是否有其他人在说话（即载波侦听），如果这时有人在说话，他应该耐心等待，直到对方结束说话，然后才可以开始发表意见。有一种可能情况是两个人同一时间都想说话，显然如果两个人同时说话，这时很难辨别出每个人都在说什么，但在文雅的交谈方式中，当两个人同时开始说话时，双方都会发现他们在同一时间讲话（即冲突检测），这时说话立即终止，过了一段时间后说话才开始，说话时由第一个开始说话的人来对交谈进行控制，而第二个开始说话的人将不得不等待，直到第一个人说完，然后他才能开始说话。以太网中计算机互相通信的方式与上面的交谈方式相同。

（3）以太网的接收。

在接收过程中，以太网中的各节点同样需要监测信道的状态，如果发现信号畸变，说明信道中有两个或多个节点同时发送数据，有冲突发生，这时必须停止接收，并将接收到的数据丢弃，如果在整个接收过程中没有发生冲突，接收节点在收到一个完整的数据后可对数据进行接收处理，图 3-9 给出了 CSMA/CD 的帧接收工作流程。

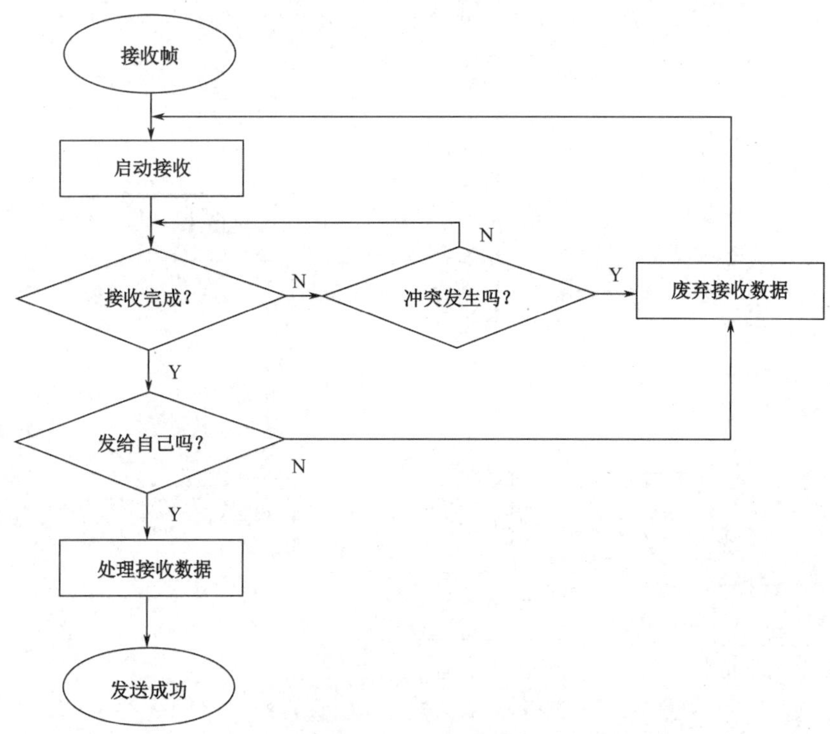

图 3-9　CSMA/CD 的帧接收工作流程

（4）MAC 地址。

连接网络的每台计算机或终端都有唯一的物理地址，这个物理地址存储在网络接口卡（Network Interface Card）中，通常被称为介质访问控制地址（Media Access Control Address），或者简单地称为 MAC 地址。在网络中网络接口卡将设备连接到传输介质中，每个网络接口卡都有一个唯一的 MAC 地址，它位于 OSI 参考模型的数据链路层，当源主机向网络发送数据时，它带有目的主机的 MAC 地址，当以太网中的节点正确收到该数据后，它们检查数据中包含的目的主机 MAC 地址是否与自己网卡上的 MAC 地址相符，如果不符，网卡忽略该数据；如果相符，则网卡复制该数据，并将该数据送往数据链路层做进一步处理。以太网的 MAC 地址长度为 48 位，为了方便起见通常使用十六进制数书写，为保证 MAC 地址的唯一性，世界上有一个专门的组织负责为网卡的生产厂家分配 MAC 地址。

3.2.3　虚拟专用网

虚拟专用网利用开放性公共网络作为信息传输的介质，通过加密、认证、封装及密钥交换技术在公共网络上开辟一条专用隧道，使授权用户可以安全地访问内部网络数据。它可以替代物理专线把单位的移动员工、远程分支机构连接到单位的内部网络，虚拟专用网对用户端透明，用户如同使用一条专用线路进行安全通信。

1. 概述

虚拟专用网 （Virtual Private Network，VPN）是利用公网（如 Internet 或网络服务提供商的 IP 骨干网）或专网（局域网）来构建网络的，它使用特殊设计的硬件和软件，直接通过共享的 IP 网建立隧道，通过 VPN 可以实现远程网络之间安全的、点对点的连接。VPN 是专用网的延伸，它的基本特点是化公为私，使每个企业可以临时占用公用网的一部分供自己专用。VPN 以较低的网络运营成本实现局域网的延伸，它与租用专线网络方式相比，无论从营运成本上还是从其性能上来说，都具有无可替代的优势，随着 VPN 技术的日益完善，目前 VPN 网络的安全性能也完全可以与物理专线网络方式相媲美。VPN 可以按几个标准进行分类划分。

（1）按 VPN 的协议分类。

VPN 的隧道协议主要有三种：PPTP、L2TP 和 IPSec，其中 PPTP 和 L2TP 协议工作在 OSI 模型的第二层，又称第二层隧道协议，IPSec 是第三层隧道协议。

（2）按 VPN 的应用分类。

① Access VPN（远程接入 VPN）：客户端到网关，使用公网作为骨干网在设备之间传输 VPN 数据流量；

② Intranet VPN（内联网 VPN）：网关到网关，通过公司的网络架构连接来自同公司的资源；

③ Extranet VPN（外联网 VPN）：与合作伙伴企业网构成 Extranet，将一个公司与另一个公司的资源进行连接。

（3）按所用的设备类型进行分类。

网络设备提供商针对不同客户的需求，开发出不同的 VPN 网络设备，具体分类如下。

① 路由器式 VPN：路由器式 VPN 部署较容易，在路由器上添加 VPN 服务即可；

② 交换机式 VPN：主要应用于连接用户较少的 VPN 网络；

③ 防火墙式 VPN：防火墙式 VPN 是最常见的一种 VPN 的实现方式，许多厂商都提供这种配置类型。

（4）按照实现原理划分。

① 重叠 VPN：此 VPN 需要用户自己建立端节点之间的 VPN 链路，主要包括 GRE、L2TP、IPSec 等众多技术；

② 对等 VPN：由网络运营商在主干网上完成 VPN 通道的建立，主要包括 MPLS、VPN 技术。

虚拟专用网主要采用以下技术措施保证信息安全。

（1）基于公钥基础设施（PKI）的用户授权体系。

PKI 是一个包含数字证书、管理机构、证书管理、目录服务的安全系统。PKI 采用标准的 X.509v3 证书，将用户身份和用户公钥绑定在一起，通过 PKI 技术和数字证书技术，可以有效判别用户身份。

（2）身份验证和数据加密。

VPN 客户端采用基于 PKI 的数字证书技术来完成 VPN 网关服务器和用户身份的双向认证，当用户通过 VPN 客户端访问 VPN 网关时，首先对用户的数字证书和相应的口令进行验证。如果验证通过，VPN 网关服务器则会产生对称会话密钥 Ks 并分发给用户，在此之后用户与 VPN 网关服务器的所有通信数据都采用 Ks 进行加密传输。

（3）数据完整性保护。

完善的 VPN 系统不仅需要认证用户的身份，还需要认证系统中传输的数据以确保传输数据的可靠性。VPN 系统在发送方对所有传输的数据进行散列运算得到消息摘要，对消息摘要进行加密生成认证码；接收方对传输的数据进行与发送方相同的散列运算得到新的摘要，对认证码进行解密得到发送方生成的原始摘要，并将两个摘要进行比对，若完全一致则通过完整性认证。

（4）访问权限控制。

当某个企业网络利用 VPN 进行扩展后，信息交换的范围随之扩大，安全问题自然增多，这就要求 VPN 系统具有严格的访问控制能力。VPN 技术采用细粒度的访问权限列表 ACL（Access Control List），这使得网络管理员可方便地为每个 VPN 用户分配不同的访问权限。VPN 系统的 ACL 是基于用户身份特征的，其管理与 VPN 系统的技术维护无关，制定和管理 ACL 工作可由其他部门执行。

VPN 作为远程网络技术，以众多的优势，目前正被越来越多的企业接受，VPN 的优势主要包括以下方面：

① 与传统的物理专线网络相比，VPN 的构建可以较低的成本实现较好的性能，具有较高的性价比；

② VPN 采用隧道技术、加密技术、密钥管理技术和身份验证技术来保证多方用户通信安全；

③ VPN 支持常用的网络协议及局域网协议；

④ 企业扩大 VPN 的容量和覆盖范围可以交由专门的网络服务提供商来负责，企业不需要对自身的网络做修改，具有较好的扩展性；

⑤ VPN 的隧道和加密技术可以隐藏 IP 地址等网络信息，进一步提高了系统的安全性。

2．VPN 的应用领域

（1）Access VPN。

Access VPN 又称拨号 VPN（即 VPDN），它是指企业员工或企业的分支机构通过公共网络拨号的方式构筑的虚拟网，Access VPN 包括模拟、拨号、lSDN、数字用户线路（XDSL）、移动 IP 和电缆技术，可以安全地连接移动用户、远程工作者或分支机构，适于内部有人员移动

或远程办公需要的企业。

（2）Intranet VPN。

Intranet VPN 即企业的总部与分支机构通过 VPN 机进行网络连接，随着企业的跨地区、国际化经营，这是大多数大、中企业所必需的。Intranet VPN 最合适企业内部分支机构的连接，Intranet VPN 通过公用 Internet 或第三方专用网进行连接，容易建立连接且连接速度快，能够为分支机构提供整个网络的访问权限。

（3）Extranet VPN。

Extranet VPN 即企业间发生收购、兼并或企业间建立战略联盟后，使不同企业网通过公网来构筑的虚拟网。利用 VPN 组建 Intranet，既可以向客户、合作伙伴提供有效的信息服务，又可以保证自身内部网络的安全，外部网的用户被许可只有一次机会连接其合作人的网络，并且只拥有部分网络资源访问权限。

3．VPN 隧道协议的应用

（1）隧道技术概念。

VPN 技术的核心是隧道（Tunneling）技术，隧道技术就是利用隧道协议对隧道两端的数据进行封装的技术。自愿隧道（主动隧道）是由客户端计算机通过发送 VPN 请求来创建的，在这种隧道中，双方用户端的计算机作为隧道的端点。强制隧道是由支持 VPN 的拨号接入服务器来创建和配置的，此时双方用户端的计算机不作为隧道的端点，而是由位于用户和隧道服务器之间的远程接入服务器作为隧道的客户端，成为隧道的端点。

（2）隧道协议分类。

隧道协议可以分为第二层隧道协议和第三层隧道协议，第二层隧道协议是先把各种网络协议封装到 PPP 中，再把整个数据包装入隧道协议中。这种双层封装方法形成的数据包靠第二层隧道协议进行传输。第二层隧道协议主要有以下三种。

① 由微软、Ascend、3COM 等公司支持的 PPTP（Point to Point Tunneling Protocol，点对点隧道协议），在 Windows NT4.0 以上版本中都有支持。

② Cisco、北方电信等公司支持的第二层转发协议（Layer 2 Forwarding，L2F），在 Cisco 路由器中有支持。

③ 由 IETF 起草的第二层隧道协议（Layer 2 Tunneling Protocol，L2TP）结合了上述两个协议的优点，L2TP 协议是目前 IETF 的标准，由 IETF 融合 PPTP 与 L2F 而形成。

第三层隧道协议是把各种网络协议直接装入隧道协议中，形成的数据包依靠第三层协议进行传输，第三层隧道协议并非是一种很新的技术，早已出现的 RFC 1701 Generic Routing Encapsulation（GRE）协议就是第三层隧道协议，此外 IETF 制定的 IPSec 协议也是第三层隧道协议。

3.3　广域网

计算机网络的分类方法有很多，按照网络规模和覆盖范围的大小，计算机网络可分为局域网、城域网和广域网，范围在几千米以内的计算机网络统称为局域网；连接范围超过 10km 的，则称为广域网，互联网（Internet）就是目前最大的广域网。

3.3.1 广域网的基本概念

1．广域网的构成

当主机之间的距离较远时，如几十或几百千米甚至几千千米，局域网显然无法完成主机之间的通信任务，这时需要另一种结构的网络——广域网，它由一些节点交换机及连接这些交换机的链路组成，节点交换机执行分组存储转发的功能，节点之间都是点到点连接，但为了提高网络的可靠性，通常一个节点交换机往往与多个节点交换机相连。受经济条件的限制，广域网都不使用局域网普遍采用的多点接入技术，从层次上考虑，广域网和局域网的区别很大，因为局域网使用的协议主要在数据链路层（还有少量物理层的内容），而广域网使用的协议在网络层，在广域网中的一个重要问题就是路由选择和分组转发。

然而广域网并没有严格的定义，通常广域网是指覆盖范围很广（远超过一个城市的范围）的长距离网络，由于其造价较高，一般由国家或较大的电信公司出资建造。广域网是互联网的核心部分，任务是通过长距离（如跨越不同的国家）运送主机所发送的数据，连接广域网各节点交换机的链路都是高速链路，其距离可以是几千公里的光缆线路，也可以是几万公里的点对点卫星链路，因此广域网首先要考虑的问题是它的通信容量必须足够大，以便支持日益增长的通信量。

如图 3-10 所示，相距较远的局域网通过路由器与广域网相连，组成了一个覆盖范围很广的互联网，这样局域网就可通过广域网与另一个相隔很远的局域网进行通信。

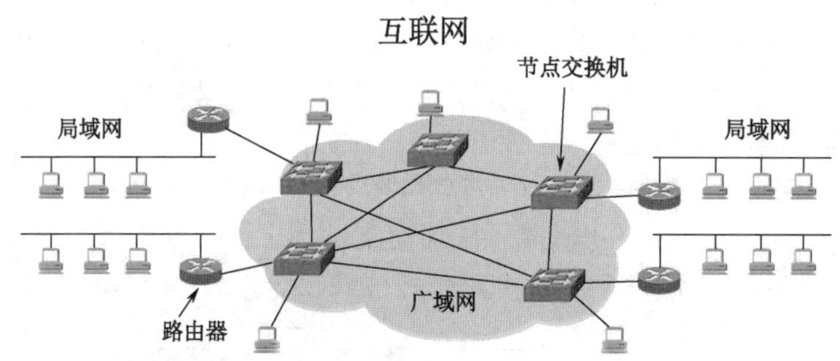

图 3-10 由局域网和广域网组成互联网

互联网必须使用路由器来连接，而广域网指的是单个网络，它使用节点交换机连接各主机而不是用路由器连接各网络，节点交换机和路由器都用来转发分组，它们的工作原理相似，但区别是节点交换机在单个网络中转发分组，而路由器在多个网络构成的互联网中转发分组。

广域网和局域网都是互联网的重要组成构件，尽管它们的价格和作用距离相差很远，但从互联网的角度来看，广域网和局域网都是平等的，这里的一个关键就是广域网和局域网有一个共同点：连接在一个广域网或一个局域网上的主机在该网内进行通信时，只需要使用其网络的物理地址即可。

2．数据报和虚电路

从层次上看，广域网中的最高层是网络层，网络层为接在网络上的主机所提供的服务可以有两大类，即无连接的网络服务和面向连接的网络服务。这两种服务的具体实现就是数据报服务和虚电路服务。

图 3-11（a）和（b）分别画出了网络提供数据报服务和提供虚电路服务的特点，网络层的用户是运输层实体，但为方便起见，可用主机作为网络层的用户。

网络提供数据报服务的特点是网络随时都能接收主机发送的分组（即数据报），网络为每个分组独立地选择路由，网络只是尽最大努力将分组交付给目的主机，但网络对源主机没有任何承诺。网络不保证所传送的分组不丢失，也不保证按源主机发送分组的先后顺序及在多长的时限内必须将分组交付给目的主机。当需要把分组按发送顺序交付给目的主机时，在目的站还必须把收到的分组缓存一下，等到能够按顺序交付主机时再进行交付。当网络发生拥塞时，网络中的某个节点可根据当时的情况将一些分组丢弃，所以数据报提供的服务是不可靠的，它不能保证服务质量，实际上“尽最大努力交付”的服务就是没有质量保证的服务。图 3-11（a）表示主机 H_1 向 H_5 发送的分组，可以看出，有的分组可经过节点 A→B→E，而另一些则可能经过节点 A→C→E 或 A→C→B→E，在一个网络中可以有多个主机同时发送数据报，如主机 H_2 经过节点 B→E 与主机 H_6 通信。

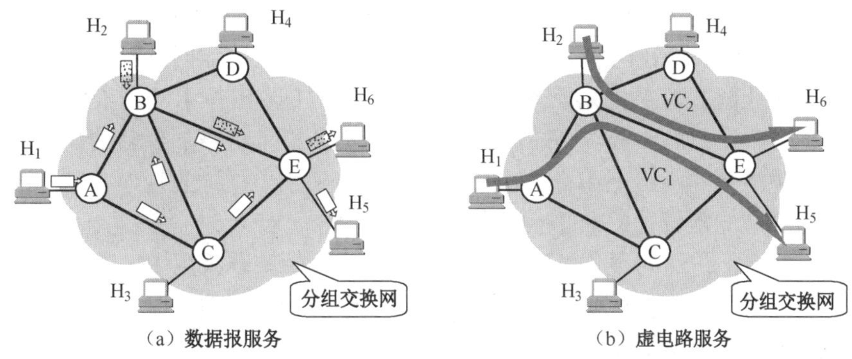

图 3-11 数据报服务和虚电路服务

再看网络提供虚电路服务的情况，先设图 3-11（b）中主机 H_1 要和主机 H_5 通信，于是主机 H_1 先向主机 H_5 发出一个特定格式的控制信息分组，要求进行通信，同时也寻找一条合适的路由，若主机 H_5 同意通信就发回响应，然后双方就建立虚电路并可传送数据了，这点很像电话通信，先拨号建立主叫和被叫双方之间的通路然后再通话。

在图 3-11（b）中，假设寻找到的路由是 A→B→E，这就是要建立的虚电路（Virtual Circuit）：H_1→A→B→E→H_5（将它记为 VC_1），以后主机 H_1 向主机 H_5 传送的所有分组都必须沿这条虚电路传送，在数据传送完毕后，还要将这条虚电路释放掉。

由于采用了存储转发技术，所以这种虚电路和电路交换的连接有很大不同，在电路交换的电话网上打电话时，两个用户在通话期间自始至终地占用一条端到端的物理信道，但当占用一条虚电路进行主机通信时，由于采用的是存储转发的分组交换，所以只是断续地占用一段又一段的链路，虽然用户感觉好像（但并没有真正地）占用了一条端到端的物理电路，建立虚电路的好处是可以在数据传送路径上的各交换节点预先保留一定数量的资源（如带宽、缓存），作为对分组的存储转发之用。

假定还有主机 H_2 和主机 H_6 通信，所建立的虚电路为经过 B→E 两个节点的 VC_2。在虚电路建立后，网络向用户提供的服务就好像在两个主机之间建立了一对穿过网络的数字管道（收发各用一条），所有发送的分组都按发送的前后顺序进入管道，然后按照先进先出的原则沿着此管道传送到目的站主机，因为是全双工通信所以每一条管道只沿着一个方向传送分组，这样到达目的站的分组顺序就与发送时的顺序一致，因此网络提供虚电路服务对通信的服务质量QoS（Quality of Service）有较好的保证。

虚电路服务的思路来源于传统的电信网，电信网将其用户终端（电话机）做得非常简单，而电信网负责保证可靠通信的一切措施，因此电信网的节点交换机复杂而昂贵。

数据报服务使用另一种完全不同的新思路，它力求使网络生存性好和使对网络的控制功能分散，因而只能要求网络提供尽最大努力的服务，但这种网络要求使用较复杂且有相当智能的主机作为用户终端，可靠通信由用户终端中的软件（即 TCP）来保证。

从 20 世纪 70 年代起，关于网络层究竟应当采用数据报服务还是虚电路服务，是网络界一直争论的话题。问题的焦点是网络要不要提供网络端到端的可靠通信。OSI 一开始就按照电信网的思路来对待网络，坚持“网络提供的服务必须是非常可靠的”这样一种观点，因此 OSI 在网络层（以及其他的各个层次）采用了虚电路服务。

然而美国 ARPANET 的一些专家认为，根据多年的实践证明，不管用什么方法设计网络，网络（可能由多个网络连接而成）提供的服务并不可能做得非常可靠，用户主机仍要负责端到端的可靠性，所以他们认为让网络只提供数据报服务就可大大简化网络层的结构，当然网络出了差错不去处理而让两端的主机来处理肯定会延误一些时间，但技术的进步使得网络出错的概率已越来越小，因而让主机负责端到端的可靠性不但不会给主机增加更多的负担，反而能够使更多的应用在这种简单的网络上运行。互联网能够发展到今天这样的规模，充分说明了在网络层提供数据报服务是非常成功的。

根据统计，网络上传送的报文长度在很多情况下都很短，若采用 128 字节为分组长度，往往一次传送一个分组就够了，这样用数据报既迅速又经济，若用虚电路，为了传送一个分组而建立虚电路和释放虚电路就显得太浪费网络资源了。

为了在交换节点进行存储转发，在使用数据报时每个分组必须携带完整的地址信息，但在使用虚电路的情况下，每个分组不需要携带完整的目的地址，仅需要有个很简单的虚电路号码的标志，这就使分组的控制信息部分的比特数减少，因而减少了额外开销。

对待差错处理和流量控制，这两种服务也是有差别的，在使用数据报时，主机承担端到端的差错控制和流量控制；在使用虚电路时，分组按顺序交付，网络可以负责差错控制和流量控制。

数据报服务对军事通信有特殊的意义，这是因为每个分组可独立地选择路由，当某个节点发生故障时，后续的分组就可另选路由，因而提高了可靠性，但在使用虚电路时，节点发生故障就必须重新建立另一条虚电路。数据报服务还适于将一个分组发送到多个地址（即广播或多播），这一点正是当初 ARPANET 选择数据报的主要理由之一，表 3-1 为虚电路服务与数据报服务的对比。

表 3-1　虚电路服务与数据报服务的对比

对比的方面	虚电路服务	数据报服务
思路	可靠通信应当由网络来保证	可靠通信应当由用户主机来保证
连接的建立	必须有	不要
目的站地址	仅在连接建立阶段使用，每个分组使用短的虚电路号	每个分组都有目的站的全地址
分组的转发	属于同一条虚电路的分组均按照同一路由进行转发	每个分组独立选择路由进行转发

续表

对比的方面	虚电路服务	数据报服务
当节点出故障时	所有通过出故障的节点的虚电路均不能工作	出故障的节点可能会丢失分组，一些路由可能会发生变化
分组的顺序	总是按发送顺序到达目的站	到达目的站时不一定按发送顺序
端到端的差错处理和流量控制	可以由分组交换网负责也可以由用户主机负责	由用户主机负责

3.3.2　广域网的特点

广域网 WAN 一般只包含 OSI 参考模型的下三层，而且大部分广域网都采用存储转发方式进行数据交换，也就是说广域网是基于报文交换或分组交换技术的（传统的公用电话交换网除外）。广域网中的交换机先将发送给它的数据包完整接收下来，然后经过路径选择找出一条输出线路，最后交换机将接收的数据包发送到该线路上去，以此类推直到将数据包发送到目的节点。广域网不同于局域网，它的范围更广，超越一个城市、一个国家甚至覆盖全球，因此具有与局域网不同的特点。

（1）广域网覆盖范围广、通信距离远，可达数千公里甚至全球，而局域网的大小不会超过一个校园或社区。

（2）不同于局域网的一些固定结构，广域网没有固定的拓扑结构，通常使用高速光纤作为传输介质，在传输延时方面，局域网较小，广域网较大，这种差异令局域网和广域网在管理控制机制上有很大不同。

（3）主要提供面向通信的服务，支持用户使用计算机进行远距离的信息交换。

（4）局域网通常作为广域网的终端用户与广域网相连，在局域网中，两个站点之间只允许有一条路径，通过这样的限制，可以大大简化传输管理，但是因为两个站点之间的路径不一定最优，这个限制会牺牲部分网络性能，而在广域网中，两个站点之间允许同时启用多条通信链路，需要根据当时的网络情况，尽可能选择最优路径。

（5）局域网地域范围较小，一般只属于某一个机构，相对较为独立，所以维护起来较为简单，而且安全性也高；广域网一般横跨较大的地域，而且为多个组织所用，从而需要协调各方的利益，有的甚至要考虑政治、宗教等方面的因素，所以维护起来较为复杂，安全性也较低。

（6）局域网一般属于某一组织，通常是一种私有的网络；广域网是一种公共服务网络，通常为多个机构所用，它一般由电信部门或公司负责组建、管理和维护，并向全社会提供面向通信的有偿服务、流量统计和计费问题。

3.3.3　分组转发机制

众所周知，分组交换网的分组转发是基于查表的，在此讨论的是查表的机制。分组转发机制中常用到“转发”（Forwarding）和“路由选择”（Routing），其具体意义如下：转发就是当交换节点收到分组后，根据其目的地址查找转发表（Forwarding Table）并找出应从节点的哪一个接口将该分组发送出去。

路由选择则是构造路由表（Routing Table）的过程，路由表是根据一定的路由选择算法得到的，而转发表又是根据路由表构造出的，总之路由选择协议负责搜索分组从某个节点到目的节点的最佳传输路由，以便构造路由表，从路由表再构造出转发分组的转发表，分组是通过转发表进行转发的。

1. 转发表

（1）层次结构地址。

在广域网中，分组往往要经过许多节点交换机的存储转发才到达目的地，在广域网中每一个节点交换机中都有一个转发表，里面存放了到达每一个主机的路由，显然广域网中的主机数越多，查找转发表就越费时间，为了减少查找转发表所花费的时间，在广域网中一般都采用层次结构地址（Hierarchical Addressing）。

最简单的层次结构地址就是把一个用二进制数表示的主机地址划分为前后两部分，前一部分的二进制数表示该主机所连接的分组交换机的编号，而后一部分的二进制数表示所连接的分组交换机的端口号或主机的编号，如图 3-12 所示。

网络中的节点交换机分为两种。一种仅和其他节点交换机相连接；另一种除了和其他节点交换机相连接，还要和用户主机相连接。这两种节点交换机的主要区别是第一种节点交换机的连接端口都是高速端口（因为交换机之间的线路速率较高），而第二种节点交换机还有一些和主机连接的低速端口。

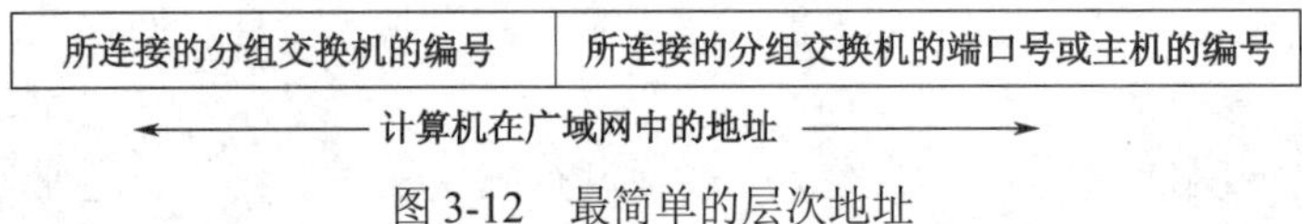

图 3-12　最简单的层次地址

在图 3-13 中有三个交换机，其编号分别为 1、2、3，每个交换机所连接的主机也按接入的低速端口编上号码，这样交换机 1 所接入的两个主机的地址就分别记为[1，1]和[1，3]（标注在图中的主机旁边）。如果用 8 比特来表示主机地址，而交换机的编号和低速端口的编号都各用 4 比特，那么上述两个主机的地址就分别是 0001 0001 和 0001 0011，不难看出采用这种编址方法，在整个广域网中的每一台主机的地址一定是唯一的，实际上在许多情况下，用户和应用程序不必知道这个地址是分层结构的，可以将这样的地址简单地看成一个数。

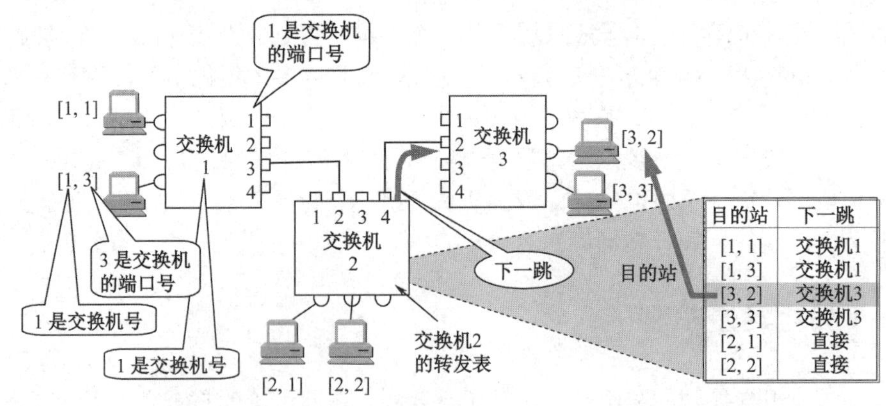

图 3-13　主机在广域网中的地址和交换机中的转发表

下面先看一下交换机是怎样转发分组的，为简单起见，图 3-13 中只画出了交换机 2 中的转发表，并只给出了转发表中最重要的两个内容，即一个分组将要发往的目的站，以及分组发往的下一跳（Next Hop）。

图 3-13 中有一个欲发往主机[3，2]的分组到达了交换机 2，在转发表的第 3 行找出下一跳

应为“交换机 3”，于是按照转发表的这个指示将该分组转发到交换机 3，如果分组的目的地是直接连接在本交换机上的主机，则不需要再将分组转发至别的交换机，这时转发表上注明的就是“直接”。有一个欲发往主机[2，1]的分组到达了交换机 2，查找转发表后在第 5 行找出，其下一跳应为“直接”，表明该分组已经到达了最后一个交换机，而目的主机就连接在这个交换机上。

应当注意，转发表中没有源站地址这一项，这是因为在分组转发中的下一跳只取决于数据报中的目的站地址，而与源站地址无关。

（2）按照目的站的交换机号确定下一跳。

仔细再看图 3-13 就可发现，这种转发表还可进行简化，这是因为只要转发表中目的站的交换机号相同，那么查出的“下一跳”就是相同的，因此在确定下一跳时，我们可以不必根据目的站的完整地址，而是可以仅根据目的站地址中的交换机号，所以若将转发表中的“目的站”定义为“目的主机地址中的交换机号”（即不管主机的编号是多少），那么转发表就可进一步简化，如图 3-13 交换机 2 中的转发表压缩为 3 行，即将交换机号相同的行合并，若每个交换机连接 10 台主机，则简化后的转发表就只有原来的十分之一大小。

采用两个层次的编址方案可使转发分组时只根据分组的第一部分地址（交换机号），即在进行分组转发时，只根据收到的分组的主机地址中的交换机号，只有当分组到达与目的主机相连的节点交换机时，交换机才检查第二部分地址（主机号），并通过合适的低速端口将分组交给目的主机，在互联网环境下也采用这种分层次转发分组的原理。

2. 默认路由

从上面的讨论可知，所谓广域网的路由问题就是要解决分组在各交换机中应如何进行转发，前面所提到的转发表就是为了解决广域网的路由问题而在交换机中专门设置的，因此在专门研究广域网的路由问题时，可用图论中的“图”来表示整个广域网，用“节点”表示广域网上的节点交换机，用连接节点与节点的“边”表示广域网中的链路，至于连接在节点交换机上的主机由于与分组转发无关(因为现在根据主机所连接到的交换机号进行分组的转发)，因此在图中一律不画上主机而只剩下各节点交换机，这样得出较简明的图对于讨论分组转发是非常清晰的。

图 3-14 左边是一个具有 4 个节点交换机的例子，而右边则是对应的图，图中节点表示交换机，圆圈中的数字就是节点交换机号，连接两节点的边表示连接交换机的链路。

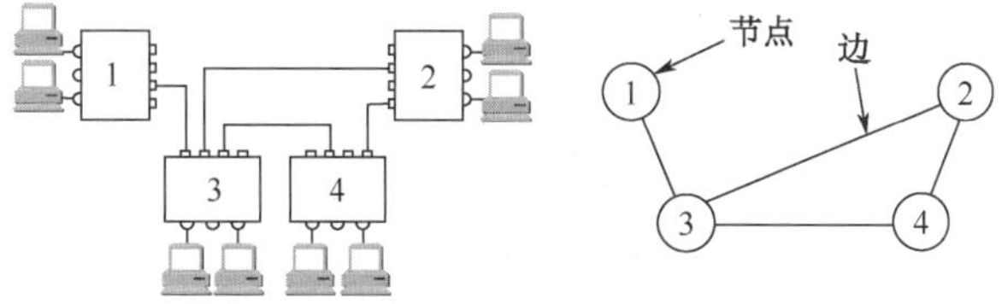

图 3-14　广域网图示

根据图 3-14 所示的图，可得出广域网中每一个节点的转发表（图 3-15），在“下一跳”下面的“直接”表示通过“本交换机”直接发往所连接的主机，而不必再转发到其他节点。

分析图 3-15 所示的转发表，可以发现还能再将转发表进一步简化，如在节点 1 的转发表中，当目的站为 2，3 或 4 时，分组都是转发到节点 3，因而“下一跳”这一列中的“3”是重复出现的。为什么会出现这种情况呢？只要看一下图 3-14 就知道了，节点 1 只有一条链路连接到节点 3，从节点 1 发往其他任何节点的分组都只能先转发到节点 3。

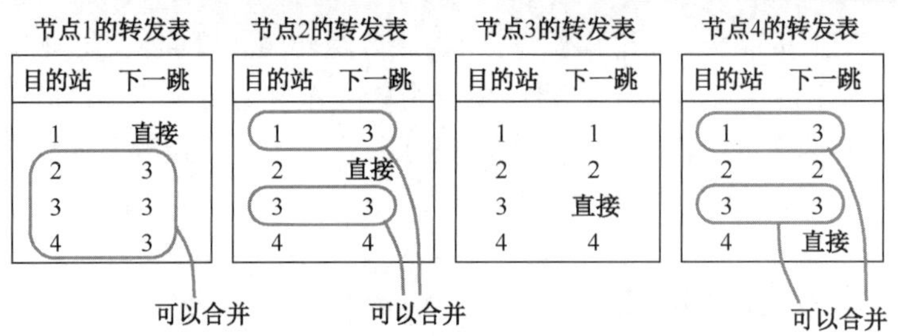

图 3-15 广域网中每一个节点的转发表

在较小的网络中，转发表中重复的项目不多，但很大的广域网的转发表中就有可能出现很多的重复项目，这会导致搜索转发表时花费较长的时间。为了减少转发表中的重复项目，可以用一个默认路由（Default Route）代替所有的具有相同“下一跳”的项目，默认路由比其他项目的优先级低，若转发分组时找不到明确的项目对应，才使用默认路由，图 3-16 为使用了默认路由的简化转发表，其中有下画线的是默认路由。

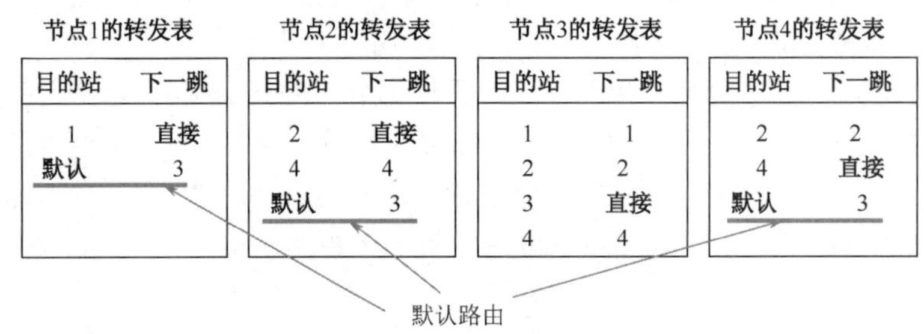

图 3-16 使用了默认路由的简化转发表

从图 3-16 可看出，只有超过一个以上的目的站有相同的下一跳时，使用默认路由才会使转发表更加简洁，才能减少查找转发表的时间。

到目前为止，已经讨论了怎样查找转发表找到下一跳，然而还没有讨论转发表中的各项目是怎样写入的，但对于大型广域网（如有上百个或更多的节点）情况就不同了，在这种情况下就必须使用合适的路由算法。

3.3.4 常见广域网

1. X.25

X.25 是在 20 世纪 70 年代由国际电报电话咨询委员会 CCITT 制定的“在公用数据网上以分组方式工作的数据终端设备 DTE 和数据电路设备 DCE 之间的接口”，X.25 于 1976 年 3 月正式成为国际标准，1980 年和 1984 年又经过补充修订。从 ISO/OSI 体系结构观点看，X.25 对应于 OSI 参考模型底下三层，分别为物理层、数据链路层和网络层。

X.25 的物理层协议是 X.21，用于定义主机与物理网络之间物理、电气、功能及过程特性，实际上支持该物理层协议标准的公用网非常少，原因是该标准要求用户在电话线路上使用数字信号，而不能使用模拟信号，作为一个临时性措施，CCITT 定义了一个类似于大家熟悉的 RS-232 标准的模拟接口。

X.25 的数据链路层描述用户主机与分组交换机之间数据的可靠传输，包括帧格式定义、差错控制等，X.25 数据链路层一般采用高级数据链路控制（High-level Data Link Control，HDLC）

协议。

X.25 的网络层描述主机与网络之间的相互作用，网络层协议处理诸如分组定义、寻址、流量控制及拥塞控制等问题。网络层的主要功能是允许用户建立虚电路，然后在已建立的虚电路上发送最大长度为 128 字节的数据报文，报文可靠且按顺序到达目的端，X.25 网络层采用分组级协议（Packet Level Protocol）。

X.25 是面向连接的，它支持交换虚电路（Switched Virtual Circuit，SVC）和永久虚电路（Permanent Virtual Circuit，PVC）。交换虚电路（SVC）是在发送方向网络发送请求建立连接报文要求与远程机器通信时建立的，一旦虚电路建立起来，就可以在建立的连接上发送数据，而且可以保证数据正确到达接收方。X.25 同时提供流量控制机制以防止快速的发送方淹没慢速的接收方。永久虚电路（PVC）的用法与 SVC 相同，但它是由用户和长途电信公司经过商讨后预先建立的，因而它时刻存在，用户不需要建立链路而可以直接使用它，PVC 类似于租用的专用线路。

由于许多用户终端并不支持 X.25 协议，为了让用户哑终端（非智能终端）能接入 X.25 网络，CCITT 制定了另外一组标准，用户终端通过一个称为分组装拆器（Packet Assembler Disassembler，PAD）的“黑盒子”接入 X.25 网络，用于描述 PAD 功能的标准协议称为 X.3，而在用户终端和 PAD 之间使用 X.28 协议；另一个用于 PAD 和 X.25 网络之间的协议称为 X.29。

X.25 网络是在物理链路传输质量很差的情况下开发出来的，为了保障数据传输的可靠性，它在每一段链路上都要执行差错校验和出错重传。这种复杂的差错校验机制虽然使它的传输效率受限制，但确实为用户数据的安全传输提供了很好的保障。

X.25 网络的突出优点是可以在一条物理电路上同时开放多条虚电路供多个用户同时使用；网络具有动态路由功能和复杂完备的误码纠错功能，X.25 分组交换网可以满足不同速率和不同型号的终端与计算机、计算机与计算机，以及局域网 LAN 之间的数据通信，X.25 网络提供的数据传输速率一般为 64kbit/s。

2. 帧中继

20 世纪 80 年代后期，许多应用都迫切要求增加分组交换服务的速率，然而 X.25 网络的体系结构并不适合高速交换，可见需要研制一种支持高速交换的网络体系结构，帧中继（Frame Relay，FR）就是为这一目的而提出的。帧中继在许多方面非常类似于 X.25，它被称为第二代的 X.25，在 1992 年问世后不久就得到了很大的发展。

帧中继技术是由 X.25 分组交换技术演变而来的，FR 的引入是由于过去 20 年来通信技术的改变，20 年前人们使用慢速、模拟和不可靠的电话线路进行通信，当时计算机的处理速度很慢且价格比较昂贵，所以在网络内部使用很复杂的协议来处理传输差错，以避免用户计算机来处理差错。

随着通信技术的不断发展，特别是光纤通信的广泛使用，通信线路的传输速率越来越高，而误码率却越来越低，为了提高网络的传输速率，帧中继技术省去了 X.25 分组交换网中的差错控制和流量控制功能，这就意味着帧中继网在传送数据时可以使用更简单的通信协议，而把某些工作留给用户端去完成，这样使得帧中继网的性能优于 X.25 网，它可以提供 1.5Mbit/s 的数据传输速率。

我们可以把帧中继看作一条虚拟专线，用户可以在两节点之间租用一条永久虚电路并通过该虚电路发送数据帧，其长度可达 1 600 字节，用户也可以在多个节点之间通过租用多条永久虚电路进行通信。

实际租用专线（DDN 专线）与虚拟租用专线的区别在于对于实际租用专线，用户可以每天以线路的最高数据传输速率不停地发送数据，而对于虚拟租用专线，用户可以在某一个时间段内按线路峰值速率发送数据，当然用户的平均数据传输速率必须低于预先约定的水平，换句话说长途电信公司对虚拟专线的收费要少于物理专线。

帧中继技术只提供最简单的通信处理功能，如帧开始和帧结束的确定及帧传输差错检查，当帧中继交换机接收到一个损坏帧时只是将其丢弃，帧中继技术不提供确认和流量控制机制。

帧中继网和 X.25 网都采用虚电路复用技术，以便充分利用网络带宽资源，降低用户通信费用，但是由于帧中继网对差错帧不进行纠正，简化了协议，因此帧中继交换机处理数据帧所需的时间大大缩短，端到端用户信息传输时延低于 X.25 网，而帧中继网的吞吐率也高于 X.25 网。帧中继网还提供一套完备的带宽管理和拥塞控制机制，在带宽动态分配上比 X.25 网更具优势，帧中继网可以提供从 2Mbit/s 到 45Mbit/s 速率范围的虚拟专线。

3．异步传递方式

现有的电路交换和分组交换在实现宽带高速的交换任务时，都表现出一些缺点，对于电路交换，当数据的传输速率及其突发性变化非常大时，交换的控制就变得十分复杂，对于分组交换，当数据传输速率很高时，协议数据单元在各层的处理成为很大的开销，无法满足实时性很强的业务的时延要求，特别是基于 IP 的分组交换网不能保证服务质量。

但电路交换的实时性和服务质量都很好而分组交换的灵活性很好，因此人们曾经设想过“未来最理想的”一种网络应当是宽带综合业务数字网 B-ISDN，它采用另一种新的交换技术，这种技术结合了电路交换和分组交换的优点。虽然在今天看来 B-ISDN 并没有成功，但 ATM 技术还是获得了相当广泛的应用，并在互联网的发展中起到了重要的作用。

异步传递方式（Asynchronous Transfer Mode，ATM）就是建立在电路交换和分组交换基础上的一种面向连接的快速分组交换技术，它采用定长分组作为传输和交换的单位，在 ATM 中这种定长分组被称为信元（Cell）。

目前在高速数字通信系统中，在物理层使用的是同步传输的 SDH，这里的“同步”是指网络中各链路上的比特流都受同一个非常精确的主时钟控制。

我们知道 SDH 传送的同步比特流被划分为一个个固定时间长度的帧（请注意，这是时分复用的时间帧而不是数据链路层的帧），当用户的 ATM 信元需要传送时，就可插入 SDH 的一帧中，但每一个用户发送的信元在每一帧中的相对位置并不是固定不变的，如果用户有很多信元要发送，就可以接连不断地发送出去，只要 SDH 的帧有空位置就可以将这些信元插入，因此这和异步时分复用是一样的原理，也就是说 ATM 名词中的“异步”是指将 ATM 信元“异步插入”同步的 SDH 比特流中。

如果使用的是同步插入（即同步时分复用），则用户在每一帧中所占据的时隙的相对位置是固定不变的，即用户只能周期性地占用每一帧中分配给自己的固定时隙（一个时隙可以是一或多字节），而不能再使用其他的已分配给别人的空闲时隙。

ATM 的主要优点如下：

（1）选择固定长度的短信元作为信息传输的单位，有利于宽带高速交换，信元长度为 53 字节，其首部（可简称为信头）为 5 字节，长度固定的首部可使 ATM 交换机的功能尽量简化，只用硬件电路就可对信元进行处理，因而缩短了每一个信元的处理时间，在传输实时语音或视频业务时，短的信元有利于减小时延，也节约了节点交换机为存储信元所需要的存储空间。

（2）ATM 允许终端有足够多比特时就去利用信道，从而取得灵活的带宽共享，能支持不

同速率的各种业务，来自各终端的数字流在链路控制器中形成完整的信元后，即按先到先服务的规则，经统计复用器，以统一的传输速率将信元插入一个空闲时隙内，链路控制器调节信息源进网的速率，不同类型的服务都可复用在一起，高速率信源占有较多的时隙，交换设备只需要按网络最大速率来设置，它与用户设备的特性无关。

（3）所有信息在最底层以面向连接的方式传送，保持了电路交换在保证实时性和服务质量方面的优点，但对用户来说 ATM 既可工作于确定方式（即承载某种业务的信元基本上周期性地出现）以支持实时型业务，也可以工作于统计方式（即信元不规则地出现）以支持突发型业务。

（4）ATM 使用光纤信道传输，由于光纤信道的误码率极低，且容量很大，因此在 ATM 网内不必在数据链路层进行差错控制和流量控制（放在高层处理），因而明显地提高了信元在网络中的传送速率。

ATM 的一个明显缺点就是信元首部的开销太大，即 5 字节的信元首部在整个 53 字节的信元中所占的比例相当大。

由于 ATM 具有上述的许多优点，因此在 ATM 技术出现后，不少人曾认为 ATM 必然成为未来的宽带综合业务数字网 B-ISDN 的基础，但实际上 ATM 只用在互联网的许多主干网中，ATM 的发展之所以不如当初预期的那样顺利，主要是因为 ATM 的技术复杂且价格较高，同时 ATM 能够直接支持的应用不多，与此同时无连接的互联网发展非常快，各种应用与互联网的衔接非常好。在 100 Mbit/s 的快速以太网和千兆以太网推向市场后，10kMbit/s 以太网又问世了，这就进一步削弱了 ATM 在互联网高速主干网领域的竞争能力。

一个 ATM 网络包括两种网络元素，即 ATM 端点（Endpoint）和 ATM 交换机。ATM 端点又称为 ATM 端系统，即在 ATM 网络中能够产生或接收信元的源站或目的站，ATM 端点通过点到点链路与 ATM 交换机相连。ATM 交换机是一个快速分组交换机（交换容量高达数百 Gbit/s），其主要构件是交换结构（Switching Fabric）、若干个高速输入端口和输出端口及必要的缓存。由于 ATM 标准并不对 ATM 交换机的具体交换结构做出规定，因此现在已经出现了多种类型的 ATM 交换结构，最简单的 ATM 网络可以只有一个 ATM 交换机，并通过一些点到点链路与各 ATM 端点相连，较小的 ATM 网络只拥有少量的 ATM 交换机，一般都连接成网格状网络以获得较好的连通性，大型 ATM 网络则拥有较多数量的 ATM 交换机并按照分级的结构连成网络。

3.4　网络互联及优化

3.4.1　概述

随着计算机技术、计算机网络技术和通信技术的飞速发展，计算机及计算机网络的应用日益广泛，网络的形式亦多种多样，同时它们又是彼此联系的。现如今单一的、独立的计算机网络已经不能满足人们对网络应用的需求，特别是在信息时代，面对信息交流的普遍性和即时性需求，冲破原有网络形成的“信息孤岛”将网络与网络互联起来已成为现实。通过网络的互联互通，用户之间可以实现跨网络的通信与操作，从而达到更广泛的资源共享和信息交流的目的。

网络优化是在充分了解网络运行状态的前提下，对现有网络进行数据采集和分析，发现网络质量的影响因素并进行分析，采取各种技术手段对网络进行调整优化，使网络达到最佳运行状态。网络优化的主要内容包括设备故障排除、改善网络运行指标、提高通话质量、维持话务均衡和网络均衡、网络优化档案、对网络资源进行最优配置及建立和维护网络优化平台等。

网络用户数量的剧增，业务种类复杂多样和灵活多变及各运营商网络之间互联互通，使得通信网络在规模上、结构上不断地向多协议功能、多层面平台演进，广大用户对网络质量的要求和业务需求越来越高，如何改善网络运行性能、提高网络服务质量，已成为市场企业掌握主动权和增强核心竞争力的基本前提，若能充分利用现有网络的设备资源和频率资源获取最佳效益，可有效降低网络运营成本，提高设备利用率。多变的外界因素（如业务发展、网络扩容增建、城市基础设施的建设等）也时刻影响着网络环境，因此深化网络优化工作不容忽视，它的地位和作用对网络的运行维护、网络规划及工程建设日趋重要，并具有积极的指导意义。

1. 网络互联的作用

计算机网络互联的目的是使一个网络上的用户能够访问其他计算机网络上的资源，使不同网络上的用户能够相互通信和交流信息，以实现更大范围的资源共享和信息交流，具体来说网络互联的主要作用有以下几个方面。

（1）突破网络原有大小的物理限制，扩大网络用户资源共享的范围，实现网络之间的信息传输。在局域网中，每个网段的大小是有限的，例如，10Base-5 粗缆以太网规定每个网段的覆盖距离为 500m，每个网段中的节点数限制在 100 个以内，如果网络的范围或节点数超出了规定限制就需要再建一个网段，然后通过网络互联设备将两个网段连接起来，最终形成一个较大的网络。

（2）当网络规模较大、节点数较多时，网络中信息流量就会增大，对共享传输介质的访问冲突将随之增加，每台计算机所得到的带宽就会减小，访问延迟将增大，如果将一个较大的网络分割成多个较小的物理子网，将通信较为频繁的计算机安置在同一物理子网内，各个子网之间使用网络互联设备连接起来，就可以提高网络的效率并方便网络管理。

（3）实现网络互联能够使不同网络中的节点进行通信和操作，并可以提供高端网络用户服务，如电子邮件、数据库及数据处理等服务。

（4）网络互联技术的应用能够给网络系统带来很多好处，改善网络的诸多性能，如扩大网络的作用范围、提高网络的可靠性等，也使得网络建设更方便、更灵活。

网络互联主要有两种情况：一是将多个分散的、独立的、覆盖范围小的网络连接起来构成一个较大的网络；二是将一个节点多、负荷重的大网络分解成若干个小网络，再利用网络互联技术把这些小网络连接起来。

2. 网络互联的要求

计算机网络互联可以说有两个层次：一个是物理线路上的连接，另一个是物理与逻辑上的连接，即网络协议之间的连接，一般说的网络互联是第二种连接方式，即通过网络互联设备实现网络的连接，并同时采用相关的协议实现网络的逻辑连接。

（1）网络互联的要求。

① 网络之间至少提供一条在物理上连接的链路及对该链路的控制协议；

② 在不同的网络进程间提供合适的路由以便可靠地传输、交换数据；

③ 不需要对参与互联的网络的体系结构、硬件、软件或协议进行修改；

④ 提供用户使用网络的记录。

（2）网络互联主要解决的问题。

网络互联应该屏蔽不同网络之间的各种差异，这需要通过网络协议之间的转换来实现，具体地说要屏蔽的各种差异有：① 传输介质的不同；② 拓扑结构的不同；③ 介质访问控制方式的不同；④ 网络编址方式的不同；⑤ 分组长度的不同；⑥ 协议功能的不同；⑦ 路由选择技术的不同；⑧ 数据格式的不同；⑨ 服务形式的不同。

3. 网络优化的措施

交换网络优化的目的主要在于提高交换网络的整体性能，目标是努力达到或提高交换机和网络的各项指标，提高网络质量和系统运行稳定性，使局数据设置更为合理、规范并从长远角度提出一些合理化建议。在对交换系统优化过程中，全面分析网络系统中的问题，寻找网络中可以进行优化的部分并制定相应的工作流程采集数据，加以筛选、分析。交换网络优化并不是孤立的，需要无线优化的密切配合，两者之间相互影响、密不可分。

（1）相关数据的收集。

在交换机上定义所需的各种统计文件作为每天用于分析的基本数据，利用终端和网管系统定时或随时采集统计数据信息，配以相应的转换软件、功能软件工具和测试项目等手段，并收集交换机各类相关局数据以便对统计结果进行分析，为数据和参数调整做好准备。

（2）数据检查和调整。

局数据的设置是否正确合理对网络的通信具有至关重要的作用，其中包括交换机属性参数的设置、IMS 分析、路由数据设置、分析表数据的核查、呼叫位长的正确设定、终选码信号正确选送、录音通知合理规范、局间切换数据的完整定义、逻辑功能模块存储空间适当扩减、信令寻址指向等。通过系统测试软件追踪方式也是发现系统存在问题和局数据不完整之处的有效办法，也可以通过制作 LOG 文件，根据业务种类如普通语音业务、数据业务、增值业务等功能，对数据进行一致性检查和修改不合理的数据和参数，清理冗余数据以保证数据正确性和完整性，然后再统计进行观测调整。

（3）监测传输、信令质量和负荷。

保持设备、中继的完好率和信令链路及信道的完好率是保证通话质量、降低呼损不可忽视的因素，由于移动通信业务种类的多样和复杂，各类接口支持多种信令协议，信令链路对传输质量的要求比较高，传输质量不好，误码率过高及信令终端工作的不稳定都会导致信令链路的频繁闪断，使语音接通率、长途来话接通率等指标降低。通过定义相应的传输、信令告警监测和统计，来检查传输的质量，查看是否经常有误码、发现信令闪断、观察信令负荷和质量等信令的相关问题，以便及时改善；针对具体局向用交换机命令跟踪的方式或用信令仪也可解决一些异常问题，关注网间的信令配合，从各运营商之间互联互通的角度解决因信令、选路等方面相互配合的问题。

（4）均衡话务量，合理调整局向。

通过对目的码分布分析、各局向路由分析观察它们的话务量、接通率、呼损、溢出等情况，同时应注意选线方式，合理分配来去话务，修改不必要循环重复的呼叫指向，均衡话务量分配，减少中继话务溢出和过闲，降低 CP 负荷，从而提高交换机的性能指标。

（5）检查网络时钟同步。

同步时钟对于交换网络极为关键，通过命令测试时钟是否稳定，如果网元间的时钟不能同步则会影响传输、通话质量等。在选取外部同步时钟时要高准确度、高精度的 BITS 时钟，应与网络中上一级网元同步，避免同级网元相互选取同步参考时钟。

（6）交换机系统的负荷和系统设备的告警监测。

观察 CP 负荷，看其是否随话务量大小同步变化，关注功能块的 Size Alteration Events，增加可能需要的 Size 以防导致拥塞和话务暂停，确保其运行的稳定性。

（7）录音通知正确选送。

更好地利用录音通知来正确指导用户行为，减少不必要的不成功试呼等，从规范局数据的角度，调整录音通知内容，为了安全和不造成某些通知音路由拥塞，录音通知机最好采用双备份或负荷分担，适当设置用户听到录音通知的时长。

（8）核查相邻的移动业务交换中心（MSC）及外部小区定义的正确性。

外部小区应正确定义，通过观察每天的切换统计，纠正错误的小区定义。如果一个 MSC 只带一个基站控制器（BSC），MSC 中所有的外部小区在 BSC 中应该被定义为 External，MSC 中所有的内部小区在 BSC 中应该被定义为 Internal；在所有的 MSC 中 MSC 地址应一致，在所有 MSC 中路由数据和用于 MSC 间切换的切换号码序列应定义正确，用于 MSC 间切换的软件路由应合理定义以提高 MSC 局间切换的成功率。

另外，要对 BSC 系统进行健康性检查，检查并适当修改交换机属性参数，如为了降低无线寻呼信道上不必要的高负荷，MSC 侧需要无线配合合理设置隐含关机时长，使掉电或进入无覆盖区之前的手机获得正确 DETACH 信息，同时考虑用户周期性位置登记而导致的 SDCCH 的负荷，寻找最佳的平衡点使 BTDM 与 T3212 设置匹配，设置正确的无线寻呼参数（PAGING）、第一次、第二次 PAGING 时长及打开选择性鉴权等相关参数，正确配置后需要严格测试和观察。

3.4.2 网络互联类型

在计算机网络技术中，通常将网络协议类型相同的网络称为同构型网络，即指两个所有对应的协议均相同（或至少数据链路层以上各层均相同）的网络；网络协议类型不相同的网络称为异构型网络，即指两个所有对应层的协议均不相同（或至少网络层以下各层均不相同）的网络。网络互联包括同构型和异构型网络的互联，根据互联的方式可以将网络互联类型划分为局域网—局域网、局域网—广域网、广域网—广域网三种。

1．局域网—局域网

局域网—局域网互联是最常见的网络互联类型，其互联结构如图 3-17 所示，局域网互联又分为同构型和异构型两种。

（1）同构型局域网互联。

① 如果同构型局域网互联之后构成一个更大的局域网，则采用中继器、集线器、网桥、二层交换机可以实现互联。

② 如果同构型局域网互联之后各自仍然是独立的局域网，则采用三层交换机、路由器可以实现互联。

（2）异构型局域网互联。

① 如果异构型局域网互联之后构成一个更大的逻辑局域网，则采用网桥和二层交换机可以实现互联。

② 如果异构型局域网互联之后各自仍然是独立的局域网，则采用路由器实现互联。

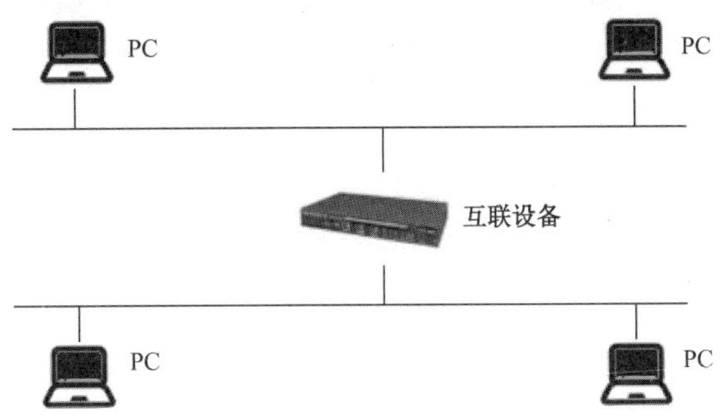

图 3-17　局域网—局域网互联结构

2. 局域网—广域网

局域网—广域网互联是一种比较常见的网络互联方式，对于目前的网络来说实现局域网和广域网的互联是任何一个网络的必然需求。局域网接入广域网可以通过多种方式实现，如小的网络可以使用拨号的方式接入，较大的网络可能使用专线的方式接入等。一个家庭或一个企业的局域网接入 Internet，就属于局域网—广域网互联。局域网—广域网互联常用的设备是路由器和网关，其互联结构如图 3-18 所示。

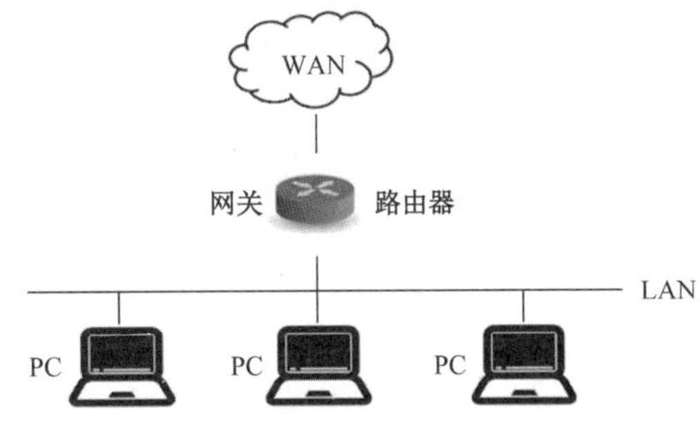

图 3-18　局域网—广域网互联结构

3. 广域网—广域网

广域网—广域网互联可以通过路由器或网关设备实现，通过这种方式可以使处于不同广域网中的用户实现资源共享和信息交流，其互联结构如图 3-19 所示。

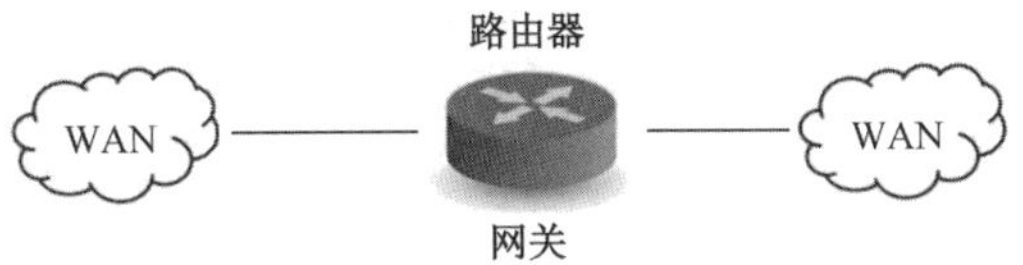

图 3-19　广域网—广域网互联结构

3.4.3　网络资源的管理和优化

通信网络资源包括物理资源和逻辑资源，管道、杆路、电缆、光缆、机房等通信基础设备是物理资源，而在其上建立的如 B-ISDN 网、ATM 网、信令网、宽带 IP 网等通信网络，通过对信息的传输和调配，形成了信道、电路等逻辑资源。近几年通信网络资源发展迅速，但存在着资源利用率低，管理手段落后等诸多问题。网络资源管理对于运营商来说是实现企业资源优化配置、提高资源利用率的保证，它关系到企业电信网能否安全、高效、畅通的运行，所以对这些庞大的通信网络资源进行有效的管理和进一步的优化便显得格外重要。

1. 系统建设

引起通信网络资源变更的七大因素包括：应急工程、常规工程、网络排障/抢修、业务需求、网络优化、设备退网、地理信息修改。保持通信网络资源实时的完整性、准确性对通信网络资源的管理有着重要作用。网络资源管理系统是对通信网上实际运行的包括电路、同步网、信令、传输、交换设备、光缆等资源进行管理的信息管理系统。它主要完成以下功能。

（1）动态管理通信传输、交换、数据、光纤、接入等网络资源，提高网络资源利用能力。

（2）配置通信网络资源，对网络资源性能进行合理调配，反映资源性能使用率。为社会提供网络资源服务，实现庞大的网络资源有效经营。

（3）综合管理通信网络组织，改善网络维护手段，提供故障分析、故障定位及故障后果分析，协助运营维修人员进行维修。

（4）辅助网络规划建设，实现建设市场化、规模最小化、周期最短化和网络最优化。

2. 网络资源管理

（1）对网络资源管理系统提供的业务流量进行科学分析，找到流量变化趋势，结合设备配置的合理性，将业务流量和设备性能进行完美结合，合理分配网络资源，既保证业务的畅通运行，又保证资源充分利用，这样做有利于减少交换网的接入网点，优化本地网的网络组织结构。

（2）对网络资源的动态调配，根据资源实际使用情况，对一些流量下降的业务根据实际流量实时调整资源，如伴随着宽带上网业务的发展，拨号上网业务量下降，网络资源管理者应进行合理的数据分析，减少对拨号上网业务的资源配置，实现资源利用最优化，提高资源利用率。

（3）合理分配网络资源，科学利用闲置资源，降低运营成本。通过网络资源管理系统显示的网络资源利用率高低变化情况，将资源利用率低的设备资源调整到资源紧张的方向，解决电路紧张的问题；将闲置的网络资源用于网络的保障业务上，这样既提高了设备的利用率，延长了网络资源的使用周期，提高了其使用价值，又保证了网络的畅通和安全。

（4）加快传输网络资源的光纤化，有计划地加快撤除小交换机并入大网进程。加快建设智能交换网，尽可能减少网络的汇接，将智能网和交换网有机结合；结合本地实际情况，实现网络资源管理系统同本地网集中管理、集中监控系统的整合。

（5）规范网络资源，提高网络接通率。对网络资源设备进行一体、标准的编码和管理，确保资源信息的准确性，防止关联出错。对于运营商来说，对传输网和交换网进行规范有利于网络资源管理。网络资源规范化，能进一步提高网络资源维护质量，提高快速、准确处理本地网存在的网络问题的响应能力，对提高网络接通率起重要作用。

（6）加强对网络资源数据的采集。对网络资源信息的采集要经过以下步骤：登记数据、转变数据、加载数据、检查数据。每一步都要认真采集，反复检查数据，避免数据出差错，同时建立资源数据的关键信息以方便查看。

（7）提高设备资源安全性和平衡性，加强网络的维护和运行。

3. 生命周期管理

网络资源的生命周期管理是整个通信网络资源管理的重中之重，网络资源的数据变化随着管理的改变而改变，因此只有将网络管理程序同网络资源变化状况结合在一起才可以完成网络资源的生命周期动态管理，在这一管理步骤中，特别要注意以下几点：资源变更程序管理、网

络资源设备的管理、网络资源测量仪器的管理及调表管理和维修管理，这些步骤都是网络资源管理的重点，经过这些步骤将能够实现资源数据的统一储存管理。

既然网络资源的生命周期管理是整个通信网络资源管理的重点管理工程，就有特别要注意的地方：一方面管理必须按规定程序进行，这是实现资源生命周期管理的首要条件，经过对网络开户、网络运营生产、线路维修、设备更新、退户等过程的正确管理，精准、全新的资源状态才能显示在监控设备上；另一方面设定资源间接运行的支撑口，因为生命周期管理能够通过管理设备直接运行，比如设置的更改、角度的调转管理等，其中一些管理是在办公过程中进行的，因此要对资源数据端设置交接口，将网络资源的变动状况同步到主管理设备中，方便资源管理的维修和检查。

对通信网络资源进行有效的管理能够有力地保证网络的有序运行，而网络技术也会随着网络规模的发展而不断发展，现代化通信产业在一定程度上有力地推动了我国的经济发展，信息产业的变革和融合逐渐成为我国经济发展的主流，同时在通信网络中由于各种设备容量的不断增加，从而导致网络资源的管理难度加大，因此加强通信网络资源的管理和优化成为运营商目前用于提高网络产业质量技术的手段之一。

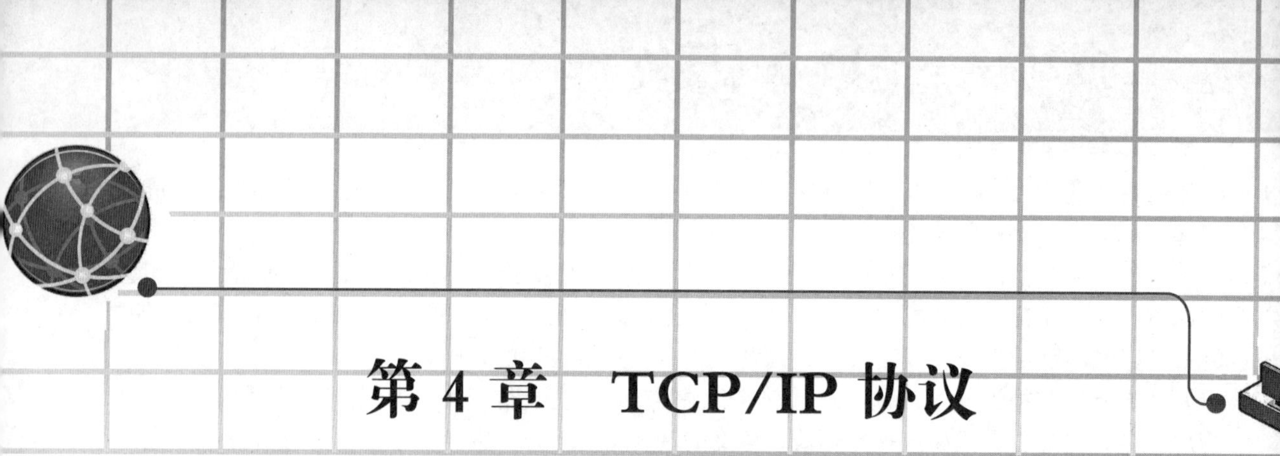

第 4 章　TCP/IP 协议

本章主要介绍 TCP/IP 协议的主要知识内容，部分网络设备配置的相关内容，主要以国内某知名通信公司的配置技术方法为例，通过其数据网络模拟器及相应的命令来进行简要的解释说明。

4.1　概述

4.1.1　TCP/IP 的产生背景及特点

1. TCP/IP 的产生背景

传输控制协议/网间协议（TCP/IP）是业界标准的协议族，为跨越 LAN 和 WAN 环境的大规模互联网络设计。TCP/IP 始于 1969 年，即美国国防部（DoD）委任高级资源计划机构网络（ARPANET）的时间。

ARPANET 是资源共享实验的结果，其目的是在美国不同地区的各种超级计算机之间提供高速网络通信链路。

早期协议，如 Telnet（用于虚拟终端仿真）和文件传输协议（FTP）是最早开发的，以指定通过 ARPANET 共享信息所需要的基本实用程序。随着 ARPANET 在规模和作用范围上的日益扩大，出现了其他两个重要协议：1974 年，传输控制协议（TCP）作为规范草案引入，它描述了如何在网络上建立可靠的、主机对主机的数据传输服务；1981 年，Internet 协议（IP）以草案形式引入，它描述了在互联的网络之间实现寻址的标准及如何进行数据包路由。

1983 年 1 月 1 日，ARPANET 开始对所有的网络通信和基本通信都要求标准使用 TCP 和 IP 协议。从那天开始，ARPANET 逐渐成为众所周知的 Internet，它所要求的协议逐渐变成 TCP/IP 协议族。TCP/IP 协议族在各种 TCP/IP 软件中实现，可用于多种计算机平台，并经常用于建立大的路由专用国际网络。

TCP/IP 是指一整套数据通信协议，其名字是由这些协议中的两个协议组成的，即传输控制协议（Transmission Control Protocol，TCP）和网间协议（Internet Protocol，IP）。虽然还有很多其他协议，但是 TCP 和 IP 显然是两个最重要的协议。

2. TCP/IP 的特点

TCP/IP 协议有一些重要的特点，以确保在特定的时刻能满足一种重要的需求，即世界范围的数据通信。其特点有以下几点。

（1）开放式协议标准。可免费使用，且与具体的计算机硬件或操作系统无关。由于它受到如此广泛的支持，因而即使不通过 Internet 通信，利用 TCP/IP 来统一不同的硬件和软件也是很理想的。

（2）与物理网络硬件无关。这就允许 TCP/IP 可以将不同类型的网络集成在一起，它可以适用于以太网、令牌环网、拨号线、X.25 网络及任何其他类型的物理传输介质。

（3）通用的寻址方案。该方案允许任何 TCP/IP 设备唯一地寻址整个网络中的任何其他设备，该网络甚至可以像全球 Internet 那样大。

（4）各种标准化的高级协议。可广泛而持续地提供多种用户服务。

4.1.2 TCP/IP 协议体系

TCP/IP 协议体系和 OSI 参考模型一样，也是一种分层结构。它由基于硬件层次上的四个概念性层次构成，即网络接口层、互联网层、传输层和应用层，图 4-1 所示为 OSI 参考模型与 TCP/IP 参考模型对比。

OSI 参考模型	TCP/IP 参考模型
应用层	应用层
表示层	
会话层	
传输层	传输层
网络层	互联网层
数据链路层	网络接口层
物理层	

图 4-1 OSI 参考模型与 TCP/IP 参考模型对比

在 TCP/IP 参考模型中，去掉了 OSI 参考模型中的会话层和表示层（这两层的功能被合并到应用层实现）。同时将 OSI 参考模型中的数据链路层和物理层合并为网络接口层。下面，分别介绍各层的主要功能。

1. 网络接口层

网络接口层也称为数据链路层，它是 TCP/IP 的最底层，但是 TCP/IP 协议并没有严格定义该层，它只是要求能够提供给其上层——网络层一个访问接口，以便在其上传递 IP 分组。由于这一层次未被定义，所以其具体的实现方法将随着网络类型的不同而不同。

2. 互联网层

互联网层俗称 IP 层，用于处理机器之间的通信。它接受来自传输层的请求，传输某个具有目的地址信息的分组。该层把分组封装到 IP 数据报中，填入数据报的首部（也称为报头），使用路由算法来选择是直接把数据报发送到目标机还是把数据报发送给路由器，然后把数据报交给下面的网络接口层中的对应网络接口模块。该层还处理接收数据报，检验其正确性，使用路由算法来决定是否在本地对数据报进行处理还是继续向前传送。

3. 传输层

在 TCP/IP 模型中，传输层的功能是使源端主机和目标端主机上的对等实体可以进行会话。在传输层定义了两种服务质量不同的协议。即传输控制协议（Transmission Control Protocol,

TCP）和用户数据报协议（User Datagram Protocol，UDP）。TCP 协议是一个面向连接的、可靠的协议。它将一台主机发出的字节流无差错地发往互联网上的其他主机。在发送端，它负责把上层传送下来的字节流分成报文段并传递给下层。在接收端，它负责把收到的报文重组后递交给上层。TCP 协议还要处理端到端的流量控制，以避免缓慢接收的接收方没有足够的缓冲区接收发送方发送的大量数据。UDP 协议是一个不可靠的、无连接协议，主要适用于不需要对报文进行排序和流量控制的场合。

4．应用层

TCP/IP 模型将 OSI 参考模型中的会话层和表示层的功能合并到应用层实现。应用层面向不同的网络应用引入了不同的应用层协议。其中，有基于 TCP 协议的，如文件传送协议（File Transfer Protocol，FTP）、虚拟终端协议（TELNET）、超文本传送协议（Hyper Text Transfer Protocol，HTTP），简单邮件传送协议（Simple Mail Transport Protocol，SMTP）；也有基于 UDP 协议的，如网络文件系统（Network File System，NFS）、简单网络管理协议（Simple Network Management Protocol，SNMP）、域名系统（Domain Name System，DNS）及普通文件传送系统（Trivial File Transfer Protocol，TFTP）。

4.1.3 TCP/IP 常用概念介绍

TCP/IP 协议体系及其实现中有很多概念和术语，为了方便读者理解后面的内容，本节集中介绍一些最常用的概念与术语。

1．包

包（Packet）是网络上传输的数据片段，也称分组。在计算机网络上，用户数据要按照规定划分为大小适中的若干组，每组加上包头构成一个包，这个过程称为封装（Encapsulation）。网络上使用包为单位传输的目的是更好地实现资源共享和检错、纠错。包是一种统称，在不同的协议、不同的层次，包有不同的名字，如 TCP/IP 协议中，数据链路层的包叫帧（Frame），IP 层的包称为 IP 数据报，TCP 层的包常称为 TCP 报文等。应用程序也可以设计自己的包类型，如在自己设计的 Socket 程序中使用包。

2．网络字节顺序

由于不同体系结构的计算机存储数据的格式和顺序都不一样，要建立一个独立于任何特定厂家的机器结构或网络硬件的互联网，就必须定义一个数据的表示标准。例如，将一台计算机上一个 32 位的二进制整数发送到另一台计算机，由于不同的机器上存储整数的字节顺序可能不一样，如 Intel 结构的计算机存储整数是低地址低字节数，即最低存储器地址存放整数的低位字节（称为小端机，Little-Endian），而 Sun Sparc 结构的计算机存储整数是低地址高字节数，即最低存储器地址存放整数的高位字节（称为大端机，Big-Endian）。因此，直接把数据按照恒定的顺序发送到另一台机器上时可能会改变数字的值。

为了解决字节顺序的问题，TCP/IP 协议定义了一种所有机器在互联网分组的二进制字段中必须使用的网络标准字节顺序（Network Standard Byte Order）：必须首先发送整数中最高有效字节（同大端机）。因此，网络应用程序都要求遵循一个字节顺序转换规则：“主机字节顺序→网络字节顺序→主机字节顺序”，即发送方将主机字节顺序的整数转换为网络字节顺序然后发送出去，接收方收到数据后将网络字节顺序的整数转换为自己的主机字节顺序后处理。

3. 服务、接口、协议

服务、接口、协议是 TCP/IP 体系结构中非常重要的概念，它们贯穿了整个参考模型的始终。

简单地讲，服务是指特定一层提供的功能。例如，网络层提供网络间寻址的功能，我们就可以说网络层向它的上一层（即传输层）提供了网间寻址服务；反之，也可以说传输层利用了网络层所提供的服务。

接口是上下层次之间调用功能和传输数据的方法。它类似于程序设计中的函数调用，上层通过使用接口定义的方法方便地使用下层提供的服务。

协议是对等层必须共同遵循的标准。大多数包都由包头和信息组成：包头常常包括诸如源和目的地址、包的长度和类型指示符等信息；信息部分可以是原始数据，也可以包含另一个包。协议规范了交换的包的格式、信息的正确顺序及可能需要采取的附加措施。

网络协议是使计算机能够通信的标准。典型的协议规定网络上的计算机如何彼此识别、数据在传输中应采取何种格式、信息一旦到达最终目的地时应如何处理等，协议还规定了对遗失的和被破坏的传输或数据包的处理过程。IPX、TCP/IP、DECnet、AppleTalk 都是网络协议的例子。

4. 寻址

网络的核心概念是“寻址”。在网络中，一个设备的地址是它的唯一标识。网络地址通常是由数字组成的，具有标准的、已定义好的格式。网络上的所有设备都需要给定一个遵循标准格式的唯一标识，即设备的地址。在一个有路由能力的网络中，地址至少包括两个部分：网络部分（或域部分）和节点部分（或主机部分）。

5. 端口号

TCP/UDP 使用 IP 地址标识网上主机，使用端口号来标识应用进程，即 TCP/UDP 用主机 IP 地址和为应用进程分配的端口号来标识应用进程。端口号是 16 位的无符号整数，TCP 的端口号和 UDP 的端口号是两个独立的序列。尽管相互独立，如果 TCP 和 UDP 同时提供某种知名服务，两个协议通常选择相同的端口号。这纯粹是为了使用方便，而不是协议本身的要求。利用端口号，一台主机上的多个进程可以同时使用 TCP/UDP 提供的传输服务，并且这种通信是端到端的，它的数据由 IP 传递，但与 IP 数据报的传递路径无关。

端口号的分配是一个重要问题。有两种基本分配方式：第一种叫全局分配，这是一种集中控制方式，由一个公认的中央机构根据用户需要进行统一分配，并将结果公布于众；第二种是本地分配，又称动态连接，即进程需要访问传输层服务时，向本地操作系统提出申请，操作系统返回一个本地唯一的端口号，进程再通过合适的系统调用，将自己与该端口号联系起来（绑扎）。TCP/UDP 端口号的分配综合了上述两种方式。TCP/UDP 将端口号分为两部分，少量的作为保留端口，以全局方式分配给服务进程。因此，每一个标准服务器都拥有一个全局公认的端口（Well-Known Port），即使在不同机器上，其端口号也相同。剩余的为自由端口，以本地方式进行分配。

4.2 IP 协议

4.2.1 IP 协议简介

IP（Internet Protocol）是 TCP/IP 协议族中最为核心的协议。所有的 TCP、UDP、ICMP 及 IGMP 数据都以 IP 数据报格式传输。IP 的最大成功之处在于它的灵活性，它只要求物理网络提供最基本的功能，即物理网络可以传输包——IP 数据报，数据报有合理大小，并且不要求完全可靠地传递。IP 提供的不可靠、无连接的数据报传送服务使得各种各样的物理网络只要能够提供数据报传输就能够互联，这成为 Internet 在数年间就风靡全球的主要原因。由于 IP 在 TCP/IP 协议中是如此的重要，它成为 TCP/IP 互联网设计中最基本的部分，有时都称 TCP/IP 互联网为基于 IP 技术的网络。

不可靠（Unreliable）的意思是它不能保证 IP 数据报能成功地到达目的地。IP 仅提供尽最大努力投递（Best-Effort Delivery）的传输服务。如果发生某种错误时，如某个路由器暂时用完了缓冲区，IP 有一个简单的错误处理算法：丢弃该数据报，然后发送 ICMP 消息报给发送端。任何要求的可靠性必须由上层来提供（如 TCP）。

无连接（Connectionless）的意思是 IP 并不维护任何关于后续数据报的状态信息。每个数据报的处理是相互独立的。这也说明，IP 数据报可以不按发送顺序接收。如果发送端向相同的接收端发送两个连续的数据报（先是 A，然后是 B），每个数据报都是独立地进行路由选择，可能选择不同的路线，因此 B 可能在 A 到达之前先到达。

IP 提供了三个重要的定义：

（1）IP 定义了在整个 TCP/IP 互联网上数据传输所用的基本单元，因此它规定了互联网上传输数据的确切格式。

（2）IP 软件完成路由选择的功能，选择一个数据发送的路径。

（3）除了数据格式和路由选择的精确而正式的定义外，IP 还包括了一组嵌入了不可靠分组投递思想的规则，这些规则指明了主机和路由器应该如何处理分组、实际如何发出错误信息，以及在什么情况下可以放弃分组。

4.2.2 IP 数据报报文结构

1. IP 数据报

IP 数据报是 Internet 的基本传送单元，包括数据报报头和数据区两部分。

2. IP 数据报格式

图 4-2 中所示为 IP 协议的数据报格式，包含以下字段。

（1）版本字段。

版本字段有 4 位，用来标识创建数据报的 IP 协议的版本。目前的 IP 协议版本是 4，今后将逐渐过渡到下一代 IP 协议 IPv6。

<table>
<tr><td>0</td><td>4</td><td>8</td><td colspan="4">16</td><td>20</td><td>31</td></tr>
<tr><td>版本</td><td>报头长</td><td>服务类型</td><td colspan="6">总长度</td></tr>
<tr><td colspan="3">标识</td><td></td><td>DF</td><td>MF</td><td colspan="3">分片位移</td></tr>
<tr><td colspan="2">生存时间</td><td>协议号</td><td colspan="6">报头校验和</td></tr>
<tr><td colspan="9">源 IP 地址</td></tr>
<tr><td colspan="9">目的 IP 地址</td></tr>
<tr><td colspan="9">选项+填充</td></tr>
<tr><td colspan="9">数据</td></tr>
<tr><td colspan="9">……</td></tr>
</table>

图 4-2　IP 协议的数据报格式

（2）报头长与全长字段。

头长（IHL）字段有 4 位。该字段紧跟在版本号字段后，用 32 位为单位来指出头的长度。比较而言，全长字段指出数据报的长度，包括头和高层信息，一个 IP 数据报长度最多为 65 535 字节。

（3）服务类型字段。

服务类型字段指明数据报将被如何处理。这个字段有 8 位，其中 3 位用来标识由发送者指定的优先权或重要程度。因此，该字段提供了 IP 数据报路由的优先权机制。

（4）总长度。

包含 IP 头在内的数据单元的总长度（字节数）。

（5）标识符与分段偏移量字段。

标识字段用来标明一个数据报或分段数据报。如果一个数据报被分成 2 个以上的段，分段偏移量字段指出该段在被传送的初始数据报中的偏移量。因此，该字段指出一段在整个数据报中的位置。该字段的值是整型，以 8 位字节为单位，可提供 64 位单位的偏移量。对安全设备来说，能识别出所有分段属于同一个数据报是非常重要的。

（6）生存时间。

生命期（TTL）字段定义了数据报可存在的最大期限，这个字段用来阻止被错误寻址的数据报在互联网或专用 IP 网络中无休止地游荡。由于确切的生存时间很难把握，该字段通常用跳跃站点数来度量，即当数据报从一个网络传送到另一个网络时，该字段的值减 1。当该字段为 0 时，数据报将被丢弃。

（7）标志字段。

标志字段中有 2 位用于标明是如何分段的，第 3 位目前还没有使用。用于分段的 2 位中第 1 位用来实现直接分段控制机制，其值为 0 时指明数据报已分段，值为 1 时指明数据报没有分段。第 2 位为 0 时指明该分段是数据报的最后一个分段，为 1 时指明后面还有分段。

（8）协议字段。

协议字段指出用于创建数据报携带报文的高层协议。例如，其值为十进制 6 时，表示是 TCP 协议，值为十进制 17 时，表示是 UDP 协议。在版本 4 的 IP 下，8 位的协议字段可确保定义一个唯一的协议。尽管 TCP 和 UDP 代表了目前为止绝大部分的互联网业务，但其他协议也可以用于传输，而且有大量协议号目前还没有被分配。在 IPv6 的封装中，协议字段指向下一个数据报的头字段。

（9）源地址和目的地址字段。

源地址字段和目的地址字段都有 32 位。每一个地址代表一个网络和网络中的一台主机。

4.2.3 IP 数据报选路

从概念上说，IP 路由选择是简单的，特别对于主机来说。如果目的主机与源主机直接相连（如点对点链路）或都在一个共享网络上（以太网或令牌环网），那么 IP 数据报就直接送到目的主机上。否则，主机把数据报发往一默认的路由器上，由路由器来转发该数据报。大多数主机都采用这种简单机制。

通常情况下，IP 层既可以配置成路由器的功能，也可以配置成主机的功能。当今的大多数多用户系统，包括绝大多数 UNIX 系统，都可以配置成一个路由器。用户可为它指定主机和路由器都可以使用的简单路由算法。本质上的区别在于主机从不把数据报从一个接口转发到另一个接口，而路由器则要转发数据报。内含路由器功能的主机应该从不转发数据报，除非它被设置。

在一般的体制中，IP 可以从 TCP、UDP、ICMP 和 IGMP 接收数据报（即在本地生成的数据报）并进行发送，或者从一个网络接口接收数据报（待转发的数据报）并进行发送。IP 层在内存中有一个路由表。当收到一份数据报并进行发送时，它都要对该表搜索一次。当数据报来自某个网络接口时，IP 首先检查目的 IP 地址是否为本机的 IP 地址之一或 IP 广播地址。如果确实是这样，数据报就被送到由 IP 首部协议字段所指定的协议模块进行处理。如果数据报的目的不是这些地址，那么会存在以下两种情况：

（1）如果 IP 层被设置为路由器的功能，那么就对数据报进行转发；

（2）数据报被丢弃。

路由表中的每一项都包含以下信息：

（1）目的 IP 地址。它既可以是一个完整的主机地址，又可以是一个网络地址，由该表目中的标志字段来指定。主机地址有一个非 0 的主机号，以指定某一特定的主机，而网络地址中的主机号为 0，以指定网络中的所有主机（如以太网，令牌环网）。

（2）下一站（或下一跳）路由器的 IP 地址，或者有直接连接的网络 IP 地址。下一站路由器是指一个在直接连接网络上的路由器，通过它可以转发数据报。下一站路由器不是最终的目的，但是可以把传送给它的数据报转发到最终目的。

（3）标志。其中一个标志指明目的 IP 地址是网络地址还是主机地址，另一个标志指明下一站路由器是否为真正的下一站路由器，还是一个直接相连的接口。

（4）为数据报的传输指定一个网络接口。IP 路由选择是逐跳（Hop-by-Hop）进行的。IP 并不知道到达任何目的的完整路径（当然，除了与主机直接相连的目的）。所有的 IP 路由选择只为数据报传输提供下一站路由器的 IP 地址。它假定下一站路由器比发送数据报的主机更接近目的，而且下一站路由器与该主机是直接相连的。

IP 路由选择主要完成以下功能：

（1）搜索路由表，寻找能与目的 IP 地址完全匹配的表目（网络号和主机号都要匹配）。如果找到，则把报文发送给该表目指定的下一站路由器或直接连接的网络接口（取决于标志字段的值）。

（2）搜索路由表，寻找能与目的网络号相匹配的表目。如果找到，则把报文发送给该表目

指定的下一站路由器或直接连接的网络接口（取决于标志字段的值）。目的网络上的所有主机都可以通过这个表目来处置。例如，一个以太网上的所有主机都是通过这种表目进行寻径的。这种搜索网络的匹配方法必须考虑可能的子网掩码。

（3）搜索路由表，寻找标为“默认”的表目。如果找到，则把报文发送给该表目指定的下一站路由器。如果上面这些步骤都没有成功，那么该数据报就不能被传送。如果不能传送的数据报来自本机，那么一般会向生成数据报的应用程序返回一个“主机不可达”或“网络不可达”的错误。

4.2.4　IP 分片及重组

在理想情况下，整个数据报被封装在一个物理帧中，使物理网络上的传送非常有效。但是，每一种分组交换技术都对一个物理帧可以传送的数据量规定了一个固定的上界。例如，以太网允许最大帧长度是 1518 字节，而 X.25 允许的最大包长度是 1024 字节。这些限制被称为网络最大传送单元，即 MTU（Maximum Transfer Unit）。MTU 可能很小，有的硬件技术限制为 128 字节或更少。当数据报通过一个可以运载长度更大的帧的网络时，把数据报大小限制到互联网上最小 MTU 是不经济的；相反，如果数据报的大小比互联网中最小的网络 MTU 大，则数据报无法封装在一帧中。

互联网设计的主旨是隐藏底层网络技术和方便用户通信。因此，并非通过设计数据报的大小使其与物理网络的限制相近，相反 TCP/IP 软件选择了一个方便的初始数据报大小，同时提供一种机制，在 MTU 小的网络上，把大的数据报分成较小的单位。这种较小的单位被称为数据报片或段（Fragment），划分数据报的过程被称为分片或分段（Fragmentation）。

分片通常发生在路由器上，这些路由器分布在从数据报的源网点到目的网点之间的路径上。路由器经常需要从一个具有大 MTU 的网络上接收数据报且必须在一个 MTU 小于数据报大小的网络上传送它，这就需要分片。图 4-3 表示了这样的一个 IP 分片的示例：网络 1 和 3 的 MTU 为 1500，网络 2 的 MTU 为 620，当主机 A 和主机 B 通信时，路由器 R_1 把从 A 发送到 B 上的长数据报分片，路由器 R_2 把从 B 发送到 A 上的长数据报分片。

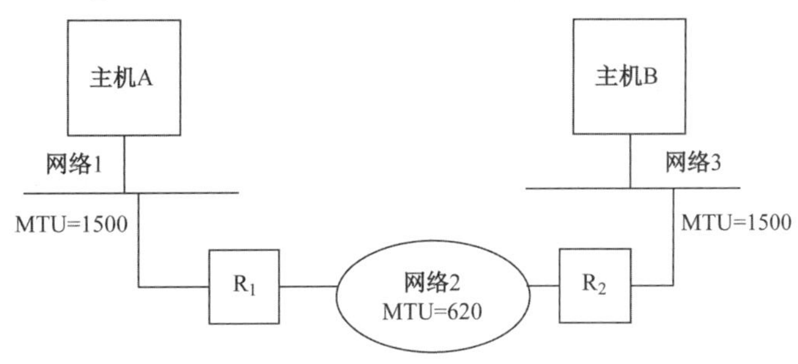

图 4-3　IP 分片的示例

IP 协议不限制数据报最小应为多小，但也不保证不分片的长数据报的可靠投递。源网点可以任意选择合适的数据报大小；分片和重组自动进行，源网点不必采取任何措施。IP 规范对路由器提出以下要求：路由器必须接收所连网络中最大 MTU 大小的数据报；同时，它必须随时能够处理至少 576 字节的数据报（同样要求主机也随时能够接收或重组至少 576 字节的数据报）。

单片 IP 数据报的 MF=0。分成多个报片后，只有最后一个报片的 MF=0，其余报片的 MF=1。分片位移指明该报片在原数据报中的位置。分片影响的报头字段包括 MF 位、分片位移、报头长、总长度及报头校验和。各分片报头的这些字段要重新计算，其他字段只要从原报头复制即可。分片后的数据报在转发过程中还可能经过某个物理网络，其允许的包长更短，这时还要再分片。对DF=1的数据报禁止分片，若途经的下一个网络要求分片，路由器只能将此数据报丢弃。

数据报的重组有两种方法：一是在通过一个网络后将分片的数据报重组；二是在到达目的主机后重组。在TCP/IP实现中，采用的是后一种方法。这种方法相对较好，它允许对每一个数据报片独立地进行路由选择，而且不要求路由器对分片存储或重组。

数据报头中的标识、标志和分片位移三个字段作为控制分片和重组。路由器在对数据报分片时，把报头中的大部分字段都复制到每个分片的报头中，其主要目的是让目的主机知道每个到达的数据报片属于哪个数据报。目的主机通过数据报片的标识字段、源IP地址及目的IP地址来识别数据报。

目的主机要缓存数据报的分片，等分片到齐后进行重组。但可能有一些分片在传输中丢失，为此IP规定了分片保留的最长时间。从数据报最先到达的分片开始计时，若逾期分片未到齐，则目标主机丢弃已到达的分片。

4.2.5 IP层协议实例

1. ARP/RARP协议简介

IP地址是分配给主机的逻辑地址，这种逻辑地址在互联网中表示唯一的主机。似乎有了IP地址就可以方便地访问某一个子网中的某个主机，寻址问题就解决了。其实不然，还必须考虑主机的物理地址问题。

物理地址和逻辑地址的区别可以从两个角度看：从网络互联的角度看，逻辑地址在整个互联网中有效，而物理地址只在子网内部有效；从网络协议分层的角度看，逻辑地址由Internet层使用，而物理地址由子网访问子层（具体地说就是数据链路层）使用。由于有两种主机地址，因而需要一种映射关系把两种地址对应起来。我们使用地址分解协议ARP来实现逻辑地址到物理地址的映像。它工作在数据链路层，在本层和硬件接口联系，同时对上层提供服务。

IP数据报常通过以太网发送，以太网设备并不识别32位IP地址，它们是以48位以太网地址传输以太网数据报。因此，必须把IP目的地址转换成以太网目的地址。在以太网中，一个主机要和另一个主机进行直接通信，必须知道目标主机的MAC地址。但这个目标MAC地址是如何获得的呢？它是通过地址解析协议获得的。ARP协议用于将网络中的IP地址解析为硬件地址（MAC地址），以保证通信的顺利进行。

2. ARP和RARP报头结构

ARP和RARP使用相同的报头结构，如图4-4所示。

<table>
<tr><td colspan="2">硬件类型</td><td>协议类型</td></tr>
<tr><td>硬件地址长度</td><td>协议长度</td><td>操作类型</td></tr>
<tr><td colspan="3">发送方的硬件地址（0～3字节）</td></tr>
<tr><td colspan="2">源物理地址（4～5字节）</td><td>源IP地址（0～1字节）</td></tr>
<tr><td colspan="2">源IP地址（2～3字节）</td><td>目标硬件地址（0～1字节）</td></tr>
<tr><td colspan="3">目标硬件地址（2～5字节）</td></tr>
<tr><td colspan="3">目标IP地址（0～3字节）</td></tr>
</table>

图4-4　ARP/RARP报头结构

- 硬件类型字段：指明了发送方想知道的硬件接口类型，以太网的值为 1；
- 协议类型字段：指明了发送方提供的高层协议类型，IP 为 0800（十六进制）；
- 硬件地址长度和协议长度字段：指明了硬件地址和高层协议地址的长度，这样 ARP 报文就可以在任意硬件和任意协议的网络中使用；
- 操作类型字段：用来表示这个报文的类型，ARP 请求为 1，ARP 响应为 2，RARP 请求为 3，RARP 响应为 4；
- 发送方的硬件地址（0～3 字节）：源主机硬件地址的前 3 字节；
- 发送方的硬件地址（4～5 字节）：源主机硬件地址的后 3 字节；
- 发送方 IP（0～1 字节）：源主机硬件地址的前 2 字节；
- 发送方 IP（2～3 字节）：源主机硬件地址的后 2 字节；
- 目的硬件地址（0～1 字节）：目的主机硬件地址的前 2 字节；
- 目的硬件地址（2～5 字节）：目的主机硬件地址的后 4 字节；
- 目的 IP（0～3 字节）：目的主机的 IP 地址。

3. ARP 的工作原理

ARP 的工作原理如下：

（1）首先，每台主机都会在自己的 ARP 缓冲区（ARP Cache）中建立一个 ARP 列表，以表示 IP 地址和 MAC 地址的对应关系。图 4-5 所示为 ARP 地址映像表示例。

IP 地址	以太网地址
130.130.87.1	08 00 39 00 29 D4
129.129.52.3	08 00 5A 21 17 22
192.192.30.5	08 00 10 99 A1 44

图 4-5 ARP 地址映像表示例

（2）当源主机需要将一个数据报发送到目的主机时，会首先检查自己 ARP 列表中是否存在该 IP 地址对应的 MAC 地址，如果有，就直接将数据报发送到这个 MAC 地址；如果没有，就向本地网段发起一个 ARP 请求的广播报，查询此目的主机对应的 MAC 地址。此 ARP 请求数据报里包括源主机的 IP 地址、硬件地址及目的主机的 IP 地址。

（3）网络中所有的主机收到这个 ARP 请求后，会检查数据报中的目的 IP 是否和自己的 IP 地址一致。如果不相同就忽略此数据报；如果相同，该主机首先将发送端的 MAC 地址和 IP 地址添加到自己的 ARP 列表中，如果 ARP 表中已经存在该 IP 的信息，则将其覆盖，然后给源主机发送一个 ARP 响应数据报，告诉对方自己是它需要查找的 MAC 地址。

（4）源主机收到这个 ARP 响应数据报后，将得到的目的主机的 IP 地址和 MAC 地址添加到自己的 ARP 列表中，并利用此信息开始数据的传输。如果源主机一直没有收到 ARP 响应数据报，表示 ARP 查询失败。

4. RARP 的工作原理

RARP（Reverse Address Resolution Protocol）是反向 ARP 协议，即由硬件地址查找逻辑地址。

（1）发送主机发送一个本地的 RARP 广播，在此广播包中，声明自己的 MAC 地址并且请求任何收到此请求的 RARP 服务器分配一个 IP 地址。

（2）本地网段上的 RARP 服务器收到此请求后，检查其 RARP 列表，查找该 MAC 地址对应的 IP 地址。

（3）如果存在，RARP 服务器就给源主机发送一个响应数据报并将此 IP 地址提供给对方主机使用。

（4）如果不存在，RARP 服务器对此不做任何响应。

（5）源主机收到从 RARP 服务器的响应信息，就利用得到的 IP 地址进行通信；如果一直没有收到 RARP 服务器的响应信息，表示初始化失败。

5．ICMP 协议

ICMP（Internet Control Message Protocol）中文名称为互联网控制报文协议，与 IP 协议同属于 OSI 的网络层，用于传送有关通信问题的消息，实现故障隔离和故障恢复。例如，数据报不能到达目标站；路由器没有足够的缓存空间；路由器向发送主机提供最短路径消息等。ICMP 报文封装在 IP 数据报中传送，因而不保证可靠提交。

4.3 TCP 协议

传输控制协议（Transmission Control Protocol，TCP）是基于连接的协议，也就是说，在正式收发数据前，必须和对方建立可靠的连接。一个 TCP 连接必须要经过三次“对话”才能建立起来。

TCP 协议是一种可靠的、面向连接的字节流服务。源主机在传送数据前需要先和目标主机建立连接。然后，在此连接上，被编号的数据段按序收发。同时，要求对每个数据段进行确认，保证可靠性。如果在指定的时间内没有收到目标主机对所发数据段的确认，源主机将再次发送该数据段。TCP 是专门设计用于在不可靠的 Internet 上提供可靠的、端到端的字节流通信的协议。

4.3.1 TCP 协议的特点

TCP 协议提供的可靠传输服务有如下五个特点：

（1）面向数据流。当两个应用程序传输大量数据时，将这些数据当成一个可划分为字节的比特流。在传输时，接收方收到的字节流与发送方发出的完全一样。

（2）虚电路连接。在传输开始之前，接收应用程序和发送应用程序都要与操作系统进行交互，双方操作系统的协议软件模块通过在互联网上传送报文来进行通信，进行数据传输的准备并建立连接。通常用“虚电路”这个术语来描述这种连接，因为对应用程序来说这种连接好像是一条专用线路，而实际上是由数据流传输服务提供的可靠的虚拟连接。

（3）有缓冲的传输。使用虚电路服务来发送数据流的应用程序不断地向协议软件提交以字节为单位的数据，并放在缓冲区中。当累积到足够多的数据时，将它们组成大小合理的数据报，再发送到互联网上传输。这样可提高传输效率，减少网络流量。当应用程序传送特别大的数据块时，协议软件将它们划分为适合传输的较小的数据块，并且保证在接收端收到的数据流与发送的顺序完全相同。

（4）无结构的数据流。TCP/IP 协议并未区分结构化的数据流。使用数据流服务的应用程序必须在传输数据前就了解数据流的内容，并对其格式进行协商。

（5）全双工连接。TCP/IP 流服务提供的连接功能是双向的，这种连接被称为全双工连接。对一个应用程序而言，全双工连接包括了两个独立的、流向相反的数据流，而且这两个数据流之间不进行显式的交互。全双工连接的优点在于底层协议软件能够在与送来数据流方向相反方向的数据流中传输控制信息，这种捎带的方式降低了网络流量。

TCP 采用一种名为“带重传功能的肯定确认（Positive Acknowledge with Retransmission）”的技术作为提供可靠数据传输服务的基础。这项技术要求接收方收到数据之后向源站回送确认信息 ACK。发送方对发出的每个分组都保存一份记录，在发送下一个分组之前等待确认信息。发送方还在送出分组的同时启动一个定时器，并在定时器的定时期满而确认信息还没有到达的情况下，重发刚才发出的分组。

4.3.2　TCP 报文结构

TCP 报文分为两部分，前面是报头，后面是数据。报头的前 20 字节格式是固定的，后面是可能的选项，数据长度最大为 65 535−20−20 = 65 495 字节，其中第一个 20 字节指 IP 头，第二个 20 字节指 TCP 头。不带任何数据的报文也是合法的，一般用于确认和控制报文。TCP 报文格式如图 4-6 所示，每个字段的含义介绍如下。

0		15	16　　31
源端口号（Source Port）			目的端口号（Destination Port）
顺序号（Sequence Number）			
确认号（Acknowledgement Number）			
报头长度（4）	保留（6）	标志位（6）	窗口大小（Window Size）
校验和（Checksum）			紧急指针（Urgent Pointer）
可选项（0 或 32）			
数据（可变）			

图 4-6　TCP 报文格式

1．源、目的端口号

源、目的端口号：各占 16 位。TCP 协议通过使用“端口”来标识源端和目的端的应用进程。端口号可以使用 0～65 535 之间的任何数字。在收到服务请求时，操作系统动态地为客户端的应用程序分配端口号。在服务器端，每种服务在“公认的端口”（Well-Know Port）为用户提供服务。

2．顺序号

顺序号：占 32 位。用来标识从 TCP 源端向 TCP 目标端发送的数据字节流，它表示在这个报文段中的第一个数据字节的顺序号。序号到达 $2^{32}-1$ 后又从 0 开始。当建立一个新的连接时，SYN 标志变 1，顺序号字段包含由这个主机选择的该连接的初始顺序号 ISN（Initial Sequence Number）。

3．确认号

确认号：占 32 位。只有 ACK 标志为 1 时，确认号字段才有效。它包含目标端所期望收到源端的下一个数据字节。TCP 为应用层提供全双工服务，这意味数据能在两个方向上独立地进行传输。因此，连接的每一端必须保持每个方向上的传输数据顺序号。

4. 报头长度

报头长度：占 4 位。给出报头中 32 位字的数目，它实际上指明数据从哪里开始。需要这个值是因为任选字段的长度是可变的。因为这个字段占 4 位，所以 TCP 最多有 60 字节的首部。然而，没有任选字段，正常的长度是 20 字节。

5. 保留位

保留位：保留给将来使用，目前必须置 0。

6. 标志位

标志位（U、A、P、R、S、F）：占 6 位。它们中的多个可同时被设置为 1，各位的含义如下。

- URG：为 1 表示紧急指针（Urgent Pointer）有效，为 0 则忽略紧急指针值。
- ACK：为 1 表示确认号有效，为 0 表示报文中不包含确认信息，忽略确认号字段。
- PSH：为 1 表示是带有 PUSH 标志的数据，指示接收方应该尽快将这个报文段交给应用层而不用等待缓冲区装满。
- RST：用于复位由于主机崩溃或其他原因而出现错误的连接。它还可以用于拒绝非法的报文段和拒绝连接请求。一般情况下，如果收到一个 RST 为 1 的报文，那么一定发生了某些问题。
- SYN：同步序号，为 1 表示连接请求，用于建立连接和使顺序号同步。
- FIN：释放一个连接。为 1 表示发送方已经没有数据发送了，即关闭本方数据流。

7. 窗口大小

窗口大小：占 16 位。此字段用来进行流量控制。单位为字节数，表示从确认号开始，本报文的源方可以接收的字节数，即源方接收窗口大小。窗口大小是一个 16 位字段，因而窗口大小最大为 65 535 字节。

8. TCP 校验和

TCP 校验和：占 16 位。对整个 TCP 报文段，即 TCP 头部和 TCP 数据进行校验和计算，并由目标端进行验证。

9. 紧急指针

紧急指针：占 16 位。只有当 URG 标志置 1 时紧急指针才有效。紧急指针是一个正的偏移量，和顺序号字段中的值相加表示紧急数据最后一字节的序号。TCP 的紧急方式是发送端向另一端发送紧急数据的一种方式。

10. 可选项

可选项：占 32 位。最常见的可选字段是最长报文大小，又称为 MSS（Maximum Segment Size）。每个连接方通常都在通信的第一个报文段（为建立连接而设置 SYN 标志的那个段）中指明这个选项，它指明本端所能接收的最大长度的报文段。选项长度不一定是 32 位字的整数倍，所以要加填充位，使得报头长度成为整字数。

11. 数据

数据：TCP 报文段中的数据部分是可选的。在一个连接建立和一个连接终止时，双方交换的报文段仅有 TCP 首部。如果一方没有数据要发送，也使用没有任何数据的首部来确认收到

的数据，在处理超时的许多情况中，会发送不带任何数据的报文段。

4.3.3 TCP 的流量控制

虽然 TCP 传输过程中具有同时进行双向通信的能力，但由于在接到前一个分组的确认信息之前必须推迟下一个分组的发送，简单的肯定确认协议浪费了大量宝贵的网络带宽。为此，TCP 使用滑动窗口的机制来提高网络吞吐量，同时解决端到端的流量控制。

滑动窗口技术是带重传的肯定确认机制的复杂变形，它允许发送方在等待一个确认信息之前可以发送多个分组。发送方要发送一个分组序列，滑动窗口协议在分组序列中放置一个固定长度的窗口，然后将窗口内的所有分组都发送出去；当发送方收到对窗口内第一个分组的确认信息时，它可以向后滑动并发送下一个分组；随着确认的不断到达，窗口也在不断地向后滑动，如图 4-7 所示，其中初始窗口内包括 8 个分组的滑动窗口协议。

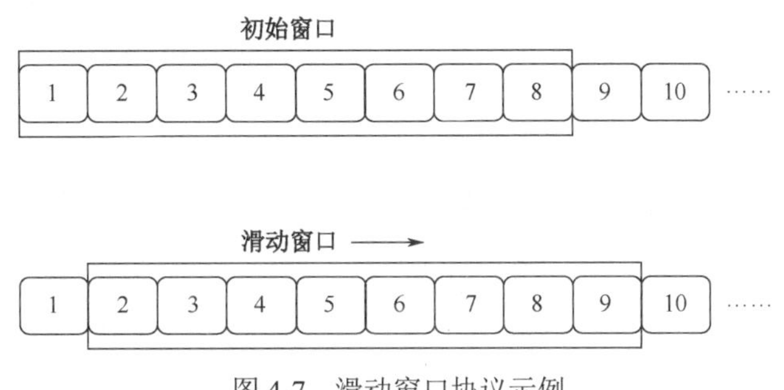

图 4-7 滑动窗口协议示例

图 4-7 中收到对 1 号分组的确认信息后，窗口滑动，使得 9 号分组也能被发送。

滑动窗口协议的效率与窗口大小和网络接收分组的速度有关。图 4-8 表示了使用窗口大小为 3 的滑动窗口协议传输分组示例。发送方在收到确认之前就发出了 3 个分组，在收到第一个分组的确认 ACK1 后，又发送了第 4 个分组。实际上，当窗口大小等于 1 时，滑动窗口协议就等同于简单的肯定确认协议。通过增加窗口大小，可以完全消除网络的空闲状态。在稳定的情况下，发送方能以网络传输分组的最快能力来发送分组。

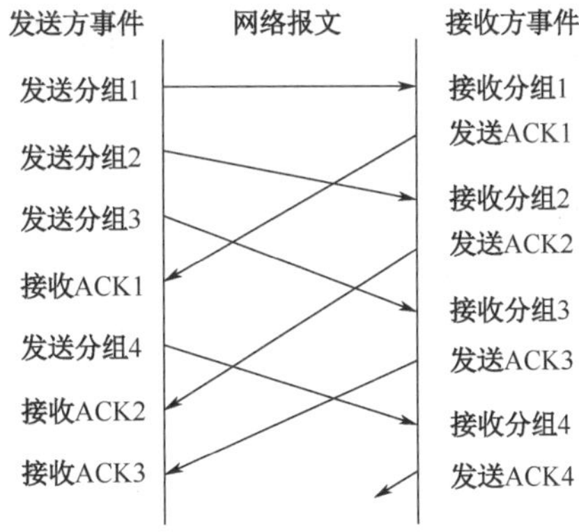

图 4-8 使用窗口大小为 3 的滑动窗口协议传输分组示例

4.3.4 TCP 建立连接的过程

1. 基本术语

TCP 连接建立：TCP 连接建立的过程又称为 TCP 三次握手。首先发送方主机向接收方主机发起一个建立连接的同步（SYN）请求；接收方主机在收到这个请求后向发送方主机回复一个同步/确认（SYN/ACK）应答；发送方主机收到此应答后再向接收方主机发送一个确认（ACK），此时 TCP 连接成功建立。

TCP 连接关闭：发送方主机和目的主机建立 TCP 连接并完成数据传输后，会发送一个将结束标记置 1 的数据报，以关闭这个 TCP 连接，并同时释放该连接占用的缓冲区空间。

TCP 重置：TCP 允许在传输的过程中突然中断连接。

TCP 数据排序和确认：TCP 是一种可靠传输的协议，它在传输的过程中使用序列号和确认号来跟踪数据的接收情况。

TCP 重传：在 TCP 的传输过程中，如果在重传超时时间内没有收到接收方主机对某数据报的确认回复，发送方主机就认为此数据报丢失，并再次发送这个数据报给接收方。

TCP 延迟确认：TCP 并不总是在接收到数据后立即对其进行确认，它允许主机在接收数据的同时发送自己的确认信息给对方。

TCP 数据保护（校验和）：TCP 是可靠传输的协议，它提供校验和计算来实现数据在传输过程中的完整性。

2. TCP 建立连接过程

TCP 会话通过三次握手来初始化。三次握手的目标是使数据段的发送和接收同步。同时也向其他主机表明其一次可接收的数据量（窗口大小），并建立逻辑连接。这三次握手的过程可以进行如下简述。

（1）源主机发送一个同步标志位（SYN）置 1 的 TCP 数据段。此段中同时标明初始序号（Initial Sequence Number，ISN），ISN 是一个随时间变化的随机值。

（2）目标主机发回确认数据段，此段中的同步标志位（SYN）同样被置 1，且确认标志位（ACK）也置 1，同时在确认序号字段表明目标主机期待收到源主机下一个数据段的序号（即表明前一个数据段已收到并且没有错误）。此外，此段中还包含目标主机的段初始序号。

（3）源主机再回送一个数据段，同样带有递增的发送序号和确认序号。

至此为止，TCP 会话的三次握手完成。接下来，源主机和目标主机可以互相收发数据。TCP 建立连接三次握手过程可用图 4-9 表示。

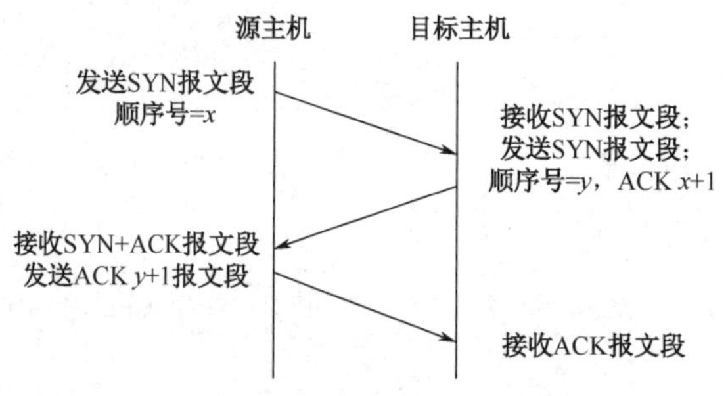

图 4-9　TCP 建立连接三次握手过程

3. TCP 释放连接过程

建立一个连接需要三次握手，而终止一个连接要经过四次握手，这是由 TCP 的半关闭（Half-Close）造成的。既然一个 TCP 连接为全双工（即数据在两个方向上能同时传递），因此每个方向必须单独地进行关闭。

TCP 连接的释放需要进行四次握手，如图 4-10 所示，步骤如下。

（1）源主机发送一个释放连接标志位（FIN）为 1 的数据段发出结束会话请求。

（2）目的主机收到一个 FIN，它必须通知应用层另一端已经终止了此方向上的数据传送。发回一个确认，并将应答信号（ACK）设置为收到序号加 1，这样就终止了此方向的传输。

（3）同时目标主机也发出一个数据段，将 FIN 置 1，请求终止本方向的连接。

（4）源主机收到 FIN，再回送一个数据段，同样带有递增的确认序号。

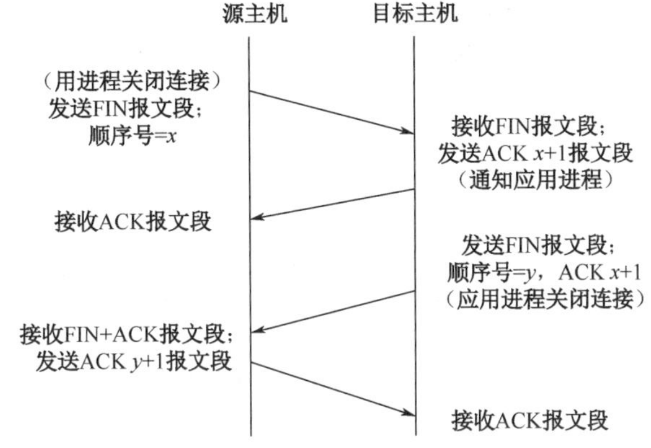

图 4-10　TCP 释放连接四次握手过程

从一方的 TCP 来说，连接的关闭有三种情况。

（1）本方启动关闭。

收到本方应用进程的关闭命令后，TCP 在发送完尚未处理的报文段后，发 FIN =1 的报文段给对方，且 TCP 不再受理本方应用进程的数据发送。在 FIN 以前发送的数据字节，包括 FIN，都需要对方确认，否则要重传。注意 FIN 也占一个顺序号。一旦收到对方对 FIN 的确认以及对方的 FIN 报文段，本方 TCP 就对该 FIN 进行确认，再等待一段时间，然后关闭连接。等待是为了防止本方的确认报文丢失，避免对方的重传报文干扰新的连接。

（2）对方启动关闭。

当 TCP 收到对方发来的 FIN 报文时，发 ACK 确认此 FIN 报文，并通知应用进程连接正在关闭。应用进程将以关闭命令响应。TCP 在发送完尚未处理的报文段后，发一个 FIN 报文给对方 TCP，然后等待对方对 FIN 的确认，收到确认后关闭连接。若对方的确认未及时到达，则在等待一段时间后关闭连接。

（3）双方同时启动关闭。

连接双方的应用进程同时发关闭命令，则双方 TCP 在发送完尚未处理的报文段后，发送 FIN 报文。各方 TCP 在 FIN 前所发报文都得到确认后，发 ACK 确认它收到的 FIN。各方在收到对方对 FIN 的确认后，同样等待一段时间再关闭连接，这称为同时关闭。

4.4 UDP 协议

4.4.1 UDP 协议介绍

Internet 的传输层上有两个主要协议，一个是无连接的协议，另一个是面向连接的协议。无连接的协议是 UDP，面向连接的协议是 TCP。TCP 协议 4.3 节已经介绍了，本节主要介绍无连接协议 UDP。

用户数据报协议（User Datagram Protocol，UDP）是一个简单的面向数据报的传输层协议，与 TCP 协议相对应，是面向非连接的协议，因而提供了不可靠的无连接传输服务；进程的每个输出操作都正好产生一个 UDP 数据报，并组装成一份待发送的 IP 数据报。UDP 传输的数据段（Segment）由 8 字节的头和数据域组成，UDP 数据段和 IP 首部封装成一份 IP 数据报的格式，如图 4-11 所示。

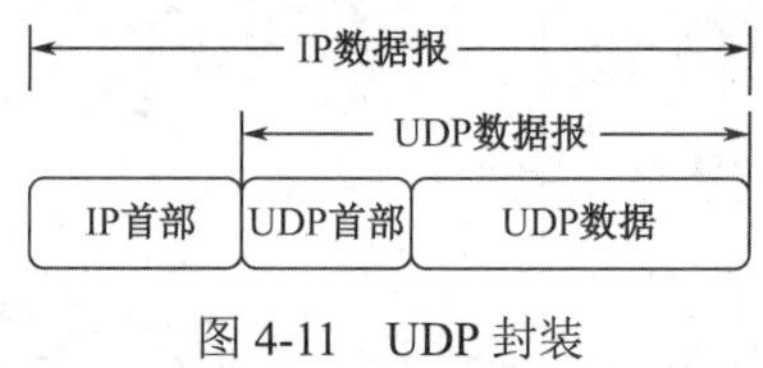

图 4-11　UDP 封装

UDP 不提供可靠性，它把应用程序传给 IP 层的数据发送出去，但是并不保证它们能到达目的地。UDP 适用于一次只传送少量数据、对可靠性要求不高的应用环境。比如，我们经常使用“ping”命令来测试两台主机之间 TCP/IP 通信是否正常，其实“ping”命令的原理就是向对方主机发送 UDP 数据包，然后对方主机确认收到数据包，如果数据包是否到达的消息及时反馈回来，那么网络就是通的。这说明 UDP 协议是面向非连接的协议，没有建立连接的过程。因为 UDP 协议没有连接的过程，所以它的通信效率高；但正因为如此，它的可靠性不如 TCP 协议高。

4.4.2 UDP 报文结构

端口号表示发送进程和接收进程。

UDP 长度字段指的是 UDP 首部和 UDP 数据的字节长度。该字段的最小值为 8 字节（发送一份 0 字节的 UDP 数据报是 OK），这个 UDP 长度是有冗余的，UDP 首部报文结构如图 4-12 所示。IP 数据报长度指的是数据报全长，因此 UDP 数据报长度是全长减去 IP 首部的长度（该值在首部长度字段中指定）。

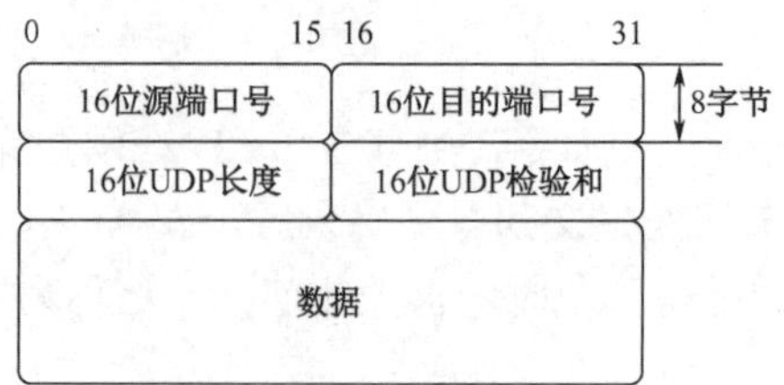

图 4-12　UDP 首部报文结构

UDP 检验和可以覆盖 UDP 首部和 UDP 数据，而 IP 首部的检验和只覆盖 IP 的首部，并不覆盖 IP 数据报中的任何数据。UDP 和 TCP 在首部中都有覆盖它们首部和数据的检验和。UDP 的检验和是可选的，而 TCP 的检验和是必需的。

在图 4-13 中举了一个奇数长度的数据报例子，因而在计算检验和时需要加上填充字节。注意，UDP 数据报的长度在检验和计算过程中出现两次。如果检验和的计算结果为 0，则存入的值为全 1，这在二进制反码计算中是等效的。如果传送的检验和为 0，说明发送端没有计算检验和。

图 4-13　UDP 检验和计算过程中使用的各个字段

如果发送端没有计算检验和而接收端检测到检验和有差错，那么 UDP 数据报就要被悄悄地丢弃，不产生任何差错报文（当 IP 层检测到 IP 首部检验和有差错时也这样做）。

UDP 检验和是一个端到端的检验和，它由发送端计算，然后由接收端验证，其目的是发现 UDP 首部和数据在发送端到接收端之间发生的任何改动。

4.5 IP 路由

4.5.1 路由及路由选择

路由是用来说明将数据从一个设备通过网络发往另一处在不同网络上设备的过程，或者可以将其理解为一条用于数据传输的路径。而路由器并不关心网络中的这些主机，它们只关心网络及通向每个网络的最佳路径。目的主机的逻辑网络地址用来保证数据可以通过路由网络到达目的网络，而主机的硬件地址被用来将数据投递到目的主机。

1. 路由概念

路由是使用路由器从一个网络到另外一个网络传送数据的过程，是指导 IP 报文发送的路径信息，如图 4-14 所示。

路由的原理：当 IP 子网中的一台主机发送 IP 包给同一 IP 子网的另一台主机时，它将直接把 IP 包送到网络上，对方就能收到。而要送给不同的 IP 子网上的主机时，它要选择一个能到达目的子网上的路由器，把 IP 包送给该路由器，由它负责把 IP 包送到目的地。如果没有找到这样的路由器，主机就把 IP 包送给一个称为默认网关（Default Gateway）的路由器上。默认网关是每台主机上的一个配置参数，它是接在同一个网络上的某个路由器接口的 IP 地址。

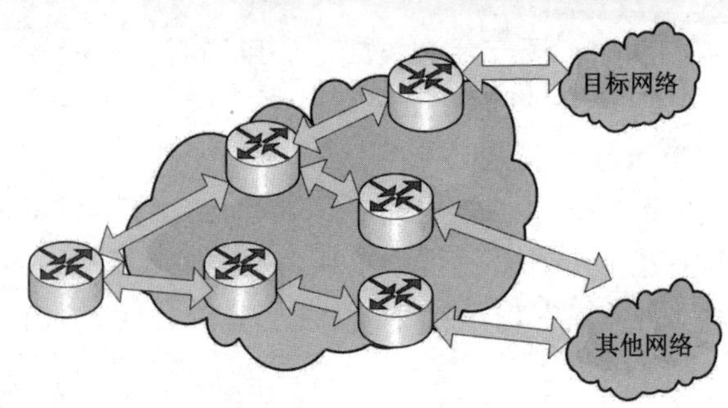

图 4-14　路由

路由器转发 IP 包时，只根据 IP 包目的 IP 地址的网络号部分，选择合适的接口，把 IP 包送出去。同主机一样，路由器也要判定接口所连接的是否是目的子网，如果是，就直接把包通过接口送到网络上；否则，也要选择下一个路由器来传送包。路由器也有它的默认网关，用来传送不知道往哪儿送的 IP 包。这样，通过路由器把知道如何传送的 IP 包正确转发出去，而把不知道如何传送的 IP 包送给默认网关，这样一级一级地传送，IP 包最终将送到目的地，送不到目的地的 IP 包则被网络丢弃了。当主机 A 发送 IP 包到主机 B 时，目标 MAC 地址使用的是默认网关的以太网接口地址，这是因为帧不能放置在远端网络。

2．主动路由协议和被动路由协议

主动路由协议是路由器在互联网上动态找寻所有网络，并确保所有路由器拥有相同路由表的协议，它基本上就是决定用户数据通过互联网最右路径的协议。RIPv1，RIPv2，EIGRP 和 OSPF 都是主动路由协议。

被动路由协议是路由器不自动搜寻网络，需要手工配置的协议。一旦所有的路由器都了解了所有的网络，被动路由协议便可用来发送用户数据，通过互联网络被动路由协议被分派到接口上并决定用户数据的传送方式。例如，IPv6 就是被动路由协议。

3．动态路由和静态路由

动态路由指路由器能够根据路由器之间交换的特定路由信息自动地建立自己的路由表，并且能够根据链路和节点的变化实时地进行自动调整。当网络中节点或节点间的链路发生故障，或存在其他可用路由时，动态路由可以自行选择最佳的可用路由并继续转发报文。

静态路由是指由用户或网络管理员手工配置的路由信息。当网络的拓扑结构或链路的状态发生变化时，网络管理员需要手工去修改路由表中相关的静态路由信息。静态路由信息在默认情况下是私有的，不会传递给其他的路由器。当然，网管员也可以通过对路由器进行设置使之成为共享的。静态路由一般适用于比较简单的网络环境，在这样的环境中，网络管理员易于清楚地了解网络的拓扑结构，便于设置正确的路由信息。

根据动态路由和静态路由的概念可知，在工作中可采用的路由方式有以下两种。

静态路由方式：由人工来手动输入所有网络位置到路由表中的方式，这种方式工作量大，但是网络系统稳定。

动态路由方式：路由器通过与相邻路由器运行相同主动路由协议来交换对整个网络的认识，并将这些信息加入路由表中。如果有一个网络发生变化，那么动态路由协议会自动将这个改变通知给所有路由器，即实时地根据网络运行情况，更改路由表，使其可以动态适应网络变化情况。

在一个大型网络中，同时使用动态和静态路由是很典型的方式。其中静态路由在某些实验场合非常常见，因而在配置路由器时，要注意其 IP 地址的配置。

4．路由选择

路由选择是指选择通过互联网络从源节点向目的节点传输信息的通道，而且信息至少通过一个中间节点。路由选择工作在 OSI 参考模型的网络层。路由选择是将数据从一个地方转发到另一个地方的中继过程，网络中每台设备都有一个逻辑地址，以便被单独访问。

学习和维持网络拓扑结构的机制被认为是路由功能。数据流经路由器进入接口。穿过路由器被移送到外出接口的过程，是另一项单独的功能，被认为是交换/转发功能。路由设备必须同时具有路由和交换的功能，才可以作为一台有效的中继设备。

为了进行路由，路由器必须确定下面三项内容：

（1）路由器必须确定它是否激活了对该协议族的支持；

（2）路由器必须知道目的地网络；

（3）路由器必须知道哪个外出接口是到达目的地的最佳路径。

路由选择协议通过度量值来决定到达目的地的最佳路径。小度量值代表优选的路径；如果两条或更多路径都有一个相同的小度量值，那么所有路径将被平等地分享。通过多条路径分流数据流量被称为到目的地的负载均衡。

5．路由选择信息

执行路由操作所需要的信息被包含在路由器的路由表中，它们由一个或多个路由选择协议进程生成。路由表由多个路由条目组成，每个条目指明了以下内容：

（1）了解该路由所用的机制，即动态或静态。

（2）逻辑目的地，可以为主网络，或者主网络的一个子网络，也可以是单个主机地址。

（3）管理距离，是指一种路由协议的路由可信度。

（4）度量值，它是度量一条路径“总开销”的一个尺度。

（5）去往目的地下一跳的中继设备（路由器）的地址。

（6）路由信息的新旧程度，该域指出信息从上次更新以来在路由表中已存在的时间。

（7）与要去往目的地网络相关联的接口，是数据离开路由器并转发到下一跳中继设备时所要经过的端口。

6．管理距离（AD）

管理距离是指一种路由协议的路由可信度。每一种路由协议按可靠性从高到低，依次分配一个信任等级，这个信任等级就叫管理距离。

对于两种不同的路由协议到一个目的地的路由信息，路由器首先根据管理距离决定相信哪一个协议。

AD 值越低，则它的优先级越高。一个管理距离是一个 0～255 的整数值，0 是最可信赖的，而 255 则意味着不会有业务量通过这个路由。

以下为常见的路由协议默认管理距离：

- 直连接口 AD 为 0；
- 静态路由 AD 为 1；
- 外部 BGP 的 AD 为 20；
- 内部 EIGRP 的 AD 为 90；

- IGRP 的 AD 为 100；
- OSPF 的 AD 为 110；
- RIP 的 AD 为 120；
- 外部 EIGRP 的 AD 为 170；
- 内部 BGP 的 AD 为 200。

7. 路由选择度量值

度量值代表距离，它们用来在寻找路由时确定最优路由路径。每一种路由算法在产生路由表时会为每一条通过网络的路径产生一个数值（度量值），最小的值表示最优路径。度量值的计算可以只考虑路径的一个特性，但更复杂的度量值是综合了路径的多个特性产生的。

4.5.2 路由及路由选择的相关基本概念

1. 路由的花费

路由的花费表示到达这条路由所指的目的地址的代价，通常以下因素会影响路由的花费值。通常路由花费值会受到线路延迟、带宽、线路占有率、线路可信度、跳数、最大传输单元等条件因素的影响。

静态路由的花费值为 0。不同的动态路由协议会选择以上的一种或几种因素来计算花费值。该花费值只在同一种路由协议内比较有意义。不同的路由协议之间的路由花费值没有可比性，也不存在换算关系。

2. 路由优先级

路由的优先级是指在存在较多路由信息源时，并非所有的路由都是最优的，当各路由协议被赋予一个优先级后，从优先级较高的协议获取的路由被优先选择，并加入路由表中。

3. 路由收敛

路由收敛，从路由器角度来说，是选择一个新的目的地或由于原来的路径发生变化而需要重新选择路径所采取措施的过程；从网络的角度来说，网络中所有路由器感知到网络变化，并对此变化通过路由算法在全网内达到对新的网络拓扑结构一致的观点，路由表重新稳定的过程。

路由收敛速度是指网络变化导致的该信息在网络上传播加上网络上所有路由器重新计算最佳路径所花费的时间。

4. 路由聚合

为了减小路由表的规模，对于某些属于一个更大网段的子网所对应的路由，可以使用聚合的方法，不发布具体的子网路由，发布更大网段的路由。

路由聚合可以分为自动聚合和手动聚合。很多路由协议支持自动聚合，自动聚合是按自然掩码来聚合路由的，少数路由协议支持手动聚合，可以根据需要配置不同的聚合方式。

5. 路由迭代

在路由器中，每个路由项均必须有其对应的下一跳地址，对于普通的路由来说，其下一跳地址在路由器直连的网段内。对于需要迭代的路由，其下一跳不在路由器直连的网段内，在转发时，必须将此非直连下一跳地址做一次或多次迭代处理，以找出一个直连的下一跳地址，从而进行二层寻径。使用迭代的路由可以是静态路由、BGP 路由。

路由迭代的优点是路由项不依赖特定的接口，缺点是路由器处理起来稍微麻烦。

6. 负载分担

等价路由负载分担，是指到一个目的地有走几个不同链路的相同开销的路径，IP 报文在这几个链路上轮流发送。这种方法可以提高链路利用率，而且一般路由协议都支持。

非等价路由负载分担，是指到一个目的地有走几个不同链路的不同开销的路径，IP 报文在这几个链路依据通过给链路的开销按比例轮流发送，但 VRP 不支持该特性。

4.5.3　IP 路由原理

1. 二层寻址

二层寻址是指在局域网中的报文转发，对于交换机来说，从外部收到一个报文，进入局域网，其目的主机就在这个局域网中，但是它只知道目的主机的 IP 地址，这样就需要 ARP 地址解析协议来帮助其找到目的主机的链路层地址；这时，路由器发出一个 ARP 请求，在局域网中寻找与报文目的 IP 地址对应的 MAC 地址及此主机连接的端口，这样就完成了局域网内的寻址，同时，在二层交换机上会有一张 MAC 地址表帮助以后报文进行局域网内的寻址，如图 4-15 所示。

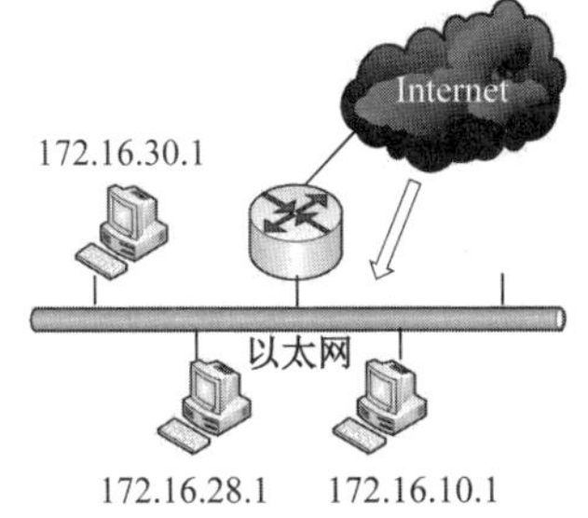

IP地址	MAC地址
172.16.30.1	20:2A:D2:3E:F2:78
172.16.28.1	1E:2D:23:82:4F:29
172.16.10.1	3C:4A:21:6E:76:B1

图 4-15　二层寻址和 ARP 解析

2. 三层路由原理

路由器中时刻都维持着一张路由表，所有报文的发送和转发都通过查找路由表从相应端口发送。这张路由表可以是静态配置的，也可以是动态路由协议产生的。

路由器工作流程如下所述。

（1）物理层从路由器的一个端口收到一个报文，上送到数据链路层。

（2）数据链路层去掉链路层封装，根据报文的协议域上送到网络层。

（3）网络层首先看报文是否是送给本机的，若是，去掉网络层封装，送给上层；若不是，则根据报文的目的地址查找路由表。若找到路由，将报文送给相应端口的数据链路层，数据链路层封装后，发送报文；若找不到路由，将报文丢弃，同时按需要发送相关错误信息。

3. 路由表

路由器转发数据的关键是路由表。每个路由器中都保存着一张路由表，表中每条路由项都指明数据到某子网或某主机应通过路由器的哪个物理端口发送，然后就可到达该路径的下一个路由器，或者不再经过别的路由器而传送到直接相连的网络中的目的主机。

路由表中包含了下列关键项。

（1）目的地址：用来标识IP包的目的地址或目的网络。

（2）网络掩码：与目的地址一起来标识目的主机或路由器所在网段的地址。将目的地址和网络掩码“逻辑与”后可得到目的主机或路由器所在网段的地址。

（3）输出接口：说明IP包将从该路由器哪个接口转发。

（4）下一跳IP地址：说明IP包所经由的下一个路由器。

（5）本条路由加入IP路由表的优先级：针对同一目的地，可能存在不同下一跳的若干条路由，这些不同的路由可能是由不同的路由协议发现的，也可以是手工配置的静态路由。优先级高（数值小）将成为当前的最优路由。用户可以配置多条到同一目的地但优先级不同的路由，将按优先级顺序选取唯一的一条供IP转发报文时使用。

4．静态路由和动态路由原理

路由分为静态路由和动态路由，其相应的路由表称为静态路由表和动态路由表。静态路由表由网络管理员在系统安装时根据网络的配置情况预先设定，网络结构发生变化后由网络管理员手工修改路由表。动态路由则随网络运行情况的变化而变化，路由器根据路由协议提供的功能自动计算数据传输的最佳路径，由此得到动态路由表。

（1）静态路由。

静态路由表在开始选择路由之前就被网络管理员建立，并且只能由网络管理员更改，所以只适用于网络传输状态比较简单的环境。静态路由选择并不是表示路由表一成不变，只是说明路由器不是通过彼此之间动态交换路由信息来建立和更新路由表的。

静态路由具有以下特点：

① 静态路由无须进行路由交换，因此节省网络的带宽、CPU的利用率和路由器的内存。

② 静态路由具有更高的安全性。在使用静态路由的网络中，所有要连到网络上的路由器都需要在邻接路由器上设置其相应的路由。因此，在某种程度上提高了网络的安全性。

③ 有的情况下必须使用静态路由，如DDR、使用NAT技术的网络环境。

静态路由具有以下缺点：

① 管理者必须真正理解网络的拓扑并正确配置路由。

② 网络的扩展性能差。如果要在网络上增加一个网络，管理者必须在所有路由器上加一条路由。

③ 配置烦琐，特别是当需要跨越几台路由器通信时，其路由配置更为复杂。

（2）动态路由。

动态路由选择通过网络中路由器间的相互通信来传递路由信息，利用接收到的路由信息自动更新路由表。它能实时地适应网络结构的变化。如果路由更新信息表明发生了网络变化，路由选择软件就会重新计算路由，并发出新的路由更新信息。这些信息通过各个网络，引起各路由器重新启动其路由算法，并更新各自的路由表以动态地反映网络拓扑变化。动态路由适用于网络规模大、网络拓扑复杂的网络。当然，各种动态路由协议会不同程度地占用网络带宽和CPU资源。

5．动态路由选择策略

根据路由算法，动态路由协议可分为距离矢量路由协议（Distance Vector Routing Protocol）、链路状态路由协议（Link State Routing Protocol）和混合路由协议。

（1）距离矢量路由协议。

距离矢量指协议使用跳数或矢量来确定从一个设备到另一个设备的距离。不考虑每跳链路的速率。距离矢量路由协议基于 Bellman-Ford 算法，在距离矢量路由协议中，路由器将部分或全部的路由表传递给与其相邻的路由器。

距离矢量协议直接传送各自的路由表信息。网络中的路由器从自己的邻居路由器得到路由信息，并将这些路由信息连同自己的本地路由信息发送给其他邻居，这样一级级地传递下去以达到全网同步。每个路由器都不了解整个网络拓扑，它们只知道与自己直接连接的网络情况，并根据从邻居得到的路由信息更新自己的路由。

距离矢量协议无论是实现还是管理都比较简单，但是它的收敛速度慢，报文量大，占用较多网络开销，并且为避免路由环路需要做各种特殊处理。目前基于距离矢量算法的协议包括 RIP、IGRP、BGP。其中 BGP 是距离矢量协议变种，它是一种路径矢量协议。

（2）链路状态路由协议。

链路状态路由协议是另外一种应用比较广泛的动态路由协议，这种路由协议基于图论中非常著名的 Dijkstra 算法，即最短优先路径（Shortest Path First，SPF）算法，如 OSPF。在链路状态路由协议中，路由器将链路状态信息传递给在同一区域内的所有路由器，并且这种路由协议没有跳数的限制，使用“图形理论”算法或最短路径优先算法。

采用链路状态路由协议的路由器都要维护一个复杂的网络拓扑数据库，这个数据库可以反映整个网络的拓扑结构。一个路由器的链路状态（Link State）是指它与哪些网络或路由器相邻，以及到这些网络或路由器的度量。路由器通过与网络中其他路由器交换链路状态的通告（Link-State Advertisement，LSA）来建立和更新网络拓扑数据库，随后使用 SPF 算法计算出连接网络目标的信息，并用这个信息更新路由表。

（3）混合路由协议。

混合路由协议采用距离矢量来进行度量，但比距离矢量路由协议更加注重度量的精准，而且汇聚更快，路由更新的开销相对较小。平衡混合路由选择是由时间驱动的，而不是周期性发生的，这就在实际应用中节省了带宽。

6. 动态路由分类

（1）按照工作区域，路由协议可以分为 IGP 和 EGP，如图 4-16 所示。

IGP（Interior Gateway Protocols）：内部网关协议在同一个自治系统内交换路由信息，RIP 和 IS-IS 都属于 IGP。IGP 的主要目的是发现和计算自治域内的路由信息。

EGP（Exterior Gateway Protocols）：外部网关协议用于连接不同的自治系统，在不同的自治系统之间交换路由信息，主要使用路由策略和路由过滤等控制路由信息在自治域间的传播，BGP 是应用的一个实例。

（2）按照路由的寻径算法和交换路由信息的方式，路由协议可以分为距离矢量协议（Distant-Vector）和链路状态协议。距离矢量协议包括 RIP 和 BGP，链路状态协议包括 OSPF、IS-IS。

距离矢量路由协议基于 Bellman-Ford 算法，使用 D-V 算法的路由器通常以一定的时间间隔向相邻的路由器发送其完整的路由表。链路状态路由协议基于 Dijkstra 算法，有时被称为最短路径优先算法。

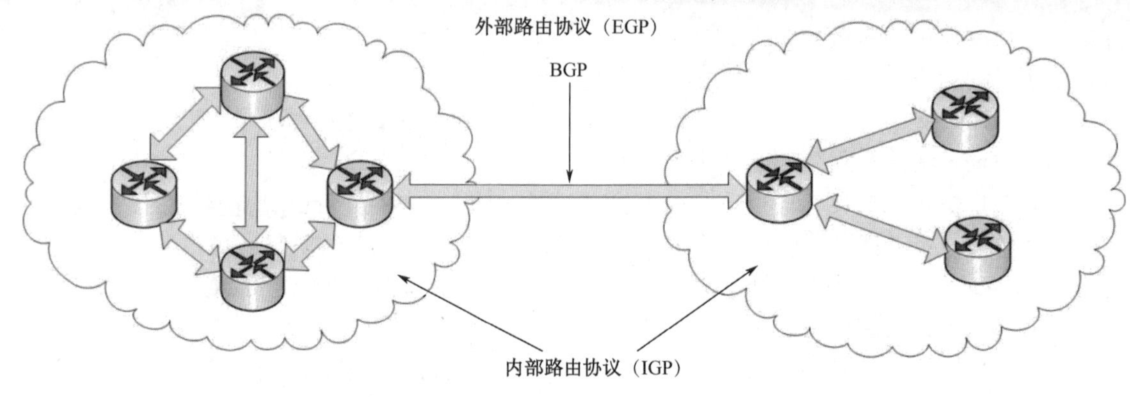

图 4-16　IGP 和 EGP

7. 三层交换原理

三层交换（也称多层交换技术，或 IP 交换技术）是相对于传统交换概念而提出的。传统的交换技术是在 OSI 网络标准模型中的第二层，即数据链路层进行操作的，而三层交换技术在网络模型中的第三层实现了数据包的高速转发。简单来说，三层交换技术就是二层交换技术加上三层转发技术。它解决了局域网中网段划分之后，网段中子网必须依赖路由器进行管理的局面，解决了传统路由器低速、复杂所造成的网络瓶颈问题。

三层交换是在网络交换机中引入路由模块而取代传统路由器实现交换与路由相结合的网络技术。它根据实际应用时的情况，灵活地在网络第二层或第三层进行网络分段。具有三层交换功能的设备是一个带有第三层路由功能的二层交换机。

三层交换机的设计基于对 IP 路由的仔细分析，把 IP 路由中每个报文都必须经过的过程提取出来，这个过程是十分简化的过程。IP 路由中绝大多数报文不包含选项的报文，因此在多数情况下处理报文 IP 选项的工作是多余的。不同网络的报文长度是不同的，为了适应不同的网络，IP 要实现报文分片的功能，但是在全以太网的环境中，网络的帧长度是固定的，因此报文分片也是一个可以省略的工作。每个 VLAN 对应一个 IP 网段。在二层上，VLAN 之间是隔离的，这点跟二层交换机中交换引擎的功能是一样的。不同 IP 网段之间的访问要跨越 VLAN，要使用三层转发引擎提供的 VLAN 间路由功能。在使用二层交换机和路由器的组网中，每个需要与其他 IP 网段通信的 IP 网段都需要使用一个路由器接口作为网关。而第三层转发引擎就相当于传统组网中的路由器，当需要与其他 VLAN 通信时也要在三层交换引擎上分配一个路由接口，用来做 VLAN 的网关。三层交换机上的这个路由接口是在三层转发引擎和二层转发引擎上的，是通过配置转发芯片来实现的，与路由器的接口不同，它是不可见的。

所用连接到骨干交换机的设备有服务器、交换机、集线器、工作站等。其中核心交换机是一台三层交换机，通过它来划分两个不同功能的逻辑子网，实现不同 VLAN 间的通信。在同一个 VLAN 虚拟子网内部三层交换机仅具有二层交换的功能，以保证传输速度的要求，而在不同的 VLAN 子网之间，三层交换机还起三层交换的作用，能正确地进行 ARP 解析，以保证数据流的正确传输，同时它还支持组播、帧和包过滤、流量计算等功能，以确保安全性能与用户需求。

VLAN 间的三层通信可以通过多臂路由器或单臂路由器来实现。通过单臂路由器来实现时，可以节约路由器的物理接口资源，但这种方式也有其不足之处，如果 VLAN 的数量众多，VLAN 间的通信流量很大时，单臂链路所能提供的带宽就有可能无法支撑这些通信流量。另外，如果

单臂链路发生中断，那么所有 VLAN 间的通信也都会因此而中断。为此，人们引入了一种被称为“三层交换机”的网络设备，并通过三层交换机更经济、更快速、更可靠地实现 VLAN 间的三层通信。

4.5.4　IP 路由协议

1. RIP 协议

路由信息协议（Routing Information Protocols，RIP）是使用最早最广泛的距离矢量路由协议，它使用“跳数”，即 Metric 来衡量到达目标地址的路由距离。它是一种内部网关协议（IGP），用于一个自治系统（AS）内路由信息的传递。RIP 最大的特点是无论实现原理还是配置方法，都比较简单。

RIP 协议的处理是通过 UDP520 端口来操作的。所有的 RIP 消息都被封装在 UDP 数据报文中，其中数据报文的源和目的端口字段被设置为 520。RIP 定义了两种消息类型：请求消息（Request Message）和响应消息（Response Message）。请求消息用来向邻居路由器发送一个更新（Update），响应消息用来传送路由更新。RIP 的度量是基于“跳”数（Hop Count）的，1 跳表示的是与发出通告的路由器直接相连的网络，16 跳表示网络不可达。

开始时，RIP 从每个启动 RIP 协议的接口广播出带有请求消息的数据包。接着，RIP 程序进入一个循环状态，不断地侦听来自其他路由器的 RIP 请求或响应消息，而接受请求的邻居路由器则回送包含其路由选择表的响应消息。

当发出请求的路由器收到响应消息时，它将开始处理附加在响应消息中的路由更新信息。如果路由更新中的路由条目是新的，路由器将新的路由连同通告路由器的地址一起加入自己的路由选择表中，这里通告路由器的地址可以从更新数据包的源地址字段读出。如果网络路由已经在路由选择表中存在，那么只有在新的路由拥有更小的跳数时才能替换原来存在的路由条目。如果路由更新通告的跳数大于路由选择表已记录的跳数，并且更新来自已记录条目的下一跳路由器，那么该路由将在一个指定的抑制时间段（Holddown Period）内被标记为不可到达。如果在抑制时间超时后，同一个邻居路由器仍然通告这个有较大跳数的路由，路由器则接受该路由新的度量值。

路由器启动后，平均每隔 30s 从每个启动 RIP 协议的接口不断地发送出响应消息。除了被水平分隔法则抑制的路由条目之外，响应消息（或称为更新消息）包含了路由器的整个路由选择表。这个周期性的更新由更新计时器（Update Timer）挂行初始化，并且包含一个随机变量用来防止表的同步。结果，一个典型的 RIP 处理单个更新的时间为 25～35s。

2. OSPF 协议

OSPF 即开放最短路径优先协议（Open Shortest Path First），是为解决距离矢量类路由选择协议存在的问题而开发的。

OSPF 协议属于链路状态路由选择协议，采用 SPF 算法计算路由表。这里所谓“链路”就是在网络中两个路由器间物理或逻辑的连接，链路状态包括传输速度、延迟、接口类型等一些属性。

OSPF 协议的核心思想是网络中的每个路由器都有一个相同且唯一的网络图（链路状态数据库），通过 SPF 算法，每个路由器独立计算出自己的路由表。这里每个路由器有两张表：“网络图”即链路状态数据库（LSDB）和路由表。OSPF 协议的主要功能是维护“网络图”的一致性和正确性，如果网络发生了变化，把变化传递给每个路由器，保证新的“网络图”反映最新的网络拓扑结构；同时每个独立的路由器根据最新的“网络图”，通过 SPF 算法，得到新的路由表。

OSPF 是一种基于链路状态的路由协议，需要每个路由器向其同一管理域的所有其他路由器发送链路状态广播信息。在 OSPF 的链路状态广播中包括所有接口信息、所有的量度和其他一些变量。利用 OSPF 的路由器首先必须收集有关的链路状态信息，并根据一定的算法计算出到每个节点的最短路径。

OSPF 由两个互相关联的主要部分组成：Hello 协议和扩散（Reliable Flooding）机制。Hello 协议用于检测邻居是否可达，Hello 协议操作在每个活跃的 OSPF 接口上，它使用的组播地址使得这些流量不会对非 OSPF 的路由器造成影响；扩散机制确保 OSPF 区域中所有路由器具有完全一致的链路状态数据库。OSPF 协议支持在广播型网络（如以太网）、点到点网络和非广播型网络（NBMA 网络，如 FR、ATM 等）上的运行。其 Hello 协议的参数选择如下：以广播型网络（以太网）为例，每 10s 发送一个 Hello 包，如果 40s 内收不到邻居发送的 Hello 包，则判断邻居不可达。一个稳定的 OSPF 单区域网络，网络的拓扑结构稳定，即 LSDB 中的链路不发生变化，此时所有路由器中的 LSDB 都相同。

3. BGP 协议

边界网关协议（BGP）是运行于 TCP 上的一种自治系统的路由协议。BGP 是唯一一个用来处理像互联网大小的网络的协议，也是唯一能够妥善处理好不相关路由域间多路连接的协议。BGP 构建在 EGP 的经验之上，BGP 系统的主要功能是和其他的 BGP 系统交换网络可达信息。网络可达信息包括列出的自治系统（AS）的信息，这些信息有效地构造了 AS 互联的拓扑图并由此清除了路由环路，同时在 AS 级别上可实施策略决策。

BGP 用于在不同的自治系统（AS）之间交换路由信息。当两个 AS 需要交换路由信息时，每个 AS 都必须指定一个运行 BGP 的节点来代表 AS 与其他的 AS 交换路由信息。这个节点可以是一个主机，但通常由路由器来执行 BGP。两个 AS 中利用 BGP 交换信息的路由器也被称为边界网关（Border Gateway）或边界路由器（Border Router）。

4.6 IPv4 及 IPv6

4.6.1 IPv4 技术

1. IPv4 技术概述

IPv4 是互联网协议 IP 的第四版，也是第一个被广泛使用，构成现今互联网技术基石的协议，IPv4 协议包含寻址信息和控制信息。IP 协议是 TCP/IP 协议族中的主要网络层协议，与 TCP 协议结合组成整个互联网协议的核心协议。IP 协议同样都适用于 LAN（局域网）和 WAN（广域网）通信。

在网络通信中，IP 协议有两个最基本的任务：提供无连接的和最有效的数据包传送，提供数据包的分割及重组以支持不同最大传输单元大小的数据连接。

在互联网中，IP 数据报的路由选择处理有一套完善的寻址方式。每一个 IP 地址都有其特定的组成但同时遵循基本格式。IP 地址可以进行细分并可用于建立子网地址。

TCP/IP 协议规定，每个 IP 地址长 32 位，以 X.X.X.X 格式标示，X 为 8 位，其值为 0～255。这种格式的地址被称为“点分十进制”地址。因而，IPv4 总共包含 4 294 967 296 个有效地址。

IP 地址分为 5 类，其中 A 类、B 类和 C 类地址为基本的 IP 地址（或称主类地址），D 类和 E 类为次类地址，如图 4-17 所示。

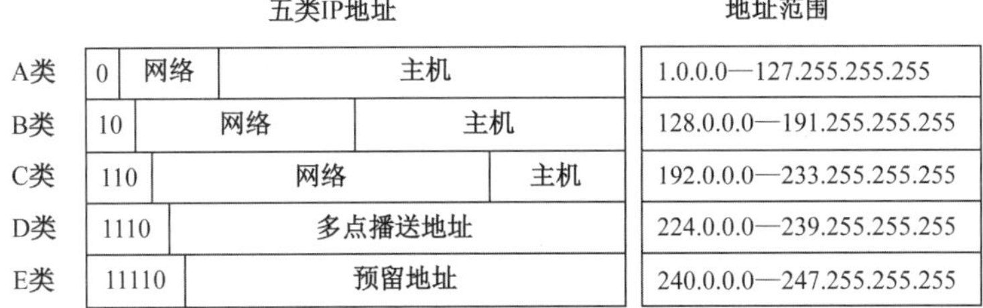

图 4-17　5 类 IP 地址划分

A 类地址：其中前 7 位用于网络标识，后 24 位用于主机标识，A 类地址可容纳 128 个网络，任意 A 类网络中可包括 16 777 216 个主机。

B 类地址：其中前 14 位用于网络标识，后 16 位用于主机标识，B 类地址可容纳 16 384 个网络，任意 B 类网络中可包括 16 384 个主机。

C 类地址：其中前 21 位用于网络标识，后 8 位用于主机标识，C 类地址可容纳 2 097 152 个网络，任意 C 类网络中可包括 256 个主机。

A、B、C 类地址用于标识某一网络节点的接口，称为单播地址，D 类地址不是用于标识单一的接口，而是用于标识多个网络节点接口的集合。E 类地址是预留地址。

A 类网络地址用于标识世界上最大型的网络，除了其中少量的预留和可重新分配的地址，A 类地址目前已经分配完毕。B 类地址也将使用殆尽。

IPv4 基于上述类别处理的管理方式限制了实际可使用的地址，例如，一个拥有 300 个用户的网络期望采用一个 B 类地址，然而如果实际分配一个 B 类地址则用户拥有了 65 536 个地址域，这远超过用户需要的地址空间，造成地址的大量浪费。

为解决这种地址分配方式的弱点，IETF 通过了无类域间路由选择（Classless Inter- Domain Routing，CIDR）方案。CIDR 方案取消了 IPv4 协议中地址类别分配方式，可以任意设定网络号和地址号的边界，即根据网络规模的需要重新定义地址掩码，这样可为用户提供聚合多个 C 类的地址。但是 CIDR 方案的不足之处是必须在知道网络掩码后才能确定地址中网络编号和主机编号。

2. IPv4 存在问题

现在使用的 IPv4 是在 20 世纪 70 年代末期设计的，无论从计算机本身发展还是从互联网规模和网络传输速率来看，都逐渐开始难以适应网络技术的发展。其中，最主要的问题就是 32 位的 IP 地址不够用。

随着互联网通信技术手段不断发展，IP 业务的迅速增长，IP 网络应用不断增加，IP 网络用户数量迅速增多，使得原有的 IP 网越来越难以适应新业务的开展。在这个过程中，IPv4 存在的一些缺陷也逐渐显露，主要集中于以下三个方面。

（1）IPv4 地址枯竭。

IPv4 使用 32 位长的地址，地址空间超过 40 亿。但由于地址类别的划分不尽合理，只有不到 5%的地址得到利用，已分配的地址尤其是 A 类地址大量闲置，而可用来分配的地址却逐渐枯竭。另外，由于移动互联网技术逐渐普及，目前占有互联网地址的主要设备已逐渐由曾经的计算机占据主要地位变成手机、平板电脑、智能家用电器等移动通信设备与计算机共存的状况，并且在未来，越来越多的移动设备也会连接互联网。这种状况下，IPv4 显然已经无法满足这些要求。

（2）IPv4 路由瓶颈。

在 IPv4 的地址体系结构下，路由表的管理是采用非层次化的，这样，每当网络中增加一个子网，就会在路由表中增加一条路由信息。随着互联网通信技术的快速发展和移动通信技术的普及运用，使得接入网络的用户数量快速增加，同时也使得 ISP 的数目急剧增加，此时就需要增加 Internet 中子网的数目。因此，路由表的表项在不断地增加。路由表是存放在固定的内存当中的，路由表的不断增长，会发生路由表占满内存的情况，从而导致网络异常。显然，IPv4 这种局限难以适应当今移动通信业务发展的要求。

（3）无法提供多样的服务质量。

一般情况下，通信服务质量可以由可靠性、延迟、抖动、吞吐量、丢包率等性能参数来描述。这些性能参数可用来区别其提供业务的不同服务等级，进而将不同的业务分成不同的等级，而不同的业务对 QoS 的要求不同，从而由相应的网络设备进行管理。随着移动数据业务和视频业务的飞速发展，现在的 IPv4 已不能满足其业务的需要。

4.6.2 IPv6 技术

互联网技术高速发展，规模迅速壮大，目前，已经远远出乎当初互联网的先驱们制定 TCP/IP 协议时所考虑的情况，并且现有的网络规模仍在飞速增长。并且，随着移动互联网技术的发展与普及，网络与人们的生活和工作已经变得密切相关。同时伴随互联网用户数量膨胀，IPv4 存在的地址空间不足的问题也越发严重。

为了缓解地址危机的发生，相应地产生了两种新的技术：无类型网络区域路由技术 CIDR 和网络地址翻译技术 NAT。1994 年 7 月，IETF 决定以 SIPP 作为 IPng 的基础，同时把地址数由 64 位增加到 128 位，新的 IP 协议称为 IPv6。

IPv6 承袭了 IPv4 的优点，抛弃了它的不足，IPv6 作为 Internet 协议的下一版本，最终取代 IPv4 将不可避免地成为必然。

IPv6 与 IPv4 是不兼容的，但与其他的 TCP/IP 协议族中的协议是兼容的，可以说 IPv6 完全可以取代 IPv4。同 IPv4 相比较，IPv6 在地址容量、安全性、网络管理、移动性及服务质量等方面有明显的改进，是下一代互联网可采用的比较合理的协议。

1. IPv6 技术新特性

（1）新的协议头格式。

IPv6 的协议头采用一种新的格式，将一些非根本性的和可选择的字段移到了 IPv6 协议头之后的扩展协议头中，可最大限度地减少协议头的开销。

（2）巨大的地址空间。

IPv6 的源地址和目的地址都是 128 位。由于有更多的可用地址，就不再需要一些节约地址

的技术，比如 NAT 转换。

（3）有效分级的寻址和路由结构。

在采用 IPv6 的 Internet 中，骨干路由器具有更小的路由表，这种路由表对应着全球 ISP 的路由结构。

（4）地址的自动配置。

为简化主机配置，IPv6 既支持有状态的地址配置（有 DHCPv6 服务器时的地址配置），也支持无状态的地址配置（没有 DHCPv6 服务器时的地址配置）。

（5）内置的安全性。

IPv6 协议支持 IPSec，这就为网络安全性提供了一种基于标准的解决方案。

（6）更好地支持 QoS。

IPv6 协议头中的新字段定义了如何识别和处理通信流。由于通信流是在 IPv6 协议头中标识的，因此，即使数据包有效载荷已经用 IPSec 和 ESP 进行了加密，仍然可以实现对 QoS 的支持。

（7）用新协议处理相邻节点的交互。

IPv6 中的邻居发现协议是一系列的 IPv6 网络控制报文协议（ICMPv6）报文，用来管理相邻节点的交互。

（8）可扩展性。

IPv6 可以很方便地实现功能的扩展，这主要通过在 IPv6 协议头之后添加新的扩展协议头的方式来实现。

2. IPv6 地址

（1）地址空间。

IPv6 最与众不同的特点是它具有更大的地址空间。IPv6 的地址空间长度为 128 位，这是长度为 32 位的 IPv4 地址空间的 4 倍。一个 32 位的地址空间包含了 232 个可能的地址，而一个 128 位的地址空间则包含了 2 128 个可能的地址。在采用 IPv6 的情况下，地址空间被耗尽的可能性几乎就不存在了。

（2）地址语法。

IPv6 的 128 位地址按每 16 位划分一个位段，每个位段被转换为一个 4 位的十六进制数，并用冒号隔开，这种表示法称为“冒号十六进制表示法”。如可将一个 IPv6 地址表示为 21DA:00D3:0000:2F3B:02AA:00FF:FE28:9C5A。在每个 4 位一组的十六进制数中，若其高位为 0，则可以省略，这一点与 IPv4 一样。如将 0800 写成 800，0008 写成 8，0000 写成 0。

① 零压缩法。

有些类型的 IPv6 地址中包含了一长串 0。为了进一步简化 IPv6 的地址表达，在一个以冒号十六进制表示法表示的 IPv6 地址中，如果几个连续位段的值都为 0，那么这些 0 就可以简记为::，称为“双冒号法”。例如，链路本地地址 FE80:0:0:0:2AA:FF:FE9A:4CA2，可以简记为 FE80::2AA:FF:FE9A:4CA2。多播地址 FF02:0:0:0:0:0:0:2 可以简记为 FF02::2。但是双冒号法在一个地址中只能使用一次，也就是说在不连续段中不能重复使用“::”来替换其中的多个“0”。如地址 0:0:0:AB98:123C:0:0:0，可以写成::AB98:123C:0:0:0 或 0:0:0:AB98:123C::，但不能写成::BA98:123C::。

② IPv6 前缀。

前缀是地址的一部分，这部分或者有固定的值，或者是路由或子网的标识。作为 IPv6 子网或路由标识的前缀，其表示方法与 IPv4 中的无类域间路由选择（CIDR）表示法是相同的。

IPv6 前缀用“地址/前缀长度”表示法来表示。例如 21DA:D3:0:2F3B::/64 是一个子网前缀，21DA:0:D3::/48 是一个路由前缀。64 位前缀用来表示节点所在的单个子网。所有子网都有相应的 64 位前缀。任何少于 64 位的前缀，要么是一个路由前缀，要么就是包含了部分 IPv6 地址空间的一个地址范围。

（3）地址类型。

IPv6 地址空间是基于地址中的高位值来进行划分的，分为单播地址、多播地址和泛播地址。

① 单播地址。

单播地址标识了这种类型地址的作用域内的单个接口。地址的作用域是指 IPv6 网络的一个区域，在这个区域中，单播地址是唯一的。在适当的单播路由拓扑结构中，寻址到单播地址的数据包最终会被发送给唯一的接口。为了适应负载均衡系统，允许多个接口使用相同的地址，只要它们对于主机上的 IPv6 协议来说表现为一个接口。单播 IPv6 地址包括以下类型：可聚集全球单点传送地址、本地单点传送地址和特殊的单点传送地址。

a．可聚集全球单点传送地址。

可聚集全球单点传送地址，顾名思义是可以在全球范围内进行路由转发的地址，格式前缀为 001，相当于 IPv4 公共地址。全球地址的设计有助于构架一个基于层次的路由基础设施。与目前 IPv4 所采用的平面与层次混合型路由机制不同，IPv6 支持更高效的层次寻址和路由机制。可聚集全球单点传送地址的结构如图 4-18 所示。

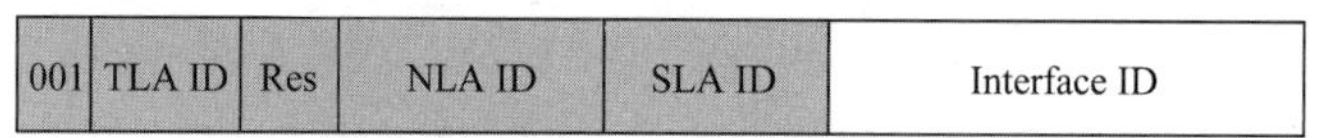

图 4-18　可聚集全球单点传送地址的结构

001 是格式前缀，用于区别其他地址类型。随后分别是 13 位的 TLA ID、8 位的 Res、24 位的 NLA ID、16 位的 SLA ID 和 64 位 Interface ID。TLA（Top Level Aggregator，顶级聚合体）、NLA（Next Level Aggregator，下级聚合体）、SLA（Site Level Aggregator，节点级聚合体）三者构成了自顶向下排列的三个网络层次。TLA 是与长途服务供应商和电话公司相互连接的公共骨干网络接入点，其 ID 的分配由国际 Internet 注册机构 IANA 严格管理。NLA 通常是大型 ISP，它从 TLA 处申请获得地址，并为 SLA 分配地址。SLA 也可称为订户（Subscriber），它可以是一个机构或一个小型 ISP。SLA 负责为属于它的订户分配地址。SLA 通常为其订户分配由连续地址组成的地址块，以便这些机构可以建立自己的地址层次结构以识别不同的子网。分层结构的最底层是网络主机。

b．本地单点传送地址。

本地单点传送地址的传送范围限于本地，又分为链路本地地址和站点本地地址两类，分别适用于单条链路和一个站点内。

链路本地地址。格式前缀为 1111111010，用于同一链路的相邻节点间通信，如单条链路上没有路由器时主机间的通信。链路本地地址相当于当前在 Windows 下使用 169.254.0.0/16 前缀的 APIPA IPv4 地址，其有效域仅限于本地链路。链路本地地址可用于邻居发现，且总是自动配置的，包含链路本地地址的包永远也不会被 IPv6 路由器转发。

站点本地地址。格式前缀为 1111111011，相当于 10.0.0.0/8、172.16.0.0/12 和 192.168.0.0/16 等 IPv4 私用地址空间。例如，企业专用 Intranet，如果没有连接到 IPv6 Internet 上，那么在企业站点内部可以使用站点本地地址，其有效域限于一个站点内部，站点本地地址不可被其他站点访问，同时含此类地址的包也不会被路由器转发到站外。一个站点通常是位于同一地理位置

的机构网络或子网。与链路本地地址不同的是，站点本地地址不是自动配置的，而必须使用无状态或全状态地址配置服务。

站点本地地址允许和 Internet 不相连的企业构造企业专用网络，而不需要申请一个全球地址空间的地址前缀。如果该企业日后要连入 Internet，可以用其子网 ID 和接口 ID 与一个全球前缀组合成一个全球地址。

c．特殊的单点传送地址。

在 IPv4 向 IPv6 的迁移过渡期，两类地址并存，我们还将看到一些特殊的地址类型：

IPv4 兼容地址。该地址可表示为 0:0:0:0:0:0:w.x.y.z 或::w.x.y.z（w.x.y.z 是以点分十进制表示的 IPv4 地址），用于具有 IPv4 和 IPv6 两种协议的节点使用 IPv6 进行通信。

IPv4 映射地址。该地址是又一种内嵌 IPv4 地址的 IPv6 地址，可表示为 0:0:0:0:0:FFFF:w.x.y.z 或::FFFF:w.x.y.z。这种地址被用来表示仅支持 IPv4 地址的节点。

6to4 地址。该地址用于具有 IPv4 和 IPv6 两种协议的节点在 IPv4 路由架构中进行通信。6to4 是通过 IPv4 路由方式在主机和路由器之间传递 IPv6 分组的动态隧道技术。

② 多播地址。

多播地址标识 0 个或多个接口，在多播路由拓扑结构中，寻址到多播地址的数据包最终会被发送到由这个地址所标识的所有接口。

IPv6 的多点传送（组播）与 IPv4 运作相同。多点传送可以将数据传输给组内所有成员。组的成员是动态的，成员可以在任何时间加入一个组或退出一个组。

IPv6 多点传送地址格式前缀为 11111111，此外还包括标志（Flags）、范围域（Scope）和组 ID（Group）等字段，如图 4-19 所示。

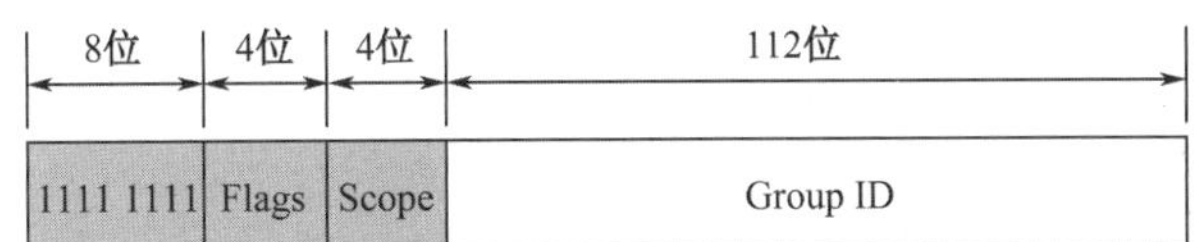

图 4-19 IPv6 多点传送地址的格式前缀

4 位 Flags，可表示为 000T。其中，高三位保留，必须初始化为 0。T=0 表示一个被 IANA 永久分配的多点传送地址；T=1 表示一个临时的多点传送地址。

4 位 Scope 是一个多点传送范围域，用来限制多点传送的范围。表 4-1 列出了在 RFC 2373 中定义的 Scope 字段值。

表 4-1 在 RFC2373 中定义的 Scope 字段值

值	范 围 域
0	保留
1	节点本地范围
2	链路本地范围
5	站点本地范围
8	机构本地范围
E	全球范围
F	保留

Group ID 标识一个给定范围内的多点传送组。永久分配的组 ID 独立于范围域，临时组 ID 仅与某个特定范围域相关。

③ 泛播地址。

泛播地址标识多个接口。在泛播路由拓扑结构中，寻址到泛播地址的数据包最终会被发送到唯一的接口，一个由这个地址所标识的距离最近的接口，这里所说的最近是指在路由距离上的最近。

一个 IPv6 任意点传送地址被分配给一组接口（通常属于不同的节点）。发往任意点传送地址的包传送到该地址标识的一组接口中根据路由算法度量距离为最近的一个接口。目前，任意点传送地址仅被用作目标地址，且仅分配给路由器。任意点传送地址是从单点传送地址空间中分配的，使用了单点传送地址格式中的一种。

子网-路由器任意点传送地址必须经过预定义，该地址从子网前缀中产生。为构造一个子网-路由器任意点传送地址，子网前缀必须固定，余下的位数置为全“0”，见图 4-20。

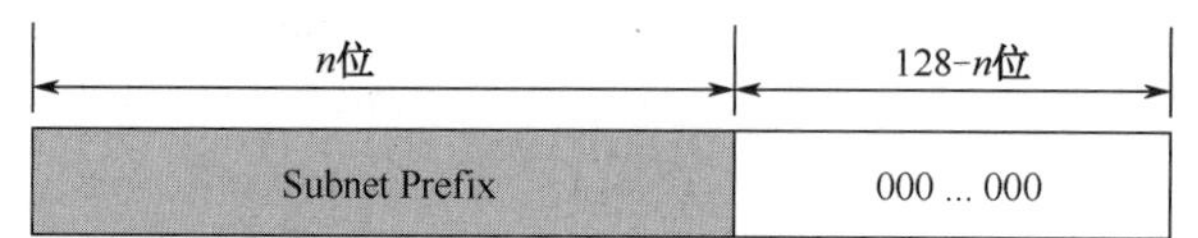

图 4-20　子网-路由器泛播传送地址

一个子网内的所有路由器接口均被分配该子网的子网-路由器任意点传送地址。子网-路由器任意点传送地址用于一组路由器中的一个与远程子网的通信。

3. IPv6 数据报报文

IPv6 数据报由一个 IPv6 报头、零个或多个扩展报头和一个上层协议数据单元组成。IPv6 数据报结构如图 4-21 所示。

IPv6 报头	扩展报头	上层协议数据单元

图 4-21　IPv6 数据报结构

IPv6 报头：在 IPv6 数据报中，都包含了一个 IPv6 报头，其长度固定为 40 字节。

IPv6 扩展报头：IPv6 数据报中可以包含零个或多个扩展报头，这些扩展报头可以具有不同的长度。

上层协议数据单元：该字段一般由上层协议报头和它的有效载荷（有效载荷可以是一个 ICMPv6 数据报、一个 TCP 数据段，或者一个 UDP 数据报）组成。

（1）IPv6 报头。

IPv6 报头结构如图 4-22 所示。

<table>
<tr><td>版本</td><td>通信流类别</td><td colspan="2">流标签</td></tr>
<tr><td colspan="2">有效载荷长度</td><td>下一个报头</td><td>跳限制</td></tr>
<tr><td colspan="4">源地址</td></tr>
<tr><td colspan="4">目标地址</td></tr>
</table>

图 4-22　IPv6 报头结构

版本（Version）：这个字段的长度仍是 4 位，它指明了协议版本号。

通信流类别（Traffic Class）：这个 8 位字段可以为数据包赋予不同的类别或优先级。它类似 IPv4 的 Type of Service 字段，为差异化服务留有余地。

流标签（Flow Label）：这个字段是 IPv6 的新增字段。源节点使用这个 20 位字段，为特定序列的数据包请求特殊处理（效果好于尽力转发）。实时数据传输如语音和视频可以使用 Flow

Label 字段以确保 QoS。

有效载荷长度（Payload Length）：这个 16 位字段表明了有效载荷长度。与 IPv4 数据报中的 Total Length 字段不同，这个字段的值并未算上 40 位的 IPv6 报头。计算的只是报头后面的扩展和数据部分的长度。因为该字段长 16 位，所以能表示高达 64KB 的数据有效载荷。如果有效载荷更大，则由超大包（Jumbogram）扩展部分表示。

下一个报头（Next Header）：这个 8 位字段类似 IPv4 中的 Protocol 字段，但有些差异。在 IPv4 数据报中，传输层报头如 TCP 或 UDP 始终跟在 IP 报头后面。在 IPv6 中，扩展部分可以插在 IP 报头和传输层报头当中。这类扩展部分包括验证、加密和分片功能。Next Header 字段表明了传输层报头或扩展部分是否跟在 IPv6 报头后面。

跳限制（Hop Limit）：这个 8 位字段代替了 IPv4 中的 TTL 字段。它在经过规定数量的路由段后会将数据报丢弃，从而防止数据报被永远转发。数据报经过一个路由器，Hop Limit 字段的值就减少一个。IPv4 使用了时值（Time Value），每经过一个路由段就从 TTL 字段减去一秒。IPv6 用段值（Hop Value）换掉了时值。

源地址（Source Address）：该字段指明了始发主机的起始地址，其长度为 128 位。

目标地址（Destination Address）：该字段指明了传输信号的目标地址，其长度为 128 位。

（2）IPv6 扩展报头。

在 IPv6 中，可选信息放到了 IPv6 报头和上层头之间。可以有几个扩展报头，每个扩展报头用不同的下一报头标识。

每一个扩展报头内容与语义决定是否处理下一个扩展报头。因此，扩展报头必须严格按照其出现的顺序来处理。逐跳选项报头要求转发路径上的每个节点都需要进行处理，包括源节点和目的节点。逐跳扩展头紧跟着 IPv6 报头，IPv6 报头的下一报文头字段为 0，表示下一个报文头为逐跳报头。IPv6 支持的扩展报头如表 4-2 所示。

表 4-2　IPv6 支持的扩展报头

扩 展 报 头	用　法
逐跳选项报头	由传送路径上的每个节点和路由器读取并处理信息。逐跳选项报头用于巨型数据包和路由器警报等
目的选项报头	用于移动 IP，即使移动节点改变了连接点，仍然允许它们保持永久的 IP 地址
路由报头	被 IPv6 源节点用来强制数据报经过特定的路由器。当路由类型字段设为 0 时，在路由报头中可以指定中间路由器列表，类似于 IPv4 中的松散源路由选项
分段报头	用于 PMTUD，建议 IPv6 所有节点都启用 PMTUD 机制 在 IPv6 中，不期望使用分段，必要时，由源节点执行分段，而不是由数据报传送路径上的路由器执行分段
认证报头	IPsec 使用、AH 提供认证、数据完整和重放保护
封装安全有效载荷报头	IPsec 使用、ESP 提供认证、数据完整、重放保护和 IPv6 数据报加密

每个扩展报头只能出现一次，这里除了目的选项报头可能出现了两次，一次在路由头之前，一次在上层头之前。如果上层头是另一个 IPv6 报头，那么这个 IPv6 报头可能有自己的扩展报头，同样要按照前边的顺序进行排列。

（3）与 IPv4 报头比较。

IPv6 相较 IPv4 的区别如表 4-3 所示。

表 4-3 IPv6 相较 IPv4 的区别

不 同 点	改 进
删除了校验和字段	因为上层已经做完了校验，减少了处理时间
删除了标识字段	它们被移到分片报头中，中间的路由器不支持分片，使其处理得更快
删除了分片偏移字段	
删除了标志字段	
删除了选项域	使用了扩展头来代替
修改了版本字段	修改为 IPv6 版本
修改了源地址字段和目的地址字段	修改为 128 位
修改了 TTL 字段	修改为跳限制字段
修改了总长度域字段	修改为负载长度字段
修改了协议号字段	修改为下一报头字段
修改了服务类型字段	修改为流类别字段
	增加了流标签字段

4.6.3 IPv4 向 IPv6 的过渡

1. 概述

通常，协议的过渡是很不容易的，从 IPv4 过渡到 IPv6 也不例外，协议的过渡一般需要在网络中所有节点上安装和配置新的协议并且检验是否所有主机和路由器都能正确运行。从 IPv4 向 IPv6 过渡可能要花费多年时间，而且会有一些机构或节点继续使用 IPv4 协议。因此，虽然最终目的是移植，但也要考虑 IPv4 和 IPv6 的共存阶段。

2. 共存机制

要与 IPv4 网络结构共存并最终移植到仅支持 IPv6 的网络结构中来，需要使用双 IP 层，IPv6 穿越 IPv4 的隧道和 DNS 结构机制。

（1）双 IP 层。

双 IP 层是 TCP 协议集的一种实现方案，既包含 IPv4 的 IP 层，又包含 IPv6 的 IP 层，双 IP 层机制用于 IPv6/IPv4 节点，使其既可以与 IPv4 节点通信，也可以与 IPv6 节点通信，双 IP 层包含单一的主机到主机协议层的实现方案，如 TCP 和 UDP。基于双 IP 层实现方案的所有上层协议，都可以通过 IPv4 网络、IPv6 网络或 IPv6 穿越 IPv4 的隧道进行通信。

对于路由器来讲，在路由器设备中存在维护 IPv6 和 IPv4 两套路由协议栈，使得路由器既能与 IPv4 主机通信也能与 IPv6 主机通信，分别支持独立的 IPv6 和 IPv4 路由协议，IPv4 和 IPv6 路由信息按照各自的路由协议进行计算，维护不同的路由表。IPv6 数据报按照 IPv6 路由协议得到的路由表转发，IPv4 数据报按照 IPv4 路由协议得到的路由表转发，双 IP 结构如图 4-23 所示。

（2）IPv6 穿越 IPv4 隧道。

IPv6 穿越 IPv4 的隧道是指用 IPv4 报头来封装 IPv6 数据报，使得 IPv6 数据报可以穿越 IPv4 网络。所谓“隧道”，简单地讲就是利用一种协议来传输另一种协议的数据技术。隧道包括隧道入口和隧道出口（隧道终点），这些隧道端点通常是双栈节点。

IPv4 报头中，IPv4 协议字段的值为 41，表示这是一个经过封装的 IPv6 数据报。在 IPv4

报头中，源地址和目的地址字段的值为隧道端点的 IPv4 地址。隧道端点，一般是手工配置的隧道接口的一部分，或者是从发送接口自动获得的与路由相匹配的下一跳地址，又或者是 IPv6 报头中的源地址或目的地址。在隧道入口以一种协议的形式来对另外一种协议数据进行封装并发送。在隧道出口对接收的协议数据解封，并做相应的处理。在隧道的入口通常要维护一些与隧道相关的信息。在隧道的出口通常出于安全性的考虑要对封装的数据进行过滤，防止来自外部的恶意攻击。

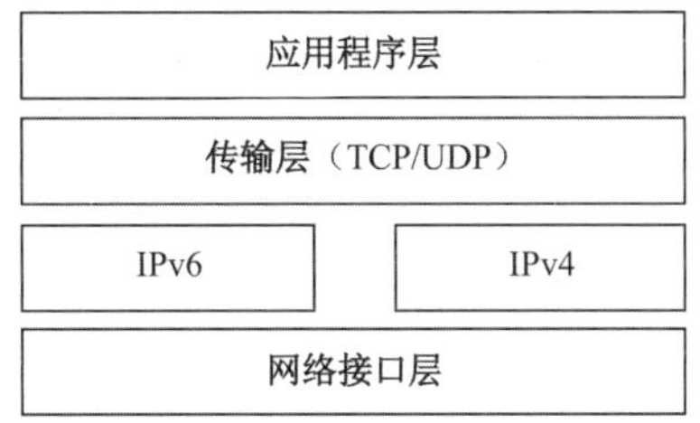

图 4-23　双 IP 结构

IPv6 穿越 IPv4 的隧道机制如图 4-24 所示。

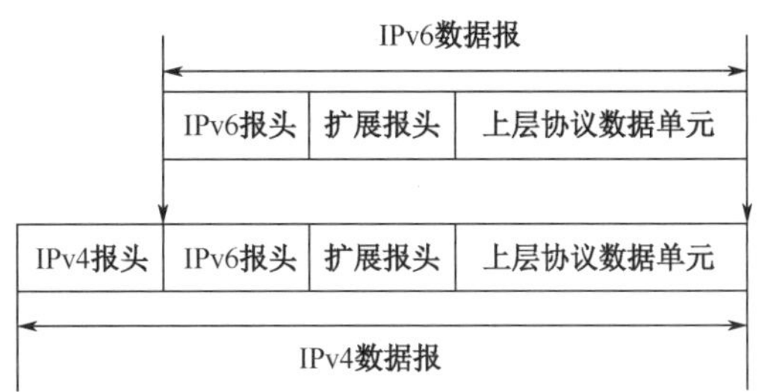

图 4-24　IPv6 穿越 IPv4 的隧道机制

（3）DNS 结构。

DNS 结构对于并存的成功是必需的，因为当前通常使用域名来访问网络资源。升级 DNS 结构，包括为 DNS 服务器增加 AAAA 记录和 PTR 记录，以支持 IPv6 从名称到地址和从地址到名称的解析。

① 地址记录。

为成功地将域名解析为地址，在 DNS 结构中必须包含以下资源记录：

IPv4-only 节点和 IPv6/IPv4 节点的 A 记录；

IPv6-only 节点和 IPv6/IPv4 节点的 AAAA 记录。

② 指针记录。

为成功地将地址解析为域名，在 DNS 结构中必须包含以下资源记录：

IPv4-only 节点和 IPv6/IPv4 节点在 IN-ADDR.ARPA 域中的 PTR 记录；

IPv6-only 节点和 IPv6/IPv4 节点在 IP6.INT 域中的 PTR 记录。

③ 地址选择规则。

在从域名到地址的解析过程中，当发起查询的节点获得了与域名相对应的地址集之后，节点必须确定用于从内向外发出的数据包的源地址和目的地址的地址集。

在 IPv4 和 IPv6 共存的环境中，由 DNS 查询所返回的地址集可能包含多个 IPv4 和 IPv6 的地址。发起查询的主机至少配置了一个 IPv4 地址及多个 IPv6 地址，决定使用哪种类型的地址及地址的范围，对于源地址和目的地址来说，都遵循默认的地址选择规则，即 IPv6 地址优先于 IPv4 地址。

3．移植到 IPv6

可以确定的是，从 IPv4 移植到 IPv6 是一个必然的过程，一些移植的细节仍然需要确定。一般来讲，步骤如下：

第一步，将应用程序升级为与 IP 协议的版本无关；

第二步，将 DNS 结构升级为支持 IPv6 地址和 PTR 记录；

第三步，将主机升级为 IPv6/IPv4 节点；

第四步，升级本地 IPv6 路由器的路由结构。

第 5 章　电话通信网

电话通信网是传递用户之间电话信息的，可以进行交互型语音通信、开放电话业务的通信网络。本章将从电话通信网的概念、结构、编号计划、交换技术信令网等方面进行介绍。

5.1　电话通信网概述

电话通信网是传递用户之间电话信息的通信网络，从组成上分，包括本地电话网、长途电话网、国际电话网等多种类型。电话通信网是最不容忽视、最有用户基础、受众面最广、业务量最大的电信网。

为了给用户提供一个较好的电话通信服务，需要建立一个优质的电话通信网。电话通信网从电话通信产生，经历了由模拟电话网向综合数字电话网的演变。除了电话业务，还可以兼容许多非电话业务，因此电话通信网可以说是电信网的基础。

5.1.1　构成要素

电话通信网是为电话用户之间提供通信的网络，其组成包括用于发送和接收语音信号的终端设备、进行信号交换的交换设备及用于信号传输的传输设备。其组成结构本质上与通信网络的组成是一致的，我们知道通信网络由终端设备、交换设备和传输链路构成，那么，电话通信网络的组成即是通信网的组成要素在电话业务应用中的具体化。

用户终端设备：包括用户终端接收和传输设备，如用户话机（图 5-1）、分线箱（图 5-2）、配线架（图 5-3）等。

图 5-1　用户话机

图 5-2　分线箱

图 5-3　配线架

交换设备：可以实现信息的交换任务，如交换机（图 5-4）等。

传输设备：互连多个交换局的传输设备，包括光缆（图 5-5）和电话电缆（图 5-6）。

图 5-4　交换机

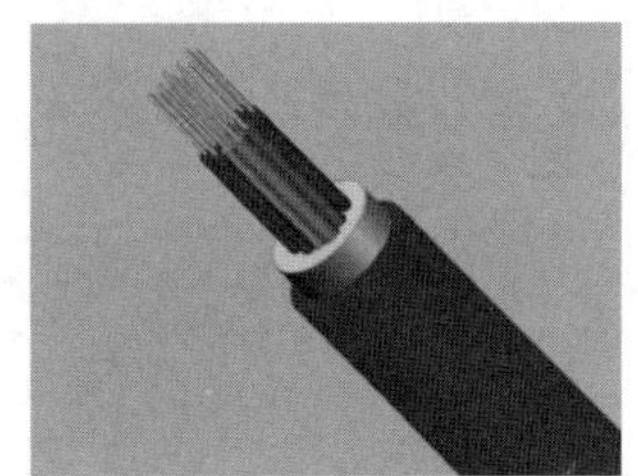

图 5-5　光缆

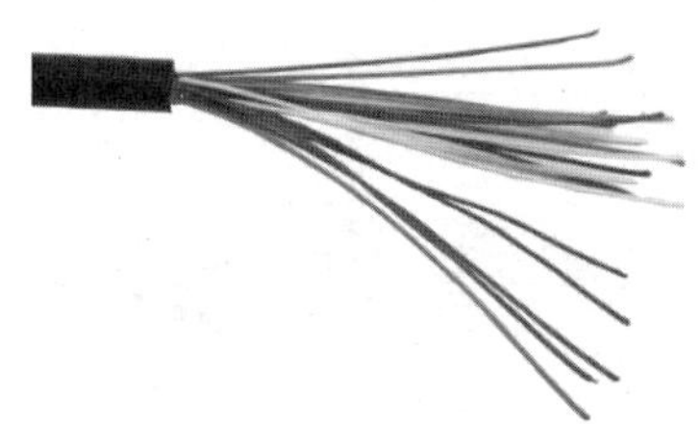

图 5-6　电话电缆

5.1.2　分类

电话网从不同的角度可以有不同的类别，其分类如下。

（1）按组网方式分：固定电话网、移动电话网和卫星电话网。

（2）按业务类别分：电话网、传真网、数据网和综合业务数字网。

（3）按使用范围分：本地电话网、国内长途电话网和国际电话网。

（4）按使用场合分：公用电话网、专用电话网。

（5）按传输信号分：数字电话网、模拟电话网和数模混合网。

5.1.3　功能

电话通信网的功能主要有：

（1）为任一对通话的主叫用户和被叫用户建立一条传输语音的通道，语音信号的传送频带为 300～3 400Hz。

（2）经网络传递用户号码的接续信号，主要有拨号信号和呼叫接续信号的建立、监视和释放等各种信令，对于 7 号信令系统有专门的信令网。

（3）保证一定的服务质量，如传输质量、接通率等。

（4）提供与电话网的运行和管理有关信息的命令，如话务量测量、故障处理等。

5.2　我国电话通信网结构

5.2.1　基本结构

电话通信网在建设时，其网络拓扑结构通常可以选择网形网、星形网和复合型网等基本网络拓扑结构。

1．网形网

网形网这种网络拓扑结构的网内任何两个节点之间均有线路相连，如图 5-7 所示。如果网络中有 N 个节点，连接成网形网则需要 $N(N-1)/2$ 条传输链路。这种网络结构有连接速度快、路由选择自由、可靠性高等优点，但是这种网络结构的余度较大，虽然稳定性较好，但线路利

用率不高、线路数量多、维修费用高、经济性较差，网形电话网如图 5-8 所示。

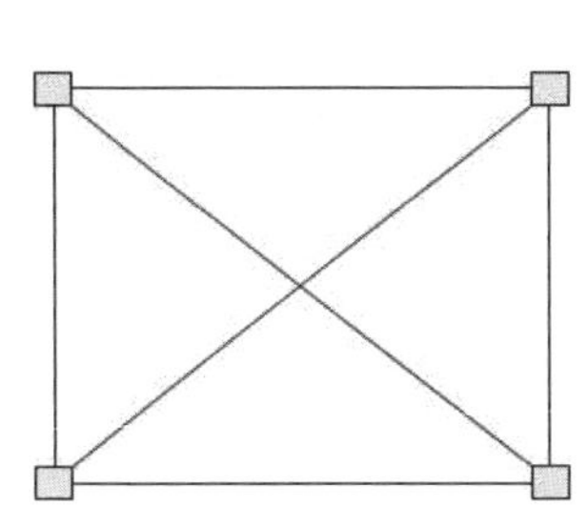

图 5-7　网形网拓扑结构

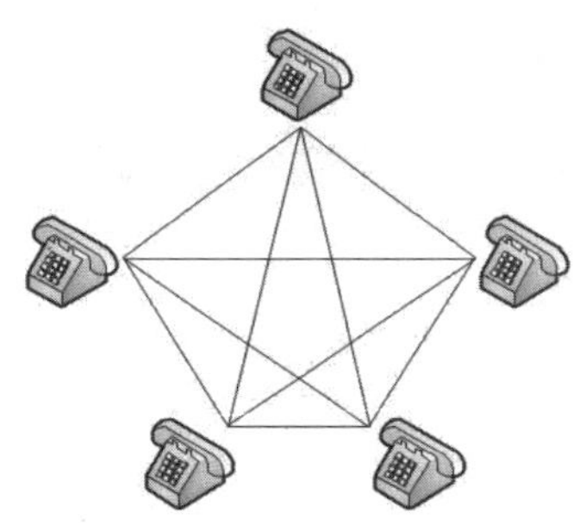

图 5-8　网形电话网

2．星形网

星形网又称为辐射网，它将网络中的一个节点作为中心节点或者中心局（即辐射点），该点与其他节点均有线路相连，具有 N 个节点的星形网至少需要 $N-1$ 条传输链路，如图 5-9 所示。星形网的传输链路少、线路利用率高、成本低，虽然星形网比网形网经济性较好，但当中心节点出现故障时会造成整个网络的瘫痪，故其稳定性相对较差。星形电话网如图 5-10 所示。

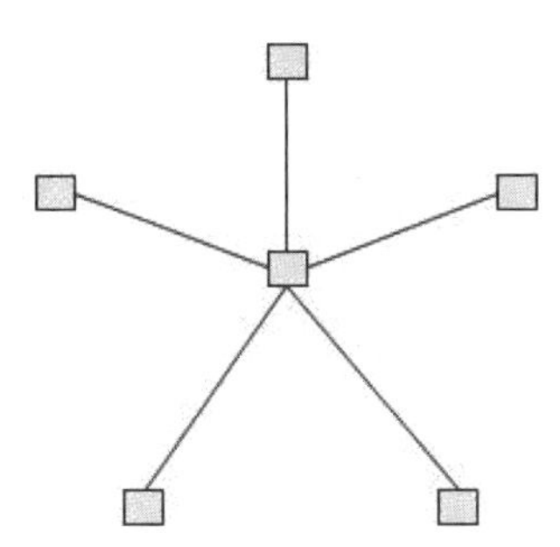

图 5-9　星形网拓扑结构

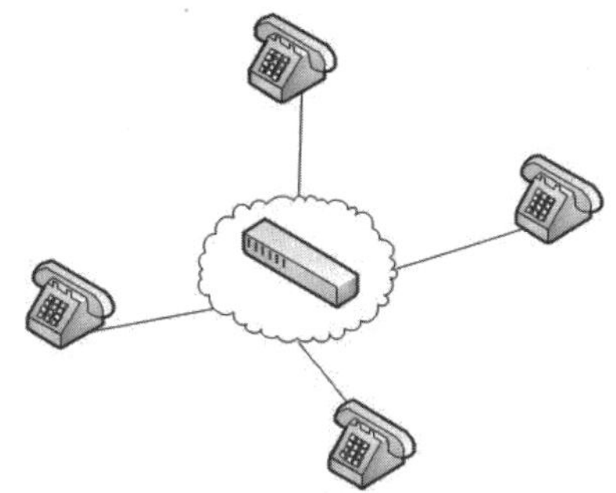

图 5-10　星形电话网

3．复合型网

复合型网又称为汇接辐射式网络，是电话网络中一种常见的网络结构，如图 5-11 所示。根据网中业务量的需求，以星形网为基础，由网形网和星形网复合而成。在业务量较大的转接交换中心区采用网形结构，可以使整个网络比较经济且稳定性较好。复合型网具有网形网和星形网的优点，但这种网络规划设计比较复杂，是通信网中常采用的一种网络结构。复合型电话网如图 5-12 所示。

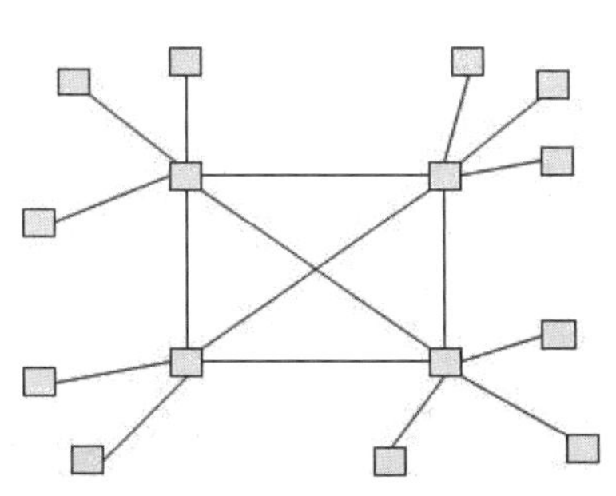

图 5-11　复合型网络拓扑结构

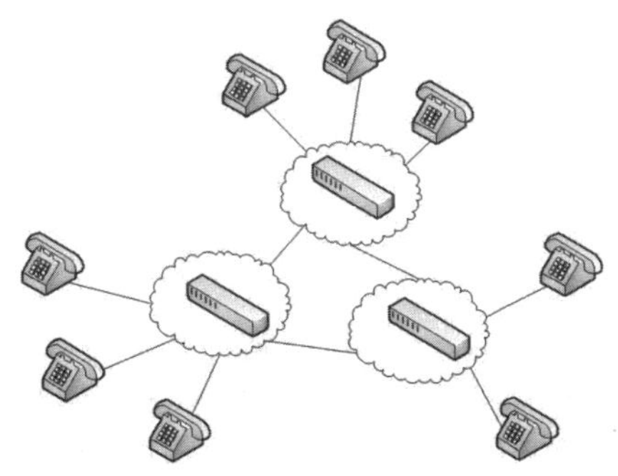

图 5-12　复合型电话网

除此之外，电话通信网还有环形网、树形网等结构形式。树形网是星形网的一种延伸扩展，环形网一般很少使用。

5.2.2 我国电话网等级结构

1. 等级结构概述

电话通信网在很多国家都采用等级结构网络。等级结构的电话网可以把全球的交换局划分成若干个等级，低等级电话交换局与管辖它的高等级电话交换局相连，这样，就形成多级汇接辐射网即星形网；而最高等级的交换局互相之间则直接连接，形成网形网。所以采用等级结构的电话通信网的网络拓扑一般是复合型。

在建设电话通信网时，电话通信网的等级结构及级数选择与很多个因素有关，主要有全网的服务质量和全网的经济性。

全网的服务质量主要有接通率、接续时延、传输质量、可靠性；全网的经济性则是通信网的总费用问题。另外，在建设电话通信网时，还应考虑到国家领土面积大小、各地区的地理状况、政治经济条件及地区之间的联系程度等因素。

2. 我国的电话结构

早在 1973 年我国电话网建设初期，由于当时的长途话务流量的流向与行政管理的从属关系几乎一致，都为纵向流向，因此，当时原邮电部明确规定我国电话网的网络等级分为五级，有一、二、三、四级长途交换中心，分别用 C_1、C_2、C_3 和 C_4 表示；本地网设置汇接局和端局两个等级的交换中心，分别用 Tm 和 C_5 表示。我国电话网的等级结构如图 5-13 所示。

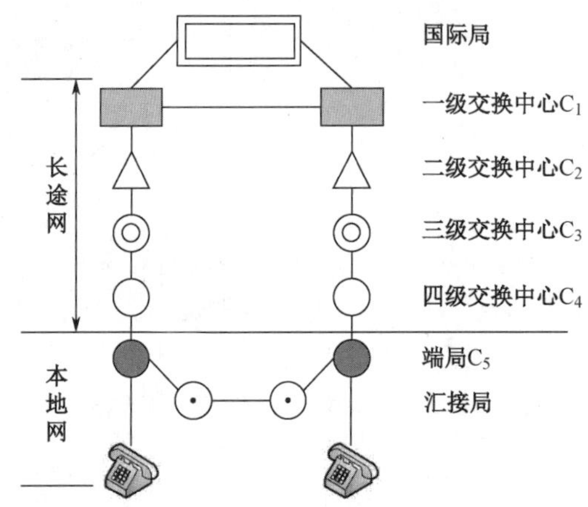

图 5-13　我国电话网的等级结构

3. 长途网

长途电话网又可以称为长途网，从通信网的组成三要素角度来说，由长途交换中心、长市中继和长途电路组成。

（1）四级长途网的网络结构。

在五级的等级结构电话网中，长途网分为四级，四级长途网络结构如图 5-14 所示。一级交换中心（C_1）相互之间连接构成网形网，而以下各级交换中心以逐级汇接的方式为主，辅以一定数量的直达电路，从而构成一个复合型的网络结构。

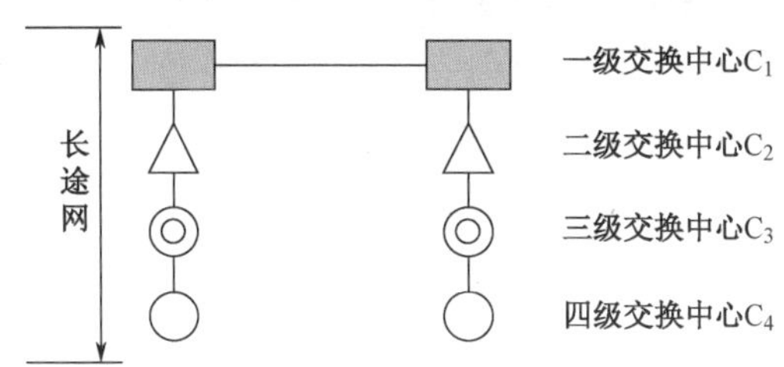

图 5-14　四级长途网络结构

其中：

一级交换中心为大区中心，也称省会中心；

二级交换中心为省交换中心，一般设置在省会城市；

三级交换中心为地区交换中心；

四级交换中心为县长途交换中心，是长途电话网的终端局。

（2）二级长途网的网络结构。

四级等级结构的长途电话通信网在网络发展的初级阶段是可行的，这种结构在电话通信网由人工向自动、模拟向数字的过渡中起了较好的作用，然而随着通信事业的高速发展，电话业务日益增多，电话通信的新技术、新业务不断更新，四级长途电话网络结构存在的问题日益明显。

从四级长途网络结构对全网的电话通信服务质量的主要表现来说，存在以下几个问题。

① 转接段数多。四级长途电话网络结构的转接段数比较多，比如两个跨地区的县级用户之间的呼叫，需要经过 C_4、C_3、C_2 等多级长途交换中心的转接，这就造成整个通信过程中的转接时间延长、传输损耗增大的状况，并且整个通信过程的呼叫接通率比较低。

② 可靠性差。本质上来说，可靠性差也是由于转接段数过多造成的。多级长途网一旦线路上的某节点或某段电路出现故障，将会造成局部的阻塞，影响通信整体的可靠性。

此外，从电话通信网络的网络管理、维护运行方面来看，网络结构级数划分得越多，交换等级数量就越多，这样就使得网管的工作比较复杂，而且，四级长途网络不利于新业务网（如移动电话网、数据业务网）的开放，不能很好地适应数字同步网、7 号信令网等支撑网的建设。

基于以上原因，我国的长途网由四级向二级过渡，电话网络的结构划分越来越小，等级差别逐渐淡化。因为一级交换中心 C_1、二级交换中心 C_2 间直达电路的增多，C_1 的转接功能逐渐减弱，而且随着全国三级交换中心 C_3 的扩大及本地网的形成，C_4 逐渐失去原有的作用而消失。于是，一级长途交换中心和二级长途交换中心合并为省际平面的长途交换中心 DC_1，并设置在省会城市，各个 DC_1 互相之间构成省际平面，形成省际的高平面；原三级长途交换中心 C_3 被称为 DC_2，设置在地市级城市，在一个省内，所有的 DC_2 也相互连接，构成长途二级网的低平面网，即省内平面。二级长途电话网络结构如图 5-15 所示。

二级长途电话网将网内长途交换中心分为两个等级，省（直辖市）级交换中心以 DC_1 表示，地（市）级交换中心以 DC_2 表示。DC_1 之间以网形网相互连接，DC_1 与本省各地市的 DC_2 以星形方式连接；本省各地市的 DC_2 之间以网状或不完全网状相连，同时辅以一定数量的直达电路与非本省的交换中心连接。

省级交换中心 DC_1：主要汇接所在县的县级长途来话、去话业务，以及所在本地网的长途终端话务。

地市级交换中心 DC_2：主要汇接所在本地网的长途终端话务。

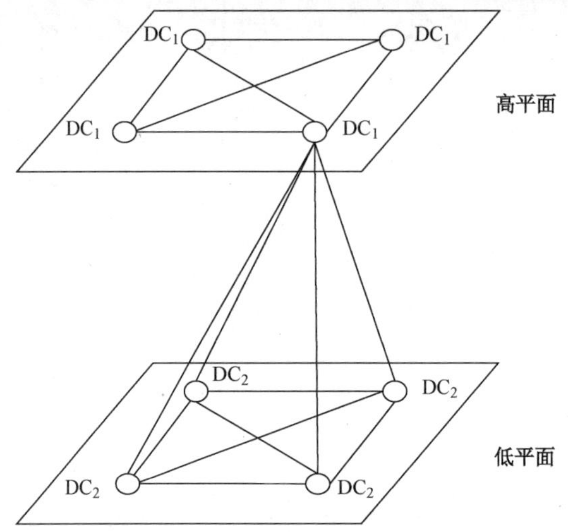

图 5-15　二级长途电话网络结构

4. 本地网

本地电话网简称本地网，是指在同一编号区，由若干个端局，或者由若干个端局和汇接局，以及局间中继线、用户和话机终端等组成的电话网。

端局：通过用户线直接和用户相连的交换局。

汇接局：用于集散当地电话业务的电话交换局，主要汇接各端局通过中继线送来的话务量。如果端局较多、地域较广，可以采用汇接局来接本汇接区的本地或长途电话业务。

本地电话网用来疏通本长途编号区范围内任何两个用户间的电话呼叫业务和长途去话、来话业务。

随着电话用户的增加，本地网建设速度大大加快，交换设备和网络规模也越来越大，因而，本地网的网络结构也愈加复杂。

（1）本地网的类型。

自 20 世纪 90 年代中期起，我国开始组建以地（市）级以上城市为中心城市的扩大的本地电话网。这种扩大的本地网的特点是城市周围的郊县与城市划分在同一个长途编号区内，其话务量集中流向中心城市。扩大了的本地电话网的类型有如下两种：

① 特大和大城市本地网。

以特大城市和大城市为中心，中心城市与所管辖的郊县（市）共同组成的本地网，简称特大和大城市本地网。省会、直辖市及一些经济发达的城市，如深圳组建的本地网就是这种类型。

② 中等城市本地网。

以中等城市为中心，中心城市与该城市的郊区或所辖的郊县（市）共同组成的本地网，简称中等城市本地网。地（市）级城市组建的本地网就是这种类型。

（2）本地网的交换中心及职能。

本地网内可设置端局和汇接局。端局通过用户线与用户相连，它的职能是负责疏通本局用户的去话和来话话务。汇接局与所管辖的端局相连，以疏通这些端局间的话务；汇接局还与其他汇接局相连，疏通不同汇接区间端局的话务；根据需要还可与长途交换中心相连，用来疏通本汇接区的长途转话话务。

在本地网中，对于用户相对集中的地方，可设置一个隶属端局的支局，即一般的模块局，

经用户线与用户相连，但中继线只有一个方向，即到所隶属的端局，用来疏通本支局用户的发话和来话话务。

（3）本地网的网络结构。

由于全国各中心城市的行政地位、经济发展状况及人口数量的不同，各地的本地网交换设备容量和网络规模相差很大，所以，根据以上几点，本地网的网络结构可以分为以下两种。

① 网形网。

网形网是本地网结构中最简单的一种，网中所有端局各个相连，端局之间设立直达电路。本地网内交换局数目不太多时，通常采用这种结构。网形网如图 5-16 所示。

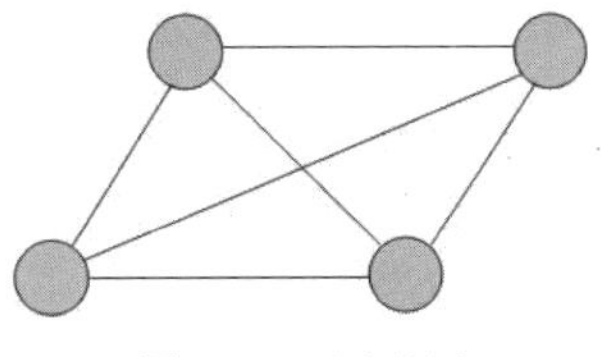

图 5-16　网形网

② 二级网。

当本地网中的交换局的数量比较多的时候，可由端局和汇接局构成两级结构的等级网，端局为低一级，汇接局为高一级。具体来说，二级网的结构可以有分区汇接和全覆盖两种。

a．分区汇接。

分区汇接的网络结构是把本地网分成若干个汇接区，在每个汇接区内，根据话务密度情况，选择话务密度较大的局作为汇接局。而根据汇接局数目的不同，分区汇接又可以有两种方式，分区单汇接和分区双汇接。

分区单汇接的基本结构是在本地每一个汇接区设一个汇接局，在所有的汇接局之间以网形网的方式进行连接。而汇接局与端局之间，可以根据话务量大小的情况采用不同的连接方式。一般在城市地区，其话务量会比较大，在应用时应尽量做到一次汇接，即来话汇接或去话汇接。此时，每个端局与其所隶属的汇接局和其他各区的汇接局（来话）均进行汇接，或汇接局与本局和其他各区的汇接局（去话）相连汇接。一般在农村地区，由于话务量可能比较小，采用来、去话汇接的方式，端局与所隶属的汇接局相连。分区单汇接的本地网络结构如图 5-17 所示。

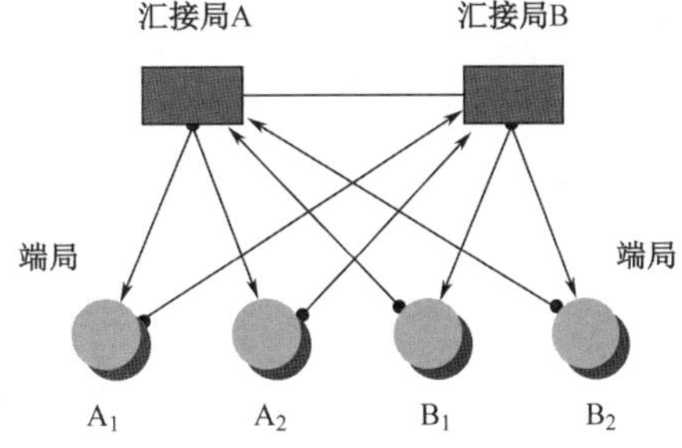

图 5-17　分区单汇接的本地网络结构

分区单汇接方式在每个汇接区设置一个汇接局，汇接局间结构比较简单，但网络的可靠性相对较差。当汇接局 A 出现故障时，A 汇接区内所有端局的来话都将中断。若是采用来、去话汇接，则整个汇接区的来话和去话都将中断。

分区双汇接的基本结构是在每个汇接内设两个汇接局，两个汇接局的地位是平等关系，两个汇接局均匀地分担话务负荷，汇接局之间呈网状相连；汇接局与端局的连接方式与分区单汇接结构相似，不同的是将每个端局到汇接局的话务量一分为二，话务量由两个汇接局承担。分区双汇接的本地网络结构如图 5-18 所示。

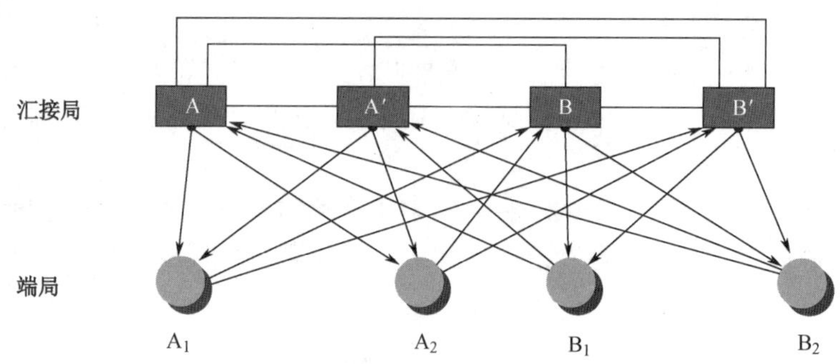

图 5-18　分区双汇接的本地网络结构

分区双汇接结构的可靠性比分区单汇接结构的可靠性提高很多，例如，当 A 汇接局发生故障时，四个端局与之相连的电路就被中断，相应的话务请求被中断，但汇接局 A′仍能完成该汇接区 50%的话务量。分区双汇接的网络结构比较适用于网络规模较大、局所数目多的本地网。

b．全覆盖。

本地网采用全覆盖的网络结构，是在本地网内设立若干个汇接局，而且汇接局之间的地位平等，均匀分担话务负荷。汇接局间以网形网相连。各端局与汇接局均相连。两端局间用户通话最多经一次转接。全覆盖的网络结构如图 5-19 所示。

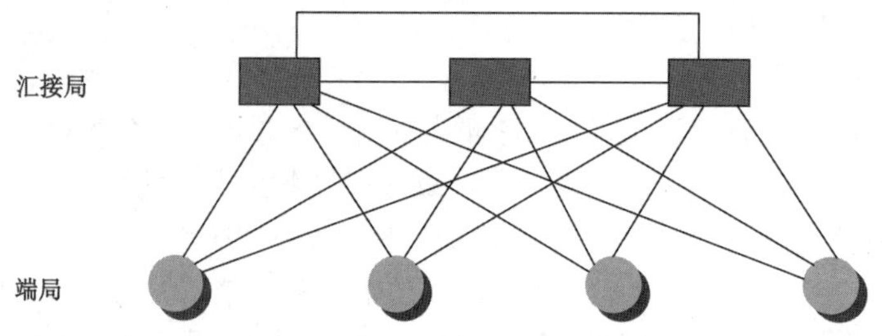

图 5-19　全覆盖的网络结构

全覆盖的网络结构几乎可以适用于各种规模和类型的本地网。其汇接局的数目可根据网络规模来确定。全覆盖的网络结构可靠性高，但线路费用也高很多，所以在构建网络时应综合考虑这两个因素确定网络结构。

一般情况下，特大或大城市的本地网，其中心城市和周边市县通常采用全覆盖结构。偏远地区可以采用分区汇接的结构。

5．国际电话网

国际电话通信由国际局完成，国际电话网由各国的国际交换中心（ISC）和若干国际转接中心（ITC）组成，形成国际电话网。

国际电话网分为以下三级。

一级国际转接中心（ITC_1）：负责洲际或洲内范围内的话务交换和转接。

二级国际转接中心（ITC_2）：在每个 ITC_1 所辖区域内的一些比较大的国家设置的中间转接局。这样的国家全部或者部分国际业务经 ITC_2 汇接后送到就近的 ITC_1。ITC_2 和 ITC_1 之间仅有国际电路。

三级国际交换中心（ISC）：国际交换中心又称为国际出入口局，它的任务是连通国际电话网和国内电话网。每个国家都有一个或几个长途交换中心直接与国际电话网的国际出入口局连接，完成国际电话的接续。

我国有三个国际出入口局，分别设置在北京、上海、广州。国际局之间要设置低呼损直达电路群。国际局所在城市的市话端局与国际局间可设置低呼损直达电路群，与国际局在同一城市的国际电话连接如图 5-20 所示。

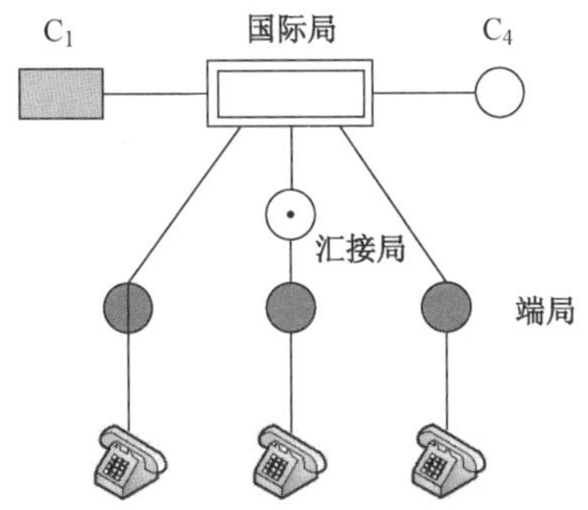

图 5-20　与国际局在同一城市的国际电话连接

与国际局不在同一城市的用户打国际电话，需经过国内长途网汇接至国际局，如图 5-21 所示。

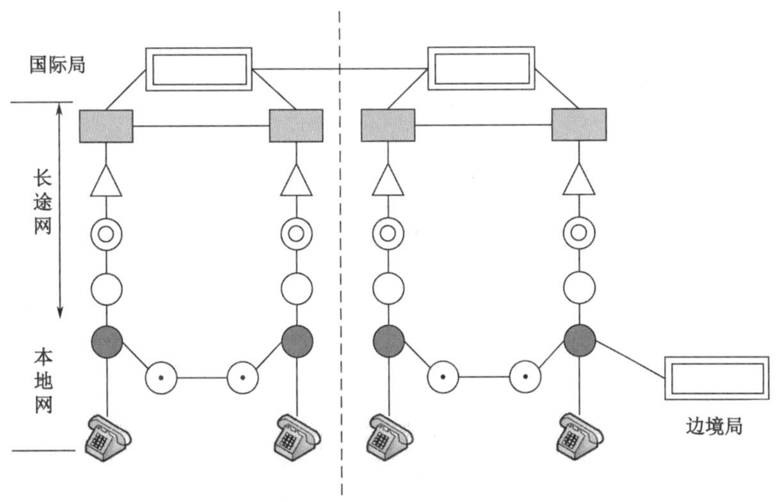

图 5-21　与国际局不在同一城市的国际电话连接

5.2.3　电话网路由

电话通信网络中的路由，是指在长途电话通信网任意两个交换中心之间，根据目的地址建立呼叫连接，将话务信息从一个交换局向另一个交换局定向转发，从而形成话务信息的传递通道，既可以由一个电路群组成，也可以由多个电路群经交换局串接而成。

1. 路由的含义

进行通话的两个用户经常不属于同一交换局，当用户有呼叫请求时，需要在交换局之间为其建立一条传送信息的通道，这个传送信息的通道就是路由。

确切地说，路由是网络中任意两个交换中心之间建立一个呼叫连接或传递信息的途径。它可以由一个电路群组成，也可以由多个电路群经交换局串接而成。

2．路由的分类

组成路由的电路群根据要求可具有不同的呼损指标。对低呼损电路群，其上的呼损指标应小于或等于 1%；对高效电路群没有呼损指标的要求。相应地，路由可以按呼损进行分类。在一次电话接续中，常常要对各种不同的路由进行选择，按照路由选择也可对路由进行分类，概括起来，下面介绍几种重要的路由：基干路由、低呼损直达路由、高效直达路由、首选路由与迂回路由、安全迂回路由和终端路由。我国长途网的网络路由示意图如图 5-22 所示。

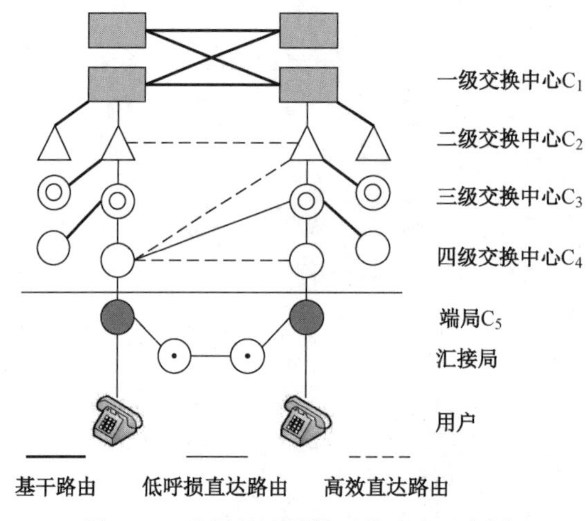

图 5-22　我国长途网的网络路由示意图

（1）基干路由。

基干路由是构成网络基干结构的路由，由具有汇接关系的相邻交换中心之间及长途网和本地网的最高等级交换中心之间的低呼损电路群组成。基干路由上的低呼损电路群又叫基干电路群。电路群的呼损指标是为保证全网的接续质量而规定的，应小于或等于 1%，且基干路由上的话务量不允许溢出至其他路由上。

（2）低呼损直达路由。

直达路由是指由两个交换中心之间的电路群组成的，不经过其他交换中心转接的路由。任意两个等级的交换中心由低呼损电路群组成的直达路由称为低呼损直达路由。电路群的呼损小于或等于 1%，且话务量不允许溢出至其他路由上。两交换中心之间的低呼损直达路由可以疏通其间的终端话务，也可以疏通由这两个交换中心转接的话务。

（3）高效直达路由。

任意两个交换中心之间由高效电路组成的直达路由称为高效直达路由。高效直达路由上的电路群没有呼损指标的要求，话务量允许溢出至规定的迂回路由上。两个交换中心之间的高效直达路由可以疏通其间的终端话务，也可以疏通经这两个交换中心转接的话务。

（4）首选路由与迂回路由。

首选路由是指某一交换中心呼叫另一交换中心时有多个路由，第一次选择的路由就称为首选路由，当第一次选择的路由遇忙时，迂回到第二或第三个路由，那么第二或第三个路由就称为第一路由的迂回路由。迂回路由通常由两个或两个以上的电路群经转接交换中心串接而成。

（5）安全迂回路由。

这里的安全迂回路由除具有上述迂回路由的含义外，还特指在引入“固定无极选路方式”后，加入基干路由或低呼损直达路由上的话务量，在满足一定条件下可向指定的一个或多个路由溢出，此种路由称为安全迂回路由。

（6）终端路由。

终端路由是任意两个交换中心之间可以选择的最后一种路由，由无溢呼的低呼损电路群组成。最终路由可以是基干路由，也可以是部分低呼损路由和部分基干路由的串接，或仅由低呼损路由组成。

3. 路由选择

路由选择也称选路，是指在通信过程中一个交换中心呼叫另一个交换中心时在多个可传递信息的途径中进行选择，对一次呼叫而言，直到选到了目标局，路由选择才算结束。下面从路由选择结构和路由选择计划两方面对路由选择进行描述。

（1）路由选择结构。

路由选择结构分为有级（分级）和无级两种结构。

① 有级选路结构。

如果在给定的交换节点的全部话务流中，到某一方向上的呼叫都按照同一个路由组依次进行选路，并按顺序溢出到同组的路由上，而不管这些路由是否被占用，或这些路由能不能用于某些特定的呼叫类型，路由组中的最后一个路由即为最终路由，呼叫不能再溢出，这种路由选择结构称为有级选路结构。

② 无级选路结构。

如果违背了上述定义（如允许发自同一交换局的呼叫在电路群之间相互溢出），则称为无级选路结构。

（2）路由选择计划。

路由选择计划是指如何利用两个交换局间所有路由组来完成一对节点间的呼叫。它有固定选路计划和动态选路计划两种。

① 固定选路计划。

固定选路计划是指路由选择模式总是不变的，即交换机的路由表一旦制定后在相当长的一段时间内交换机按照表内指定的路由进行选择。但是对某些特定种类的呼叫可以人工干预改变路由表，这种改变呈现为路由选择方式的永久性改变。

② 动态选路计划。

动态选路计划与固定选路计划相反，路由组的选择模式是可变的，即交换局所选的路由经常自动改变，这种改变通常根据时间、状态或事件而定。路由选择模式的更新可以是周期性或非周期的，可以是预先设定的或根据网络运行状态而动态进行调整的。

（3）路由选择规则。

路由选择的基本原则：确保传输质量和信令信息传输的可靠性；有明确的规律性，确保路由选择中不出现死循环；一个呼叫连接中的串联段数尽量少；能在低等级网络中流通的话务尽量在低等级网络中流通等。

① 长途网中的路由选择规则。

长途网中的路由选择规则：网中任一长途交换中心呼叫另一长途交换中心的所选路由局向最多为 3 个；同一汇接区内的话务应在该汇接区内疏通；发话区的路由选择方向为自下而上，

受话区的路由选择方向为自上而下；按照“自远而近”的原则设置选路顺序，即首选直达路由，次选迂回路由，最后选最终路由。

② 本地网路由的选择规则。

本地网路由选择规则：选择顺序为先选直达路由，后选迂回路由，最后选基干路由；每次接续最多可选择 3 个路由；端局与端局间最多经过两个汇接局，中继电路最多不超过 3 段。

5.3 数字信号交换技术

数字信号交换有电路交换和分组交换两种方式，可以实现信号交换的设备称为交换机，交换机是电信网的核心设备。

5.3.1 交换的必要性

通信网的目的是使一个用户能在任何时间、以任何方式、与任何地点的任何人实现任何形式的信息交流。显然，这个过程不可能把千百万用户的通信终端，以网形网的电路固定的形式相互连接起来。众所周知，对于网形网而言，如果存在 N 个节点，要连成网形网的结构需要 $N(N-1)/2$ 条通信线路。例如，如果有 50 个用户，则通信线路需要 1 225 条，不难看出，当电话机很多时，所需要的连接线数量非常大，其需要的网络成本也会非常高。这不仅降低了网络线路利用率、增加了建设投资，而且电话机与大量连线相接在实际工程安装中也是很难实现的。

为了解决这个问题，常用的方法是在用户分布区域的中心位置安装一个公共设备，区域内的每个用户都直接与这个公共设备进行连接。当一个用户要与其他的用户或者用户群通信时，此公共设备可以按照发信用户的需求，在区域内所选定的用户间建立起可以承担所需通信业务的电路连接，以实现他们之间的信息交流，并且在通信结束后及时拆除这些电路连接以便让其他用户进行连接。

上述采用公共设备解决用户之间选择性连接的技术被称为交换技术，而这种技术中起到关键作用的公共设备就是交换机。数字交换技术有电路交换和分组交换两种方式，这两种方式采用的技术有本质性的差别。显然，一个交换机的容量和服务半径是有限的，随着用户数量的增多和通信范围的扩大，在建设通信网络时要规划好交换局所的数量、分布和层次，并且要配置好各个局所内交换机的容量，组织好局所间的业务流量、流向和路由，即以各级交换节点为枢纽、以传输链路作为经纬，组织好通信网。

5.3.2 电路交换基本原理

电路交换是一种面向连接的、直接切换电路的交换方式，它在两个用户之间进行选择性接续和建立专用的物理电路，以实现通信，并在通信结束后实时拆除该电路。从电路建立到电路拆除的这段时间内，该物理电路被主叫、被叫用户全时独占，其间无论该电路空闲与否，均不允许其他用户使用。此外，信号经电路交换，整个通信过程几乎没有时延。

当任意两个用户要通话时，都由公共设备将两部电话机连通起来，通话结束后再将线路拆除，以备其他用户使用。这个公共设备就是前面提到的电话交换机，电话交换机示意图如图 5-23

所示。

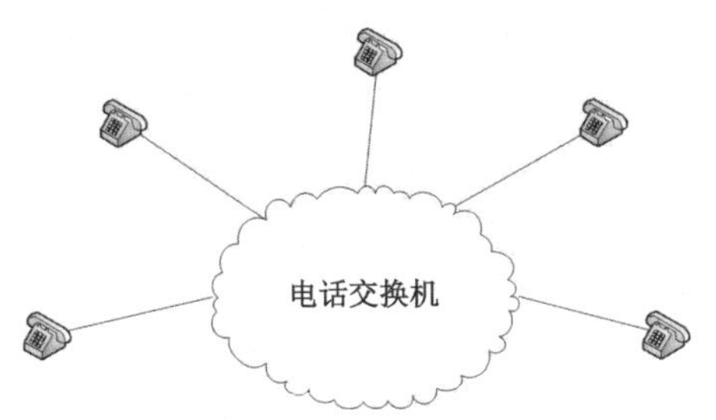

图 5-23　电话交换机示意图

要完成电话交换任务，电话交换机必须具有以下功能：及时发现用户的呼叫请求（用户摘机、拨号等）；记录被叫用户号码；判别被叫用户当前的忙闲状态；若被叫用户空闲，交换机应能选择一条空闲的链路临时将主叫、被叫用户话机接通，双方进入通话状态，使任意两个交换机所带的用户自由通话；通话结束时，交换机要及时进行拆线释放处理；在同一时间内，允许若干对用户同时通话且互不干扰。

电路交换有时分和空分两种接续的方法。

1. 时分交换

现有电话网中，普通传统电话业务用户（POTS）仍然是使用模拟电话机和传输语音模拟信号的双绞线接入数字程控电话交换机端局，数字程控电话交换机通过用户电路对用户的语音模拟信号进行 PCM 编码，变成 64kbit/s 的数字信号，此后，交换机内部和交换机之间的全部运作都是数字化的。

在交换机中 30 个 64kbit/s 的语音电路被时分复用成一条 PCM30/32 基群通路，并称为 HW。每个话路的 8 位语音编码占用 HW 的一个时隙，时分交换又称时隙交换。以上述 30 个话路构成的 HW 为例，时分交换的基本原理是利用随机存储器，把 HW 中 TS_0～TS_{31} 时隙内的 8 位码，在定时脉冲和写入电路的配合下，按顺序存入随机存储器相应的 32 行、每行 8 个单元内；再在定时脉冲和控制读出电路的控制下，按选定的次序读出，即以“顺入控出”的方式实现 PCM 2MB 通路内语音时隙的选择性交换，从而达到话路控制的目的。同理，也可采用“控入顺出”的时隙交换方式，利用随机存储器完成时隙交换功能的设备被称为数字时分接线器。

单一的 T 接线器主要由语音存储器（SM）和控制存储器（CM）两部分组成，语音存储器用来暂时存储语言数字信号，又称缓冲存储器，控制存储器用来存储时隙地址又称地址存储器或时址存储器，T 接线器的工作方式有“顺序写入，控制读出”和“控制写入，顺序读出”两种。“顺序”是指按照语音存储器地址的顺序，可由时钟脉冲来控制；而“控制”是指按存储在控制存储器指定地址中的存储内容来控制语音存储器的读出或写入。控制存储器中的内容由中央处理器控制写入和读出。

“顺序写入、控制读出”T 接线器的工作原理如下，假设 T 接线器的输入和输出各为一条 32 个时隙的 PCM 复用线。如果占用时隙 TS_3 的用户 A 要和占用时隙 TS_{19} 的用户 B 通话，则在 A 讲话时就应该把 TS_3 的语音信码交换到 TS_{19} 中去。在时隙脉冲的控制下，当 TS_3 时隙到来时，把 TS_3 的语音信码写入 SM 内地址为 3 的存储单元中。而此语音信码的读出则受 CM 控制，CM 中地址为 19 的存储单元存有 A 用户的地址 3。当 TS_{19} 时隙到来时，从 CM 读出 19 号存储单元的内容 3，以 3 这个地址去控制读出 SM 内 3 号存储单元中的语音信码。这样就完成了把 TS_3 的信码交换到 TS_{19} 中的任务，如图 5-24 所示。

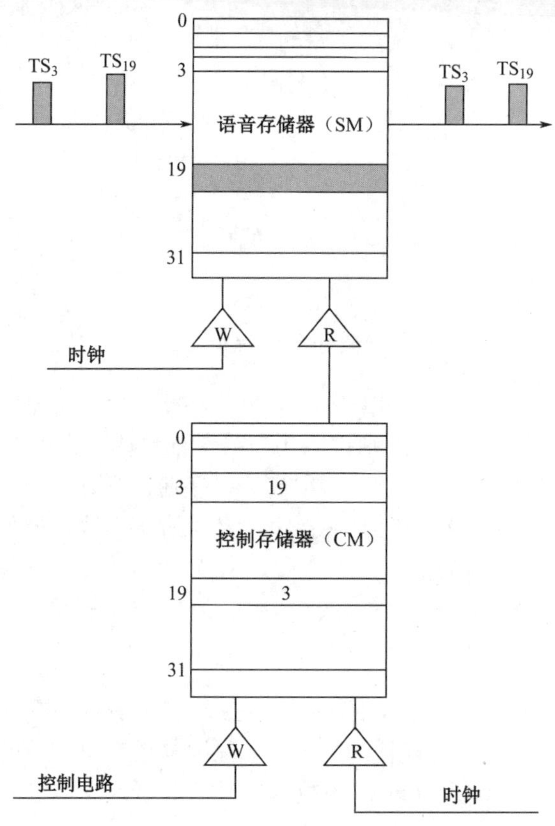

图 5-24　T 接线器

2．空分交换

空分交换是指在各实线通道间进行切换。快速简便的空间交换可用电子交叉节点矩阵来实现。现代程控交换系统中使用的交叉节点大多是由大规模集成电路构成的交换矩阵，具有开关速度快、体积小、功耗低、无机械磨损及寿命长等优点，最简单的空分交换就是一个矩形交叉节点阵列。

有 M 条入线和 N 条出线的阵列被称为 $M\times N$ 矩阵。为能把 M 条入线中的任意一条接到 N 条出线中的任意一条，则需要有 $M\times N$ 个交叉节点。这种能使每一条入线皆可和每一条出线相接的交叉矩阵称为“全利用度”的交叉矩阵。这种矩阵要用数量巨大的交叉节点，既不经济也很难实现，因此，为了减少交叉节点的数量，采用数字空分接线器（S 接线器）。

数字交换机中的数字空分接线器（S 接线器）不用于话路交换，而用于实现不同 HW 之间的信号交换，因此在结构上除了交叉节点矩阵之外，还包括一个控制存储器。S 接线器如图 5-25 所示。

若输入 HW_1、TS_1 中的信码要交换输出到 HW_1'中，则当 TS_1 到来时，控制存储器应控制实线圈内的交叉节点闭合，从而把输入 HW_1、TS_1 时隙内的信码直接转接到输出 HW_1'、TS_1 中，这样，S 接线器就完成了不同 HW 之间的信码交换。但是这种交换仅能在相同的时隙之间进行，不同时隙之间不能进行交换。所以，S 接线器在数字交换网络中不能单独使用，这是 S 接线器和 T 接线器之间的重大区别。

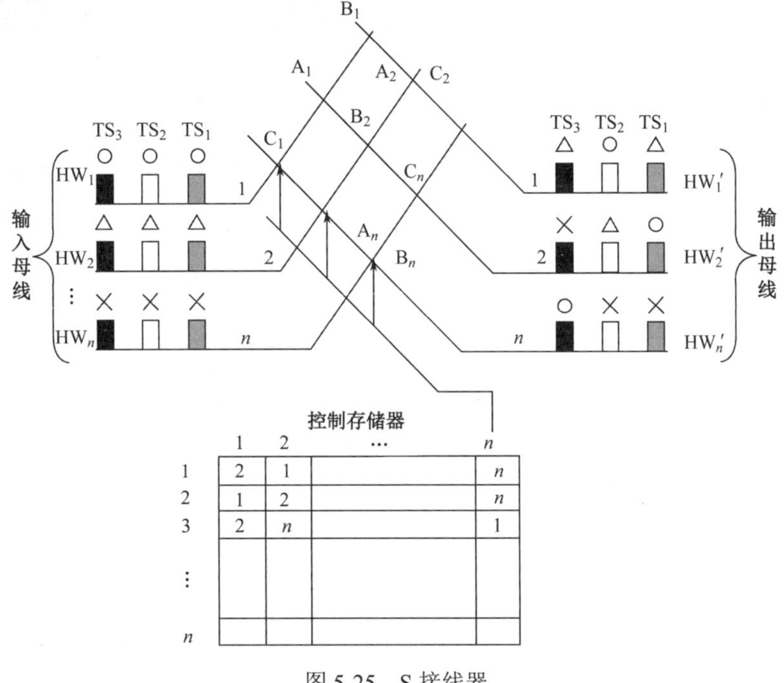

	1	2	…	n
1	2	1		n
2	1	2		n
3	2	n		1
⋮				
n				

图 5-25　S 接线器

3．时分交换和空分交换的综合运用

通过分析可知，T 接线器以空间位置划分来实现时隙交换，而 S 接线器以时分的方式完成 HW 之间的空间交换。在容量较小的数字程控电话交换机中，数字交换网络可以由单级 T 接线器构成，但容量有限，为了扩大交换机的容量，通常采用 T 接线器和 S 接线器相结合的方式组成多级交换结构，这种方式可以是时分空分相互交替，形成 TST（时-空-时）交换网络，或者形成 STS（空-时-空）交换网络，此种既有时分又有空分的交换称为二维交换。TST 交换网络结构如图 5-26 所示。

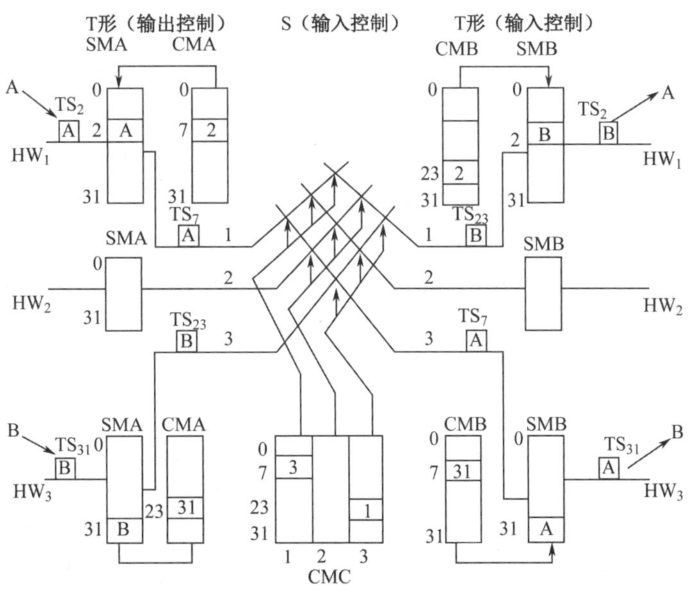

图 5-26　TST 交换网络结构

其中，A 级 T 形接线器负责输入母线的时隙交换，输出控制；S 级接线器负责母线之间的空间交换，输入控制；B 级 T 形接线器负责输出母线的时隙交换，输入控制。

4．电话交换中的信令

为完成电话接续或转接，必须在各级交换局间传递控制接续的指令及表示执行结果和各种运行状态的信号，使网络作为一个整体正常运行，这些指令和信号就是信令。

信令的传送必须遵守一定的协议或规约，这些协议或规约称为信令方式。实现信令方式和控制功能的实体称为信令设备，各种特定的信令方式和与其相应的信令设备就构成了电话网的信令系统。

信令按其工作区域可分为用户线信令和局间信令，用户线信令是在用户线上传递的用户与交换机之间的信令，主要包括描述用户摘/挂机状态的信令、传送被叫号码的数字信令、向用户通报接续结果的铃流和信号音。局间信令是交换局之间中继线上传送的交换设备之间和交换设备与网管中心、智能中心、数据库等设备之间的信令，主要包括控制话路接续与拆线的信令和保证网络有效运行的信令。局间信令按功能可分为监视信令、选择信令和操作信令。

各级电话局都是局间信令的源点，称为信令点，为了有效传送局间信令，在信令点之上有必要视情况分级设置执行信令交换功能的信令转接点。按一定的组网规则规范各级信令点和信令转接点的编码，并用信令链路连接它们所形成的网络称为局间信令网或信令网。每个电话的信令可以由该电话话路传送也可以经由专设的公共信道信令传送。因此，根据信令的传送方式，信令方式可分为随路信令方式和公共信道信令方式。

随路信令方式的信令和语音在同一条话路中传送。公共信道信令方式的主要特点是将信令通路与语音通路分开，将若干条电路的信令集中在一条专用于传送信令的通道上传送，这一条信令通道就称为信令信道数据链路。

在电话自动交换网中完成通话用户的连接或转接需要一套完整的控制信号和操作程序，用于产生、发送和接收这些控制信号的硬件相应执行的控制、操作等程序的集合体就称为电话网的信令系统。图 5-27 为两个用户通过两地的交换机进行电话呼叫过程基本信令流程。

呼叫过程简单说明如下：

（1）当主叫用户摘机时，用户摘机信号送到发端局交换机；

（2）发端局交换机收到用户摘机信号后，立即向主叫用户送出拨号音；

（3）主叫用户拨号，将被叫用户号码发送给发端局交换机；

（4）发端局交换机根据被叫用户号码选择局间中继线，并把被叫用户号码送给终端局交换机；

（5）终端局交换机根据被叫号码，将呼叫连接到被叫用户，向被叫用户发送振铃信号，并向主叫用户发送回铃音；

（6）当被叫用户摘机应答，终端交换机接到应答摘机信号，并将应答信号转发给发端交换机；

（7）用户双方进入通话状态；

（8）话终挂机复原，传送拆线信号；

（9）终端交换机拆线后，回送一个拆线证实信号，一切设备复原。

我国采用的随路信令方式称为中国 1 号信令方式。由于程控数字交换机和数字传输设备的大量应用，局间随路信令必须采用数字型线路信令。我国规定，数字型线路信令方式是采用 PCM30/32 系统的第 16 时隙作为信令时隙，以 16 帧为复帧传送 30 个话路线路信令的方式。

显然，将若干条话路的信令集中在一条传送信令的专用通道上传送的公共信道信令方式较之随路信令方式具有传送效率高、容量大、集中处理灵活方便、无语音干扰及可靠性高等优点，

特别适用于由数字程控交换机和数字传输设备组成的电话网，当前国际上广泛采用原 CCITT 的 7 号公共信道信令。

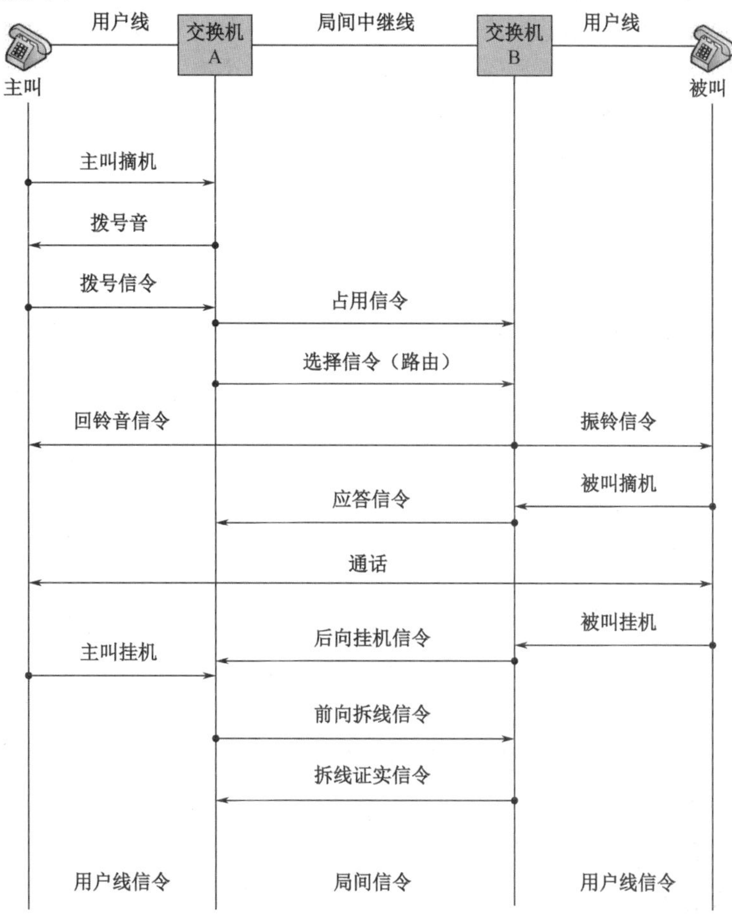

图 5-27　两个用户通过两地的交换机进行电话呼叫过程基本信令流程

5.3.3　分组交换基本原理

分组交换是一种存储转发的方式，即先把用户的消息数据按照一定的长度进行分组，再加上规定格式的分组标题，以指明该分组的收、发端地址及分组序号；然后，再把这些分组包暂存在存储器中，根据交换网络的状态选择空闲路由，把分组包转发给另外一个分组交换机。因此，一个消息数据的每个分组包可能通过不同的路由转发给不同的交换机，而且一般不会出现仅因为某一路由过忙而不能转发的情况。收到转发分组包的交换机通过该包的收端地址判断该包是收存还是继续转发。因此，消息数据的各分组包在经过不同路由和多个非目的端的交换机转发之后，无顺序到达其指定的收端交换机，并被收留和存储。等到一个消息数据的全部分组包都到达指定的收端交换机之后，该交换机拆开分组包，按照分组自身的序号重新排列，重组成消息数据，并传送给收信用户数据终端。信号经过分组交换通常会产生较大的时延。

分组交换在收发信数据终端之间建立的不是专用物理网络，而是一种非面向连接的或无连接的交换。可以这样说，在分组交换的收发信数据终端之间建立的逻辑链路称为虚电路。

对分组交换概括来说，具有如下特点：可变分组长度；有面向连接和无连接两种方式；可实现多种速率的交换，能灵活支持带宽不同的多种业务；由每个分组的分组头完成与信令系统类似的功能，不需要与连接有关的信令系统；同一业务的不同分组在网络中经过的路径不同，时延大，难支持实时性要求高的业务；分组只在发送时才占用网络资源，网络资源可由各个业务共享；分组头携带差错控制信息，有一定的检错和纠错能力，采用逐段重发的纠错方法，可靠性较高。

分组交换虽然克服了电路交换只支持单一速率的缺点，可以提供多速率可变带宽的交换，但其实时性较差。

1．分组交换方式

分组交换有两种方式：数据报方式和虚电路方式。

（1）数据报方式。

在这种方式中，每个分组按一定格式附加源与目的地址、分组编号、分组起始、结束标志、差错校验等信息，以分组形式在网络中传输。网络只是尽力将分组交付给目的主机，但不保证所传送的分组不丢失，也不保证分组能够按发送的顺序到达接收端。所以网络提供的服务是不可靠的，也不保证服务质量。数据报方式一般适用于较短的单个分组的报文。其优点是传输延时小，当某节点发生故障时不会影响后续分组的传输。缺点是每个分组附加的控制信息多，增加了传输信息的长度和处理时间，增大了额外开销。

（2）虚电路方式。

此种方式与数据报方式的区别主要在信息交换之前，需要在发送端和接收端之间先建立一个逻辑连接，然后才开始传送分组，所有分组沿相同的路径进行交换转发，通信结束后再拆除该逻辑连接。网络保证所传送的分组按发送的顺序到达接收端，所以网络提供的服务是可靠的，也保证服务质量。这种方式对信息传输频率高、每次传输量小的用户不太适用，但由于每个分组头只需要标出虚电路标识符和序号，所以分组头开销小，适用长报文传送。

2．分组交换特点

（1）分组交换的优点。

① 线路利用率更高。因为节点到节点的单个链路可以由很多分组动态共享。分组被排队，并尽可能快速地在链路上被传输。

② 数据率转换。一个分组交换网络可以实行数据率转换，两个不同数据率的站之间能够交换分组，因为每个站以它自己的数据率连接到这个节点上。

③ 排队制。当电路交换网络上负载很大时，一些呼叫就被阻塞了。在分组交换网络上，分组仍然被接收，只是其交付时延会增加。

④ 支持优先级。在使用优先级时，如果一个节点有大量的分组在排队等待传送，它可以先传送高优先级的分组。这些分组因此将比低优先级的分组经历更少的时延。

（2）分组交换的缺点。

① 时延。一个分组通过一个分组交换网节点时会产生时延，而在电路交换网中则不存在这种时延。

② 时延抖动。因为一个给定的源站和目的站之间的各分组可能具有不同的长度，可以走不同的路径，也可以在沿途的交换机中经历不同的时延，所以分组的总时延可能变化很大，这种现象被称为抖动。

③ 额外开销大。要将分组通过网络传送，包括目的地址在内的额外开销信息和分组排序信息必须加在每一个分组里。这些信息降低了可用来运输用户数据的通信容量。在电路交换中，

一旦电路建立，这些开销就不再需要。另外，分组交换网络是一个分布的分组交换节点的集合，在理想情况下，所有的分组交换节点应该总是了解整个网络的状态。但是，因为节点是分布的，在网络一部分状态的改变与网络其他部分得知这个改变之间总是有一个时延。此外，传递状态信息需要一定的费用，因此一个分组交换网络从来不会“完全理想地”运行。

3．分组交换原理

在分组交换网上的终端有两类：分组型终端和一般终端。所谓分组型终端是以分组的形式发送和接收信息的；一般终端发送和接收的信息是报文，需要经过分组装拆设备处理后才能接入分组交换网。若发送终端是一般终端，则将其发送的报文拆成若干个分组再送往分组交换网上传输；若接收终端是一般终端，则将属于一份报文的若干个分组重新组装成报文再送给一般终端。

分组交换的基本原理是采用“存储-转发”技术，从源站发送报文时，将报文划分成有固定格式的分组（Packet），把目的地址添加在分组中，然后网络中的交换机将源站的分组接收后暂时存储在存储器中，再根据提供的目的地址，不断通过网络中的其他交换机选择空闲的路径转发，最后送到目的地址。这样就解决了不同类型用户之间的通信，并且不需要像电路交换那样在传输过程中长时间建立一条物理通路，而可以在同一条线路上以分组为单位进行多路复用，所以大大提高了线路的利用率。

分组交换是把电路交换和报文交换的优点结合起来产生的一种交换技术。电路交换过程类似于打电话，当用户需要发送数据时，主叫方通过呼叫，由交换网完成被叫才与其建立一条物理连接数据通路，需要拆除连接时，由通信双方中任一方完成。它的特点是适合发送一次性大批量的信息。由于建立连接时间长，传递短报文时效率较低。并且对通信双方在信息传输速率、编码格式、通信协议等方面完全兼容，这就限制了不同速率、不同编码格式、不同通信协议的双方用户进行通信。报文交换的基本原理是采用“存储-转发”技术，从源站发送报文时，把目的地址添加在报文中，然后网络中的交换机将源站的报文接收后暂时存储在存储器中，再根据提供的目的地址，不断通过网络中的其他交换机选择空闲的路径转发，最后送到目的地址。这样就解决了不同类型用户之间的通信，并且不需要像电路交换那样在传输过程中长时间建立一条物理通路，而可以在同一条线路上以报文为单位进行多路复用，所以大大提高了线路的利用率。但此种方式时延较长，时延变化大，不适用于实时及会话式通信，但适用于电子邮件、计算机文件、公用电报等业务。

4．网络构成

分组交换的网络结构一般由分组交换机、网络管理中心、远程集中器、分组装拆设备、分组终端/非分组终端和传输线路等基本设备组成。

（1）分组交换机实现数据终端与交换机之间的接口协议（X.25），交换机之间的信令协议（如 X.25 或内部协议），并以分组方式的存储转发、提供分组网服务的支持，与网络管理中心协同完成路由选择、监测、计费、控制等。根据分组交换机在网络中的地位，分为转接交换机和本地交换机两种。

（2）网络管理中心（NMC）与分组交换机共同协作保证网络正常运行。其主要功能有网络管理、用户管理、测量管理、计费管理、运行及维护管理、路由管理、搜集网络统计信息及必要的控制功能等，是全网管理的核心。

（3）分组装拆设备（PAD）的主要功能是把普通字符终端的非分组格式转换成分组格式，

并把各终端的数据流组成分组，在集合信道上以分组交织复用，对方再将收到的分组格式做相反方向的转换。

（4）远程集中器的功能类似于分组交换机，通常含有 PAD 的功能，它只与一个分组交换机相连，无路由功能，使用在用户比较集中的地区，一般装在电信部门。

（5）提供网络的基本业务：交换虚电路和永久虚电路及其他补充业务，如网络用户识别等。在端到端计算机之间通信时，进行路由选择及流量控制。能提供多种通信规程、数据转发、维护运行、故障诊断、计费与一些网络的统计等。

5.3.4 软交换

1. 概述

随着通信网络技术的飞速发展，人们对于宽带及业务的要求也在迅速增长，为了向用户提供更加灵活、多样的现有业务和新增业务，提供给用户更加个性化的服务，提出了下一代网络的概念，且目前各大电信运营商已开始着手进行下一代通信网络的实验。软交换技术又是下一代通信网络解决方案中的焦点之一，已成为近年来业界讨论的热点话题。

（1）软交换概念的提出及定义。

软交换的概念最早起源于美国。当时在企业网络环境下，用户采用基于以太网的电话，通过一套基于 PC 服务器的呼叫控制软件，实现 PBX 功能（IP PBX）。对于这样一套设备，系统不需要单独铺设网络，而只通过与局域网共享就可实现管理与维护的统一，综合成本远低于传统的 PBX。由于企业网环境对设备的可靠性、计费和管理要求不高，主要用于满足通信需求，设备门槛低，许多设备商都可提供此类解决方案，因此 IP PBX 应用获得了巨大成功。受到 IP PBX 成功的启发，为了提高网络综合运营效益，网络的发展趋于合理、开放，更好地服务于用户。业界提出了这样一种思想，将传统的交换设备部件化，分为呼叫控制与媒体处理，二者之间采用标准协议（MGCP、H.248）且主要使用纯软件进行处理，于是 Soft Switch（软交换）技术应运而生。

软交换概念一经提出，很快便得到了业界的广泛认同和重视，ISC 的成立更加快了软交换技术的发展步伐，软交换相关标准和协议得到了 IETF、ITU-T 等国际标准化组织的重视。根据国际 Soft Switch 论坛 ISC 的定义，Soft Switch 是基于分组网利用程控软件提供呼叫控制功能和媒体处理相分离的设备和系统。因此，软交换的基本含义就是将呼叫控制功能从媒体网关（传输层）中分离出来，通过软件实现基本呼叫控制功能，从而实现呼叫传输与呼叫控制的分离，为控制、交换和软件可编程功能建立分离的平面。软交换主要提供连接控制、翻译和选路、网关管理、呼叫控制、带宽管理、信令、安全性和呼叫详细记录等功能。与此同时，软交换还将网络资源、网络能力封装起来，通过标准开放的业务接口和业务应用层相连，可方便地在网络上快速提供新的业务。

（2）基于软交换技术的网络结构。

软交换是下一代网络的核心设备之一，各运营商在组建基于软交换技术的网络结构时，必须考虑到与其他各种网络的互通。在下一代网络中，应有一个较统一的网络系统结构。软交换位于网络控制层，较好地实现了基于分组网利用程控软件提供呼叫控制功能和媒体处理相分离的功能。

软交换与应用/业务层之间的接口提供访问各种数据库、三方应用平台、功能服务器等接口，实现对增值业务、管理业务和三方应用的支持。其中，软交换与应用服务器间的接口可采用 SIP、

API，如 Parlay，提供对三方应用和增值业务的支持；软交换与策略服务器间的接口对网络设备工作进行动态干预，可采用 COPS 协议；软交换与网关中心间的接口实现网络管理，采用 SNMP 协议；软交换与智能网 SCP 之间的接口实现对现有智能网业务的支持，采用 INAP 协议。

通过核心分组网与媒体层网关的交互，接收处理中的呼叫相关信息，指示网关完成呼叫。其主要任务是在各点之间建立关系，这些关系可以是简单的呼叫，也可以是一个较为复杂的处理。软交换技术主要用于处理实时业务，如语音业务、视频业务、多媒体业务等。

软交换之间的接口实现不同于软交换之间的交互，可采用 SIP-T、H.323 或 BICC 协议。

（3）软交换技术的主要特点和功能。

软交换技术的主要特点表现在以下几个方面：

① 支持各种不同的 PSTN、ATM 和 IP 协议等各种网络的可编程呼叫处理系统；

② 可方便地运行在各种商用计算机和操作系统上；

③ 高效灵活性；

④ 开放性，通过一个开放和灵活的号码簿接口可以再利用 IN（智能网）业务；

⑤ 为第三方开发者创建下一代业务提供开放的应用编程接口（API）；

⑥ 具有可编程的后营业室特性；

⑦ 具有基于策略服务器的管理所有软件组件的特性，包括展露给所有组件的简单网络管理协议接口、策略描述语言和一个编写及执行客户策略的系统。

软交换是多种逻辑功能实体的集合，它提供综合业务的呼叫控制、连接和部分业务功能，是下一代电信网语音/数据/视频业务呼叫、控制、业务提供的核心设备。主要功能表现在以下几个方面：

① 呼叫控制和处理为基本呼叫的建立、维持和释放提供控制功能；

② 协议功能，支持相应标准协议，包括 H.248、SCTP、H.323、SNMP、SIP 等；

③ 业务提供功能，可提供各种通用的或个性化的业务；

④ 地址解析功能和语音处理功能；

⑤ 互通功能，可通过各种网关实现与响应设备的互通；

⑥ 资源管理功能，对系统中的各种资源进行集中管理，如资源的分配、释放和控制；

⑦ 计费功能，根据运营需求将话单传送至计费中心；

⑧ 认证/授权功能，可进行认证与授权，防止非法用户或设备接入；

⑨ 业务交换功能。

2．软交换网络技术

（1）软交换网络。

软交换的主要思想是业务与控制分离、承载与接入分离，把传统交换机功能实体离散分布在网络之中。软交换技术是一种功能实体，为软交换网络提供具有实时性要求的业务呼叫控制和连接控制功能。

软交换网络是基于分组交换的网络，在原有电路交换机的基础上，将业务功能（业务提供）、控制功能（呼叫和信令控制）和接入功能（中继和用户接入）相分离，形成软交换网络的应用服务器、控制设备、信令网关和各种接入媒体网关。

软交换网络是一个可以同时向用户提供语音、数据、视频等业务的开放网络。它采用一种分层的网络结构，使得组网更加灵活方便。整个网络被分成接入层、传送层、控制层和业务层，即把控制和业务的提供从媒体层中分离出来。

① 业务应用层：在传统网络中，因为受到设备的限制，业务的开发一直是个比较复杂的事情，软交换网络产生的原因之一就是降低业务开发的复杂度，更加灵活方便地向用户提供更多更好的业务。因此，软交换网络采用了业务与控制相分离的思想，将与业务相关的部分独立出来，形成了业务/应用层。应用层的作用就是利用各种设备为整个网络体系提供业务上的支持。

业务应用层主要由各类业务应用平台构成，包括应用服务器、用户数据库、策略服务器、SCP、AAA 服务器等。软交换技术将电话交换机的业务控制模块独立成为一个物理实体，称为应用服务器（AS），主要功能是完成业务的实现，向用户提供各种增值业务，存放业务逻辑和业务数据，并可以通过应用服务器提供 API 接口。

其中，应用服务器（AS Application Server）的主要作用是向业务开发者提供开放的应用程序开发接口（API），该接口独立于实际的网络情况，业务开发者可以在不了解网络的情况下进行业务的开发和提供。

用户数据库主要用于存储网络配置和用户数据。

AAA 服务器主要用于用户的认证、管理和授权。

② 控制层：控制层是软交换网络的呼叫控制核心。该层的设备被称为软交换设备、软交换机或媒体网关控制器。用来控制接入层设备完成呼叫接续。软交换设备的主要功能包括呼叫控制、业务提供、业务交换、资源管理、用户认证和 SIP 代理等。

控制层主要由软交换机设备构成。软交换技术将电话交换机的交换模块独立成为一个物理实体，称为软交换机（Soft Switch，SS），SS 主要功能是完成对边缘接入层中的所有媒体网关的各种业务呼叫控制，并负责各媒体网关之间通信的控制。

目前常见的软交换设备大致有三类：一类是只提供窄带语音业务的软交换设备，这种软交换设备能够控制的范围被称为窄带域；另一类是只提供宽带多媒体业务的软交换设备，这种软交换设备能够控制的范围被称为宽带域；还有一类是能够同时提供这两种业务的综合软交换设备。

③ 核心传送层：在软交换网络中，所有的业务、所有的媒体流都通过一个统一的传送网络传送，这是核心传送层需要完成的功能。核心传送层要求是一个高带宽的，有一定的 QoS 保证的分组网络。目前主要是指 IP 网和 ATM 网两种网络。

核心传送层实际上就是软交换网络的承载网络，为业务媒体流和控制信息流提供统一的、保证 QoS 的高速分组传送平台，其作用和功能就是将边缘接入层中的各种媒体网关、控制层中的软交换机、业务应用层中的各种服务器平台等各个软交换网络网元连接起来。软交换网络中各网元之间均将各种控制信息和业务数据信息封装在 IP 数据包中，通过核心传送层的 IP 网进行通信。

鉴于 IP 网能够同时承载语音、数据、视频等多种媒体信息，同时具有协议简单、终端设备对协议的支持性好且价格低廉的优势，因此软交换网络选择了 IP 网作为承载网络。目前主要包括 IP 网和 ATM 网。

④ 边缘接入层：接入层的主要作用是利用各种接入设备实现不同用户的接入，并实现不同信息格式之间的转换。接入层的设备没有呼叫控制功能，它们必须与控制层设备相配合，才能完成规定任务。

接入层主要包括各类媒体网关设备、综合接入设备（IAD）及各种终端设备。软交换技术将电话交换机的业务接入模块独立成为一个物理实体，称为媒体网关（MG），MG 功能是采用各种手段将各种用户及业务接入软交换网络中，MG 完成数据格式和协议的转换，将接入的所有媒体信息流均转换为采用 IP 协议的数据包在软交换网络中传送。

中继媒体网关（TG）和信令网关（SG）共同完成了电话交换机的业务接入功能模块的功能，实现了普通 PSTN/PLMN 电话用户的语音业务的接入，并将语音信息适配为适合在软交换网络内传送的 IP 包。同时软交换技术还对业务接入功能进行了扩展，体现在 AG、IAD、MSAG、H.323 GW、WAG 等几类媒体网关中。通过各类 MG，软交换网络实现了将 PSTN/PLMN 用户、H.323 IP 电话网用户、无线接入用户的语音、数据、多媒体业务的综合接入。

软交换网络各层之间采用标准的协议和接口。各层之间相互独立、独自发展，每层之内的技术革新不影响其他层，并且软交换网络能够提供灵活多样的接入方式。通过开放的 API 接口可以支持运营商、第三方业务提供商开发新业务。

（2）软交换网络的特点。

① 由于采用开放的网络架构体系，部件间的协议接口基于相应的标准，能方便各种异构网的互通。

② 由于功能的分离，各种接入媒体网关的设置可以更加灵活，软交换机的控制能力和管理范围可以很大。通过呼叫控制与承载的分离，便于在承载层采用新的网络传送技术；通过承载与接入的分离，便于充分利用各种现有的及新兴的网络接入技术；通过业务与呼叫控制的分离，业务的提供可以更加丰富、快捷。

③ 由于是基于分组的网络，其网络带宽是共享的，因此，语音和控制媒体流的承载可以是端到端的。

④ 由于网络层采用统一 IP 协议，网络资源可以共享，实现了业务的融合。

（3）软交换网络中的协议及标准。

① 软交换机与应用服务器之间的协议。

软交换机和应用服务器之间采用 SIP 协议。为了实现软交换网络业务与软交换设备厂商的分离，即软交换网络业务的开放不依赖软交换设备供应商，允许第三方基于应用服务器独立开发软交换网络业务应用软件，因此，定义了软交换机与应用服务器之间的开放的 Parlay 接口。软交换机与智能网 SCP 之间通过标准的智能网应用层协议（INAP、CAP）通信。

② 软交换机之间的协议。

当需要由不同的软交换机控制的媒体网关进行通信时，相关的软交换机之间需要通信，软交换机与软交换机之间的协议有 BICC 协议和 SIP-T 协议两种。

BICC 协议是 ITU-T 推荐的标准协议，它主要将原 7 号信令中的 ISUP 协议进行封装，对多媒体数据业务的支持存在一定不足。SIP-T 是 IETF 推荐的标准协议，它主要对原 SIP 协议进行扩展，属于一种应用层协议，采用 Client-Serve 结构，对多媒体数据业务的支持较好，便于增加新业务。目前 BICC 和 SIP 协议在国际上均有较多的应用。

③ 媒体网关与软交换机之间的协议。

除 SG 外的各媒体网关与软交换机之间的协议有 MGCP 协议或 MEGACO/H.248 协议两种媒体网关控制协议。MEGACO/H.248 实际上是同一个协议的名字，由 IETF 和 ITU-T 联合开发，IETF 称为 MEGACO，ITU-T 称为 H.248。

信令网关（SG）与软交换机之间采用信令传送协议（SIGTRAN），在 IP 网上传送 7 号信令的高层信令信息（TUP/ISUP/SCCP）。SIGTRAN 的低层采用流控制传送协议（SCTP）。SIGTRAN/SCTP 协议的根本功能在于将 PSTN 中基于 TDM 的 7 号信令通过 SG 以 IP 网作为承载透明传至软交换机，由软交换机完成对 7 号信令的处理。

④ 媒体网关之间的协议。

除 SG 外，各媒体网关之间通过数据传送协议 RTP（Real-time Transport Protocol）传送用户之间的语音、数据、视频等各种信息流。RTP 协议是 IETF 提出的适用于一般多媒体通信的通用技术，RTP 协议包括两个相关协议：RTP 协议[RFC1889]和 RTCP 协议[RFC1890]，前者用于传送实时数据，后者用于 RTP 数据传输质量的反馈。目前，基于 H.323 和基于 SIP 的两大 IP 电话系统均是采用 RTP 作为 IP 电话网关之间的通信协议。

（4）软交换网络发展前景。

当前的软交换网络具有以下特点，而这些特点也正是软交换网络的发展趋势。

① 更加彻底的分离。

IMS（IP Multimedia Subsystem）是 IP 多媒体系统，是一种全新的多媒体业务形式，它能够满足现在的终端客户更新颖、更多样化多媒体业务的需求。IMS 可以看作是一种新的软交换技术。目前，IMS 被认为是下一代网络的核心技术，也是解决移动与固网融合，引入语音、数据、视频三重融合等差异化业务的重要方式。但是，目前全球 IMS 网络多数处于初级阶段，应用方式也处于业界探讨当中。

软交换本身就是一种分离思想，而 IMS 比软交换更加彻底的分离。彻底的分离体现在以下几点：

a．呼叫控制和业务的分离。传统软交换虽然已经将大部分增值业务分离出来放到了业务层，但是自身仍然保留了一些补充业务。IMS 将这些保留的业务统统拿出来放在了业务层的应用服务器中，这显然是呼叫控制和业务彻底的分离。

b．呼叫控制与媒体网关控制的分离。传统软交换同时提供了基于 SIP 的会话呼叫控制和基于 H.248/MEGACO/MGCP 的媒体网关控制器的功能，在 IMS 中将这两者分离出来。随着传统网络的逐渐淡出，SIP 网络的逐渐主导，将上述两者功能分离更能使网络结构简单，呼叫路由高效。

c．用户数据从软交换中的分离。软交换一般将用户数据放置在软交换设备自身之中，IMS 将这些用户数据从软交换中分离出来，并将用户数据与其相关联的业务数据集中到称为 HSS（Home Subscriber Server）的设备之中。这种用户数据的分离集中更加有利于业务的实现和提供。

② 呼叫协议统一。

采用 SIP 协议，信令信息是基于文本的，较 H.323 协议简单灵活、扩展性好，且基于 Internet 标准，在语音、数据业务结合和互通方面具有优势，网络兼容性也强，能跨越媒体和设备实现呼叫控制，支持媒体格式，可动态增删媒体流，容易实现不同网络间的互联互通，以及实现更加丰富的业务特性。

③ 与接入方式兼容。

对多种接入方式的兼容是软交换网络的一个特点，IMS 将该特点更加进一步发展。在传统软交换网络中由于媒体网关控制功能没有分离出来，以及媒体网关控制协议的多样性导致了并没有实现对多种接入方式的兼容，而在 IMS 中由于对接入网络的彻底分离和 SIP 协议的应用，使其真正意义上实现了对多接入方式的兼容。

④ 一致的归属业务能力。

目前的软交换网络没有充分考虑对用户终端的漫游支持，而 IMS 中 P-CSCI（代理- CSCI）功能实体的引入，使终端无论是漫游到外地还是其他运营商的网络都能够通过拜访地或拜访网络的 P-CSCF 接入 IMS 中，从而建立用户终端与其归属 HSS 及 S-CSCF（服务-CSCF）的信令通路，由归属地的 S-CSCF 控制用户业务。

⑤ 更好的服务质量和安全保证。

在 IMS 中存在多种 CSCF 功能实体，这些实体具有不同的功能任务，这与传统软交换网络中软交换设备的统一功能是不同的。通过这些功能实体，IMS 提供了更好的服务质量和安全保证。在这些 IMS 功能实体中，P-CSCF 完成了用户终端接入网络和 IMS 核心网络的隔离，I-CSCF（询问-CSCF）完成了不同运营商之间 IMS 网络的隔离，从而保证了网络的安全。

5.4　7 号信令网

5.4.1　7 号信令方式的总体结构

1. 基本目标和特点

（1）基本目标。

7 号信令方式的基本目标是采用与话路分离的公共信道形式，透明地传送各种用户（交换局）所需要的业务信令和其他形式的信息，满足特种业务网和多种业务网的需要。它的主要作用如下：

① 能最佳地工作在由存储程序控制的交换机所组成的数字通信网中；

② 能满足现在和将来在通信网中传送呼叫控制、远距离控制、维护管理信令和传送处理机之间事务处理信息的需要；

③ 能满足电信业务呼叫控制信令的要求（如电话及电路交换的数据传输业务等多种业务的要求），能用于专用业务网和多用业务网，能用于国际网和国内网；

④ 能作为可靠的传输系统，在交换局和操作维护中心之间传送网络控制管理信息。

（2）功能结构。

自 CCITT 7 号信令方式黄皮书建议发表以来，做了许多补充和修改。目前该信令方式仍在深入研究和完善发展中。1988 年发表的蓝皮书建议中，7 号信令方式的功能结构如图 5-28 所示。

由图 5-28 可知，7 号信令系统从功能上可以分为公用的消息传递部分（MTP）和适合不同用户的独立的用户部分（UP）。

消息传递部分的功能是作为一个公共传递系统，在相对应的两个用户部分之间可靠地传递信令消息。

用户部分则是使用消息传递部分传送能力的功能实体。目前 CCITT 建议使用的用户部分主要有电话用户部分（TUP）、信令连接控制部分（SCCP）、综合业务数字网用户部分（ISUP）、事务处理能力应用部分（TCAP）、移动通信应用部分（MAP）、数据用户部分（DUP）、操作维护应用部分（OMAP）及信令网维护管理部分。

每个用户部分都包含其特有的用户功能或与其有关的功能。在采用多个用户部分的系统中，消息传递部分为各个用户部分所公用。因此，在组织一个信令系统时，消息传递部分是必不可少的，而用户部分则可根据实际需要选择，如图 5-29 所示。

① 电话用户部分（TUP）。

电话用户部分是 CCITT 最早研究提出的用户部分之一。它规定了电话通信呼叫接续处理中所需要的各种信令信息格式、编码及功能程序。主要针对国际电话网的应用，但也适合于国内电话网的使用。

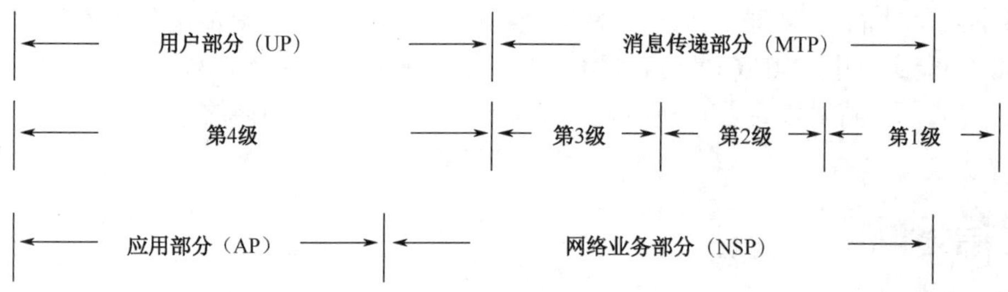

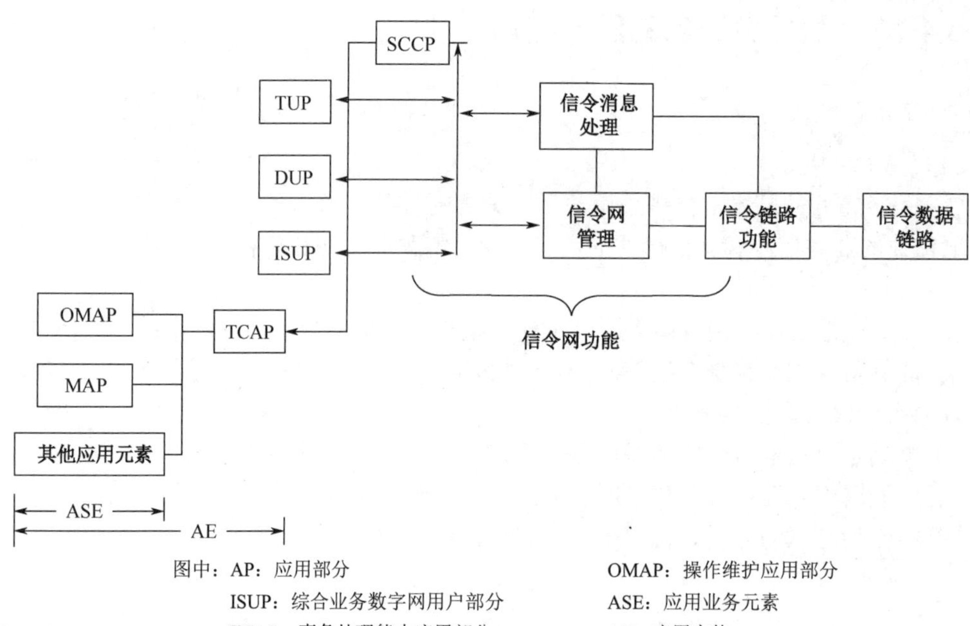

图中：AP：应用部分
ISUP：综合业务数字网用户部分
TCAP：事务处理能力应用部分
MAP：移动通信应用部分
SCCP：信令连接控制部分
TUP：电话用户部分
OMAP：操作维护应用部分
ASE：应用业务元素
AE：应用实体
MTP：消息传递部分
NSP：网络业务部分
DUP：数据用户部分

图 5-28　7 号信令方式的功能结构

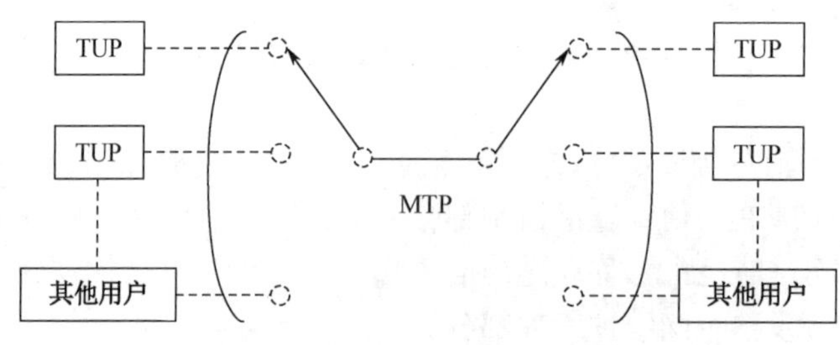

图 5-29　MTP 与 UP 间的关系

电话用户部分将根据发端交换局呼叫接续处理要求，产生所需的消息信令并经 MTP 部分传入接收端局；还将接收由 MTP 部分过来的到达本端局的各种消息，分析处理后通知话路部分做出相应处理。

电话用户部分也是目前技术上最为成熟的用户部分。由于电话通信仍是最重要、最广泛的

通信手段，因此电话用户部分也首先为各国所采用。

② 信令连接控制部分（SCCP）。

SCCP 是为增强 MTP 的功能，提高 7 号信令方式的应用性能而设置的功能块，是用户部分之一。

信令连接控制部分（SCCP）为消息传递部分（MTP）提供附加的功能，以便通过 7 号信令网，在电信网中的交换局和专用中心之间传递电路相关、非电路相关的信令信息及其他类型的信息，建立无接续和面向接续的网络业务（例如，用于管理和维护目的）。

SCCP 的功能由位于消息传递部分之上的功能块完成。MTP 和 SCCP 结合构成“网络业务部分”。

③ 综合业务数字网用户部分（ISUP）。

ISUP 是在 ISDN 环境中提供语音或非语音（如数据）交换所需要的功能和程序，以支持基本的承载业务和补充业务，包括全部电话用户部分所实现的功能。因此采用 ISDN 用户部分后，就可以不用 TUP 部分，而由 ISUP 来承担。此外，ISUP 还具有支持非话呼叫、先进的 ISDN 业务和智能网（IN）所要求的附加功能。因此，ISUP 具有广阔的应用前景。

④ 事务处理能力应用部分（TCAP）。

事务处理能力（TC）是指网络中分散的一系列在相互通信时采用的一组规约和功能，是电信网提供智能网业务和信令网的运行管理和维护等功能的基础。

消息传递部分加上 SCCP 是 TC 的网络层业务提供者。对于 TCAP 的每一应用业务称为一个应用业务元素。各应用业务元素利用 TCAP 的功能完成各业务所要求的操作。把一个 TCAP 和一个或多个利用 TCAP 的应用业务元素组合在一起称为应用实体（AE）。

2. 7 号信令方式的功能级划分

7 号信令方式按照所实现的功能，划分为四个功能级，第一级为信令数据链路功能级；第二级为信令链路控制功能级；第三级为信令网功能级；第四级为用户部分。7 号信令系统的分级结构如图 5-30 所示。

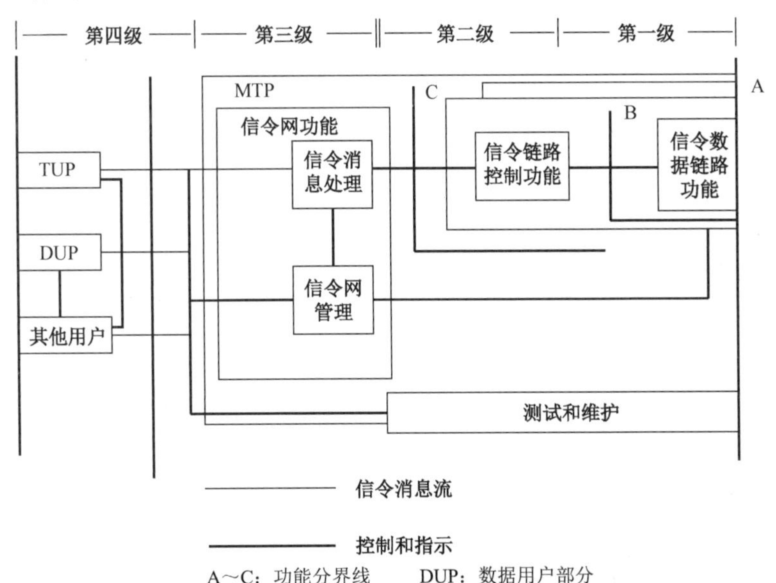

图 5-30　7 号信令系统的分级结构

其中第一、二、三级属于 MTP 部分。

第一级规定了信令数据链路的物理、电气和功能特性，确定与数据链路连接的方法。

第二级规定了在一条信令链路上，消息传递和与传递有关的功能和程序。第二级和第一级的信令数据链路一起，为在两点间进行信令消息的可靠传递提供信令链路。

第三级原则上定义了传送消息所使用的消息识别、分配、路由选择及在正常或异常情况下信令网管理调度的功能和程序。第三级进一步分为信令消息处理和信令网管理两个部分。消息处理部分的功能是在一条信令消息实际传递时，引导它到达指定的信令链路或用户部分。信令网管理功能以信令网中信令路由组织数据和其状态信息为基础，控制消息的路由和信令网设备的重新组合，并在状态发生变化时，提供维持或恢复正常消息传递能力。

第四级规定了各用户部分使用的消息格式、编码及控制功能和程序。

应当指出的是，7 号信令方式的这种分层结构是从消息传递的全程来划分的。每一功能级都完成一定的消息传递功能，而又为上一级提供消息传递的条件。由于电话、数据及 ISDN 呼叫控制信令主要是控制电路的接续，没有进一步处理的要求，因此，7 号信令方式采用这种分级结构去描述系统的功能结构是恰当的。

3. 7 号信令方式的 OSI 分层结构

在 7 号信令方式研究的初期，由于主要满足电路有关的呼叫控制应用，采用了上述的分级结构。1980 年以后，CCITT 补充了黄皮书建议，同时将研究的重点放在与电路无关的信令信息的应用方面，同时也将 OSI 数据转换分层规约的设计方法用于 7 号信令方式的规约结构。

（1）OSI 参考模型。

OSI 参考模型是用于计算机间相互连接和交换信息的分层协议。由于 7 号信令方式实质上也是局间处理机之间的分组数据通信系统，所以也适合采用 OSI 参考模型。

在 OSI 参考模型中，用来描述一个通信系统中几个用户之间的相互连接和交换信息的协议为 7 层，即：物理层、链路层、网络层、转送层、会话层、表示层、应用层。

其中 1～3 层的功能是建立通信网的基础，在 1～3 层的作用下，经过若干串接的信令链路把信息从一个节点传送到另一个节点。4～7 层具有端到端的通信功能，这些层的定义与通信网的内部结构无关。另外，从 7 层的功能中，1～6 层包括实现通信所采用的方式，第 7 层表示通信层的真正内容。

各层的含义及功能如下。

第 1 层（物理层）：确定与相互连接两个设备的实际电路相关的功能和性质。

第 2 层（链路层）：确定由实际电路可靠地传送信息的功能。

第 3 层（网络层）：确定使用信令链路的功能，如把信息送到若干条可行链路中的一条。

第 4 层（转送层）：可靠地端到端传送功能，该层两个节点之间的直达逻辑通路是通过 1～3 层所构成的通信网建立的，它监视经由逻辑通路进行的信息传送。

第 5 层（会话层）：确定控制通信系统中两个用户之间的对话活动，如包括断开和接通用户对话通路，并可进行对用户的流量控制。

第 6 层（表示层）：确定采用接收端可以识别的方法对用户信息进行编码和编排格式的功能，还具有信息的分组和组合功能。

第 7 层（应用层）：控制和监视通信网中的各种业务的处理过程。

（2）7 号信令方式的 OSI 分层结构。

7 号信令方式的 OSI 分层结构如图 5-31 所示。

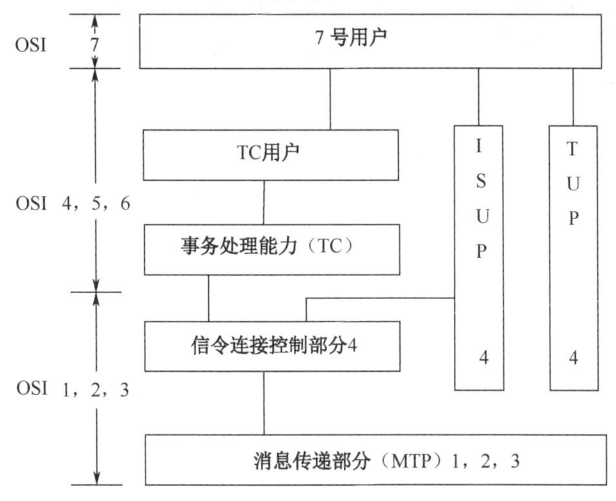

图 5-31　7 号信令方式的 OSI 分层结构

从图 5-31 可以看出，OSI 参考模型的前三层由消息部分（MTP）和信令连接控制部分（SCCP）组成。其中 MTP 的第一级信令数据链路相当于 OSI 的物理层，MTP 的第二级信令链路功能相当于 OSI 的链路层，而 MTP 的第三级信令网功能和 SCCP 合起来是 OSI 的第 3 层网络层。在 7 号信令方式中将上述的 OSI 的前三层称为网络业务部分（NSP）。对于 7 号信令方式的 OSI 模型的 4～7 层，目前有关 4～6 层协议仍在研究中，只形成了第 7 层应用层的建议（TCAP）。

将 OSI 参考模型应用于 7 号信令方式之后，7 号信令方式成为同时采用按功能分级和按 OSI 分层模式混合结构。但由于 7 号信令方式按 OSI 分层模式时一些分层（4～6 层）的协议尚在研究之中，因此在与电路有关的应用方面仍采用按功能分级的结构。

5.4.2　7 号信令网的基本概念

在采用 7 号信令方式的电话网中，信令消息是在与话路隔离的数据通道中传送的。通常，把按照 7 号信令方式传送信令消息的网络称为 7 号信令网。

1. 信令网的组成

7 号信令网由下列基本部分组成：信令点（SP）、信令转接点（STP）、信令链路（Link）。

（1）信令点（SP）。

信令网中既发出又接收信令消息的信令网节点称为信令点。它是信令消息的起源点和目的地点。在信令网中，交换局、操作管理和维护中心、服务控制点、信令转接点可作为信令点。

在信令网中，常常把产生消息的信令点称为源信令点。显然，源信令点是信令消息的始发点；将信令消息最终到达的信令点称为目的信令点；将信令链路直接连接的两个信令点称为相邻信令点；同理，将非直接连接的两个信令点称为非邻近信令点。

（2）信令转接点（STP）。

STP 具有信令转接功能，它可以将信令消息从一个信令点转发到另一个信令点。

在信令网中，STP 有两种，一种是专用信令转接点，它只具有信令消息的转接功能，也称为独立型 STP；另一种是综合型 STP，它与交换局合并在一起，是具有信令点功能的转接点。

（3）信令链路（Link）。

连接两个信令点（或信令转接点）的信令数据链路及其传送控制功能组成的传输工具称为

信令链路。每条运行的信令链路都分配有一条信令数据链路和位于此信令数据链路两端的两个信令终端。

2. 信令网的结构

（1）信令网的分类。

信令网按网络结构的等级可分为无级信令网和分级信令网两类。

① 无级信令网。

无级信令网是未引入信令转接点的信令网。在无级信令网中信令点间都采用直联方式，所有的信令点均处于同一等级级别。

无级信令网按照拓扑结构，有总线型网、环形网、格子形网、蜂窝形网、网形网等结构类型，如图 5-32 所示。

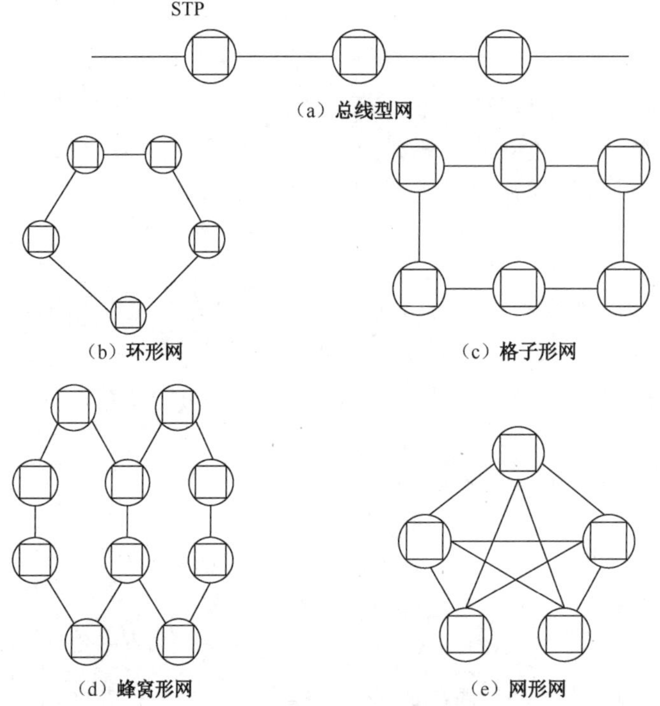

图 5-32　无级信令网的拓扑结构

无级信令网结构比较简单，但有明显的缺点：除网形网外，其他结构的信令路由都比较少，而信令接续中所要经过的信令点数都比较多；网形网虽无上述缺点，但当信令的数量较大时，局间连接的信令链路数量明显增加。虽然网形网具有路由多、传递时间短等优点，但限于技术及经济上的原因，不能适应国际和国内信令网的要求。

② 分级信令网。

分级信令网也叫水平分级信令网，是引入信令转接点的信令网。

二级信令网和三级信令网的拓扑结构示例见图 5-33。二级信令网是采用一级信令转接点的信令网；三级信令网是具有二级信令转接点的信令网，第一级信令转接点称为高级信令转接点（HSTP）或主信令转接点，第二级为低级信令转接点（LSTP）或次信令转接点。

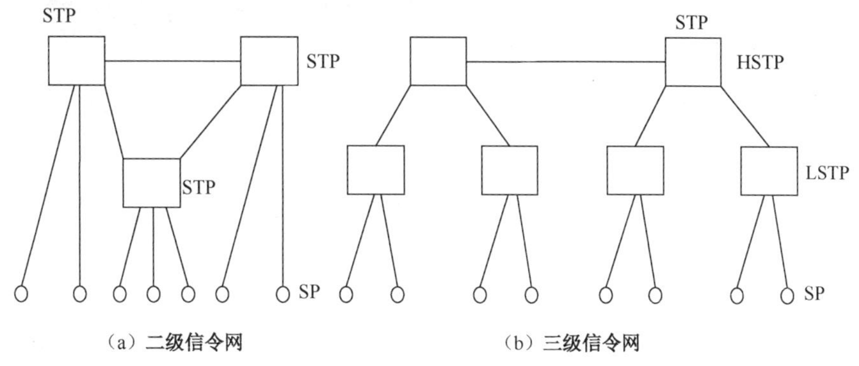

图 5-33　二级信令网和三级信令网的拓扑结构示例

分级信令网的一个重要特点是每个信令点发出的信令消息一般需要经过一级或n级信令转接点的转接。只有当信令点之间的信令业务量足够大时，才设置直达信令链路，以便使信令消息快速传递并减少信令转接负荷。

比较无级信令网和分级信令网的结构，分级信令网具有如下的优点：网络所容纳的信令点数多；增加信令点容易；信令路由多、传号传递时延相对较短。因此，分级信令网是国际、国内信令网常采用的形式。

3. 影响信令网分级的因素

一个信令网所采用的分级数与下列因素有关。

（1）信令网要容纳的信令点数量。其中包括信令网所涉及的交换局数、各种特种服务中心的数量，也要考虑其他的专用通信网纳入所应设置的信令点数。

（2）信令连接点（STP）可以连接的最大信令链路数及工作负荷能力（单位时间内可以处理的最大消息信令单元数量）。在考虑信令网分级时，应当同时核算信令链路数量和工作负荷能力两个参数。显然，在一定的信令链路的情况下，每条信令链路的信令负荷能力越大，可提供的实际最大信令链路数量越少，反之则需要提供较多的信令链路。C&C08 STP 提供的最大链路数为 1 152 条，最大处理能力达 391 680MSU/s（单向），是当今超大规模信令转接点之一。

（3）允许的信令转接次数。一般来说，消息在网络中的传递时延取决于消息的转接次数，转接次数越多，那么时延也就越长。因此，信令网的分级数必须限制在允许的转接次数及时延范围内。

（4）信令网的冗余度。所谓信令网的冗余度是指信令网设备的备份程度。通常有信令链路、信令链路组、信令路由等多种备份形式。一般情况下，信令网的冗余度越大，其可靠性也就越高，但所需费用也会相应增加，控制难度也会加大。

在实际应用中，信令转接点所能容纳的信令链路数是设备设计的规模限定的。这样，在考虑信令网的分级结构时，必须综合考虑信令网的冗余度大小等因素来确定网络的规模。

为说明信令转接点所容纳的信令链路数、信令网冗余度及信令网所容纳的信令点数之间的关系，下面举两个例子。

例 1：二级信令网的情况。

假设二级信令网的信令转接点间为网形连接，信令点到信令转接点为星形连接。信令转接点数目为n_1，信令点数目为n_2，信令转接点所能连接的信令链路数为l，并且信令网采用 4 倍冗余度（即每个信令点连接两个信令转接点，每个链路组包括两条信令链路，如图 5-34 所示）。

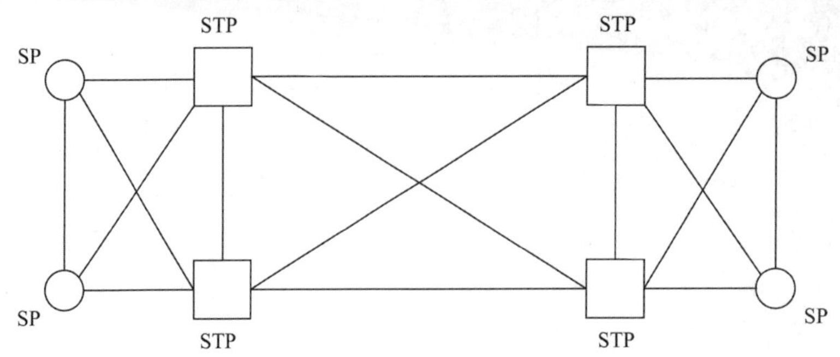

图 5-34 典型的二级信令网结构

那么，二级信令网所能容纳的信令点数 n_2 可由下式来计算：

$$n_2 = \frac{n_1}{4}(l - n_1 + 1) \quad \text{（式 5-1）}$$

可以看出，二级信令网可容纳的信令点数 n_2 在 n_1 值一定的情况下，将随着 l 的增加而增加，即增加 l 值可以扩大二级信令网的应用范围。

但是当 l 取一定值时，设置信令转接点的数量 n_1 增加时，可以明显地增加二级信令网可容纳的信令点数。例如，假定 l=64，那么：

当 n_1=1 时，$$n_2 = \frac{1}{4} \times (64 - 1 + 1) = 16 \text{（个）} \quad \text{（式 5-2）}$$

当 n_1=32 时，$$n_2 = \frac{32}{4} \times (64 - 32 + 1) = 264 \text{（个）} \quad \text{（式 5-3）}$$

但是当 $n_1 > 1/2\,l$ 时，二级信令网可容纳的信令点数不仅不会增加，反而会降低，例如：

当 n_1=48 时，$$n_2 = \frac{48}{4} \times (64 - 48 + 1) = 204 \text{（个）} \quad \text{（式 5-4）}$$

当 n_1=56 时，$$n_2 = \frac{56}{4} \times (64 - 56 + 1) = 126 \text{（个）} \quad \text{（式 5-5）}$$

综上所述，对于二级信令网来说，在信令转接点的信令链路容量一定时，并不都能采用增加信令转接点的方式来扩大信令网的信令点数，也说明在二级信令网中，信令转接点的数量是受一定条件约束的。

例 2：三级信令网的情况。

假设三级信令网中第一级高级信令转接点（HSTP）间采用网形连接；第二级低级信令转接点（LSTP）至 HSTP，信令点 SP 至 LSTP 间均为星形连接，并且考虑信令网采用四倍冗余度（即每个 SP 连至两个 LSTP，每个 LSTP 连至 HSTP，每个信令链路组包含两条信令链路），如图 5-35 所示。

那么信令网中信令点的容量可用下式来计算：

$$n_2 = \frac{n_1}{4}(l - n_1 + 1) \quad \text{（式 5-6）}$$

$$n_3 = \frac{n_2}{4}(l - 3) \quad \text{（式 5-7）}$$

将 n_2 代入得：

$$n_3 = \frac{n_1}{16}(l - n_1 + 1)(l - 3) \quad \text{（式 5-8）}$$

式中，n_3 为 SP 的数量；n_2 为 LSTP 的数量；n_1 为 HSTP 的数量；l 为 HSTP/LSTPSK 可连接的信令链路数。

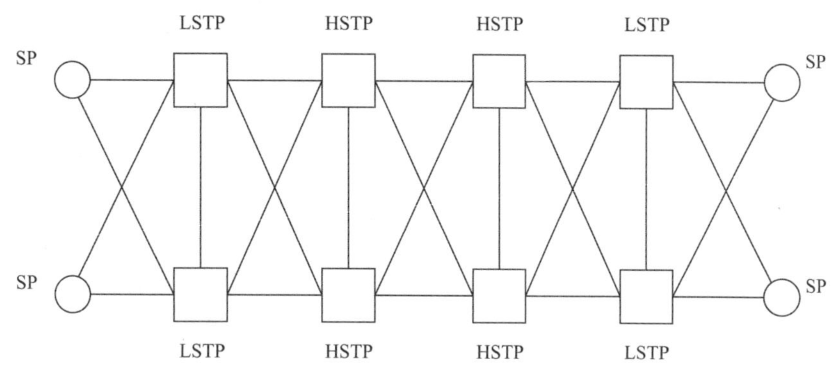

图 5-35　典型的三级信令网结构

通过上述公式不难计算出不同 l 和 n_1 值时，信令网能容纳的信令点数。显然，在相同的 l 值的情况下，三级信令网比二级信令网容纳的信令点数要大（l−3）倍，因而可以满足大容量信令点信令网的要求。

4．分级信令网连接方式

（1）第一水平级的连接方式。

信令网的第一水平级由若干个信令转接点（HSTP）组成。该级各信令转接点间有两种连接方式：网形连接和 A、B 平面连接方式。

① 网形连接。

网形连接如图 5-36 所示。

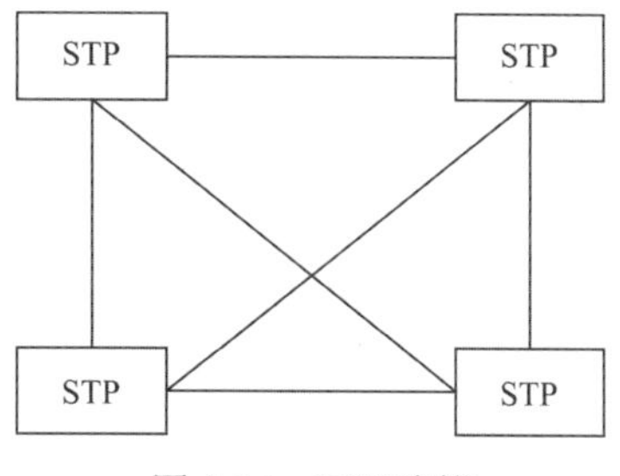

图 5-36　网形连接

网形连接的特征是各 STP 间设有直达信令链。在正常情况下，STP 间的传号传递不再经过转接，这种连接方式比较简单直观。

通常，在该网络的组织上，把两个信令大区间的 STP 相连的信令链路称为 B 链路，把信令点与本区的 STP 相连的信令链路称为 A 链路，把同一信令大区内的两个 STP 间的信令链路称 C 链路。在正常情况下，C 链路不承载信令业务，只有在 A 链路或 B 链路故障时，才承载信令业务。此外，还根据本信令区内信令点之间信令业务量的大小酌情设置直达链路，称为 F 链路，在正常情况下不使用 F 链路。美国 AT&T 的信令网结构示意图如图 5-37 所示。

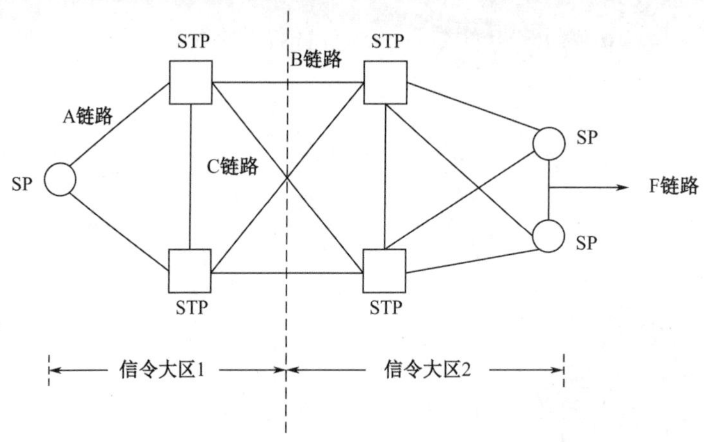

图 5-37　美国 AT&T 的信令网结构示意图

② A、B 平面连接方式。

A、B 平面连接方式如图 5-38 所示。A、B 平面连接是网形连接的简化形式，在网形连接的形式下，第一水平级的所有 STP 均在一个平面内组成网形网，而 A、B 平面连接将第一水平级的 STP 分为 A、B 两个平面分别组成网形网，两个平面间成对的 STP 相连。在正常情况下，同一平面内的 STP 间连接不经过 STP 转接，只在故障的情况下需要经由不同平面间的 STP 连接时，才经过 STP 转接。

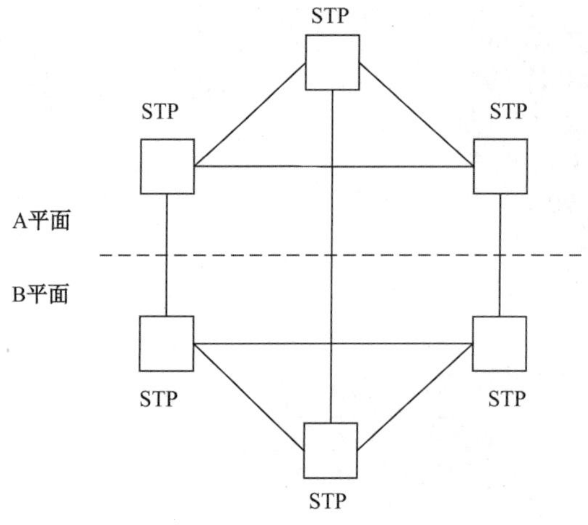

图 5-38　A、B 平面连接方式

这种连接方式对于第一水平级需要较多 STP 的信令网是比较节省的链路连接方式。但是由于两个平面间的连接比较弱，因而从第一水平级的整体来说，可靠性可能比网形连接时略有降低。但只要采取一定的冗余措施，也是可以的。

（2）第一水平级以外各级的连接方式。

在分级信令网中，第一水平级以外的各级间及第二级与第一级的连接一般均采用星形连接方式。星形连接的各级中，STP 与 STP、SP 与 SP 间是否有信令直达链路连接，可根据 STP 容量及信令业务量的大小来决定。

第二级以下各级中信令点与信令转接点间信令链的连接方式有固定连接方式和自由连接方式。

固定连接方式是本信令区内的信令点采用准直联工作方式，必须连接至本信令区的两个信令转接点。在工作中，本信令区内一个信令转接点故障时，它的信令业务负荷全部倒换至

本信令区内的另一个信令转接点。如果出现两个信令转接点同时故障，则会全部中断该信令区的业务。

自由连接方式是随机地按信令业务量大小自由连接的方式。其特点是本信令区内的信令点可以根据它至各个信令点的业务量，按业务量的大小自由连至两个信令转接点（本信令区的或另外信令区的）。按照上述连接方式，两个信令区间的信令点可以只经过一个信令转接点转接。另外，当信令区内的一个信令转接点故障时，它的信令业务负荷可能均匀地分配到多个信令转接点上，即使两个信令转接点同时故障，也不会全部中断该信令区的信令业务。

显然，自由连接方式比固定连接方式无论在信令网的设计还是信令网的管理方面，都要复杂得多。但自由连接方式确实大大提高了信令网的可靠性。特别是近年来随着信令技术的发展，上述技术问题也逐步得到解决，因而不少国家在建造本国信令网时，大多采用了自由连接方式。

5.4.3　信令点编码

信令点编码是为了识别信令网中各信令点（含信令转接点），供信令消息在信令网中选择路由使用。由于信令网与话路网是相对独立的网络，因此信令的码与电话网的电话号码没有直接联系。

由于信令网的信令点编码和电话网的电话号码一样，是通信网技术体制的重要内容，一经确定并实施后，修改起来困难很大，因此必须慎重周密地考虑和设计。

对信令点编码的基本要求是：信令点编码要依据信令网的结构及应用要求，实行统一编码，编码方案应符合 CCITT Q 708 建议的相关规定与要求；在信令网中，对每一个信令点只分配一个信令点编码；编码方案要考虑信令点的备用量，有一定的扩充性，能满足信令网发展的要求；编码方案要有规律性，当新的信令点和信令转接点引入信令网时，便于识别；编码方案要具有相对稳定性和灵活性，采用统一的编号计划，要考虑行政区划的联系但又不能随行政区变化而变化；编码方案应在新的信令点加入时，使信令路由表修改最少；编码方案要使信令设备简单，以便节省投资。

1．国际信令网信令点编码

为了便于信令网的管理，CCITT 在研究和提出 7 号信令方式建议时，在 Q705 建议中明确规定了国际信令网和各个国家的国内信令网彼此相互独立设置，因此信令点编码也是独立的。在 Q708 建议中明确地规定了国际信令点编码计划，并指出各个国家的国内信令点编码可以由各自的主管部门依据本国的具体情况来确定。

国际信令网信令点编码 14 位。编码容量为 2^{14}＝16 384 个信令点。国际信令网的信令点编码结构采用大区识别、区域网识别、信令点识别的三级编号结构，如图 5-39 所示。

<table>
<tr><td>NML</td><td>KJIHGFED</td><td>CBA</td></tr>
<tr><td>大区识别</td><td>区域网识别</td><td rowspan="2">信令点识别</td></tr>
<tr><td colspan="2">信令区域编码（SANC）</td></tr>
<tr><td colspan="3">国际信令点编码（ISPC）</td></tr>
</table>

图 5-39　国际信令网的信令点编码结构

NML 和 KJIHGFED 两部分合起来称为信令区域编码（SANC）。

在国际信令网信令点编码分配表中，我国被分配在第四编号大区，KJIHGFED 的编码为 120。

由于 CBA 即信令点识别为三位，因此，在该编码结构中，一个国家分配的国际信令点编码只有 8 个，即 000～111。如果一个国家使用的国际信令点超过 8 个，可申请备用的国际信令点编码，该备用编码在 Q708 建议的附件中规定。

2．我国国内信令网的编码

自 1983 年起，我国许多大城市均引进了数字程控交换机，有的城市还引入了公共信道 7 号信令系统。为适应国内程控电话网的建设发展需要，在我国先后制定的三个 7 号信令方式的技术规范中提出了三种 7 号信令网的编码方案。

第一种方案是长市分开的编号点编码方案。

第二种方案是混合型编码方案，即部分采用长市分开编码，部分采用长市统一编码。

第三种方案考虑到统一的编码方案在路由组织上有较大灵活性，采用统一编码的 24 位方案，这种方案是我国今后实行的方案。

下面对这三种编码方案进行介绍，重点是第三种方案。

（1）第一种方案。

为满足电话网工程建设的急需，1984 年制定的我国市话网 7 号信令方式技术规范，提出了两层编码的信令点编码方案。所谓两层编码就是在编码中，长途为一层，14 位编码；市话为一层，14 位编码。

这种编码方案显然是充分考虑到 14 位编码满足不了国内信令网长市统一的编码要求而提出的临时编码。它虽然可以解决国内信令网编码的容量问题，但存在的问题也是明显的，即由市内到长途和由长途到市内要进行二次市长信令点编码的转换。

（2）第二种方案。

第二种方案是1986年制定技术规范暂定稿时提出的编码方案，这种方案也称混合方案。

方案中仍维持信令点编码 14 位不变。但为了减少市内信令点编码与长途信令点编码之间的转换，确定全国大量的中小城市按长市统一编码，而一些大城市、沿海城市继续采用长市分开的两层编码。

由于这种方案中，一些城市仍采用两层编码方案，而另一些城市又采用统一的编码方案，信令网信令点编码种类多、转换多、识别困难，因而未在实际建设中实施。

（3）第三种方案。

第三种方案是1990年规范中规定采用的编码方案，即统一编码方案或称为一层编码方案。

在该方案中，全国 7 号信令网的信令点采用统一的 24 位编码方案。依据我国的实际情况，将编码在结构上分为三级即三个信令区，如图 5-40 所示。

主信令区编码	分信令区编码	信令点编码

图 5-40　国内信令网信令点编码结构

这种编码结构，以我国省、直辖市为单位（个别大城市也列入其内），划分成若干主信令区，每个主信令区再划分成若干分信令区，每个分信令区含有若干个信令点。这样每个信令点（信令转接点）的编码由三部分组成。第一个 8 位用来识别主信令区；第二个 8 位用来识别分信令区；最后一个 8 位用来识别各分信令区的信令点。在必要时，一个分信令区编码和信令点的编码相互调剂使用。

考虑到将来的发展，我国的国内电信网的各种交换局、各种特种服务中心和信令转接点都应分配给一个信令点编码。但应当特别指出的是，国际接口局应分配给两个信令点编码，其中

一个是国际网分配的国际信令点编码，另一个则是国内信令点编码。

3．我国 7 号信令网信令点编码容量

根据国内信令网中每一信令点分配一个信令点编码的原则，我国信令网采用 24 位信令点编码方案，也就是说，信令网信令点编码的总容量可达 224 位编码。

主信令区编码主要是我国各省、自治区、直辖市信令点的编码。在 24 位编码方案中，用 8 位作为主信令区编码，容量为 2^8=256，这样的编码容量是相当富余的，也可以满足综合业务数字网的需要。

分信令区的编码位长和信令点编码位长各为 8 位，容量均为 2^8=256。每个分信令区可有 256 个信令点，共可分配 65 536 个信令点，以目前我国行政区划中人口最多及地（市）县数量多的四川省为例，该省现有电话交换局 204 个，其中地区级局 21 个、县局 183 个。按此计算，分信令区编码和信令点编码容量是现有局数的 300 倍以上，因此，足以满足目前和未来的需要。

5.4.4 我国信令网的基本结构

我国电话网具有覆盖地域广阔、交换局数量大的特点，根据我国电话网的实际情况，确定信令网采用分级结构，A、B 平面的网络组织形式。

1．信令网的等级结构

我国信令网采用三级结构。第一级是信令网的最高级，称为高级信令转接点（HSTP），第二级是低级信令转接点（LSTP），第三级为信令点，信令点由各种交换局和特种服务中心（业务控制点、网管中心等）组成。我国信令网等级结构示意图如 5-41 所示。

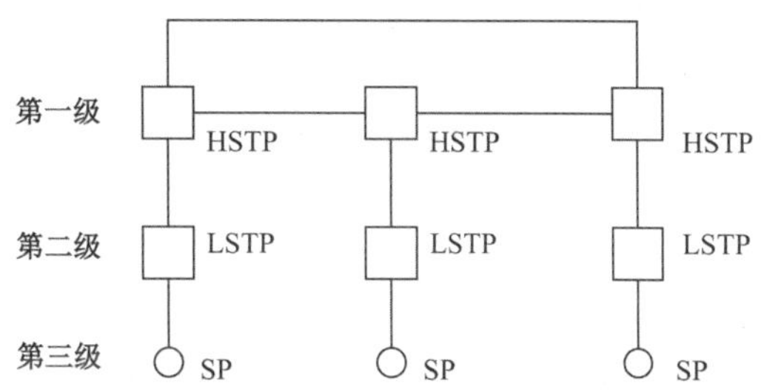

图 5-41　我国信令网等级结构示意图

2．各级信令转接点和信令点的职能

（1）第一级 HSTP 负责转接其汇接的第二级 LSTP 和第三级 SP 的信令消息。HSTP 采用独立（Stand Alone）型信令转接点设备，目前它应满足 7 号信令方式中消息传递（MTP）规定的全部功能。

（2）第二级 LSTP 负责转接其汇接的第三级 SP 的信令消息，LSTP 可以采用独立信令转接点设备，也可采用与交换局（SP）合设在一起的综合式信令转接设备。采用独立信令转接点设备时，应满足 MTP 规定的全部功能；采用综合式信令转接设备时，除了必须满足独立式转接点的功能外，SP 部分应满足 7 号信令方式中电话用户部分的全部功能。

（3）第三级 SP 信令网传送各种信令消息的源点或目的地点，应满足 MTP 和 TUP 的功能。

3．信令网的网络组织

我国信令网中信令间采用以下连接方式。

（1）第一级 HSTP 间采用 A、B 平面连接方式。A 和 B 平面内部各个 HSTP 网形相连，A 和 B 平面间成对的 HSTP 相连。

（2）第二级 LSTP 至 LSTP 和未采用二级信令网的中心城市本地网中的第三级 SP 至 LSTP 间的连接方式采用分区固定连接方式。

（3）大、中城市两级本地信令网的 SP 至 LSTP 可采用按信令业务量大小连接的自由连接方式，也可采用分区固定连接方式。

5.4.5 信令网的性能指标及安全性措施

1．信令网的性能指标

为保证信令网安全可靠地工作，7 号信令方式规定了衡量信令网整体性能的三大类技术指标：信令网的可用性指标、信令网的可依赖性指标、信令网的时延指标。

这是一个信令网在投入使用前必须同时满足的设计指标。

（1）信令网的可用性指标。

信令网的可用性指标是决定信令网能否投入使用的一项重要指标。信令网的可用性是利用源信令点和目的地信令点之间信令路由组的不可用性来衡量的。

在信令网中，将信令消息从源信令点传递到目的地信令点的一条可能的通路被称为信令路由。将信令消息传递到指定的目的地，可能有多条信令路由。承载信令业务到某指定目的地信令点的全部路由被称为信令路由组。因此，当由某源信令点到指定目的地的信令路由组不可利用时，信令消息就无法传递到该目的地信令点。

CCITT 规定，信令路由组的不可用性指标为每年不超过 10 分钟，即信令路由组的不可用率不应超过 1.9×10^{-5}。C&C08 STP 信令路由组的不可用性指标为每年不超过 1.7 分钟。

信令路由组的不可用性与信令网的各个组成部件的可用性（可靠性指标）和信令网的网结构有关。

（2）信令网的可依赖性指标。

可依赖性指标主要指信令消息在传递中所允许的差错率等，也包括用户部分由于传递消息的差错而造成的不成功呼叫率。

① MTP 部分的可依赖性指标。

a．未检出的差错。

在每条信令链路上，MTP 未检出的差错不应超过 10^{-10}。

b．消息的丢失。

因 MTP 部分故障而造成的消息的丢失不应超过 10^{-7}。

c．传输差错率。

信令数据链路具有的长期比特差错率不应超过 10^{-6}。

d．消息顺序的差错。

包括消息的顺序颠倒和重复。因 MTP 部分故障而造成的消息的顺序颠倒和重复应不大于 10^{-10}。

② 用户部分的可依赖性指标。

因检出差错、消息丢失或消息顺序差错造成的电话呼叫持续的不成功率不超过 10^{-5}。

显然用户部分的可依赖性指标从另外一个角度反映了 MTP 部分的可依赖性。

（3）信令网的时延指标。

信令网的时延指标是用信令关系的全程消息传送时延来度量的。它与信令网的信令业务量、信令网的结构有关，目前 CCITT 正在深入研究。信令转接点消息传递条件见表 5-1。

表 5-1　信令转接点消息传递条件

STP 的信令业务负荷	在一个 STP 的消息传递时间（ms）	
	平均	95%
标称值（0.2Erl）	20	40
+15%	40	80
+30%	100	200

注：这一规定与 CCITT Q706 建议的相应指标是一致的。令速率：64kbit/s；信令单元长度：120bit（TUP）；信令业务负荷：0.2Erl（标称值）。

2. 信令网安全措施

信令网是由信令点、信令转接点和信令链路组成的。但是利用这些组成部件的简单连接显然难以满足上述信令网的性能指标。这是因为信令网在运行中，组成部件、信令业务量的变化难以避免，并且将对信令网的正常运行带来威胁。因此，必须在信令网的设计和应用组织两方面采取相应的安全措施。

（1）信令组件的安全措施。

① 附加信令设备。

每一信令点（或信令转接点）通常都设置一些备用信令终端和信令数据链路。当某一信令链路发生故障时，可将信令业务倒换到其他信令链路或信令路由上。同时，在故障的信令链路中也可以通过人工或自动分配的方式，分配给新的终端或信令数据链路，使故障的信令链路变为正常的信令链路。

② 附加信令链路。

在信令点（包括在信令转接点）之间通常设置两条或两条以上的信令链路。

③ 附加信令路由。

从信令的源点至信令的目的地点间至少设置两条信令路由。

（2）信令关系方面的安全措施。

① 差错控制。

为了达到信令网信令消息的可依赖性指标，7 号信令网中，对每个信令单元都采取了差错检测及差错校正措施。

考虑到信令消息在传输中除受到一般干扰外，还可能受到由于脉冲和瞬间干扰造成差错的情况，7 号信令方式采用了循环码检验方法（CRC）来检测差错。其工作原理是把发送的信令消息的数字序列视为一个多项式，在发送端用预定的计算方法计算出校验位并连同信息位一起发送到接收端。接收端收到信息后用相对应发端算法的专门规划对收到的校验位进行运算。如果收到的校验位和收到的信息位不一致，就证明出现了差错。

依据传输时延的大小不同，7 号信令方式规定了两种差错校正方法：

a．非互控重发纠错方法。该方法是一种基于“忽视变坏”原理的差错校正方法，适于传输时延不大于 15ms 时采用，也称基本方法。

b．非互控前向纠错方法。这种方法适于传输时延大于 15ms 时采用，也称防止循环重发方法（PCR）。

所谓前向纠错方法，是由接收信令终端完成差错检出和校正的方法。前向纠错方法的优点是与信令链的传输时延无关，因此在长时延电路特别是在已置电路中使用时有利；程序简单；消息不会脱离正确的顺序，也不会接收到重复的消息；不需要重发存储器。

其缺点是能够校正错误的数量比检出的差错数量少；不能对已经检出的差错但未校正的消息请求重发；采用前向纠错方法时，接收端设备较为复杂。

② 信令网络组织及路由选择。

在信令网中，各组成部件都采取了冗余措施。然而，这些冗余措施还必须与灵活的网络组织及路由选择结合起来，才能发挥更好的作用。

a．信令路由的选择。

从一个源信令点载送信令业务到指定目的地有多条信令路由的情况下，存在一个路由选择问题。

在一个路由组中，我们把转接次数最少、距离最短的信令路由定义为正常（使用的）信令路由，其余的为替换路由或迂回路由。

信令路由选择的原则是首先选择正常信令路由，当正常信令路由由于故障而变得不可利用时，再选择迂回（替换）路由。

信令路由组中具有多个迂回路由时，迂回路由选择的先后顺序是首先选择优先级最高的第一迂回路由，当第一迂回路由故障变为不可利用时，再选择第二迂回路由，依次类推。

在迂回路由中，若有多个同一优先级的路由（N），它们采用负荷分担方式，则每个迂回路由承担整个信令业务的 $1/N$。若负荷分担的一个路由中的一个信令链路故障，可将它承担的信令业务倒换到采用负荷分担方式的其他信令链路。当负荷分担的一个信令路由因故障而变得不可利用时，应将信令业务倒换到其他路由。

b．信令链路组的选择。

信令网中某信令点的信令业务，通常加到一个信令链路。在负荷分担的情况下，可能加到几个信令链路组。

由一个或多个信令链路组构成的一个负荷分担的链路组称为组合链路组。组合链路组依据其在信令网中的地位和作用，可分为正常组合链路组和替换组合链路组。正常组合信令链路组是以负荷分担形式传送信令业务的具有最高优先级的组合链路组。因此在负荷分担的方式下，对于确定的信令路由来说，信令业务首先应加载到正常组合信令链路组。

c．信令链路的组织与选择。

信令点（或转接点）间，信令业务的传送最终是由信令链路来完成的。

一个信令链路组内各信令链路都具有预先指定的优先级。当准备在一个信令链路组开通业务时，优先选择优先级高的信令链路。在正常条件下，用来传送信令业务的具有最高优先级的信令链路定义为正常信令链路，其余的信令链路为替换信令链路或备用信令链路。因此，在一般情况下均使用正常信令链路传送信令业务，只有当正常信令链路故障或受限时，才使用替换信令链路；而当正常信令链路恢复时，则要及时倒回到正常信令链路上。

③ 负荷分担。

信令网的安全措施中，广泛地使用了把信令业务分配给各信令链的负荷分担技术。

a．负荷分担的类型。

通常，在通信网中负荷分担使用以下两种方式：同一信令链路组内各信令链路间的负荷分担、不同信令链路组间的信令链路的负荷分担。

前一种一般用于两个信令点（包括综合型信令转接点）采用直联工作方式的信令链路之间，由这些信令链路共同担负这两个信令点间话路群的信令传送。

后一种通常用于一个信令点连接两个信令转接点，以及不同信令链路组之间采用准直联工作方式的情况。

从信令网管理技术的复杂性来看，后者要比前者复杂得多。考虑到目前信令链路的费用较低，为了提高信令链路的可靠性，应尽可能不采用不同链路组间的信令链路负荷分担方式。

b．负荷分担的方法。

以上两种类型的负荷分担均可采用两种分担方式：随机方法和预定方法。

所谓随机方法是将信令业务量完全随机地分配给各个信令链路，或者指定一个呼叫的全部消息由同一条信令链路传送，但该信令链路是随机选取的。

所谓预定方法是以呼叫为基础或以话路为基础的分担方法。前者把一个呼叫的全部消息都经同一信令链路传送。后者是把需要负荷的全部话路在预先规定的基础上分配给预定的信令链路。

采用随机方法，信令程度较为复杂，同时消息在转发时，可能会造成消息顺序差错。7 号信令方式选用了以话路为基础的预定方法。

c．分担负荷的信令链路数。

原则上讲，分担信令业务负荷的信令链路既不能过多，也不能太少。应根据实际需要来确定。其决定的因素主要有总的信令业务负荷量、链路的可利用度、信令链路的传输比特率、有关两信令点之间要求的通路可利用度。

CCITT 建议最多允许 16 条信令链路之间采用负荷分担方式工作。为此，7 号信令方式信令消息的电路标记结构中 SLS 确定为 4 位。

在 7 号信令方式中，CCITT 建议总的信令业务负荷对电话用户部分电路容量为 4 096 条电路。如果采用 64kbit/s 的链路数据，通常采用 2 条信令链路即可满足。如果再考虑安全性因素，如果每条 64kbit/s 的信令链路只承担 1 024 条电路，最大也只需要 4 条信令链路采用负荷分担方式工作。对于采用 4.8kbit/s 的低速率信令链路来说，可能需要较多的采用负荷分担方式工作的信令链路，但最多采用 16 条信令链路。

（3）话路的导通检验。

各种随路信令在接续中无须进行话路的导通检验。因为在传送线路信令和多频记发器信令时，如果能正确地收到这些信令并完成接续，就表示话路连接是正常的，传输质量是合乎要求的。但是 7 号信令方式不在话路中传送信令，在信令传送正常的情况下并不能表示它所连接的局间通话电路也正常并且传输质量也能满足要求，为此 7 号信令方式需要解决电路的导通检验问题。

（4）信令消息流量的控制措施。

当信令网中到达某目的地信令路由组出现异常高的信令业务量或网络中出现多重链路故障，导致信令业务量向某信令链路大量集中时，可能发生局部的拥塞。若此时不采用适当的措施加以控制，可能使局部拥塞向信令网的其他部分扩展，导致信令拥塞状况的进一步恶化。

信令网拥塞控制实质上是拥塞信令链路或信令路由组的信令消息的流量控制问题。控制的基本方法是在信令网的工作中各信令点要密切监视信令链路的拥塞状态，按照预先确定的原则，通过拥塞控制手段，通知相关部门减少或停止发送消息信息单元。一旦信令消息的负荷低于拥塞消除门限，则解除拥塞状态，通知相关部门按照正常的规划发送消息；当拥塞超过或达到某一限度时，要发出信令链路故障的指示，并暂停其工作。

信令网的流量控制由第二、三、四功能级按照一定的信令程序完成。

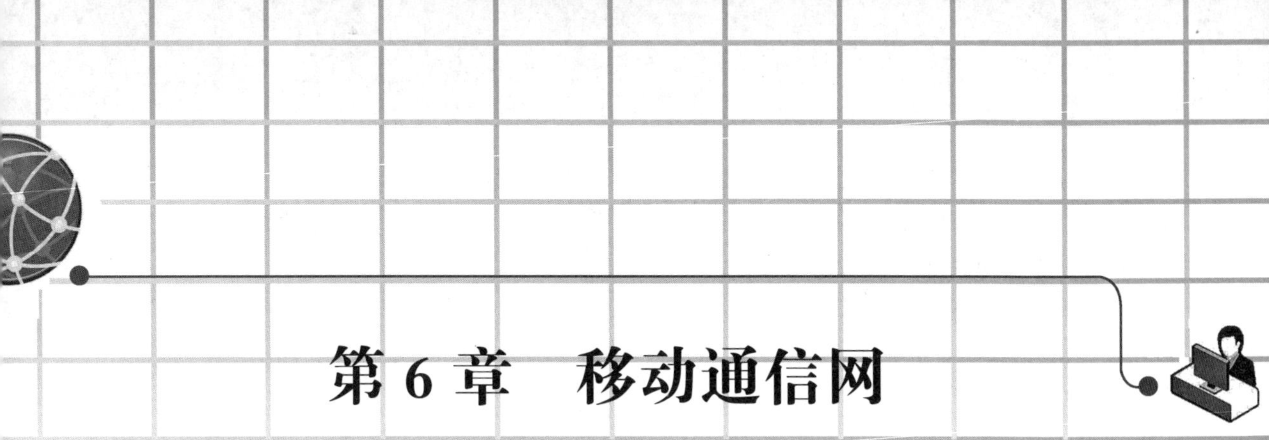

第 6 章　移动通信网

移动通信网是指在移动用户和移动用户之间或移动用户与固定用户之间的通信网。移动通信网是通信网的一个重要分支，由于无线通信具有移动性、自由性，以及不受时间地点限制等特性，受广大用户欢迎。在现代通信领域中，它与卫星通信、光通信并列为三大重要通信手段之一。本章将按移动通信网的发展顺序对移动通信网进行介绍。

6.1　概述

6.1.1　移动通信技术简介

随着社会的进步、经济和科技的发展，特别是计算机、程控交换、数字通信的发展，近年来，移动通信系统以其显著的特点和优越性，应用在社会的各个方面。无线通信的发展潜力大于有线通信，它不仅提供普通的电话业务功能，而且能提供或即将提供丰富的多种业务，满足用户的需求。移动通信的主要目的是实现任何时间、任何地点和任何通信对象之间的通信。

从通信网的角度看，移动网可以看成通信网的延伸，它由无线和有线两部分组成。无线部分提供用户终端的接入，利用有限的频率资源在空中可靠地传送语音和数据；有线部分完成网络功能，包括交换、用户管理、漫游、鉴权等，构成公众陆地移动通信网 PLMN。从陆地移动通信的具体实现形式来分，主要有模拟移动通信和数字移动通信。

移动通信系统从 20 世纪 40 年代发展至今，根据其发展历程和发展方向，可以划分为五个阶段：蜂窝移动通信系统、GSM 数字移动通信系统、第三代移动通信技术、第四代移动通信技术和下一代移动通信技术。

6.1.2　移动通信的特点

移动通信是指通话的双方，只要有一方处于移动状态，即构成移动通信方式。移动通信是有线通信的延伸，与有线通信相比具有以下特点。

1．终端用户的移动性

移动通信的主要特点在于用户的移动性，需要随时知道用户当前位置，以完成呼叫、接续等功能；用户在通话时的移动性，还涉及频道的切换等问题。

2．无线接入方式

移动用户与基站系统之间采用无线接入方式，频率资源的有限性、用户与基站系统之间信号的干扰（频率利用、建筑物的影响、信号的衰减等）、信息（信令、数据、话路等）的安全保护（鉴权、加密）等。

3．漫游功能

漫游功能包括移动通信网之间的自动漫游、移动通信网与其他网络的互通（公用电话网、综合业务数字网、数据网、专网和现有移动通信网等）、各种业务功能（电话业务、数据业务、短消息业务和智能业务等）的实现等。

6.2 蜂窝移动通信系统

6.2.1 蜂窝技术

移动通信飞速发展的一大原因是发明了蜂窝技术。移动通信的一大限制是使用频带比较有限，限制了系统的容量。为了满足越来越多的用户需求，必须在有限的频率范围内尽可能扩大其利用率，除了采用多址技术之外，还发明了蜂窝技术。

移动通信系统是采用基站来提供无线服务范围的。基站的覆盖范围有大有小，基站的覆盖范围被称为蜂窝。采用大功率的基站主要是为了提供比较大的服务范围，但它的频率利用率较低，也就是说基站提供给用户的通信通道比较少，系统的容量也就大不起来，对于话务量不大的地方可以采用这种方式，也称大区制。采用小功率的基站主要为了提供大容量的服务范围，同时它采用频率复用技术来提高频率利用率，在相同的服务区域内增加了基站的数目，有限的频率得到多次使用，所以系统的容量比较大，这种方式被称为小区制或微小区制。

1．大区制

大区制采用大功率发射机，覆盖半径大，如图 6-1 所示。

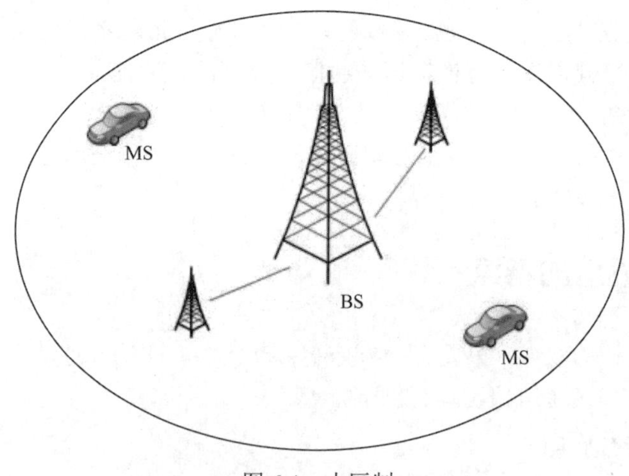

图 6-1　大区制

优点：简单，见效快。

缺点：上下行信道不均衡问题严重，设置若干个分集接收站，频率利用率低，适用于用户数量较少的地区。

2．小区制

采用物理隔离的办法来提高频率利用率，只要 3 对频率就可与 5 个移动台通话，而大区制需要 5 对频率才可以。小区越小，频率利用率越高。小区制如图 6-2 所示。

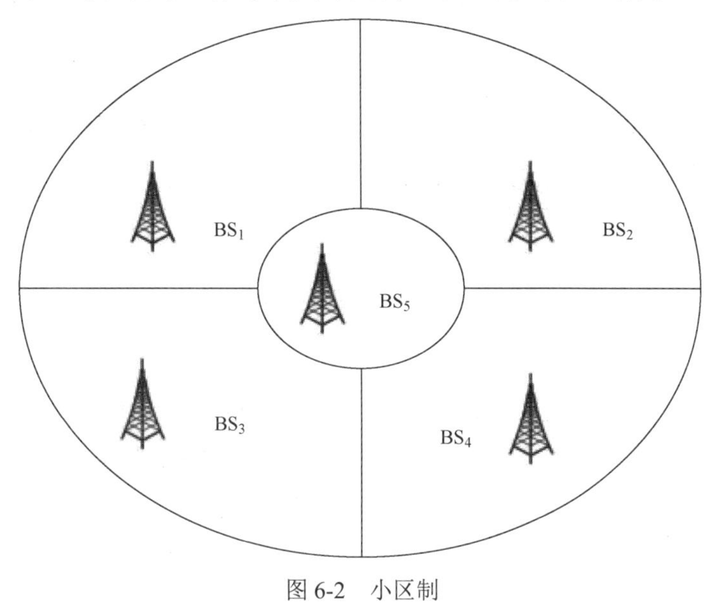

图 6-2　小区制

优点：频率利用率高，以管理和设备的复杂为代价换来高的频率利用率。

缺点：系统复杂。

6.2.2　多址技术

多址技术使众多的用户共用公共的通信线路。为使信号多路化而实现的多址方法基本上有三种，它们分别采用频率、时间和代码分隔的多址连接方式，即人们通常所称的频分多址（FDMA）、时分多址（TDMA）和码分多址（CDMA）三种接入方式。图 6-3 所示为三种多址方式概念示意图。FDMA 是以不同的频率信道实现通信的，TDMA 是以不同的时隙实现通信的，CDMA 是以不同的代码序列实现通信的。

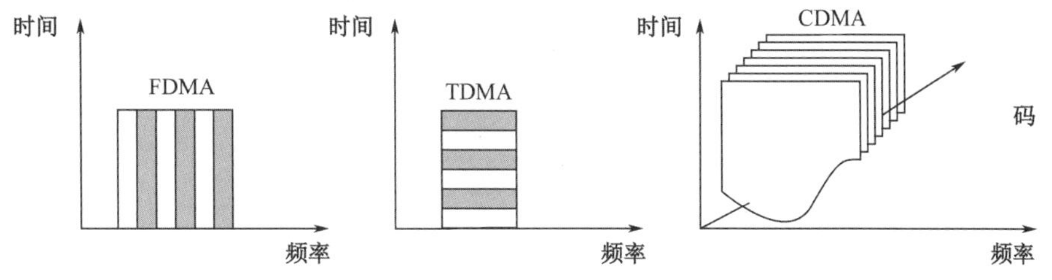

图 6-3　三种多址方式概念示意图

1．频分多址

频分，有时也被称为信道化，就是把整个可分配的频谱划分成许多单个无线电信道（发射和接收载频对），每个信道可以传输一路语音或控制信息。在系统的控制下，任何一个用户都可以接入这些信道中的任何一个。

2. 时分多址

时分多址在一个宽带的无线载波上，按时间（或称时隙）划分为若干时分信道，每一用户占用一个时隙，只在这一指定的时隙内收/发信号。此多址方式在数字蜂窝系统中采用，GSM 系统也采用了这种方式。

3. 码分多址

码分多址是一种利用扩频技术所形成的，不同码序列实现的多址方式，它可在一个信道上同时传输多个用户的信息，也就是说允许用户之间的相互干扰。其关键是信息在传输之前要进行特殊的编码，编码后的信息经混合不会丢失原来的信息。

6.2.3 功率控制

当手机在小区内移动时，它的发射功率需要进行变化。当它离基站较近时，需要降低发射功率，减少对其他用户的干扰；当它离基站较远时，就应该增加功率，克服增加了的路径衰耗。

所有的 GSM 手机都可以 2dB 为一等级来调整它们的发送功率，GSM900 移动台的最大输出功率是 8W（规范中最大允许功率是 20W，但现在还没有 20W 的移动台存在）。DCS1800 移动台的最大输出功率是 1W，相应地，它的小区也要小一些。

6.2.4 频率复用

1. 频率复用的概念

在全双工工作方式中，一个无线电信道包含一对信道频率，每个方向都用一个频率发射。在覆盖半径为 R 的地理区域 C_1 内呼叫一个小区使用无线电信道 f_1，也可以在另一个相距 d、覆盖半径也为 R 的小区内再次使用 f_1。

频率复用是蜂窝移动无线电系统的核心概念。在频率复用系统中，处在不同地理位置（不同的小区）上的用户可以同时使用相同频率的信道，如图 6-4 所示，频率复用系统可以极大地提高频谱效率。但是，如果系统设计得不好，将产生严重的干扰，这种干扰称为同信道干扰。这种干扰是由于相同信道公共使用造成的，是在频率复用概念中必须考虑的重要问题。

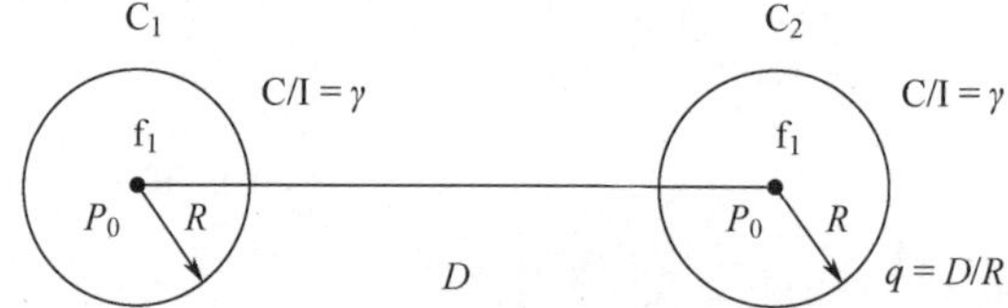

图 6-4 频率复用示意图

2. 频率复用方案

可以在时域与空间域内使用频率复用的概念。在时域内的频率复用是指在不同的时隙里占用相同的工作频率，被称为时分多路（TDM）。在空间域内的频率复用可分为以下两大类。

（1）两个不同的地理区域内配置相同的频率。例如，在不同的城市中使用相同频率的 AM 或 FM 广播电台。

（2）在一个系统的作用区域内重复使用相同的频率——这种方案用于蜂窝系统中。蜂窝式移动电话网通常先由若干邻接的无线小区组成一个无线区群，再由若干个无线区群构成整个服务区。为了防止同频干扰，要求每个区群（即单位无线区群）中的小区不得使用相同频率，只有在不同的无线区群中，才可使用相同的频率。单位无线区群的构成应满足两个基本条件：若干个单位无线区群彼此邻接组成蜂窝式服务区域、邻接单位无线区群中的同频无线小区的中心间距相等。

一个系统中有许多同信道的小区，整个频谱分配被划分为 K 个频率复用模式，即单位无线区群中小区的个数，如图 6-5 所示，其中 K=3、4、7，当然还有其他复用方式，如 K=9、12 等。

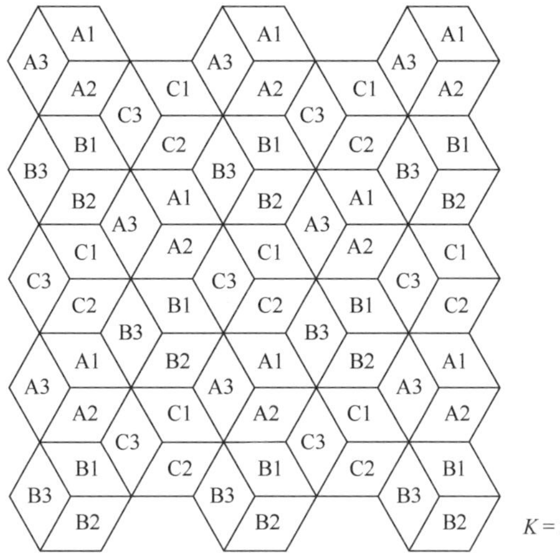

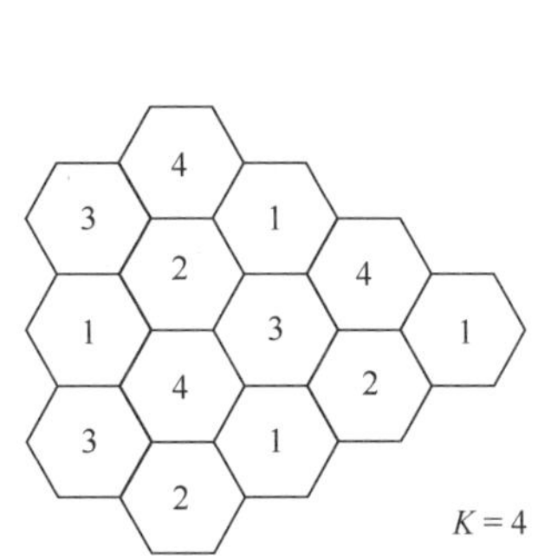

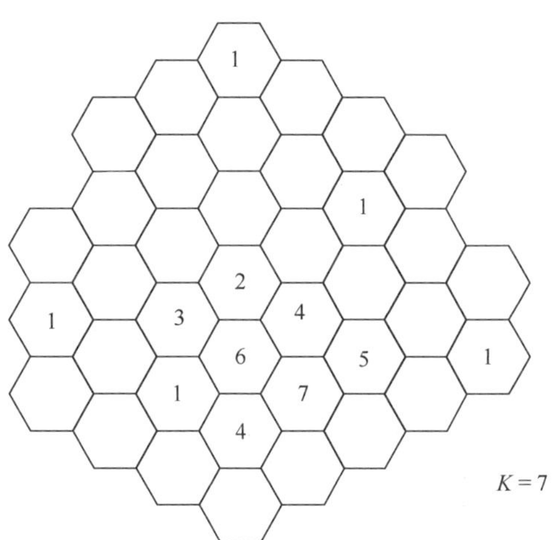

图 6-5　N 小区复用模式

3．频率复用距离

允许同频率重复使用的最小距离取决于许多因素，如中心小区附近的同信道小区数、地理地形类别、每个小区基站的天线高度及发射功率等。

频率复用距离 D 由下式确定：

$$D = \sqrt{3K}R \qquad \text{（式 6-1）}$$

其中，K 是图 6-5 中所示的频率复用模式。则：

$$D=3.46R \quad K=4 \tag{式 6-2}$$

$$D=4.6R \quad K=7 \tag{式 6-3}$$

如果所有小区基站发射相同的功率，则 K 增加，频率复用距离 D 也增加。增加了的频率复用距离将减小同信道干扰发生的可能。

从理论上来说，K 应该大些，然而分配的信道总数是固定的。如果 K 太大，则 K 个小区中分配给每个小区的信道数将减少，如果随着 K 的增加而划分 K 个小区中的信道总数，则中继效率会降低。同样道理，如果在同一地区将一组信道分配给两个不同的工作网络，系统频率效率也将降低。

因此，现在面临的问题是在满足系统性能的条件下如何得到一个最小的 K 值。解决它必须估算同信道干扰，并选择最小的频率复用距离 D 以减小同信道干扰。在满足条件的情况下，构成单位无线区群的小区个数：

$$K=i^2+ij+j^2 \tag{式 6-4}$$

其中，i、j 均为正整数，其中一个可为零，但不能两个同时为零，取 $i=j=1$，可得到最小的 K 值为 $K=3$（见图 6-5）。

6.2.5 切换策略

1. 切换策略概述

当一个移动台正在通话时，从一个基站移动到另一个基站，MSC 自动将呼叫转移到新的基站上。这种切换操作不仅要识别一个新的基站，而且要求将语音和信令分派到新的信道上。

切换处理在任何蜂窝无线系统中都是一项重要的任务。切换必须顺利完成，并且尽可能少地出现，同时要使用户觉察不到。为了适应这些要求，系统设计者必须指定一个启动切换的最恰当的信号强度。一旦将某个特定的信号强度指定为基站接收机中可接受的语音质量的最小可用信号（一般在-100DBM 到-90DBM 之间），稍微强一点的信号强度就可作为启动切换的门限。其中的间隔表示为△=Pr 切换-Pr 最小可用，不能太小也不能太大。如果△太大，可能有不需要的切换来增加 MSC 的负担；如果△太小，可能会因信号太弱而掉话，而在此之前又没有足够的时间来完成切换。

在一个呼叫过程中，如果移动台从一个蜂窝系统离开到另一个具有不同 MSC 控制的蜂窝系统中，则需要进行系统间的切换。同时在系统间切换完成之前就必须定义好这两个 MSC 之间的兼容性。

不同的系统用不同的策略和方法来处理切换请求。一些系统处理切换请求的方式与处理初始呼叫是一样的。在这样的系统中，切换请求在新基站中失败的概率和来话的阻塞是一样的。然而，从用户的角度来看，正在进行的通话中断比偶尔的新呼叫阻塞更令人讨厌，为了提高用户所觉察到的服务质量，在分配语音信道的时候，切换请求优先于初始呼叫请求。

2. 优先切换

使切换具有优先权的一种方法被称为信道监视方法，即保留小区中所有可用信道的一小部分，专门为那些可能要切换到该小区的通话所发出的切换请求服务。监视信道在使用动态分配策略时能使频谱得到充分利用，因为动态分配策略可通过有效的、根据需求的分配方案使所需要的监视信道减小到最小值。

对切换请求进行排队，是减小由于缺少可用信道而强迫中断的发生概率的另一种方法，强迫中断概率的降低与总体承载话务量之间有一种折衷关系，由于接收到的信号强度下降到切换门限以下和因信号太弱而通话中断之间的时间间隔是有限的，因此可以对切换请求进行排队。

6.2.6　信道分配

为了充分利用无线频谱，必须要有一个能实现既增加用户量又减小干扰的频率复用方案。为了达到这些目标，现已发展了各种不同的信道分配策略，信道分配策略可以分为固定的和动态的两类。选择不同的信道分配策略会影响系统的性能，特别是在移动用户从一个小区切换到另一个小区时的呼叫处理方面。

在固定的信道分配策略中，每个小区分配一组预先确定好的语音信道，小区中的任何呼叫都只能使用该小区中的空闲信道，如果该小区中的所有信道都已被占用，则呼叫阻塞、用户得不到服务。固定分配策略也有多种变种，其中一种方案叫借用策略。如果小区的所有信道都已被占用，允许小区从与它相邻的小区中借用信道。由移动管理这样的借用过程，并保证一个信道的借用不会中断或干扰借出小区的任何一个正在进行的呼叫。

在动态的信道分配策略中，语音信道不固定分配给各个小区；相反，每次呼叫请求的时候，为它服务的基站就向 MSC 请求一个信道，交换机则根据一种算法给发出请求的小区分配一个信道。

因此，MSC 只分配符合以下条件的某一频率：这个小区没有使用该频率，而且任何为了避免同频而限定的最小频率复用距离内的小区都没有使用该频率，动态的信道分配策略可以减小阻塞的可能性，从而提高系统的中级能力，因为系统中的所有小区都可用，动态的信道分配策略要求 MSC 连续实时地收集信道占用情况、话务分配情况、所有信道的无线信号强度指示（RSSI）等数据，这增加了系统的存储和计算量，但有利于提高信道的利用率并减小呼叫阻塞的概率。

6.2.7　干扰

干扰是蜂窝无线系统性能的主要限制因素。干扰来源包括同小区中的另一个移动台，相邻小区中正在进行的通话，使用相同频率的其他基站，或者无意中渗入蜂窝系统频带范围的任何非蜂窝系统。语音信道上的干扰会导致串话，使用户听到背景的干扰。信令信道上的干扰则会导致数字信号发送上的错误，从而造成呼叫遗漏或阻塞。

蜂窝系统两种主要的干扰是同频干扰和邻频干扰。虽然干扰信号常常在蜂窝系统内产生，但在实际中要控制它们也是很难的（由于随机的传播效应），频带外用户引起的干扰更加难以控制。实际上，使用相互竞争的蜂窝系统常常是频带外干扰的一个重要来源，因竞争者为了给顾客提供不相上下的覆盖，常常使他们的基站相距得很近。

1. 同频干扰

频率复用意味着在一个给定的覆盖区域内，存在着许多使用同一组频率的小区，这些小区被称为同频小区。这些同频小区之间的信号干扰被称为同频干扰。同频干扰不能简单地通过增大发射机的发射功率来克服，这是因为增大发射功率会增大对相邻同频小区的干扰。为了减小同频干扰，同频小区必须在物理上隔开一个最小的距离，为传播提供充分的隔离。

如果每个小区的大小都差不多，基站也都发射相同的功率，则同频干扰比例与发射功率无关，而变为小区半径（R）和相距最近同频小区的中心之间距离（D）的函数。增加 D/R 的值，相对于小区的覆盖距离，同频小区间的空间距离就会增加，从而来自同频小区的射频能量减小而使干扰减小，其中参数 Q 被称为同频复用比例。对于六边形系统来说，Q 可表示为：

$$Q=\frac{D}{R}=\sqrt{3N} \tag{式 6-5}$$

Q 的值越小，容量越大；Q 值大可以提高传播质量，因为同频干扰小。在实际的蜂窝系统中，需要对这两个目标进行协调和折衷。

2. 邻频干扰

来自所使用信号频率的相邻频率的信号干扰被称为邻频干扰。邻频干扰是由于接收滤波器不理想，使得相邻频率的信号泄露到传输带宽内而引起的。如果相邻信道的用户在离用户接收机很近的范围内发射，而接收机想接收使用预设信道的基站信号，则这个问题会变得很严重，这称为远近效应，就是一个在附近的发射机（可以不属于蜂窝系统所用的同一种类型）“俘获”了用户的接收机。还有，当离基站很近的移动台用了与一个弱信号移动台使用的信道邻近的信道时，也会发生远近效应。

6.2.8 小区分裂

随着无线服务要求的提高，分配给每个小区的信道数量最终变得不足以支持所要达到的用户数。从这点来看，需要蜂窝设计技术来给单位覆盖区域提供更多的信道。在实际中，用小区分裂、裂向和覆盖区域逼近等技术来增大蜂窝系统的频率复用。微小区概念将小区覆盖分散，将小区边界延伸到难以到达的地方。小区分裂通过增加基站的数量来增加系统容量，而裂向和微小区依靠基站天线的定位来减小同频干扰以提高系统容量。

小区分裂是将拥塞的小区分成更小的小区的方法，每个小区都有自己的基站且相应降低天线高度并减小发射机功率。由于小区分裂提高信道的复用次数，因而能提高系统容量。通过设定比原小区半径更小的新小区和在原有小区间安置这些小区（微小区），使得单位面积内的信道数目增加，从而增加系统容量。

6.3 GSM 数字移动通信系统

6.3.1 GSM 系统结构

蜂窝移动通信系统主要由交换网络子系统（NSS）、无线基站子系统（BSS）和移动台（MS）三部分组成，如图 6-6 所示。其中 NSS 与 BSS 之间的接口为“A”接口，BSS 与 MS 之间的接口为“Um”接口。各接口为开放式接口。

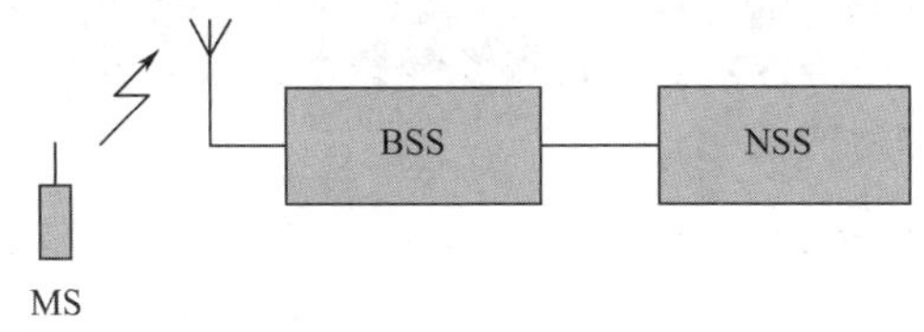

图 6-6 GSM 系统的组成

GSM 系统框图如图 6-7 所示，A 接口往右是 NSS 系统，它包括移动业务交换中心（MSC）、访问用户位置寄存器（VLR）、归属用户位置寄存器（HLR）、鉴权中心（AUC）和移动设备识别寄存器（EIR），A 接口往左是 BSS 系统，它包括基站控制器（BSC）和基站收发信台（BTS）。Um 接口往左是移动台（MS），其中包括移动终端（MT）和客户识别卡（SIM 卡）。

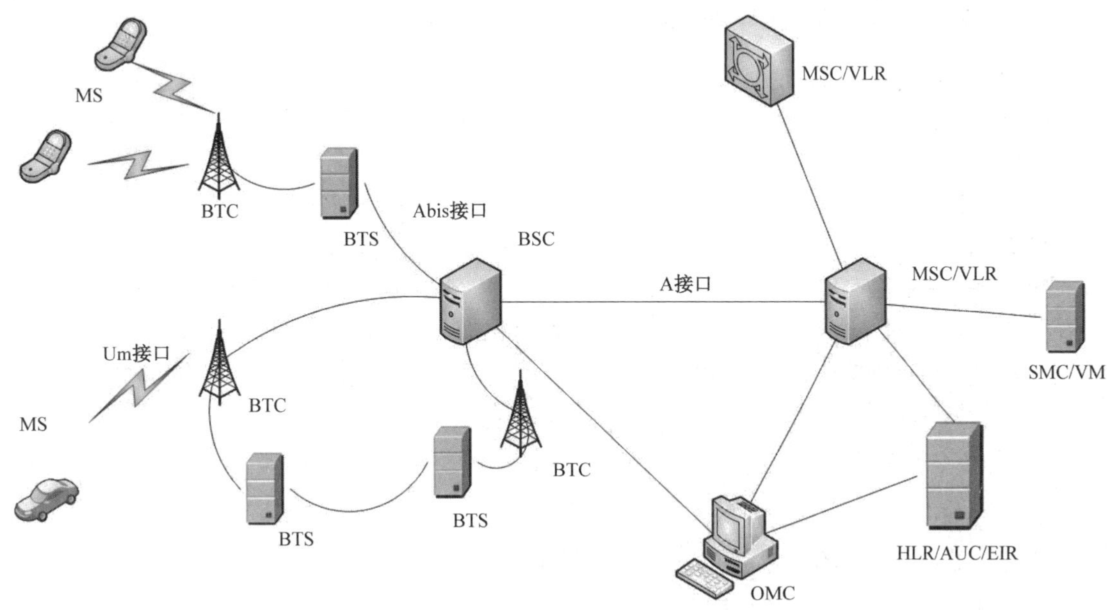

MSC：移动业务交换中心　　BSC：基站控制器　　SMC：短消息中心
HLR：归属用户位置寄存器　　BTS：基站收发信台　　VM：语音邮箱
AUC：鉴权中心　　MS：移动台　　OMC：操作维护中心
VLR：访问用户位置寄存器　　EIR：移动设备识别寄存器

图 6-7 GSM 系统框图

1. 交换网络子系统（NSS）

交换网络子系统（NSS）主要完成交换功能和数据库功能，数据库中存有客户数据及移动性、安全性管理所需要的数据。NSS 由一系列功能实体所构成，各功能实体介绍如下。

MSC 是 GSM 系统的核心，是对位于它所覆盖区域中的移动台进行控制和完成话路交换的功能实体，也是移动通信系统与其他公用通信网之间的接口。

VLR 是一个数据库，负责存储 MSC 为了处理所管辖区域中 MS（统称拜访客户）的来话、去话呼叫需要检索的信息，如客户的号码、所处位置区域的识别、向客户提供的服务等参数。

HLR 也是一个数据库，负责存储管理部门用于移动客户管理的数据。每个移动客户都应在其归属用户位置寄存器（HLR）注册登记。

AUC 用于产生为确定移动客户的身份和对呼叫保密所需鉴权、加密的三参数（随机号码 RAND、符合响应 SRES、密钥 Kc）的功能实体。

EIR也是一个数据库，存储有关移动台设备参数。主要完成对移动设备的识别、监视、闭锁等功能，以防止非法移动台的使用。

2．无线基站子系统（BSS）

BSS是在一定的无线覆盖区中由MSC控制，与MS进行通信的系统设备，它主要负责完成无线发送接收和无线资源管理等功能。功能实体可分为基站控制器（BSC）和基站收发信台（BTS）。

BSC具有对一个或多个BTS进行控制的功能，它主要负责无线网络资源的管理、小区配置数据管理、功率控制、定位和切换等，是个很强的业务控制点。

BTS是无线接口设备，它完全由BSC控制，主要负责无线传输，完成无线与有线的转换、无线分集、无线信道加密、跳频等功能。

3．移动台（MS）

移动台（MS）是移动客户设备部分，它由两部分组成，移动终端（MT）和客户识别卡（SIM卡）。

移动终端是“机”，它可完成语音编码、信道编码、信息加密、信息的调制和解调、信息发射和接收。

SIM卡是“身份卡”，它类似于我们现在所用的IC卡，因此也称智能卡，存有认证客户身份所需要的所有信息，并能执行一些与安全保密有关的重要信息，以防止非法客户进入网络。SIM卡还存储与网络和客户有关的管理数据，只有插入SIM卡后移动终端才能接入进网，但SIM卡本身不是代金卡。

4．操作维护子系统OMC

GSM系统还有个操作维护子系统（OMC），它主要对整个GSM网络进行管理和监控。通过它实现对GSM网内各种部件的监视、状态报告、故障诊断等功能。

5．GSM网络的接口与信令链路

Um接口：移动台（MS）与BTS之间的接口。该接口传递的信息主要包括无线资源管理、移动性管理和接续管理等。

A接口：MSC与BSC之间的信令链路。采用7号信令，链路速率为64kbit/s。

Abis接口：BSC与BTS之间的信令链路。第二层采用LAPD（D信道链路接入协议），链路速率为64kbit/s（16kbit/s是可选速率）。

OML：OMC_R与变码器及OMC_R与BSC之间的信令链路，采用X.25分组交换协议，链路速率为64kbit/s。

XBL：RXCDR与BSC之间的信令链路，第二层采用LAPD，链路速率为64kbit/s。

6.3.2 GSM系统的基本原理

GSM在无线接口上综合了频分多址（FDMA）和时分多址（TDMA），而且加入了跳频技术（Frequency Hopping）。

1．工作频段

（1）GSM 主要工作频段。

我国陆地公用蜂窝数字移动通信网 GSM 通信系统采用 900MHz 频段：

890～915MHz（移动台发、基站收）

935～960MHz（基站发、移动台收）

随着业务的发展，可视需要向下扩展，或向 1.8GHz 频段的 DCS1800 过渡，即 1 800MHz 频段：

1 710～1 785MHz（移动台发、基站收）

1 805～1 880MHz（基站发、移动台收）

（2）频道间隔。

相邻两频道间隔为 200kHz，每个频道采用时分多址（TDMA）接入方式，分为 8 时隙，即 8 个信道（全速率）。每个信道占用带宽 200kHz/8=25kHz，与模拟网 TACS 制式每个信道占用的频率带宽相同。从这点看二者具有同样的频谱利用率。将来 GSM 采用半速率语音编码后，每个频道可容纳 16 个半速率信道。

（3）频道配置。

采用等间隔频道配置方法，GSM 900 频段上有 124 个频率载频，频道序号为 1～124；GSM 1800 频段上有 374 个频率载频，频道序号为 512～885。

频道序号和频点标称中心频率的关系如下。

GSM 900：

$$f_1(n)=890.200\text{MHz}+(n-1)\times 0.200\text{MHz}\ \text{（移动台发，基站收）}\qquad\text{（式 6-6）}$$

$$f_h(n)=f_1(n)+45\text{MHz}\ \text{（基站发，移动台收）}\qquad\text{（式 6-7）}$$

n= 1～124 频道

GSM 1800：

$$f_1(n)=1\,710.200\text{MHz}+(n-512)\times 0.200\text{MHz}\ \text{（移动台发，基站收）}\qquad\text{（式 6-8）}$$

$$f_h(n)=f_1(n)+95\text{MHz}\ \text{（基站发，移动台收）}\qquad\text{（式 6-9）}$$

n= 512～885 频道

（4）双工收发间隔。

在 GSM 900 频段，双工收发间隔为 45MHz；在 DCS 1800 频段，双工收发间隔为 95MHz；业务信道发射标识为 271KF7W。其中，271K 表示必要带宽 271kHz；F 表示主载波调制方式为调频；7 表示调制主载波的信号性质为包含量化或数字信息的双信道或多信道；W 表示被发送信息的类型为电报传真数据、遥测、遥控、电话视频的组合。

（5）干扰保护比。

载波干扰保护比（C/I）是指接收到的希望信号电平与非希望信号电平的比值，此比值与 MS 的瞬时位置有关。这是由于地形不规则性及本地散射体的形状、类型及数量不同，以及其他一些因素如天线类型、方向性及高度、站址的标高及位置、当地的干扰源数目等所造成的。

同频道干扰保护比是指不同小区使用相同的频率时，另一小区对服务小区产生的干扰。两个信号之间的比值为C/I 。GSM 规定：

$$C/I \geqslant 9\text{dB}\qquad\text{（式 6-10）}$$

邻频道干扰保护比是指频率在复用的情况下，相邻频率对服务小区使用的频率所产生的干扰。GSM 规定：

$$C/I \geqslant -9\text{dB} \quad （式 6-11）$$

载波偏离 400kHz 时的干扰保护比：

$$C/I \geqslant -41\text{dB} \quad （式 6-12）$$

2. 频率复用方式

频率复用是指在不同的地理区域上用相同的载波频率进行覆盖。这些区域必须隔开足够的距离，以致所产生的同频道及邻频道干扰的影响可忽略不计。频率复用方式就是将可用频道分成若干组，若可用的频道 N（假设为 49）分成 F 组（假设 9 组），则每组的频道数为 N/F=49/9≈5.4，即有些组的频道数为 5 个，有些为 6 个。因为总的频道数 N 是固定的，所以分组数 F 越少，每组的频道数就越多。但是，频率分组数的减少也使同频道复用距离减小，会导致系统中平均 C/I 值降低。因此，在工程实际使用中把同频干扰保护比值 C/I 增加 3dB 的冗余来保护，采用 12 分组方式，即 4 个基站、12 组频率（4/12 复用方式）。

3. 帧格式

在 TDMA 中，每个载频被定义为一个 TDMA 帧，相当于 FDMA 系统中的一个频道，每帧包括 4 时隙（TS0-7），且要有 TDMA 帧号，这是因为 GSM 的特性之一是客户保密性好，这是通过在发送信息前对信息进行加密实现的。计算加密序列的算法以 TDMA 帧号为一个输入参数，因此每一帧都必须有一个帧号。有了 TDMA 帧号，移动台就可判断控制信道 TS0 上传送的是哪一类逻辑信道。

4. 信道类型

GSM 中的信道分为物理信道和逻辑信道，一个物理信道就为一个时隙（TS），而逻辑信道是根据 BTS 与 MS 之间传递的信息种类不同而定义的不同逻辑信道。这些逻辑信道映射到物理信道上传送。从 BTS 到 MS 的方向称为下行链路，相反的方向称为上行链路。

逻辑信道又分为两大类，业务信道和控制信道。

（1）业务信道（TCH）：用于传送编码后的语音或客户数据，在上行和下行信道上，点对点（BTS 对一个 MS，或反之）方式传播。

（2）控制信道：用于传送信令或同步数据。根据所需要完成的功能又把控制信道定义成广播、公共及专用三种控制信道。

5. 语音编码

由于 GSM 系统是一种全数字系统，语音和其他信号都要进行数字化处理，因此移动台首先要将语音信号转换成模拟电信号，然后，移动台再把模拟电信号转换成 13kbit/s 的数字信号用于无线传输。

目前 GSM 采用的编码方案是 13kbit/s 的 RPELTP（规则脉冲激励长期预测），其目的是在不增加误码的情况下，以较小的速率优化频谱占用，同时到达与固定电话尽量接近的语音质量。

6. 信道编码

信道编码用于改善信号传输质量，克服各种干扰因素对信号产生的不良影响，但它是以增加比特降低信息量为代价的。编码的基本原理是在原始数据上附加一些冗余比特信息，增加的比特是通过某种约定从原始数据中经计算产生的，接收端的解码过程则利用这些冗余比特信息来检测误码并尽可能纠正误码。当收到的数据经过计算所得冗余比特与收到的不一样时，就可

以确定传输有误。

GSM 使用的编码方式主要有块卷积码、纠错循环码（FIRE CODE）、奇偶校验码（PARITY CODE）。块卷积码主要用于纠错，当解调器采用最大似然估计方法时，可以产生十分有效的纠错结果；纠错循环码主要用于检测和纠正成组出现的误码，通常和块卷积码混合使用，用于捕捉和纠正遗漏的组误差；奇偶校验码是一种普遍使用的检测误码的简单方法。

7. 交织技术

在移动通信中，信道是一种变参信道，比特差错经常是成串发生的。这是因为持续较长的衰落会影响相继一串的比特，但是信道编码仅在检测和校正单个差错和不太长的差错串时才有效，为了解决这一问题，希望找到把一条消息中的相继比特分开的办法，即一条消息的相继比特以非相继的方式被发送，使突发差错信道变为离散信道。这样即使出现差错，也仅是单个或者很短的比特出现错误，不会导致整个突发脉冲甚至消息块都无法被解码，这时可再用信道编码的纠错功能来纠正差错，恢复原来的消息，这种方法就是交织技术。

8. 加密

在数字传输系统的各种优点中，能提供良好的保密性是很重要的特性之一。GSM 通过传输加密提供保密措施，这种加密可以用于语音、用户数据和信令，与数据类型无关，只限于用在常规的突发脉冲之上。加密是通过一个泊松随机序列（由加密钥 Kc 与帧号通过 A5 算法产生）和常规突发脉冲之中 114 个信息比特进行异或操作而得到的。在接收端再产生相同的泊松随机序列，与所收到的加密序列进行同或操作便可得到所需要的数据了。

9. 调制和解调

调制和解调是信号处理的最后一步。简单地说，GSM 所使用的调制是 BT=0.3 的 GMSK 技术，其调制速率是 270.833kbit/s，使用 Viterbi（维特比）算法进行的解调，调制的功能是按照一定的规则把某种特性强加到电磁波上。GSM 系统中承载信息的是电磁场的相位，即调相方式。解调的功能是接收信号，从一个受调的电磁波中还原发送的数据。从发送角度来看，首先要完成二进制数据到一个低频调制信号的变换，再进一步把它变成电磁波的形式。解调过程是调制的逆过程。

10. 跳频技术

采用跳频技术是为了确保通信的秘密性和抗干扰性，它首先被用于军事通信，后来在 GSM 标准中也被采纳。跳频功能主要用来改善衰落，处于多径环境中的漫速移动的移动台通过采用跳频技术大大改善移动台的通信质量。GSM 系统中的跳频分为基带跳频和射频跳频两种。

11. 安全措施

GSM 系统在安全性方面有了显著的改进，GSM 与保密相关的功能有两个目标：第一，包含网络以防止未授权的接入，同时保护用户不受欺骗性的假冒；第二，保护用户的隐私权。

防止未授权的接入是通过鉴权（即插入的 SIM 卡与移动台提供的用户标识码是否一致的安全性检查）实现的。从运营者方面来看，该功能是头等重要的，尤其在国际漫游情况下，被访问网络并不能控制用户的记录，也不能控制它的付费能力。

保护用户的隐私是通过不同手段实现的，对传输加密可以防止在无线信道上窃听通信。大多数信令也可以用同样方法保护，以防止第三方了解被叫方是谁。另外，以一个临时代号替代用户标识是使第三方无法在无线信道上跟踪 GSM 用户的又一机制。

6.3.3 接口和协议

为保证网络运营部门能在充满竞争的市场条件下灵活选择不同供应商提供的数字蜂窝移动通信设备，GSM 系统在制定技术规范时就对子系统之间及各功能实体之间的接口和协议做了具体的定义，使得不同供应商提供的 GSM 系统基础设备能够符合统一的 GSM 技术规范，达到互联、组网的目的。

1. 主要接口

GSM 系统的主要接口是指 A 接口、Abis 接口和 Um 接口。这三种主要接口的定义和标准化能保证不同供应商生产的移动设备、基站子系统和网络子系统设备纳入同一个 GSM 数字移动通信网络中。GSM 系统的主要接口如图 6-8 所示。

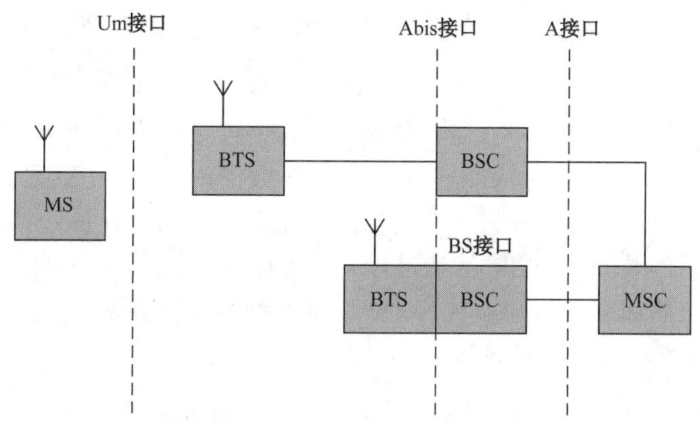

图 6-8 GSM 系统的主要接口

（1）A 接口。

BSC 与 MSC 之间的接口即 A 接口，它用于 BSC 和 MSC 之间的报文和进/出移动台的报文（通过 CC 或 MM 协议鉴别器实现）。

（2）Abis 接口（BSC 与 BTS 之间的接口）。

Abis 接口为 BSC 与 BTS 之间的接口，BSC 支持 900MHz 和 1 800MHz 两种基站 SITE 配置。Abis 接口遵循 GSM 规范 08.5X 系列要求。

（3）Um 接口。

Um 接口被定义为 MS 与 BTS 之间的通信接口，也可称其为空中接口，在所有 GSM 系统接口中，Um 接口是最重要的。

2. NSS 内部接口

NSS 由 MSC、VLR、HLR 等功能实体组成，因此 GSM 技术规范定义了不同接口，以保证各功能实体之间接口标准化。NSS 内部接口如图 6-9 所示。

（1）B 接口：MSC 与 VLR 接口，MSC 通过该接口向 VLR 传送漫游用户位置信息，并在呼叫建立时向 VLR 查询漫游用户的有关用户数据，通常 MSC 与 VLR 合设，其间采用内部接口。

（2）C 接口：MSC 与 HLR 接口，MSC 通过该接口向 HLR 查询被叫移动台的路由信息，HLR 提供路由。

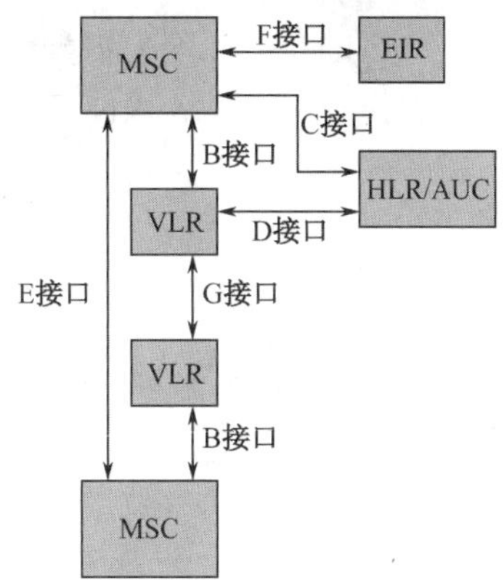

图 6-9　NSS 内部接口

（3）D 接口：VLR 与 HLR 接口，此接口用于两个位置寄存器之间传送用户数据信息（位置信息、路由信息、业务信息等）。

（4）E 接口：MSC 与 MSC 接口，用于越局频道转接。该接口传送控制两个 MSC 之间话路接续的常规电话网局间信令。

（5）F 接口：MSC 与 EIR 接口，MSC 向 EIR 查询移动台设备的合法性。

（6）G 接口：VLR 之间的接口，当移动台由某一 VLR 进入另一 VLR 覆盖区域时，新老 VLR 通过该接口交换必要的信息，仅用于数字移动通信系统。

（7）MSC 与 PSTN 的接口：是常规的电话网局间信令接口，用于建立移动网至公用电话网的话路接续。

6.3.4　呼叫处理

1. 移动台客户状态

移动用户一般处于 MS 开机（空闲状态）、MS 关机和 MS 忙三种状态之一，因此网络需要对这三种状态做相应的处理。

（1）MS 开机。

① 若 MS 是第一次开机，在 SIM 卡中没有位置区识别码（LAI），MS 向 MSC 发送“位置更新请求”消息，通知 GSM 系统这是一个此位置区的新用户。MSC 根据该用户发送的 IMSI 号，向 HLR 发送“位置更新请求”信息，HLR 记录发请求的 MSC 号及相应的 VLR 号，并向 MSC 回送“位置更新接受”消息。至此 MSC 认为 MS 已被激活，在 VLR 中对该用户对应的 IMSI 上做“附着”标记，再向 MS 发送“位置更新证实”消息，MS 的 SIM 卡记录此位置区识别码。

② 若 MS 不是第一次开机，而是关机后再开机的，MS 接收的 LAI 与它 SIM 卡中原来存储的 LAI 不一致，则 MS 立即向 MSC 发送“位置更新请求”信息，VLR 要判断原有的 LAI 是否是自己服务区的位置。

③ MS 再开机时，所接收到的 LAI 与它 SIM 卡中原来存储的 LAI 一致，此时 VLR 只对该用户做“附着”标记。

（2）MS 关机，从网络中“分离”。

MS 切断电源后，MS 向 MSC 发送“分离处理请求”信息，MSC 接收后，通知 VLR 对该

MS 对应的 IMSI 上做“分离”标记，此时 HLR 并没有得到该用户已脱离网络的通知。当该用户被寻呼后，HLR 向拜访 MSC/VLR 要漫游号码（MSRN）时，VLR 通知 HLR 该用户已关机。

（3）MS 忙。

此时，给 MS 分配一个业务信道传送语音或数据，并在用户 ISDN 上标注用户“忙”。

2. 周期性登记

当 MS 向网络发送“IMSI 分离”消息时，有可能因为此时无线质量差或其他原因，GSM 系统无法正确译码，而仍认为 MS 处于附着状态。或者 MS 开着机，却移动到覆盖区以外的地方，即盲区，GSM 系统也不知道，仍认为 MS 处于附着状态。在这两种情况下，该用户若被寻呼，系统就会不断地发出寻呼消息，无效占用无线资源。

为了解决上述问题，GSM 系统采用了强制登记的措施。要求 MS 每过一定时间登记一次，这就是周期性登记。若 GSM 系统没有接收到 MS 的周期性登记信息，它所处的 VLR 就以“隐分离”状态在该 MS 上做记录，当再次接收到正确的周期性登记信息后，将它改写成“附着”状态。

3. 位置更新

当移动台更换位置区时，移动台发现其存储器中的 LAI 与接收到的 LAI 发生了变化，便执行登记，这个过程被称为位置更新。位置更新是移动台主动发起的，位置更新有两种情况：移动台的位置区发生了变化，但仍在同一 MSC 局内；移动台从一个 MSC 局移到了另一个 MSC 局。

4. 切换

处于通话状态的移动用户从一个 BSS 移动到另一个 BSS 时，切换功能保持移动用户已经建立的链路不被中断。切换与否主要由 BSS 决定，当 BSS 检测到当前的无线链路通信质量下降时，BSS 将根据具体情况进行不同的切换，也可以由 MSS 根据话务信息要求开始切换。

切换包括 BSS 内部切换、BSS 间的切换和 MSS 间的切换。其中 BSS 间的切换和 MSS 间的切换都需要由 MSC 控制完成，而 BSS 内部切换由 BSC 控制完成。

由 MSC 控制完成的切换又可以划分为 MSC 内部切换、基本切换和后续切换。

（1）MSC 内部切换。

MSC 内部切换是指移动用户无线信道由当前 BSS 切换到同一 MSC 下的另一 BSS 的过程。整个切换进程由一个 MSC 控制完成，MSC 需要向新的 BSS 发起切换请求，使新 BSS 为 MS 接入做好准备；新 BSS 响应切换请求后，MSC 通过原先 BSS 通知 MS 进行切换；当 MS 在新 BSS 接入成功时，MSC 负责建立新的连接。

（2）基本切换。

基本切换是指移动用户通信时从一 MSC 的 BSS 覆盖范围移动到另一 MSC 的 BSS 覆盖范围内，为保持通信而发生的切换过程。基本切换的实现需要 MSC-A 与 MSC-B/VLR 相互配合，MSC-A 作为切换的移动用户控制方直至呼叫释放为止。

（3）后续切换。

后续切换意味着移动用户基本切换完成后，在继续通信过程中又发生 MSC 间的切换。后续切换根据切换的目的地不同，可以分为两种情形：后续切换回主控 MSC；后续切换到第三方 MSC。

6.4　第三代移动通信技术

6.4.1　第三代移动通信技术概述

1. 第三代移动通信技术概念

第三代移动通信，即国际电信联盟（ITU）定义的 IMT-2000（International Mobile Telecommunication-2000），俗称 3G，是相对第一代模拟制式和第二代数字制式（2G）而言的。一般来说，3G 是指将无线通信与国际互联网等多媒体通信结合的新一代移动通信系统。它能够处理图像、音乐、视频流等多种媒体形式，提供包括网页浏览、电话会议、电子商务等多种信息服务，无线网络必须能够支持不同的数据传输速率。

2. 3G 通信系统的目标

3G 通信系统的目标为：全球统一频谱、统一标准，全球无缝覆盖；更高的频谱效率，更低的建设成本；能提供高的服务质量和保密性能；能提供足够的系统容量，易于 2G 系统的过渡和演进；能提供多种业务，包括国际互联网和视频会议、高数据率通信等；能适应多种环境，无线网络必须能够支持不同的数据传输速度，也就是说在室内、室外和行车的环境中能够分别支持至少 2Mbit/s、384kbit/s 及 144kbit/s 的传输速度。

3. ITU 对 3G 的频带划分

1992 年，世界无线电行政大会（WARC）根据 ITU-R 对于 IMT-2000 的业务量和所需要频谱的估计，划分了 230MHz 带宽给 IMT-2000。1 885～2 025MHz 及 2 110～2 200MHz 频带为全球基础上可用于 IMT-2000 的业务。1 980～2 010MHz 和 2 170～2 200MHz 为卫星移动业务频段，共 60MHz；其余 170MHz 为陆地移动业务频段，其中对称频段是 2×60MHz，不对称的频段是 50MHz。

WRC-2000 为 IMT-2000 划分 1 710～1 885MHz 和 2 500～2 690MHz 作为主要的附加频段。

4. 3G 的技术标准

1999 年 11 月的 ITU-R TG8/1 会议上，通过了 IMT-2000 的无线接口技术规范，包括 CDMA 和 TDMA 两大类共五种技术，并在 2000 年 5 月的 ITU-R 全会上正式通过。

目前，国际上最具代表性的 3G 技术标准有三种，它们分别是 TD-SCDMA、WCDMA 和 CDMA2000，均采用 CDMA 技术。其中 TD-SCDMA 属于时分双工（TDD）模式，是由中国提出的 3G 技术标准；而 WCDMA 和 CDMA2000 属于频分双工（FDD）模式。

国际上，TD-SCDMA、WCDMA 和 CDMA2000 的具体标准化工作主要由两个第三代移动通信合作伙伴组织：3GPP、3GPP2 负责。其中 TD-SCDMA、WCDMA 由 3GPP 负责具体标准化工作；而 CDMA2000 由 3GPP2 负责具体标准化工作。

2007 年 10 月 ITU 批准 WiMAX 以“OFDMA TDD WMAN”名义成为全球 3G 标准。

6.4.2　TD-SCDMA

1. 接口与协议

TD-SCDMA 作为一个完整的第三代移动通信 IMT-2000 的标准，主要由核心网络（CN）和无线接入网（RAN）两部分构成，如图 6-10 所示。3G 的核心网络最终是 IP 网。IMT-2000 RTT 标准规定无线接入网 RAN 或 RNS（Radio Network Subsystems）由无线网络管理控制器（RNC）、无线基站子系统（NodeB）和用户终端（UE）构成。在无线接入网中主要有 Iu、Iub、Iur、Uu 等接口。

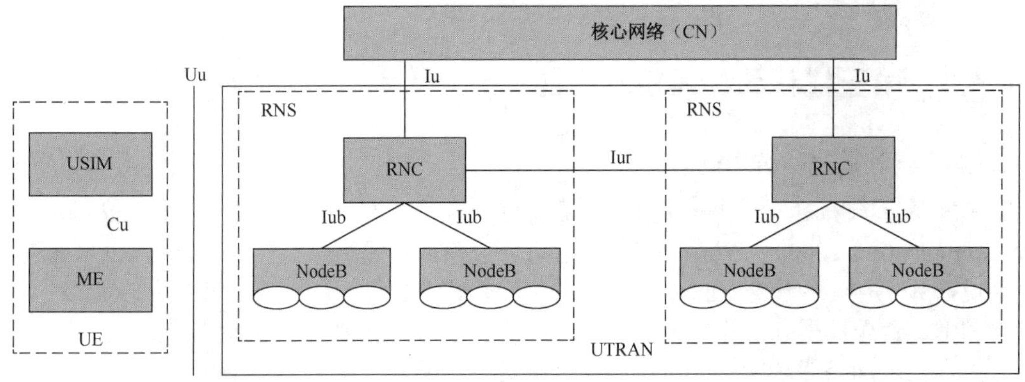

图 6-10　TD-SCDMA 结构

（1）Iu 接口。

Iu 接口的协议栈分两个平面、两个层次。两个平面（纵向）为控制平面和用户平面；两个层次（横向）为无线网络层和传输网络层。

Iu 的接口功能：移动性管理；位置区更新报告；RNC 间切换和系统间切换；无线接入承载 RAB 管理；RAB 的建立、释放、更改；Iu 数据传输；正常数据传输；异常数据传输；UE-CN 连接信息的透明传输；寻呼 Paging；安全模式控制；过载控制。

Iu 接口分为两个域：电路域的 Iu-cs 和分组域的 Iu-ps。

Iu-cs 协议结构如图 6-11 所示。

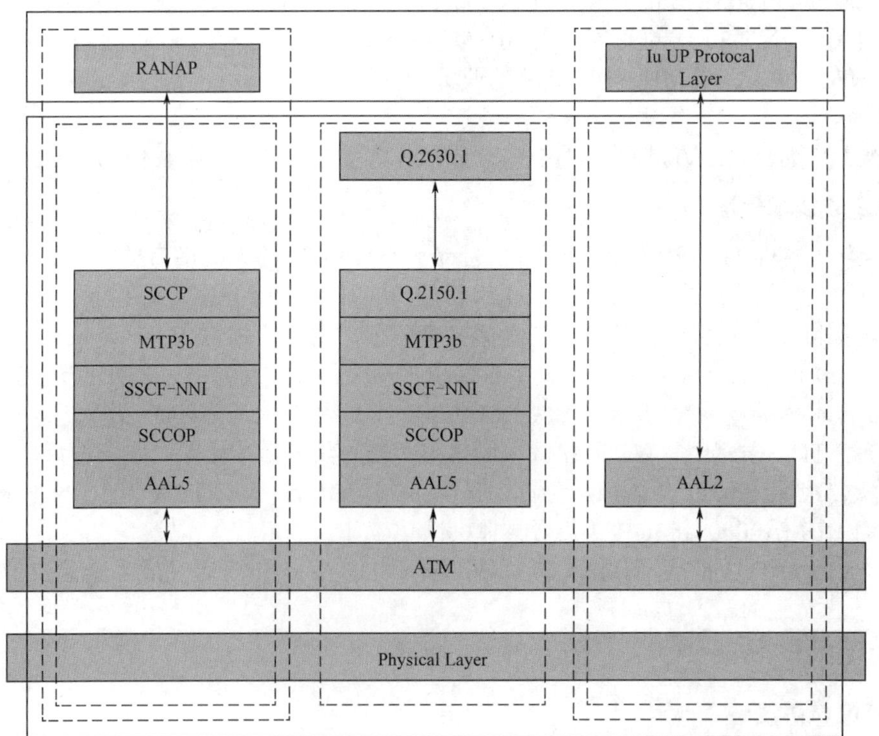

图 6-11　Iu-cs 协议结构

Iu-ps 协议结构如图 6-12 所示。

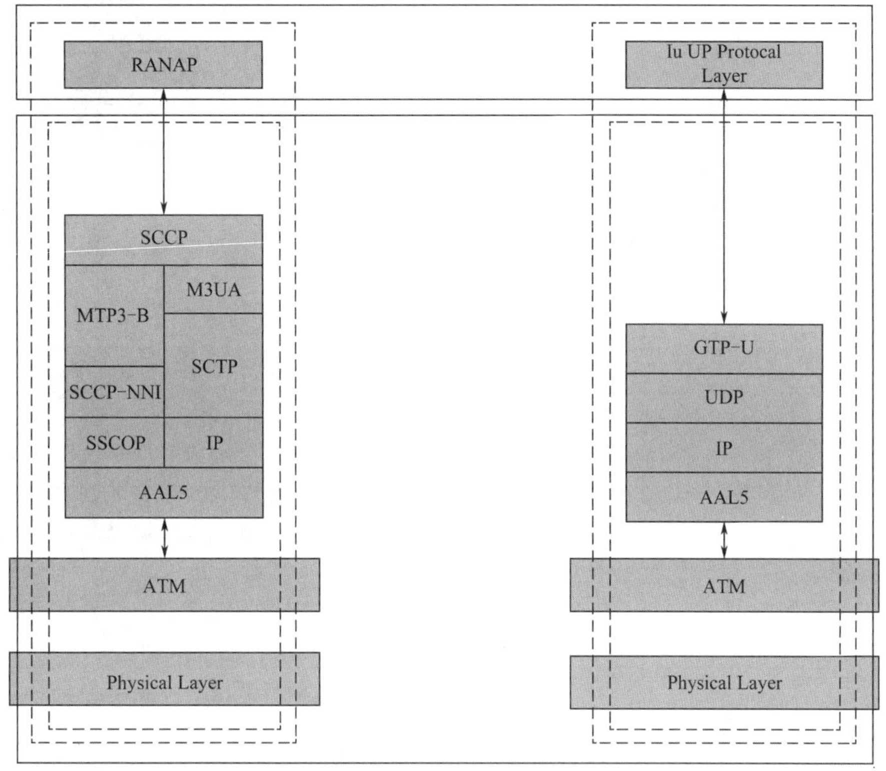

图 6-12　Iu-ps 协议结构

（2）Iub 接口。

Iub 接口主要用来传送与信令相关的无线应用，Iub 的各种 DCH、RACH、FACH、DSCH、USCH、PCH 数据流。Iub 接口功能主要包括公共功能和专用功能两部分。

公共功能：公共传输信道管理；Iub 公共信道数据传输；NodeB 逻辑管理 O&M（小区配置、故障管理）；系统信息管理；公共测量；资源核查；异常管理；定时和同步管理。

专用功能：专用传输信道管理；无线链路 RL 监控；专用测量管理；定时和同步管理；上行外环功控；Iub 专用数据传输。

Iub 协议结构如图 6-13 所示。

（3）Iur。

Iur 接口的功能有：传输网络管理；公共传输信道的业务管理，包括公共传输信道的资源准备和寻呼功能；专用传输信道的业务管理，包括无线链路的建立、增加、删除和测量报告等功能；下行共享传输信道和上行共享传输信道的业务管理，包括无线链路的建立、增加、删除和容量分配等功能。

Iur 协议结构如图 6-14 所示。

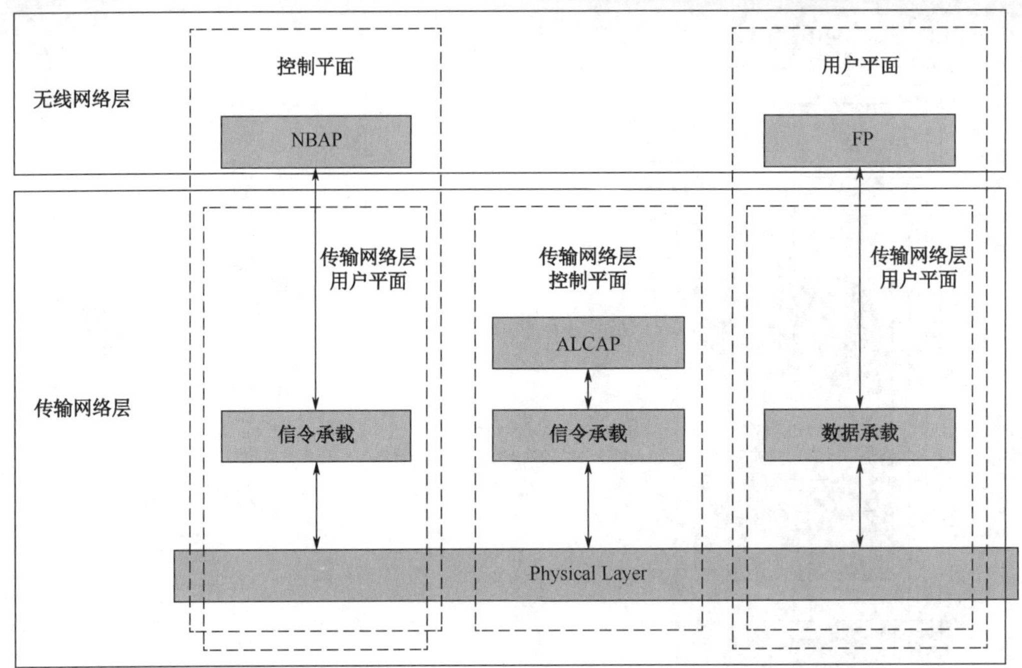

图 6-13　Iub 协议结构

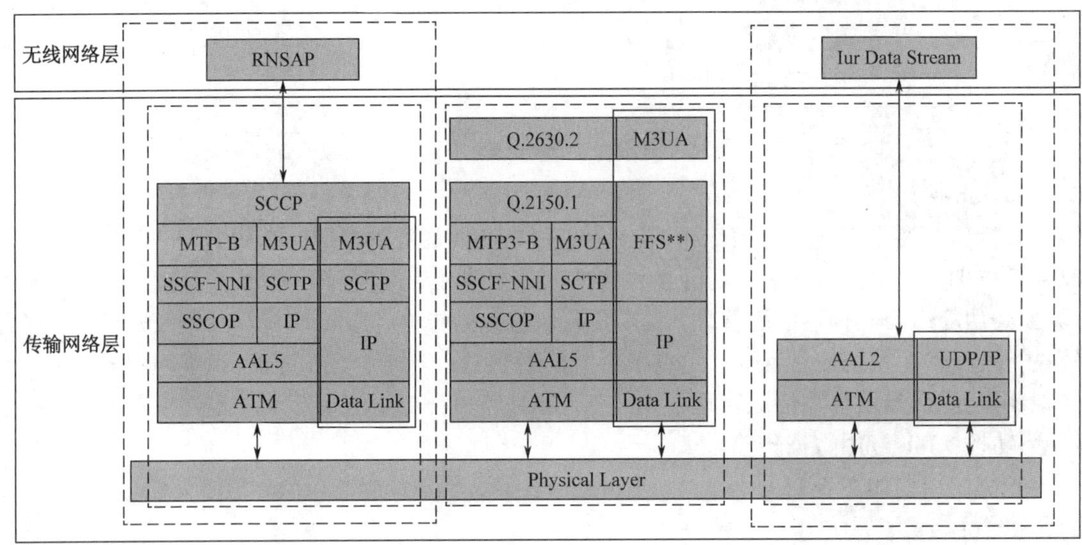

图 6-14　Iur 协议结构

（4）Uu。

Uu 接口是 TD-SCDMA 最重要的一个接口，也是区别于其他 3G 标准的重要部分。Uu 接口从协议的角度可分为以下三个协议层：物理层（L1）、数据链路层（L2）和网络层（L3）。其中，L2 层包括介质访问控制（MAC）、无线链路控制（RLC）、分组数据聚合协议（PDCP）和广播/多播控制（BMC）。L3 层包括无线资源控制（RRC）、移动性管理（MM）和连接管理（CM）。Uu 接口的用户平面主要传输用户数据；控制平面传输相关信令，建立、重新配置和释放各种 3G 移动通信无线承载业务。Uu 接口包括用户平面协议和控制平面协议。

Uu 接口用户平面协议结构如图 6-15 所示。

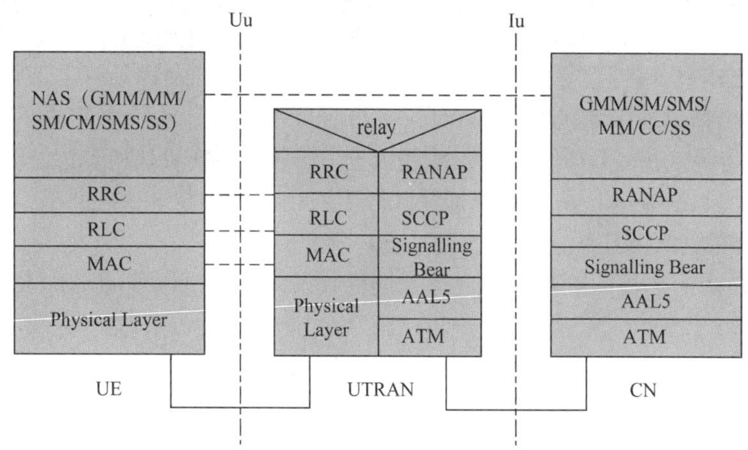

图 6-15　Uu 接口用户平面协议结构

Uu 接口控制平面协议结构如图 6-16 所示。

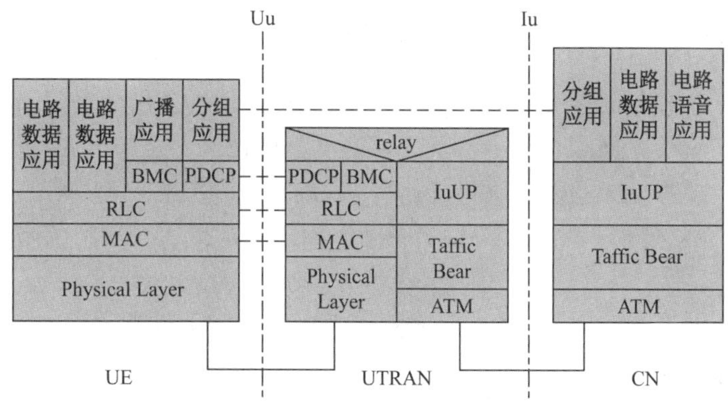

图 6-16　Uu 接口控制平面协议结构

2．TD-SCDMA 系统基本原理

（1）TD-SCDMA 工作方式。

对于数字移动通信而言，双向通信可以以频率或时间分开，前者称为 FDD（频分双工），后者称为 TDD（时分双工）。对于 FDD，上下行用不同的频带，一般上下行的带宽是一致的；而对于 TDD，上下行用相同的频带，在一个频带内上下行占用的时间可根据需要进行调节，并且一般将上下行占用的时间按固定的间隔分为若干个时间段，并称为时隙。

TD-SCDMA 系统采用的双工方式是 TDD。TDD 技术相对于 FDD 方式来说，有以下优点。

① 易于使用非对称频段，无须具有特定双工间隔的成对频段。

TDD 技术不需要成对的频谱，可以利用 FDD 无法利用的不对称频谱，结合 TD-SCDMA 低码片速率的特点，在频谱利用上可以做到“见缝插针”。只要有一个载波的频段就可以使用，从而能够灵活地利用现有的频率资源。移动通信系统面临的一个重大问题就是频谱资源的极度紧张，在这种条件下，要找到符合要求的对称频段非常困难，因此 TDD 模式在频率资源紧张的今天特别受重视。

② 适应用户业务需求，灵活配置时隙，优化频谱效率。

TDD 技术调整上下行切换点以自适应调整系统资源，从而增加系统下行容量，使系统更适于开展不对称业务。

③ 上行和下行使用相同的载频，故无线传播是对称的，有利于智能天线技术的实现。

时分双工 TDD 技术是指上下行在相同的频带内传输，也就是说具有上下行信道的互易性，即上下行信道的传播特性一致，因此可以利用通过上行信道估计的信道参数，使智能天线技术、联合检测技术更容易实现。上行信道估计参数用于下行波束赋形，有利于智能天线技术的实现。通过信道估计得出系统矩阵，用于联合检测区分不同用户的干扰。

④ 无须笨重的射频双工器，基站小巧，成本降低。

由于 TDD 技术上下行的频带相同，无须进行收发隔离，可以使用单片 IC 实现收发信机，降低系统成本。

（2）智能天线。

智能天线技术的核心是自适应天线波束赋形技术。TD-SCDMA 系统的智能天线由 8 个天线单元的同心圆阵列组成，直径为 25cm。其原理是使一组天线和对应的收发信机按照一定的方式排列和激励，利用波的干涉原理产生强方向性的辐射方向图，使用 DSP 方法使主瓣自适应地指向移动台方向，可达到提高信号的载干比，降低发射功率等目的。智能天线的上述性能允许更为密集的频率复用，使频谱效率得以提高。

（3）多用户联合检测技术。

影响 CDMA 系统容量的主要因素是多址干扰（MAI），MAI 指的是同小区内部其他用户信号造成的干扰。在现有 CDMA 系统中，所采用的抗干扰技术主要有 Rake 接收、语音激活、不连续发射及分集接收等。这些技术均针对某一用户进行信号检测，将 MAI 当作热噪声进行去除，而多用户联合检测技术充分利用 MAI 中的先验信息，把所有用户信号的检测当作一个统一的过程。

根据对 MAI 处理方法的不同，多用户检测技术可以分为干扰抵消（Interference Cancellation）和联合检测（Joint Detection）两种。在基站中多采用联合检测的方法，而在手机中多采用干扰抵消。联合检测的基本思想是充分利用 MAI 中的先验信息，一步将所有用户的信号都分离出来。从理论上说，联合检测可以消除 MAI 的影响。但在实际系统中，由于信道估计的不准确，以及基于算法的复杂度和实时性考虑，TD-SCDMA 中所采用的是次优联合检测算法，并不能完全消除 MAI 的影响，因此需要与功率控制配合使用。

联合检测的基本概念是首先估计所有用户的信道冲激响应，然后利用已知的所有用户的扩频码、扰码和信道估计，对所有用户的信号同时进行检测，消除符号间干扰（ISI）和用户间干扰（MAI），从而达到提高用户信号质量的目的。

联合检测具有以下优点：提高系统容量；增大覆盖范围；减小呼吸效应；消弱远近效应；降低功控精度要求。

（4）动态信道分配技术。

在无线通信系统中，无线信道数量有限，是极为珍贵的资源，要提高系统的容量，就要对信道资源进行合理的分配，由此产生了信道分配技术。为了将给定的无线频谱分割成一组彼此分开、互不干扰的无线信道，使用诸如频分、时分、码分、空分等技术。对于无线通信系统来说，系统的资源包括频率、时隙、码道和空间方向 4 个方面，一条物理信道由频率、时隙、码道的组合来标志。

动态信道分配（DCA）技术主要研究的是频率、时隙、扩频码的分配方法，对 TD-SCDMA 系统而言，还可以利用空间位置和角度信息协助进行资源的优化配置。DCA 可使系统资源利用率最大化并提高链路质量，这是一种最小化系统自身干扰的方法，其减小系统内干扰的手段

更为多元化。

① 动态信道分配方法。

TD-SCDMA 系统动态信道分配方法主要有以下四种。

a．时域动态信道分配。

因为 TD-SCDMA 系统采用了 TDMA 技术，一个 TD-SCDMA 载频使用 7 个常规时隙，减少了每个时隙中同时处于激活状态的用户数量。一载频多时隙，可以将受干扰最小的时隙动态分配给处于激活状态的用户。

b．频域动态信道分配。

频域 DCA 中，每一个小区使用多个无线信道。在给定的频谱范围内，与 5MHz 的带宽相比，TD-SCDMA 的 1.6MHz 带宽使其具有 3 倍以上的无线信道数，可以把激活用户分配在不同的载波上，从而减小小区内用户之间的干扰。

c．空域动态信道分配。

TD-SCDMA 系统采用智能天线技术，可以通过用户定位、波束赋形来减小小区内用户之间的干扰，增加系统容量。

d．码域动态信道分配。

在同一个时隙中，通过改变分配的码道可以避免偶然出现的码道质量恶化。

② 动态信道分配分类。

a．慢速动态信道分配。

慢速 DCA 主要解决两个问题：一是由于每个小区的业务量情况不同，所以不同的小区对上下行链路资源的需求不同；二是为了满足不对称数据业务的需求，不同的小区上下行时隙的划分是不一样的，相邻小区间由于上下行时隙划分不一致时带来的交叉时隙干扰问题。所以慢速 DCA 主要负责两个方面：一是将资源分配到小区，根据每个小区的业务量情况，分配和调整上下行链路的资源；二是测量网络端和用户端的干扰，并根据本地干扰情况为信道分配优先级，解决相邻小区间由于上下行时隙划分不一致所带来的交叉时隙干扰。具体的方法是可以在小区边界根据用户实测上下行干扰情况，决定该用户在该时隙进行哪个方向上的通信比较合适。简单说慢速 DCA 就是确定上下行时隙转换点。

b．快速动态信道分配。

快速 DCA 就是根据对专用业务信道或共享业务信道通信质量检测的结果，自适应地对资源单元 CRU，即码道或时隙进行调整和切换，以保证业务质量。快速 DCA 分为时域 DCA、频域 DCA、空域 DCA、码域 DCA。

（5）接力切换。

TD-SCDMA 系统的接力切换概念不同于硬切换与软切换，在切换之前，目标基站已经获得移动台比较精确的位置信息，因此在切换过程中 UE 断开与原基站的连接之后，能迅速切换到目标基站。移动台比较精确的位置信息，主要通过对移动台的精确定位技术来获得。在 TD-SCDMA 系统中，移动台的精确定位应用了智能天线技术，首先 NodeB 利用天线阵估计 UE 的 DOA，然后通过信号的往返时延，确定 UE 到 NodeB 的距离。这样，通过 UE 的方向 DOA 和 NodeB 与 UE 间的距离信息，基站可以确知 UE 的位置信息，如果来自一个基站的信息不够，可以让几个基站同时监测移动台并进行定位。

接力切换的设计思想是利用智能天线获取 UE 的位置距离信息，在切换测量期间，使用上行预同步的技术，提前获取切换后的上行信道发送时间、功率信息，从而达到减少切换时间，提高切换的成功率，降低切换掉话率的目的。

接力切换除了要进行硬切换的测量外，还要对符合切换条件的相邻小区的同步时间参数进行测量、计算和保持。接力切换使用上行预同步技术，在切换过程中，UE 从源小区接收下行数据，向目标小区发送上行数据，即上下行通信链路先后转移到目标小区。在与源小区通信保持不变的情况下，上行预同步的技术在移动台与目标小区建立起开环同步关系，提前获取切换后的上行信道发送时间，从而达到减少切换时间，提高切换的成功率，降低切换掉话率的目的。接力切换是介于硬切换和软切换之间的一种新的切换方法。

传统的软切换、硬切换都是在不知道 UE 的准确位置下进行的，因而需要对所有相邻小区进行测量，而接力切换只对 UE 移动方向的少数小区进行测量。

（6）功率控制。

功率控制技术是 CDMA 系统的基础，没有功率控制就没有 CDMA 系统。TD-SCDMA 的功率控制技术采取开环、闭环（内环）和闭环（外环）功率控制三种。

① 开环功率控制。

由于 TD-SCDMA 采用 TDD 模式，上行和下行链路使用相同的频段，因此上、下行链路的平均路径损耗存在显著的相关性。这一特点使得 UE 在接入网络前，或者网络在建立无线链路时，能够根据下行链路的路径损耗来估计上行或下行链路的初始发射功率。它接收到的功率越强，说明收发双方距离越近或有非常好的传播路径，发射的功率就越小，反之则越大。

② 闭环（内环）功率控制。

快速闭环（内环）功率控制的机制是无线链路的发射端根据接收端物理层的反馈信息进行功率控制，这使得 UE（NodeB）根据 NodeB（UE）的接收 SIR 值调整发射功率，来补偿无线信道的衰落。在 TD-SCDMA 系统中的上、下行专用信道上使用内环功率控制，每一个子帧进行一次。

③ 闭环（外环）功率控制。

环境因素（主要是用户的移动速度、信号传播的多径和迟延）对接收信号的质量有很大的影响。当信道环境发生变化时，接收信号 SIR 和 BLER 的对应关系也相应发生变化。因此，需要根据信道环境的变化调整接收信号的 SIR 目标值。影响外环功率控制性能的参数主要包括：目标 BLER/FER 的设置；由信道编解码性能决定的 BLER/FER 和 BER，以及 BER 和 SIR 的对应关系；SIR 的测量误差，可以用一个均值为零的正态分布随机函数来仿真。

（7）上行同步。

对于 TD-SCDMA 系统来说，UE 支持上行同步是必要的。当 UE 加电后，它首先必须建立起与小区之间的下行同步，只有当 UE 建立了下行同步，它才能开始上行同步过程。建立了下行同步之后，虽然 UE 可以接收到来自 NodeB 的下行信号，但是它与 NodeB 间的距离却是未知的，这将导致上行发射的非同步。为了使同一小区中的每一个 UE 发送的同一帧信号到达 NodeB 的时间基本相同，避免大的小区中连续时隙间的干扰，NodeB 可以采用时间提前量调整 UE 发射定时。因此，上行方向的第一次发送将在一个特殊的时隙 UpPTS 上进行，以减小对业务时隙的干扰。

UpPCH 所采用的定时是根据接收到的 DwPCH 和/或 P-CCPCH 的功率来估计的。在搜索窗内通过对 SYNC_UL 序列的检测，NodeB 可估算出接收功率和定时，然后向 UE 发送反馈信息，调整下次发射的发射功率和发射时间，以便建立上行同步。这是在接下来的四个子帧中由 FPACH 来完成的。UE 在发送 PRACH 后，上行同步便被建立。上行同步同样也将适用于上行

失步时的上行同步再建立过程中。

（8）基站间同步。

TD-SCDMA 系统中的同步技术主要由两部分组成，分别是基站间的同步技术（Synchronization of NodeBs）和移动台间的上行同步技术（Uplink Syncronization）。

在大多数情况下，为了增加系统容量，优化切换过程中小区搜索的性能，需要对基站进行同步。一个典型的例子就是存在小区交叠情况时所需要的联合控制。

实现基站同步的标准主要有可靠性和稳定性、低实现成本、尽可能小地影响空中接口的业务容量。

3．传输信道

TD-SCDMA 系统有三种传输信道：逻辑信道、传输信道和物理信道。

（1）逻辑信道：根据具体的信息传输类型来定义的逻辑信道可分控制信道（传输控制平面的信息）和业务信道（传输用户平面的信息）两类。

① 控制信道主要包括以下几项。

- BCCH：下行，传输广播信息；
- PCCH：下行，传输寻呼信息；
- CCCH：双向，在 UE 和网络没建立 RRC 连接时使用，由该信道接入新小区；
- DCCH：点到点双向，有 RRC 连接时使用，UE 和网络通过该信道传输专用控制信息；
- SHCCH：TDD 专用，双向，网络和 UE 传输上下行共享信息。

② 业务信道主要包括以下几项。

- DTCH：点到点，双向，用户平面信息；
- CTCH：点到多点，单向，为所有用户或一组特定用户传输专用用户信息。

（2）传输信道：是由底层提供给高层的服务，它是根据在空中接口上如何传输及传输什么特性的数据来定义的。传输信道一般可分为两种，分别是公共信道（在这类信道中，当消息发给某一特定的 UE 时，需要有内识别信息）和专用信道（在这类信道中，UE 通过物理信道来识别）。

① 公共传输信道主要包括以下几项。

- BCH：下行，广播系统和小区特定信息；
- FACH：下行，网络知道用户位置时传送控制信息，也可传短的用户包；
- PCH：下行，网络不知用户位置时传送控制信息；
- RACH：上行，UE 传送控制信息，也可传短的用户包；
- USCH：上行，多个用户传送专用控制或业务数据；
- DSCH：下行，多个用户传送专用控制或业务数据；
- HS-DSCH：下行，多用户共用，伴随一个下行 DPCH 和一个或多个 HS-SCCH，HS-DSCH 在整个小区传送或采用定向天线在小区部分传送。

② 专用传输信道主要包括以下几项。

- DCH：上行或下行，UE 和 UTRAN 传送控制或用户信息。

（3）物理信道：物理信道是由频率、时隙、信道码和无线帧分配来定义的。主要有公共物理信道和专用物理信道。

① 公共物理信道主要包括以下几项。

- P-CCPCH：BCH 映射在该信道；
- S-CCPCH：PCH 和 FACH 映射在该信道；

- PICH：用来承载寻呼指示因子的物理信道；
- PRACH：RACH 信道被映射在该信道上；
- PDSCH、PUSCH：包括物理下行共享信道（PDSCH）和物理上行共享信道（PUSCH），PDSCH 和 PUSCH 是公共物理信道的特殊情况；
- DwPCH、UpPCH：TD-SCDMA 系统中有两个专用物理同步信道，即 TD-SCDMA 系统中每个子帧中的 DwPCH 和 UpPCH，DwPTS 用于下行同步而 UpPCH 用于上行同步；
- FPACH：响应 UpPCH，即 UE 在 UpPCH 上发送 SYNC-UL 至 NodeB 时，NodeB 用此信道来响应，发送 TPC 和 SS 来调整 UE 的发射功率和同步偏移；
- HS-PDSCH：是添加到 UMTS 来增加下行链路数据率的信道，其被定义在 UMTS 规格的版本 5 中，是 HSDPA 的一部分；
- HS-SCCH：下行，为 HS-DSCH 传送高层控制信令；
- HS-SICH：上行，为 HS-DSCH 传送高层控制信令和信道质量指示 CQI。

② 专用物理信道如下所示。

- DPCH：用于承载来自专用传输信道（DCH）的数据。

4．时隙结构

时隙结构也就是突发的结构，如图 6-17 所示，TD-SCDMA 系统共定义了 4 种时隙类型，它们是 DwPTS、UpPTS、GP 和 TS_0～TS_6。其中 DwPTS 和 UpPTS 分别用于上行同步和下行同步，不承载用户数据；GP 用于上行同步建立过程中的传播时延保护；TS_0～TS_6 用于承载用户数据或控制信息。

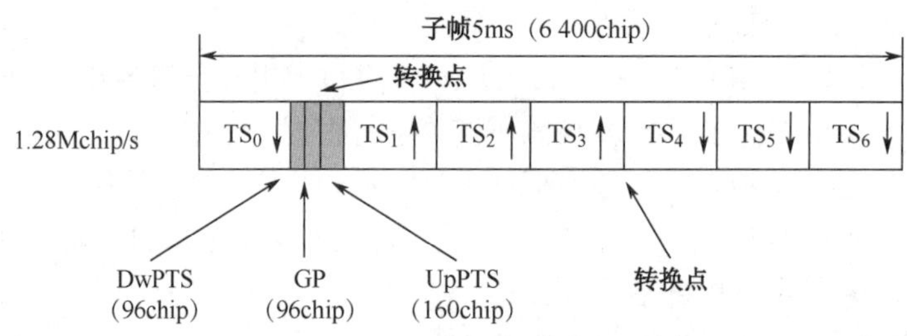

图 6-17　TD-SCDMA 系统时隙结构

3GPP 定义的一个 TDMA 帧长度为 10ms。TD-SCDMA 系统为了实现快速功率控制和定时提前校准及对一些新技术的支持（如智能天线、上行同步等），将一个 10ms 的帧分成两个结构完全相同的子帧，每个子帧的时长为 5ms。如此定义是因为考虑到智能天线技术的运用，智能天线每隔 5ms 进行一次波束赋形。每一个子帧又分成长度为 675μs 的 7 个常规时隙（TS_0～TS_6）和 3 个特殊时隙：DwPTS（下行导频时隙）、G（保护间隔）和 UpPTS（上行导频时隙）。常规时隙用作传送用户数据或控制信息，在这 7 个常规时隙中，TS_0 总是固定用作下行时隙来发送系统广播信息，而 TS_1 总是固定用作上行时隙。其他的常规时隙可以根据需要灵活配置成上行或下行以实现不对称业务的传输，如分组数据。用作上行链路的时隙和用作下行链路的时隙之间由一个转换点（Switch Point）分开。每个 5ms 的子帧有两个转换点（UL 到 DL 和 DL 到 UL），第一个转换点固定在 TS_0 结束处，而第二个转换点则取决于小区上下行时隙的配置。

考虑到小区内距离基站不同距离的用户接收 DwPTS 和 UpPTS 的时间不同，而又必须遵从上下行的同步关系，因此采用 GP 作为缓冲区，使不同的用户有足够的时间进行提前发送和接收。当然，GP 的长度决定了小区的最大覆盖距离，折合半径为 11.25km。对于大一些的小区，

提前 UpPTS 将干扰邻近 UE 的 DwPTS 的接收，这是允许且可接受的。

（1）DwPTS。

每个子帧中的 DWPTS 是为建立下行导频和同步而设计的。这个时隙通常由长为 64chips 的 SYNC_DL 和 32chips 的保护码间隔组成，共 96chips。SYNC-DL 是一组 PN 码，用于区分相邻小区，系统中定义了 32 个码组，每组对应一个 SYNC-DL 序列，SYNC-DL 码集在蜂窝网络中可以复用。DwPTS 时隙结构如图 6-18 所示。

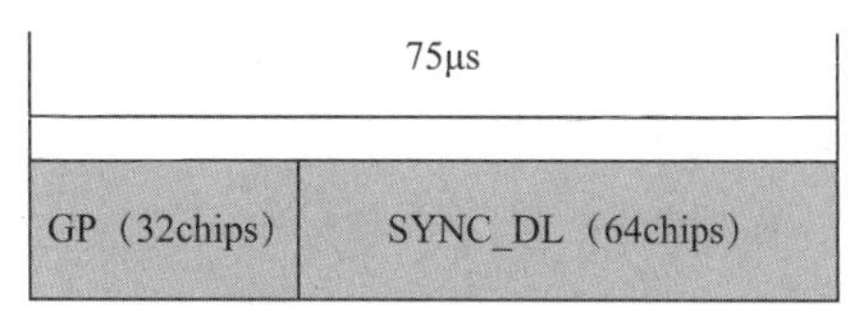

图 6-18　DwPTS 时隙结构

（2）UpPTS。

每个子帧中的 UpPTS 是为上行同步而设计的，当 UE 处于空中登记和随机接入状态时，它将首先发送 UpPTS，当得到网络的应答后，发送 RACH。这个时隙通常由长为 128chips 的 SYNC_UL 和 32chips 的保护码间隔组成。UpPTS 时隙结构如图 6-19 所示。

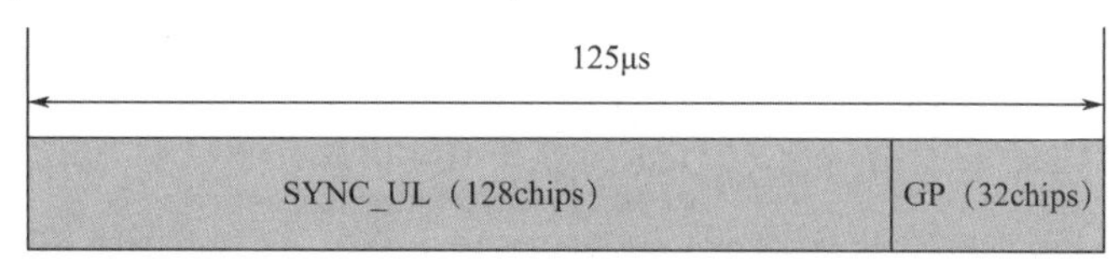

图 6-19　UpPTS 时隙结构

（3）常规时隙。

TS_0～TS_6 共 7 个常规时隙，被用作用户数据或控制信息的传输，它们具有完全相同的时隙结构。常规时隙结构如图 6-20 所示。

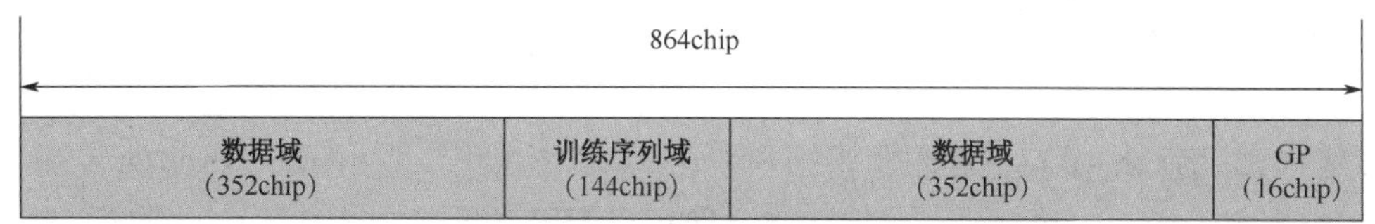

图 6-20　常规时隙结构

每个时隙被分成了 4 个域：2 个数据域、1 个训练序列域（Midamble）和 1 个用作时隙保护的空域（GP）。Midamble 码长 144chip，传输时不进行基带处理和扩频，直接与经基带处理和扩频的数据一起发送，在信道解码时被用来进行信道估计。

数据域用于承载来自传输信道的用户数据或高层控制信息，除此之外，在专用信道和部分公共信道上，数据域的部分数据符号还被用来承载物理层信令。

Midamble 用作扩频突发的训练序列，在同一小区同一时隙上的不同用户所采用的 Midamble 码由同一个基本的 Midamble 码经循环移位后产生。整个系统有 128 个长度为 128chips 的基本 Midamble 码，分成 32 个码组，每组 4 个。一个小区采用哪组基本 Midamble 码由小区决定，当建立起下行同步之后，移动台就知道所使用的 Midamble 码组。NodeB 决定本小区将采用这 4 个基本 Midamble 中的哪一个。一个载波上的所有业务时隙必须采用相同的基本 Midamble 码。原则上，Midamble 的发射功率与同一个突发中的数据符号的发射功率相同。训练序列的作用体现在上下行信道估计、功率测量、上行同步保持等方面。传输时 Midamble 码不进行基带处理和扩频，直接与经基带处理和扩频的数据一起发送，在信道解码时它被用作信道估计。

在 TD-SCDMA 系统中，存在着 3 种类型的物理层信令：TFCI、TPC 和 SS。TFCI（Transport Format Combination Indicator）用于指示传输的格式；TPC（Transmit Power Control）用于功率控制；SS（Synchronization Shift）是 TD-SCDMA 系统中所特有的，用于实现上行同步，该控制信号每个子帧（5ms）发射一次。在一个常规时隙的突发中，如果物理层信令存在，则它们的位置被安排在紧靠 Midamble 的序列，如图 6-21 所示。

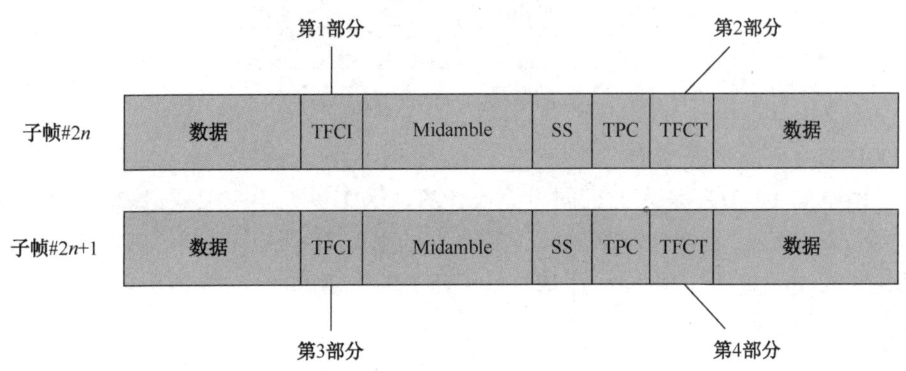

图 6-21　TD-SCDMA 物理层信令结构

对于每个用户，TFCI 信息将在每 10ms 无线帧里发送一次。对每一个 CCTrCH，高层信令将指示所使用的 TFCI 格式。对于每一个所分配的时隙是否承载 TFCI 信息也由高层分别告知。如果一个时隙包含 TFCI 信息，它总是按高层分配信息的顺序采用该时隙的第一个信道码进行扩频。TFCI 在各自相应物理信道的数据部分发送，这就是说 TFCI 和数据比特具有相同的扩频过程。如果没有 TPC 和 SS 信息传送，则 TFCI 直接与 Midamble 码域相邻。

5. 多载频小区

（1）多载频小区的概念。

为了提高 TD-SCDMA 系统热点地区的系统容量覆盖，必须增加系统的载频数量。TD-SCDMA 系统中，多载频系统是指 1 个小区可以配置多于 1 个载波频段的系统，并称这样的小区为多载频小区。

（2）多载频小区的优点。

在实际组网时，如果采用上述多载频系统方案，可以有效地降低对基站发射机功率的要求，特别是当 1 个终端处于小区交界处时，它将具有如下优点。

① 加快小区搜索。各小区由于仅在主载频上发送 DwPTS 导引信息，移动终端在进行小区搜索时，可有效地克服相同基站的相邻小区 DwPTS，以及相邻基站的各小区的 DwPTS 的干扰，从而提高终端接收导引信号的信噪比，加快移动终端的初始搜索速度。

② 简化终端测量。由于小区数量的减少，终端无须在多个邻近小区中陷入可能的复杂且难以判别的测量过程。

③ 切换简单。当测量结果送到 RNC 时，简化测量将易于实现切换判定，从而使系统负荷减轻。

6．呼叫过程

TD-SCDMA 系统语音呼叫按照发起方和接收方分为移动台主叫和移动台被叫两类。在进行呼叫建立时，移动台主叫和移动台被叫有不同的呼叫流程，两个过程的重要区别在于如何检测出呼叫，移动台主叫发起呼叫的是终端，而移动台被叫则是由网络发起的，通过寻呼消息通知被叫终端。尽管这两种呼叫方式存在着区别，但它们均采用相似的消息来建立呼叫，即都需要完成系统接入、RRC 连接建立、鉴权与认证、加密、RAB 建立，以及 RB 建立和连接等过程，其区别体现为移动台被叫比移动台主叫多一个寻呼过程。

6.4.3　WCDMA

1．WCDMA 系统结构

WCDMA 系统结构与 TD-SCDMA 一致，具体可参考 6.4.2 节的 TD-SCDMA。

2．WCDMA 系统基本原理

（1）RAKE 接收机。

在 CDMA 扩频系统中，信道带宽远大于信道的平坦衰落带宽。不同于传统的调制技术需要用均衡算法来消除相邻符号间的码间干扰，CDMA 扩频码在选择时就要求它有很好的自相关特性。这样，在无线信道中出现的时延扩展，可以被当作只是被传信号的再次传送。如果这些多径信号相互间的延时超过了一个码片的长度，那么它们将被 CDMA 接收机当作非相关的噪声，而不再需要均衡了。

由于在多径信号中含有可以利用的信息，所以 CDMA 接收机可以通过合并多径信号来改善接收信号的信噪比。RAKE 接收机通过多个相关检测器接收多径信号中的各路信号，并把信号合并在一起，它是专为 CDMA 系统设计的经典的分集接收器，其理论基础是当传播时延超过一个码片周期时，多径信号可被当作是互不相关的。

带 DLL 的相关器是一个具有迟早门锁相环的解调相关器。迟早门和解调相关器分别相差±1/2（或 1/4）个码片。迟早门的相关结果相减可以用于调整码相位。延迟环路的性能取决于环路带宽。

由于信道中快速衰落和噪声的影响，实际接收的各径的相位与原来发射信号的相位有较大差异，因此在合并以前要按照信道估计的结果进行相位的旋转，实际的 CDMA 系统中的信道估计是根据发射信号中携带的导频符号完成的。根据发射信号中是否携带连续导频，可以分别采用基于连续导频的相位预测和基于判决反馈技术的相位预测方法。

系统中，LPF 低通滤波器用于滤除信道估计结果中的噪声，其带宽一般要高于信道的衰落率。使用间断导频时，在导频的间隙要采用内插技术来进行信道估计，采用判决反馈技术时，应先判决出信道中的数据符号，再将已判决结果作为先验信息（类似导频）进行完整的信道估计，通过低通滤波得到比较好的信道估计结果，这种方法的缺点是由于非线性和非因果预测技术使噪声较大时，信道估计的准确度大大降低，而且还引入了较大的解码延迟。

延迟估计的作用是通过匹配滤波器获取不同时间延迟位置上的信号能量分布，识别具有较大能量的多径位置，并将它们的时间量分配到 RAKE 接收机的不同接收径上。匹配滤波器的测量精度可以达到 1/4～1/2 个码片，而 RAKE 接收机的不同接收径的间隔是一个码片。实际实现中，如果延迟估计的更新速度很快（比如几十毫秒一次），就可以无须迟早门的锁相环。

延迟估计的主要部件是匹配滤波器，匹配滤波器的功能是用输入的数据和不同相位的本地码字进行相关，取得不同码字相位的相关能量。当串行输入的采样数据和本地的扩频码及扰码的相位一致时，其相关能力最大，在滤波器输出端有一个最大值。根据相关能量，延迟估计器就可以得到多径的到达时间量。

从实现的角度而言，RAKE 接收机的处理包括码片级和符号级，码片级的处理有相关器、本地码产生器和匹配滤波器。符号级的处理包括信道估计、相位旋转和合并相加。码片级的处理一般用 ASIC 器件实现，而符号级的处理用 DSP 实现。移动台和基站间的 RAKE 接收机的实现方法和功能尽管有所不同，但其原理是完全一样的。

对于多个接收天线分集接收而言，多个接收天线接收的多径可以用上面的方法同样处理，RAKE 接收机既可以接收来自同一天线的多径，也可以接收来自不同天线的多径，从 RAKE 接收的角度来看，两种分集并没有本质的不同。但是，在实现上由于多个天线的数据要进行分路的控制处理，增加了基带处理的复杂度。

（2）分集接收。

无线信道是随机时变信道，其中的衰落特性会降低通信系统的性能。为了对抗衰落，可以采用多种措施，比如信道编解码技术、抗衰落技术或扩频技术。分集接收技术被认为是明显有效而且经济的抗衰落技术。

众所周知，无线信道中接收的信号是到达接收机的多径分量的合成。如果在接收端同时获得几个不同路径的信号，将这些信号适当合并成总的接收信号，就能够大大减少衰落的影响，这就是分集的基本思路。分集的字面含义就是分散得到几个合成信号并集中（合并）这些信号。只要几个信号之间是统计独立的，那么经适当合并就能使系统性能大为改善。

互相独立或者基本独立的一些接收信号，一般可以利用不同路径或者不同频率、不同角度、不同极化等接收手段来获取。

① 空间分集：在接收或者发射端架设几副天线，各天线的位置间要求有足够的间距（一般在 10 个信号波长以上），以保证各天线上发射或者接收的信号基本相互独立。

② 极化分集：分别接收水平极化和垂直极化波形成的分集方法。

③ 时间分集：利用不同时间上传播信号的不相关性进行合并。

④ 频率分集：用多个不同的载频传送同样的信息，如果各载频的频差间隔比较远，其频差超过信道相关带宽，则各载频传输的信号也互不相关。

⑤ 角度分集：利用天线波束指向不同使信号不相关的原理构成的一种分集方法。例如，在微波面天线上设置若干个照射器，产生相关性很小的几个波束。分集方法相互是不排斥的，实际使用中可以组合。

分集信号的合并可以采用不同的方法。

① 选择合并：从几个分散信号中选取信噪比最好的一个作为接收信号。

② 等增益合并：将几个分散信号以相同的支路增益进行直接相加，相加后的信号作为接收信号。

③ 最大比合并：控制各合并支路增益，使它们分别与本支路的信噪比成正比，然后再相加获得接收信号。

上面方法对合并后的信噪比的改善（分集增益）各不相同，但总的说来，分集接收方法对无线信道接收效果的改善非常明显。

图 6-22 中给出了不同合并方法的增益比较，可以看出当分集数量 k 较大时，选择合并的改善效果比较差，而等增益合并和最大比合并的效果相差不大，仅仅 1dB 左右。

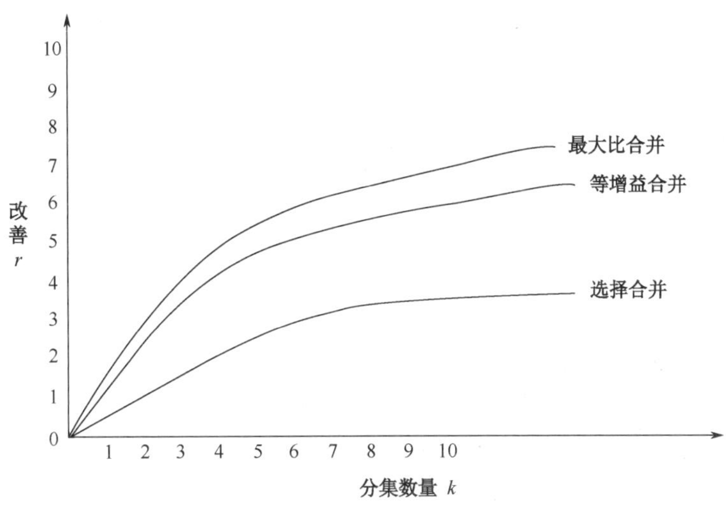

图 6-22　不同合并方法的增益比较

（3）系统间互操作。

在不同经济发展地区、不同的建设条件下，总会存在一些覆盖空洞和覆盖边缘的场强情况，若在这些区域中现有的 GSM 网络覆盖较好，可以选择一些机制使用户在 WCDMA 覆盖边缘和掉话的前期尽早地进入 GSM 网络系统中避免掉话现象，这样就减少了系统的掉话率并提高了客户运营商的品牌效应，从而使 GSM 成为 WCDMA 网络的有效补充和辅助手段。WCDMA 和 GSM 系统之间的互操作主要有以下几项。

① WCDMA 向 GSM 系统重选过程。

在空闲状态下，当终端移动到网络的边缘场强覆盖区域时，会触发 UE 从 WCDMA 网络到 GSM 网络的重选过程。其重选过程和 WCDMA 系统内的重选过程基本类似，重选过程所用的参数与 WCDMA 系统内重选用的参数是同一个参数。即 UE 在任何状态下的重选过程所用的重选参数是唯一的，不区分是系统内重选还是系统间 RAT 重选。

WCDMA 向 GSM 系统重选的过程如下：

a．UE 从 WCDMA 执行小区重选过程到 GSM 后，首先在 GSM 中解 GSM 的系统消息。

b．系统消息解析完毕后，终端在 2G 网络中发起 Channel_Request 请求消息和 Location_Updating_Request，GSM 网络侧的 MSC 收到 UE 过来的位置区更新请求后回应初始直传消息，要求用户回应相应的 IMSI 或 TMSI 信息。

c．接着 UE 回应初始直传消息，随后 MSC 向 UE 下发鉴权和加密请求，UE 回应鉴权和加密请求消息。另外，在 GSM 网络中是没有启用加密算法的，而 WCDMA 网络一般是启用了加密算法的。因此在进行重选测试前，要在 WCDMA 的核心网 CN 中关闭其加密信息，否则重选到 GSM 网络因加密过程无法通过而导致重选失败。所以在 MSC 下发的加密算法消息 IE

中包含 CipheringMode：No-used 这个字段。

d．核心网向 UE 下发 TMSI_ReAllocation_Command 消息，UE 回 TMSI_ReAllocation_Complete 消息。

e．MSC 收到 UE 的 TMSI_ReAllocation_Complete 消息后向 UE 下发 Location_Updating_Accept 消息，终端回 Location_Updating_Complete 消息，至此，终端完成 WCDMA 向 GSM 的空闲重选过程。

② GSM 向 WCDMA 系统重选过程。

由于 2G 侧相关协议的问题，目前还不支持任何 CS 业务由 GSM 切换到 WCDMA 网络的能力，所以从 GSM 到 WCDMA 的过程只有重选过程，其具体分为空闲状态下的重选过程和进行 PS 业务时的重选过程。无论终端处于空闲状态还是连接状态下的 PS 业务过程中，从 GSM 重选到 WCDMA 网络过程所用的参数是相同的。

GSM 向 WCDMA 重选的过程如下：

a．终端在做 PS 业务时从 GSM 重选到 WCDMA 网络的过程中，当路由区和位置区更新均完毕的时候，此时需要恢复业务，则终端会发起 CM_Service_Request 请求消息。

b．直到终端发 RadioBearer_Setup_Complete 消息和 IU 口的 RAB_Assignment_Response 消息后，业务的相关资源才分配完毕，之后终端进入业务交互过程。

③ PS 业务 WCDMA 向 GSM 切换原理。

无论采用何种算法，终端触发测量报告的方式和条件是相同的，不同的是源小区 RNC 收到终端过来的测量报告后，不与目标小区的任何网元进行信令交互，直接向 UE 发送 Cell Change Order From UTRAN 切换指令，终端在收到切换指令后，使用重选过程来辅助 PS 业务的切换，之后进行相应的位置区更新和路由区更新，最后进行用户面的业务恢复。其主要信令过程与空闲状态下的重选信令过程类似，其不同之处在于空闲状态下只进行位置区更新，做 PS 业务的时候还要进行路由区更新和业务面恢复。

3．呼叫过程

WCDMA 的呼叫过程与 TD-SCDMA 一致，参考 6.4.2 节的 TD-SCDMA，此处略。

6.4.4 CDMA2000

1．网络结构

CDMA 网络有三个主要组成部分，即核心网络（CN）、无线接入网络（RAN）和移动台（MS）。其中，核心网络被进一步分解为两个部分，一个接口连接到外部网络，如公共交换电话网络（PSTN）；另一个接口连接到基于 IP 的网络，如 Internet。无线接入网络由基站收发信台（BTS）和基站控制器（BSC）组成。CDMA 网络结构如图 6-23 所示。

无线网络优化工作主要涉及的网元对象有移动台（MS）、基站收发信台（BTS）及基站控制器（BSC）。

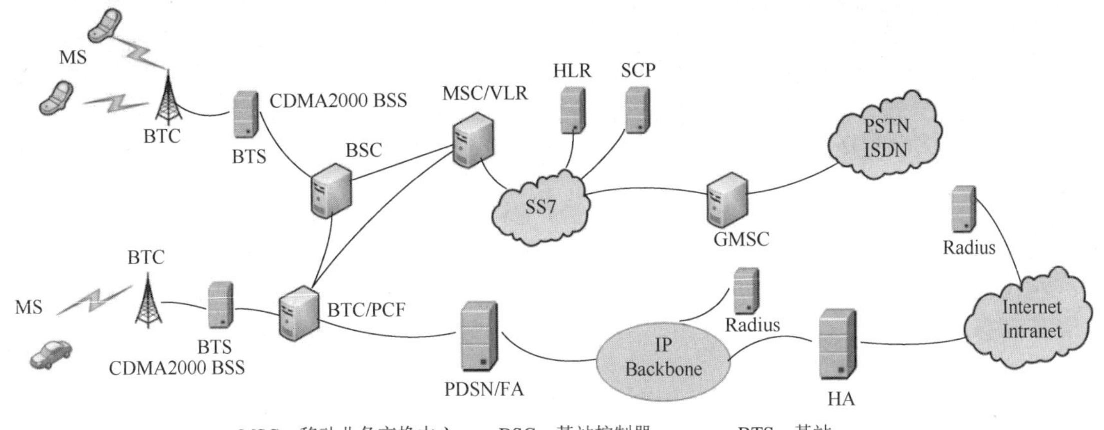

图 6-23 CDMA 网络结构

（1）移动台。

移动台是 CDMA 移动通信网中用户使用的设备，也是用户能够直接接触的整个 CDMA 系统中的唯一设备。除了通过无线接口接入 CDMA 系统的功能外，移动台还必须提供与使用者之间的接口，如完成通话呼叫所需要的话筒、扬声器、显示屏和按键，或提供与其他终端设备之间的接口，如与个人计算机或传真机之间的接口，当然也可以同时提供这两种接口。因此，根据应用与服务情况，移动台可以是单独的移动终端（MT）或由移动终端直接与终端设备（TE）相连接而构成，也可以由移动终端通过相关终端适配器（TA）与终端设备相连接而构成。以上所有网元均可归类为移动台的重要组成部分之一，即移动设备，具体如图 6-24 所示。

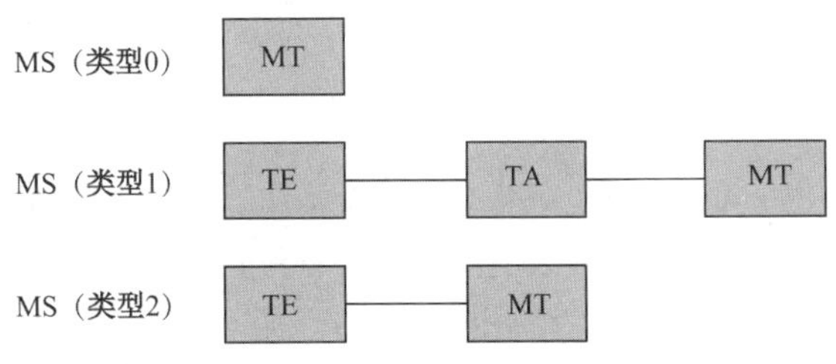

图 6-24 移动台的功能结构

CDMA 手机以前不支持 UIM，号码和手机捆绑在一起，更换号码必须换手机，或对手机重新写码。后来，CDMA 实现了机卡分离，所用的 UIM 卡和 GSM 手机的 SIM 卡一样，包含了所有与用户有关的及一些无线接口的信息，其中包含了鉴权和加密信息。

（2）BTS。

BTS 属于 BSS 无线部分，由 BSC 控制，服务于某个小区的无线收发信设备，完成 BSC 与无线信道之间的切换，实现 BTS 与移动台之间通过空中接口的无线传输及相关的控制功能。

（3）BSC。

BSC 是 BSS 的控制部分，负责各种接口的管理，承担无线资源的无线参数的管理。BSC 和 BTS 组成了 BSS，BSC 是 BSS 的控制部分，通过 Abis 接口进行 BTS 的控制及管理工作，BTS 负责系统的无线传输工作。在 BSS 中，根据话务量需要，一个 BSC 可以控制多个 BTS。

2．接口与协议

（1）主要接口。

CDMA 系统的主要接口为 A 接口和 Um 接口，如图 6-25 所示，主要定义和标准化不同供应商生产的移动台、BSS 和 NSS 设备，以保证能纳入同一个 CDMA 数字移动通信网内运行和使用。

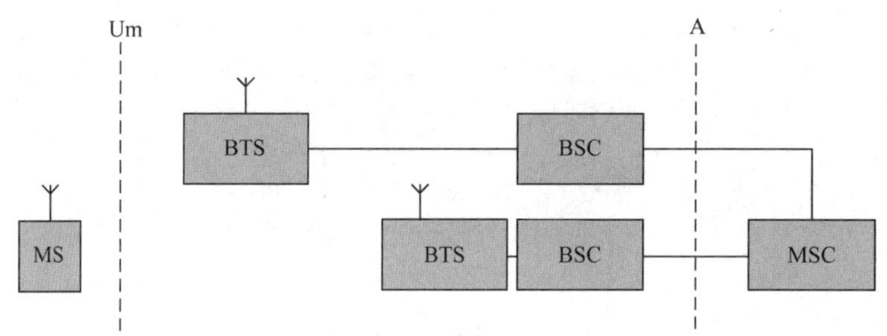

图 6-25　CDMA 系统主要接口

① A 接口。

A 接口定义为 NSS 与 BSS 之间的通信接口，也是 MSC 与 BSC 之间的接口，物理链路采用标准的 2.048Mbit/s PCM 数字传输链路。此接口传递的信息包括移动台管理、基站管理、移动性管理、接续管理等。

② Um 接口（空中接口）。

Um 接口定义为移动台与基站收发信台之间的通信接口，用于移动台与 GSM 系统的固定部分之间的互通，物理链路是无线链路。此接口传递的信息主要包括无线资源管理信息、移动性管理信息和接续管理信息等。

③ NSS 内部接口。

NSS 内部接口由 MSC、VLR、HLR 等功能实体组成，如图 6-26 所示，因此 CDMA 技术规范定义了不同的接口以保证各功能实体之间的接口标准化。

a．B 接口定义为 VLR 与 MSC 之间的通信接口。用于 MSC 向 VLR 询问 MS 的当前位置信息或业务信息的有关操作，或通知 VLR 更新 MS 的当前位置信息，或用于补充业务和短消息的有关操作等。

b．C 接口定义为 MSC 与 HLR 之间的通信接口。当 MS 用作被叫时，C 接口用于发端 MSC 从 HLR 获得被叫 MS 的路由信息；当向 MS 传递短消息时，用于关口 MSC 从 HLR 获得 MS 目前所在的 MSC 号码。

c．D 接口定义为 VLR 与 HLR 之间的通信接口。用于与交换有关的移动台位置信息及用户管理信息。为保证移动用户在整个服务区内能够建立和接受呼叫，必须在 VLR 与 HLR 之间交换数据。

d．E 接口定义为 MSC 与 MSC 之间的通信接口。E 接口用于 MSC 之间交换数据以启动和实现切换操作，同时还可用于传递短消息。

e．F 接口定义为 MSC 与 EIR 之间的通信接口。当 MSC 需要检查 IMEI 的合法性时，需要通过 F 接口和 EIR 交换与 IMEI 有关的信息。

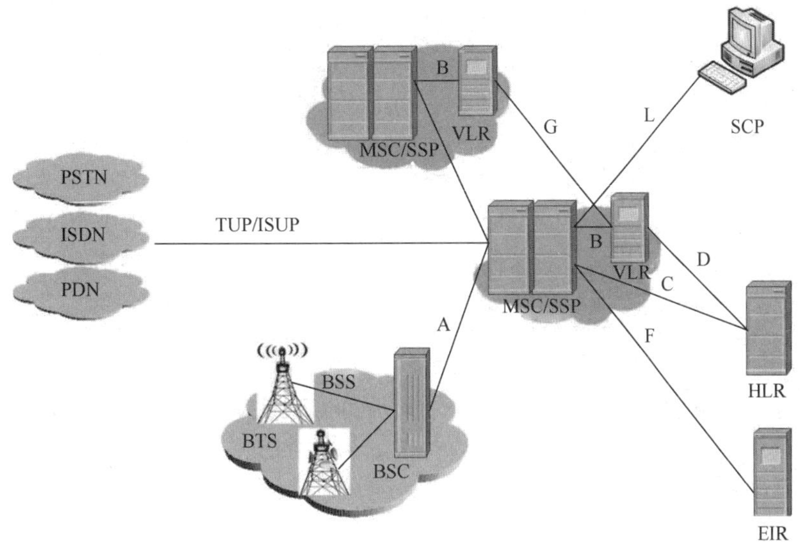

图 6-26　NSS 内部接口示意图

f．G 接口定义为 VLR 与 VLR 之间的接口，当移动用户漫游到新的 VLR 控制区域并且采用 TMSI 发起位置更新时，此接口用于当前 VLR 从前一个 VLR 中取得 IMSI 及鉴权集。

g．L 接口定义为 SSP 与 SCP 之间的通信接口。用于智能业务中 SSP 触发智能业务时向 SCP 上报主被叫的位置信息和 SCP 向 SSP 下发计费信息，以及智能业务时 SSP 和 SCP 交换相关的控制信息。

（2）主要接口协议。

CDMA 系统各功能实体之间的接口定义明确，CDMA 规范对各接口所使用的分层协议也做了详细定义。协议通过各接口互相传递有关信息，为完成 CDMA 系统的全部通信和管理功能建立有效的信息传递通道。不同的接口可能采用不同形式的物理链路来完成各自特定的功能，传递各自特定的信息，这些都由相应的信令协议来实现。CDMA 系统各接口用的分层协议结构是符合开放系统互连（OSI）参考模型的。分层的目的是允许隔离各组信令协议功能，按照接续的独立层描述协议，每层协议在明确的服务接入点对上层协议提供其特定的通信服务。

① 协议分层结构。

a．信号层 1（L1）。

信号层 1 也为物理层，是无线接口的底层，提供传送比特流所需要的物理链路，为高层提供各种不同功能的逻辑信道，包括业务信道和逻辑信道，每个逻辑信道有其服务接入点。

b．信号层 2（L2）。

它在移动台和基站之间建立起可靠的专用数据链路。L2 协议基于 ISDN 的 D 信道链路接入协议（LAP-D），但稍做改动，因此在 Um 接口的 L2 协议称为 LAP-Dm。

c．信号层 3（L3）。

这是实际负责控制和管理的协议层，把用户和系统控制过程中的特定信息按一定的协议分组安排在指定的逻辑信道上。L3 包括 3 个基本子层，即无线资源管理（RR）、移动性单元（MM）和接续管理（CM）。其中一个 CM 子层中含有多个呼叫控制（CC）单元，提供并行呼叫处理。

为支持补充业务和短消息业务，在CM子层中还包括补充业务管理（SS）单元和短消息业务管理（SMS）单元。

② NSS内部及CDMA系统与PSTN之间的协议。

在NSS内部各功能实体之间已经定义了B、C、D和E接口，这些接口的通信全部由7号信令系统支持，CDMA系统与PSTN之间的通信优先采用7号信令系统。支持CDMA系统的7号信令系统协议层中，与非呼叫相关的信令采用移动应用部分（MAP），用于NSS内部接口之间的通信；与呼叫相关的信令采用电话用户部分（TUP）和ISDN用户部分（ISUP），分别用于MSC之间和MSC与PSTN、ISDN之间的通信。应指出的是，TUP和ISUP信令必须符合各个国家制定的相应技术规范，MAP信令则必须符合CDMA技术规范。

3. 基本原理

（1）码分多址。

码分多址是一种利用扩频技术形成的不同码序列实现的多址方式。它不像FDMA、TDMA那样把用户的信息从频率和时间上进行分离，它可在一个信道上同时传输多个用户的信息，也就是说，允许用户之间的相互干扰。其关键是信息在传输以前要进行特殊的编码，编码后的信息混合后不会丢失原来的信息。

有多少个互为正交的码序列，就可以有多少个用户同时在一个载波上通信。每个发射机都有自己唯一的代码（伪随机码），同时接收机也知道要接收的代码，用这个代码作为信号的滤波器，接收机就能从所有其他信号的背景中恢复成原来的信息码（这个过程称为解扩）。

（2）RAKE接收机。

RAKE接收机也称多径接收机，由于无线信号传播中存在多径效应，因此基站发出的信号会经过不同的路径到达移动台处，经不同路径到达移动台处的信号的时间不同，如果两个信号到达移动台处的时间差超过一个信号码元的宽度，RAKE接收机就可将其分别成功解调，移动台将各个RAKE接收机收到的信号进行矢量相加(即对不同时间到达移动台的信号进行不同的时间延迟到达同相)，每个接收机可单独接收一路多径信号，这样移动台就可以处理几个多径分量，达到抗多径衰落的目的，提高移动台的接收性能。基站对每个移动台信号的接收也是采用同样的道理，即也采用多个RAKE接收机。另外，在移动台进行软切换的时候，也正是由于使用不同的RAKE接收机接收不同基站的信号才得以实现。

（3）多用户检测。

基于RAKE接收机原理的CDMA接收机将其他用户的信号视为干扰信号，但是优化后接收机可以检测所有信号或从指定的信号中减去其他信号的干扰。

当新的用户或干扰源进入网络时，其他用户的服务质量会下降，网络抗干扰能力越强，可服务的用户就越多。一个基站或移动台的多路接入干扰是小区内和小区间干扰的总和。

多用户检测（MUD）也称联合检测和干扰消除，它提供了降低多路接入干扰的影响，因而增加系统容量。同时MUD显著降低了CDMA系统的远近效应。MUD可以缓解系统对功率控制的需求。

（4）功率控制。

由于CDMA系统不同用户同一时间采用相同的频率，所以CDMA系统为自干扰系统，如果系统采用的扩频码不是完全正交的（实际系统中使用的地址码是近似正交的），因而造成相互之间的干扰。在一个CDMA系统中，每一码分信道都会受到来自其他码分信道的干扰，这种干扰是一种固有的内在干扰。由于各个用户到基站的距离不同而使得基站接收到各个用户的

信号强弱不同，且信号间存在干扰，尤其是强信号会对弱信号造成很大的干扰，甚至造成系统的崩溃，因此必须采用某种方式来控制各个用户的发射功率，使得各个用户到达基站的信号强度基本一致。CDMA 系统的容量主要受限于系统内部移动台的相互干扰，所以每个移动台的信号达到基站时都达到所需的最小信噪比，系统容量将会达到最大值。

CDMA 功率控制分为前向功率控制和反向功率控制，反向功率控制又分为开环和闭环功率控制。

① 反向开环功率控制。

反向开环功率控制是移动台根据小区中所接收功率的变化，迅速调节移动台发射功率。其目的是试图使所有移动台发出的信号在到达基站时都有相同的标称功率。开环功率控制为了补偿平均路径衰落的变化、阴影和拐弯等效应，必须有一个很大的动态范围。IS95 空中接口规定反向开环功率控制动态范围是-32～+32dB。

② 反向闭环功率控制。

反向闭环功率控制的目的是使基站对移动台的开环功率估计迅速做出纠正，以使移动台保持最理想的发射功率。功率控制比特是连续发送的，速率为每比特 1.25ms（即 800bit/s）。“0”比特指示移动台增加平均输出功率，“1”比特指示移动台减少平均输出功率，步长为 1dB/bit。一个功率控制比特的长度正好等于前向业务信道两个调制符号的长度（即 104.66μs）。每个功率控制比特将替代两个连续的前向业务信道调制符号，这个技术就是通常所说的符号抽取技术。

③ 前向功率控制。

基站周期性地降低发射到移动台的发射功率，移动台测量误帧率，当误帧率超过预定义值时，移动台要求基站对它的发射功率增加 1%，每 15～20ms 进行一次调整。下行链路低速控制调整的动态范围是±6dB。移动台的报告分为定期报告和门限报告。

（5）软容量。

对于 CDMA 系统，用户数量与服务级别存在比较灵活的关系，运营商可在话务量高峰期将误帧率稍微提高，来增加可用信道数，提高系统容量。软容量是通过 CDMA 系统的呼吸功能来实现的。呼吸功能是 CDMA 系统中特有的改善用户相互干扰、合理分配基站容量的功能。它是指相邻基站间，如果某基站覆盖区正在通话的用户数量较多时，该基站的用户之间会产生较大的干扰，这时可通过降低该基站的导频信道的发射功率使部分用户经软切换切换到负荷较轻的相邻基站中，从而降低该基站的负荷，减轻该基站的干扰，这是所谓的“呼”功能；当该基站的用户数量减少、干扰减轻时，又可增加该基站导频信道的发射功率，将相邻基站的用户通过软切换纳入自己的覆盖区域，这是所谓的“吸”功能。CDMA 系统实现呼吸功能的本质在于其可以方便地控制各个基站的覆盖范围且系统能够实现软切换，通过改变基站的覆盖范围来调整各个基站下面的用户容量，CDMA 系统通过呼吸功能实现相邻基站之间的容量均衡，降低各个基站内部的用户干扰，从整个系统考虑是增加了容量。

（6）软切换。

切换是指将一个正在进行的呼叫从一个小区转移到另一个小区的过程。切换是由于无线传播、业务分配、激活操作维护、设备故障等产生的。CDMA 系统中的切换有两类：硬切换和软切换。

① 硬切换（Hard Handoff）。

硬切换是指在切换的过程中，业务信道有瞬时中断的切换过程。硬切换包括以下两种情况：同一 MSC 中的不同频道之间、不同 MSC 之间。

② 软切换（Soft Handoff）。

软切换是指在切换过程中，在中断与旧的小区的联系之前，先用相同频率建立与新小区的联系。手机在两个或多个基站的覆盖边缘区域进行切换时，手机同时接收多个基站（大多数情况下是两个）的信号，几个基站也同时接收该手机的信号，直到满足一定的条件后手机才切断同原来基站的联系。如果两个基站之间采用的是不同频率，则这时发生的切换是硬切换。软切换包括以下四种情况：

a．同一基站的两个扇区之间[这种切换也称为更软切换（Softer Handoff）]；

b．不同基站的两个小区之间；

c．不同基站的小区和扇区之间的三方切换；

d．不同基站控制器之间。

③ 软切换的实现。

能够实现软切换的原因在于 CDMA 系统可以实现相邻小区的同频复用，手机和基站对于每个信道都采用多个 RAKE 接收机，可以同时接收多路信号，在软切换过程中各个基站的信号对于手机来讲相当于多径信号，手机接收到这些信号相当于一种空间分集。

④ 软切换过程。

a．当导频强度达到 T_ADD，移动台发送一个导频强度测量消息，并将该导频转到候选导频集合；

b．基站发送一个切换指示消息；

c．移动台将此导频转到有效导频集并发送一个切换完成消息；

d．当导频强度掉到 T_DROP 以下时，移动台启动切换去掉定时器；

e．切换去掉定时器到期，移动台发送一个导频强度测量消息；

f．基站发送一个切换指示消息；

g．移动台把导频从有效导频集移到相邻导频集并发送切换完成消息。

（7）地址码选择。

地址码选择的要求为所选的地址码应能提供足够数量的相关函数特性尖锐的码系列，保证信号经过地址码解扩后具有较高的信噪比。地址码提供的码序列应接近白噪声特性，同时编码方案简单，保证具有较快的同步建立速度。

CDMA 中，PN 码的码捕获采用两段搜索算法，实现快速捕获。实现过程如下：

① 在相关解调过程中，先设置一较低门限，然后相关解调 PN 码的一小段，如果没有超过门限，则表明在该相位无有用信号，将相位后移一段，再做相关解调。

② 如果超过门限了，在该相位再做更长一段 PN 码的相关解调，以判定该相位是否有有用信号。

③ 每次移 PN 码的半个比特的长度。

（8）分集技术。

分集技术是指系统同时接收衰落互不相关的两个或更多个输入信号后，系统分别解调这些信号然后将其相加，这样系统就可以接收到更多有用信号，克服衰落。

移动通信信道是一种多径衰落信道，发射的信号要经过直射、反射、散射等多条传播路径才能达到接收端，而且随着移动台的移动，各条传播路径上的信号幅度、时延及相位会随时随地发生变化，所以接收到的信号其电平是起伏、不稳定的，这些多径信号相互叠加就会形成衰落。叠加后的信号幅度变化符合瑞利分布，又称瑞利衰落。瑞利衰落随时间急剧变化时称为快

衰落，快衰落的衰落深度可达 20～30dB。瑞利衰落的中值场强只产生比较平缓的变化称为慢衰落，且服从对数正态分布。分集技术是克服叠加衰落的一个有效方法，由于具有频率、时间、空间的选择性，因此分集技术包括频率分集、时间分集、空间分集。

减弱慢衰落采用空间分集，即用几个独立天线或在不同场地分别发射和接收信号，以保证各信号之间的衰落独立。根据衰落的频率选择性，当两个频率间隔大于信道相关带宽时，接收到的两种频率的衰落信号不相关，市区的相关带宽一般为 50kHz 左右，郊区的相关带宽一般为 250kHz 左右。而 CDMA 的一个信道带宽为 1.23MHz，无论在市区还是郊区都远大于相关带宽的要求，所以 CDMA 的宽带传输本身就是频率分集。时间分集是利用基站和移动台的 RAKE 接收机来完成的。对于一个信道带宽为 1.23MHz 的 CDMA 系统，当来自两个不同路径信号的时延为 1μs 时，即这两条路径相差大约 300m 时，RAKE 接收机就可以将它们分别提取出来而不混淆。

4．编号计划

（1）区域定义。

在小区制移动通信网中，基站设置很多，移动台又没有固定的位置，移动用户只要在服务区域内，无论移动到何处，移动通信网都必须具有交换控制功能，以实现位置更新、越区切换和自动漫游等功能。在由 CDMA 系统组成的移动通信网结构中，CDMA 区域定义如图 6-27 所示。

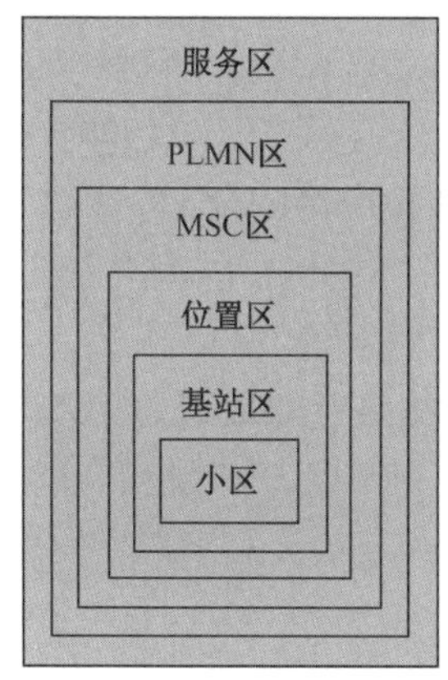

图 6-27　CDMA 区域定义

① 服务区。

服务区是指移动台可获得服务的区域，即不同通信网（如 PLMN、PSTN 或 ISDN）用户无须知道移动台的实际位置而可与之通信的区域。一个服务区可由一个或若干个公用陆地移动通信网（PLMN）组成，可以是一个国家或是一个国家的一部分，也可以是若干个国家。

② PLMN 区。

PLMN 区是由一个公用陆地移动通信网（PLMN）提供通信业务的地理区域。PLMN 可以认为是网络（如 ISDN 网或 PSTN 网）的扩展，一个 PLMN 区可由一个或若干个移动业务交换中心（MSC）组成，在该区内具有共同的编号制度（比如相同的国内地区号）和共同的路由计划。

③ MSC 区。

MSC 区是由一个移动业务交换中心所控制的所有小区共同覆盖的区域，它构成 PLMN 网的一部分。一个 MSC 区可以由一个或若干个位置区组成。

④ 位置区。

位置区是指移动台可任意移动不需要进行位置更新的区域。位置区可由一个或若干个小区（或基站区）组成。为了呼叫移动台，可在一个位置区内所有基站同时发寻呼信号。

⑤ 基站区。

由置于同一基站点的一个或数个基站收发信台（BTS）包括的所有小区所覆盖的区域。

⑥ 小区。

采用基站识别码或全球小区识别进行标识的无线覆盖区域。在采用全向天线结构时，小区即为基站区。

（2）编号计划。

① 国际移动用户识别码（IMSI）。

IMSI 是在 CDMA 数字公用陆地蜂窝移动通信网中唯一地识别一个移动用户的号码。此码在所有位置，包括在漫游区都是有效的；采取 E.212 编码方式；存储在移动台/UIM 卡、HLR 和 VLR 中，在无线接口及 MAP 接口上传送。

CDMA 网使用基于 MIN 的 IMSI（MIN based IMSI）。IMSI 是 15 位十进制的数字，其号码结构如下：

$$MCC + MNC + MSIN$$

其中，

MCC：Mobile Country Code，移动国家码，中国为 460；

MNC：Mobile Network Code，移动网络码，联通 CDMA 系统使用 03；

MSIN：Mobile Subscriber Identification Number，移动用户识别码，是 10 位十进制的数字。联通要求 MIN 是 IMSI 的后 10 位，即 MSIN。

② 临时本地用户号码（TLDN）。

当呼叫一个移动用户时，为使网络进行路由选择，MSC 临时分配给移动用户的一个号码，即 TLDN。为了加强系统的保密性而在 VLR 内分配的临时用户识别，它在某一 VLR 区域内与 IMSI 唯一对应。它是 133 后面第一第二位为 44 的号码，其号码结构为：

$$CC + MAC + 44 + H1\ H2\ H3 + ABC$$

其中，

CC：国家码，是 86；

MAC：移动接入码，是 133；

H1H2H3 的分配方案与 MDN 号码中 133 的 2 层的 H1H2H3 分配方案相同。

当 TLDN 号码资源不足时，依次起用 133 后面第一第二位为 34、54 和 24 的号码。

③ 电子序列号（ESN）。

电子序列号是唯一识别一个移动台设备的号码，每个双模移动台分配一个唯一的电子序列号。它包含 32 比特，电子序列号由移动台的生产厂家设置。

④ 系统识别码（SID）和网络识别码（NID）。

在 CDMA 网中，移动台根据一对识别码（SID，NID）判决是否发生了漫游。系统识别码（SID）包含 15 比特。联通首先使用比特 14 至比特 9 为 110010 的 512 个号码（3600～37FF）。每个移动本地网分配一个 SID 号码，每个本地网具体获得的号码由联通总部确定。

网络识别码（NID）由 16 比特组成，NID 的 0 与 65 535 保留。0 作为表示在某个 SID 区中不属于特定 NID 区的那些基站；65 535 作为表示移动用户可在整个 SID 区中进行漫游；NID

的分配由各本地网管理，具体的分配方案待定。

⑤ 登记区识别码（REG_ZONE）。

在一个 SID 区或 NID 区中唯一识别一个位置区的号码，它包含 12 比特。由各本地网管理，具体的分配方案待定。

⑥ 基站识别码（BSID）。

一个 16 比特的数，唯一识别一个 NID 下属的基站。由各本地网管理，具体的分配方案待定。

⑦ 与 GT 有关的号码。

联通 CDMA 系统使用 E.212 号码（IMSI）及 E.164 号码（MDN）作为 GT 号码。下面定义的号码用于识别网络节点，不再用于用户号码。

a．HLR 号码。

当一个 HLR 所属用户的 IMSI 号码为 460 03 09 H0H1H2H3 ABCD 时，这个 HLR 的 HLR 号码可以是 460 03 09 H0H1H2H3 0000。

当一个 HLR 所属用户的 IMSI 号码为 460 03 03 H0H1H2H3 ABCD 时，这个 HLR 的 HLR 号码可以是 460 03 03 H0H1H2H3 0000。

b．其他网元。

除 HLR 以外，其他网络实体的 GT 号码格式如下：

460　03　09　44　M1M2M3　X00

其中，M1M2M3 与 MDN 号码中 133 的 2 层的 H1H2H3 分配相同。

X 表示网络单元，其编码如表 6-1 所示。

表 6-1　网络单元编码

X	网络单元
1	MSC
2	MC
3	SCP
4	IP
5	VC（充值中心）

c．GT 号码的使用。

在所有的消息中，SCCP 层的 GT 设置为 4。

当移动台漫游到一个新的拜访 MSC 时，拜访 MSC 第一次向 HLR 发送消息（登记消息和登记鉴权消息）。这个消息 SCCP 层的主叫 GT 设置为这个 MSC 的 MSC 号码，其中 TT（翻译类型）设置为 0；SCCP 层的被叫 GT 设置为移动台的 IMSI 号码，其中 TT 设置为 0。

当移动台被叫时，始发 MSC 向 HLR 发送消息。这个消息的 SCCP 层的主叫 GT 设置为始发 MSC 的 MSC 号码，其中 TT 设置为 0；SCCP 层的被叫 GT 设置为被叫移动台的 MDN 号码，其中 TT 设置为 0。

当移动台发送短消息时，消息可以经过主叫移动台归属的 MC 转发。这条消息的 SCCP 层的被叫 GT 设置为移动台的 MDN 号码，其中 TT 设置为 128；主叫 GT 设置为主叫移动台服务 MSC 的 MSC 号码，其中 TT 设置为 0。

当移动台接收短消息时，消息经过被叫移动台归属的 MC 转发。这条消息的 SCCP 层的被叫 GT 设置为移动台的 MDN 号码，其中 TT 设置为 128；移动应用部分（ANSI41）消息中的 MSC IN、Sender IN 和 Destination Address 参数设置为相应的 GT 号码；其他移动应用部分和无线智能网的消息中的 SCCP 层都设置相应的 GT 信息。

d．特服号码。

特服号码格式如下：

133 00 M1M2M3 ABC

其中，M1M2M3 与 MDN 号码中 133 的 2 层的 H1H2H3 分配相同。

ABC 表示不同的业务，由总部统一分配。

e．短消息中心。

系统提示号码：198（人工），199（自动）

f．MSCID 和扩展 MSCID。

在 ANSI-41 中，用于识别网络节点。在我国，完全采用 7 号信令传输 ANSI-41，这些号码的功能可以被 GT 号码代替，但为了兼容的目的而保留这些号码。

MSCID：

SID+SWNO

其中，SWNO 是序列号码，在每个 SID 区内按顺序分配。

扩展 MSCID：

SSN + MSCID

g．UIM ID。

UIM 卡的标识。在使用 UIM 卡的移动台中，这个参数将代替 ESN 号码参与鉴权，也参与构造 CDMA 反向信道。

UIM ID 的长度为 32 比特，其中前 14 比特为 UIM 卡厂商代码，由 3GPP2 统一分配，后 18 比特为 UIM 卡序列号，由 UIM 卡厂商自行分配。

h．LAI。

在检测位置更新时，要使用位置区识别 LAI。编码格式为：

MCC + MNC + LAC

其中，MCC 和 MNC 同 IMSI 中的号码相同。

LAC：本地 Area Code，是 2 字节长的十六进制 BCD 码，0000 与 FFFE 不能使用。

i．GCI。

GCI 是所有 CDMA PLMN 中小区的唯一标识，是在位置区识别 LAI 的基础上再加上小区识别 CI 构成的。编码格式为：

LAI + CI

CI：Cell Identity，是 2 字节长的十六进制 BCD 码，可由运营部门自定。

5．呼叫过程

（1）移动台状态。

在 IS-95 和 IS-2000 系统中，移动台在接入业务信道时需要经历多个呼叫处理状态。移动台的呼叫处理过程实际也就是移动台在不同状态下对消息的处理和相应状态转移的过程。

移动台的呼叫处理过程包含以下状态：移动台初始化状态，移动台选择并捕获系统；移动台空闲状态，监视寻呼信道上的消息；系统接入状态，在接入信道向基站发送消息；移动台控制在业务信道状态，通过前向和反向信道与基站通信。其过程涉及的信道处理有导频和同步信

道处理、寻呼信道处理、接入信道处理、业务信道处理。

① 移动台初始化状态。

移动台开机后首先进入移动台初始化状态，进行移动台的初始化工作。在该状态下，移动台选择并捕获一个系统。若所选择的是 CDMA 系统，移动台将尝试捕获并与 CDMA 系统同步。移动台初始化状态由以下子状态组成。

a．系统确定子状态。

在该子状态下，移动台对登记参数进行初始化，自定义选择使用的系统，一般有如下选择方式：仅系统 A（或 B）（仅 Band Class0）；优先系统 A（或 B）（仅 Band Class0）；仅 CDMA 系统（或模拟系统）；优先 CDMA 系统（或模拟系统）；仅 800MHz（或 1.8GHz ）频段（CDMA 系统）；优先 800MHz（或 1.8GHz）频段（CDMA 系统）。

在 IS-2000 协议中，移动台有以下几种方式选择系统：用户定义的系统选择方式；当前重定向原则的系统选择方式；系统重选原则的系统选择方式。

b．导频信道捕获子状态。

在该子状态下，移动台获得所选 CDMA 系统的导频信道。

c．同步信道捕获子状态。

在该子状态下，移动台捕获并处理同步信道信息以获得系统配置和定时信息。

d．定时改变子状态。

在该子状态下，移动台用同步信道消息得到的 PILOT_PNs，LC_STATEs 及 SYS_TIMEs 值将其长码定时和系统定时与 CDMA 系统的定时同步。

移动台内部定时定义为：接收完最后一个 80ms 同步信道帧的时刻加上 320ms，再减去导频信道 PN 序列偏移。

② 移动台空闲状态。

移动台在空闲状态下需要完成的功能包括：寻呼信道的监视，移动台对寻呼信道的监视分为非时隙模式和时隙模式；接收消息、确认消息；接收呼叫、发起呼叫；执行注册；执行空闲切换，在移动台空闲状态，移动台从当前服务基站的覆盖区移动到另一新基站覆盖区时，如果检测到新基站的导频信号强度够强（强于当前服务导频信号强度 3dB），应发生空闲切换；相应开销信息，在实际网络中，移动台必须知道一定的网络/系统信息，从而在用户请求某种业务时，移动台可以根据系统消息的指示，接入提供该业务的网络系统中。这些特定的网络/系统信息称为系统消息。一旦移动台接收到一个系统消息，就执行响应系统消息的操作。移动台根据接收到的系统消息中的信息对内部数据进行更新。

在以上公共信道发送的系统消息中，可以按照用途分为 4 类：配置类、邻区列表类、信道列表类和业务重定向类。

移动台在空闲状态时就接收了绝大部分的系统消息，完成了以下功能：移动台始呼操作；移动台消息传送操作；移动台关机操作；移动台 PACA 取消呼叫（IS-2000 新增）；移动台资源控制原语响应操作（IS-2000 新增）。

③ 系统接入状态。

移动台发起系统接入将在接入状态下进行。在系统接入状态下，移动台在接入信道上向基站发送消息或从基站接收消息。系统接入状态包括以下几种子状态：总体消息更新子状态、移动台始呼尝试子状态、寻呼响应子状态、移动台指令/消息响应子状态、登记接入子状态、移动台短消息发送子状态、PACA 取消子状态（IS-2000 新增）。

在 IS-95 的 6 种接入子状态中，除了更新开销信息子状态外，其余 5 种子状态都要用接入过程来完成。它是一个随机接入过程，接入过程需要的参数多由基站发送给移动台的接入参数消息提供。

接入尝试是指移动台发送消息、等待证实、接收到证实或等待接入证实超时的整个过程。接入尝试中，移动台每发送一次接入消息称为一次接入试探，接入消息称为接入探针。

在一次接入尝试中，接入探针分为若干组，每一组称为一组接入探针序列。移动台在接入信道上发送接入探针，接入探针分为两部分：接入信道前导帮助基站捕获移动台的接入信道消息；接入消息传送一些用户接入请求的信息或对基站寻呼信息的应答。移动台等待基站的确认消息，确认消息由寻呼信道传送。

④ 移动台控制在业务信道状态。

在这个状态下，移动台将利用前向和反向业务信道与基站进行通信。根据 IS-95 协议规定，移动台控制在业务信道状态包括以下 5 种子状态：业务信道初始化子状态、等待指令子状态、等待移动台应答子状态、通话子状态、释放子状态。

为了同时支持语音和数据业务，IS-2000 必须同时支持两个以上的呼叫连接，每个呼叫对应一个呼叫控制实体。因此 IS-95 中移动台控制处于业务信道状态下的 3 个子状态：等待命令子状态、等待移动台应答子状态和通话子状态。

根据 3GPP2 协议规定，移动台控制在业务信道状态，其中包括以下 3 种子状态：业务信道初始化子状态、业务信道子状态、释放子状态。

（2）移动台注册。

注册（登记）是移动台向基站通知其位置、状态、标识等特征的过程。当移动台工作在时隙模式时，通过注册向基站提供 SLOT_CYCLE_INDEX 参数可以将移动台的监听时隙通知基站。注册还可以通知基站关于移动台的协议版本号等相关参数，使得基站了解移动台的能力范围。

IS-95 支持以下 9 种注册形式：开机注册、关机注册、基于定时器的注册、基于距离的注册、基于区域注册、参数改变注册、指令注册、隐含注册、业务信道注册。

其中，前 5 种注册形式称为自主注册，可用于漫游时注册。IS-2000 的注册形式除以上 9 种之外，还包括用户区域注册。

注册形式和注册相关参数通过系统参数消息来传送，基站也可以通过发送状态请求消息获得移动台的注册信息。当移动台选择一个有效用户区域（UZID）时，将发起用户区域注册。

在移动台初始化状态下，当移动台开机时，移动台将执行开机注册；当移动台从模拟系统或另一个 CDMA 系统切换过来时，移动台将执行基于定时器的注册。

在移动台空闲状态下，移动台需要维护与注册有关的各个定时器，并根据定时器的状态、移动台存储的参数值、接收到的相关消息的字段值选择执行开机注册、参数改变注册、基于定时器的注册、基于距离的注册、基于区域的注册、基于用户区域的注册，并更新注册相关参数。

在系统接入状态下，当移动台接收到其在接入信道上所发送的注册消息、始呼消息、或寻呼响应消息的证实时，移动台将关闭开机/初始化定时器，删除 ZONE_LISTs 和 SID_NID_LISTs 列表中与 SERVSYSs 的 SID 不同的项目，并存储当前基站的注册位置和注册距离。

如果移动台收到对任何其他消息的证实，移动台接入尝试失败或丢失寻呼信道，则移动台将删除 ZONE_LISTs 和 SID_NID_LISTs 列表中与 SERVSYSs 的 SID 不同的项目。

（3）切换处理。

当移动台靠近原来服务小区的边缘，将进入另一个服务小区时，原基站与移动台之间的链

路将逐渐由新基站与移动台之间的链路来取代，这就是切换的含义。

当移动台在业务信道状态时，不考虑切换到模拟系统的情况，移动台支持以下几种切换类型。

软切换：在进行软切换时，移动台开始与一个新的基站通信，但同时不中断与原基站之间的通信。

硬切换：是指移动台先切断与原来基站的通信，再建立与新基站的通信，从而实现通信的完整性。

BS 内切换使用以下切换消息：导频强度测量消息（PSMM）、切换指示消息（EHDM、GHDM、UHDM）、切换完成消息（HCM、EHCM）、邻区列表更新消息（NLUM、ENLUM）。

在软切换过程中，需要使用到以下参数：导频加入门限 T-ADD、导频删除门限 T-DROP、导频删除定时器 T-TDROP、比较门限（T-COMP）、NGHBR-MAX-AGE（此参数控制导频移出邻集）、SRCH-WIN-A（激活集和候选集的搜索窗口的大小）、SRCH-WIN-N/SRCH-WIN-R（邻集/剩余集搜索窗口的大小）。

（4）短消息流程。

对于 CDMA2000 1×系统来说，在技术上有两种集中发送短消息的方式：广播短消息和依次发送点对点短消息。

广播短消息是指发送地址类型为广播地址短消息，在特定区域内所有处于空闲状态的移动台理论上都应该收到广播短消息。

6.5 第四代移动通信技术

6.5.1 4G 概述

1. 相关概念

4G 是第四代移动通信技术的简称，是集 3G 与 WLAN 于一体并能够传输高质量视频图像，以及图像传输质量与高清晰度电视不相上下的技术产品。目前主要有 TD-LTE 和 FDD-LTE 两种网络技术制式。

4G 系统能够以 100Mbit/s 的速度下载，比拨号上网快 2 000 倍，上传的速度也能达到 20Mbit/s，并能够满足几乎所有用户对于无线服务的要求。而在用户最为关注的价格方面，4G 与固定宽带网络在价格方面不相上下，而且计费方式更加灵活机动，用户完全可以根据自身的需求确定所需要的服务。此外，4G 可以在 DSL 和有线电视调制解调器没有覆盖的地方部署，再扩展到整个地区，因此，4G 有着不可比拟的优越性。

第四代移动通信技术的概念可称为宽带接入和分布网络，具有非对称的超过 2Mbit/s 的数据传输能力。它包括宽带无线固定接入、宽带无线局域网、移动宽带系统和交互式广播网络。

第四代移动通信可以在不同的固定、无线平台和跨越不同频带的网络中提供无线服务，可以在任何地方用宽带接入互联网（包括卫星通信和平流层通信），能够提供定位定时、数据采集、远程控制等综合功能。此外，对全速移动用户能提供 150Mbit/s 的高质量影像服务，首次实现三维图像的高质量传输。其包括广带无线固定接入、广带无线局域网、移动广带系统和互操作的广播网络（基于地面和卫星系统）。其广带无线局域网（WLAN）能与 B-ISDN 和 ATM

兼容，实现广带多媒体通信，形成综合广带通信网（IBCN），这里“广带”指的是网络传输速率高于 10Mbit/s 的传输系统。

2．产生背景

随着人们的生活空间、活动空间和参与领域的不断扩大，对手机的功能要求已不仅是对话和通信，还有许多其他方面的功能。要实现这些功能，就必须有新型的通信技术来做保证，在这种情况下各种新兴的通信技术就应运而生了。通信技术发展迫使人们考虑新一代的系统，它能在所有的环境和各种移动状态中传送无线多媒体服务，满足用户服务质量（QoS）的要求。

第四代移动通信技术可以容纳庞大的用户数、改善通信品质并满足高速数据传输的要求。第四代移动通信系统在业务、功能、频带上都不同于第三代系统，第四代移动通信的概念也可称为宽带接入和分布式网络，具有非对称的超过 2Mbit/s 的数据传输能力。

3．4G 的特点

相较以往的通信技术，第四代移动通信技术存在以下优点：通信速度快、网络频谱宽、通信灵活、智能性能高、兼容性好、用户共存性、通信质量高、频率效率高、自治的网络结构、随时随地移动接入。

当然，第四代移动通信技术也具有一些缺陷：设施更新慢、技术难、容量受限、市场难以消化、标准多。

4．技术要求

4G 主要存在以下几方面的技术要求：

（1）通信速度提高，数据率超过 UMTS，上网速率从 2 Mbit/s 提高到 100 Mbit/s。

（2）以移动数据为主面向 Internet 大范围覆盖高速移动通信网络，改变了以传统移动电话业务为主设计移动通信网络的设计观念。

（3）采用多天线或分布天线的系统结构及终端形式，支持手机互助功能，采用可穿戴无线电，可下载无线电等新技术。

（4）发射功率比现有移动通信系统降低 10～100 倍，能够较好地解决电磁干扰问题。

（5）支持更为丰富的移动通信业务，包括高分辨率实时图像业务、会议电视虚拟现实业务等，使用户在任何地方可以获得任何所需要的信息服务，且服务质量得到保证。

5．4G 系统中的关键技术

（1）定位技术。

定位是指移动终端位置的测量方法和计算方法，它主要分为基于移动终端定位、基于移动网络定位和混合定位三种方式，在 4G 系统中，移动终端可能在不同系统（平台）间进行移动通信。因此，对移动终端的定位和跟踪是实现移动终端在不同系统（平台）间无缝连接，以及系统中高速率、高质量移动通信的前提和保障。

（2）切换技术。

切换技术适用于移动终端在不同移动小区之间、不同频率之间通信或信号降低信道选择等情况。切换技术是未来移动终端在众多通信系统、移动小区之间建立可靠移动通信的重要技术，主要有软切换和硬切换两种。在 4G 系统中，切换技术的适用范围更为广泛，并朝着软切换和硬切换相结合的方向发展。

（3）软件无线电技术。

在 4G 系统中，软件将变得非常繁杂。为此，专家们提议引入软件无线电技术，将其作为从第二代移动通信通向第三代和第四代移动通信的桥梁。软件无线电技术能够将模拟信号的数字化过程尽可能地接近天线，即将 A/D 和 D/A 转换器尽可能地靠近 RF 前端，利用 DSP 进行信道分离、调制解调和信道编译码等工作。它旨在建立一个无线电通信平台，在平台上运行各种软件系统，以实现多通路、多层次和多模式的无线通信。因此，一个移动终端通过应用软件无线电技术，就可以实现在不同系统和平台之间畅通无阻的使用。软件无线电是将标准化、模块化的硬件功能单元经一通用硬件平台，利用软件加载方式来实现各类无线电通信系统的一种开放式结构的技术。其核心思想是在尽可能靠近天线的地方使用宽带 A/D 和 D/A 转换器，尽可能多地用软件来定义无线功能。其软件系统包括各类无线信令规则与处理软件、信号流变换软件、调制解调算法软件、信道纠错编码软件、信源编码软件等。软件无线电技术主要涉及数字信号处理硬件（DSPH）、现场可编程器件（FPGA）、数字信号处理（DSP）等。

（4）智能天线（SA）与多入多出天线（MIMO）技术。

智能天线具有抑制信号干扰、自动跟踪及数字波束调节等智能功能，能满足数据中心、移动 IP 网络的性能要求。智能天线成形波束能在空间域内抑制交互干扰，增强特殊范围内想要的信号，这种技术既能改善信号质量又能增加传输容量。其基本原理是在无线基站端使用天线阵和相干无线收发信机来实现射频信号的收发，同时，通过基带数字信号处理器，对各天线链路上接收到的信号按一定算法进行合并，实现上行波束赋形。目前，智能天线的工作方式主要有全自适应方式和基于预多波束的波束切换方式。全自适应智能天线虽然从理论上讲可以达到最优，但相对而言，各种算法均存在所需数据量计算量大、信道模型简单、收敛速度较慢、在某些情况下甚至可能出现错误收敛等缺点，实际信道条件下，当干扰较多、多径严重，特别是信道快速时变时，很难对某一用户进行实时跟踪。在基于预多波束的切换波束工作方式下，全空域被一些预先计算好的波束分割覆盖，各组权值对应的波束有不同的主瓣指向，相邻波束的主瓣间通常有一些重叠，接收时的主要任务是挑选一个作为工作模式，与自适应方式相比它显然更容易实现，是未来智能天线技术发展的方向。

多入多出天线（Multiple-Input Multiple-Output，MIMO）技术最早是由伽利尔摩 • 马克尼（Guglielmo Marconi）于 1908 年提出的，它利用多天线来抑制信道衰落。根据收发两端天线数量，相对于普通的 SISO（Single-Input Single-Output）系统，MIMO 系统还可以包括 SIMO（Single-Input Multiple-Output）系统和 MISO（Multiple-Input Single-Output）系统。信道容量随着天线数量的增大而线性增大，利用 MIMO 信道可成倍提高无线信道容量，在不增加带宽和天线发送功率的情况下，频谱利用率可以成倍提高。

利用 MIMO 技术可以提高信道的容量，同时也可以提高信道的可靠性，降低误码率。前者是利用 MIMO 信道提供的空间复用增益，后者是利用 MIMO 信道提供的空间分集增益。实现空间复用增益的算法主要有贝尔实验室的 BLAST 算法、ZF 算法、MMSE 算法、ML 算法。ML 算法具有很好的译码性能，但是复杂度比较大，对于实时性要求较高的无线通信不能满足要求。ZF 算法简单容易实现，但是对信道的信噪比要求较高。性能和复杂度最优的是 BLAST 算法，该算法实际上是使用 ZF 算法加上干扰删除技术得出的。目前 MIMO 技术领域另一个研究热点是空时编码，常见的空时编码有空时块码、空时格码。空时编码的主要思想是利用空间和时间上的编码实现一定的空间分集和时间分集，从而降低信道误码率。MIMO 系统在一定程度上可以利用传播中多径分量，也就是说 MIMO 可以抗多径衰落，但是对于频率选择性深衰落，MIMO 系统依然无能为力。目前解决 MIMO 系统中的频率选择性深衰落的方案一般利用均衡技术，还有一种利用 OFDM。大多数研究人员认为 OFDM 技术是 4G 的核心技术，4G 需要极高频谱利用率的技术，而 OFDM 提高频谱利用率的作用毕竟是有限的，在 OFDM 的基础上合理开发空间资源，也就是 MIMO+OFDM，可以提供更高的数据传输速率。另外 ODFM 由于码率低且加入了时间保护间隔而具有极强的抗多径干扰能力。由于多径时延小于保护间隔，所以系统不受码间干扰的困扰，这就允许单频网络（SFN）可以用于宽带 OFDM 系统，依靠多天线来实现，即采用由大量低功率发射机组成的发射机阵列消除阴影效应来实现完全覆盖。

（5）交互干扰抑制和多用户识别。

待开发的交互干扰抑制和多用户识别技术应成为 4G 的组成部分，它们以交互干扰抑制的方式引入基站和移动电话系统，消除不必要的邻近和共信道用户的交互干扰，确保接收机的高质量接收信号。这种组合将满足更大用户容量的需求，还能增加覆盖范围，交互干扰抑制和多用户识别两种技术的组合将大大减少网络基础设施的部署，确保业务质量的改善。

（6）可重构性/自愈网络。

当智能处理器用在 4G 无线网络时，它们将能够处理节点故障或基站超载。网络各部分采用基于知识解答装置，将能够纠正网络故障，这种基于知识解答装置安放在无线网络控制器上。

（7）新的调制和信号传输技术。

在高频段进行高速移动通信将面临严重的选频衰落（Frequency-selective Fading），研究和发展智能调制解调技术以有效抑制这种衰落。例如，正交频分复用技术（OFDM）、自适应均衡器等。另外，采用 TPC、Rake 扩频接收、跳频、FEC（如 AQR 和 Turbo 编码）等技术以获取更好的信号能量噪声比。

（8）信道传输。

频谱资源是一种有限资源，在 4G 系统中，一方面要采用有效的措施提高频谱利用率，另一方面要开发新的频谱资源。因此，研究高频段宽带信号传输特性就变得非常重要。欧洲的 AWACS 项目研究宽带无线接入系统在 17～19GHz 频段内的传输特性；SAMBA 项目研究接入系统在 30～40GHz 频段内的传输特性；MEDIAN 项目研究宽带无线接入系统在 69GHz 频段内的传输特性。

（9）系统管理资源。

在高速移动通信系统中，不仅频率资源限制移动用户信号的传输速率，基站和终端的发射功率也限制了移动用户信号的传输速率，因此，采用一种好的无线资源管理策略，可以检测可用的资源及信号的质量，然后根据不同用户、不同业务质量要求动态的分配频率资源和信号发射功率，这样可以大大提高系统的性能。

6．4G 网络特征

4G 网络具有如下特征：

（1）支持现有的系统和将来系统通用接入的基础结构；

（2）与 Internet 集成统一，移动通信网仅作为一个无线接入网；

（3）具有开放、灵活的结构，易于扩展；

（4）是一个可重构的、自组织的、自适应网络；

（5）智能化的环境，个人通信、信息系统、广播、娱乐等业务无缝连接为一个整体，满足用户的各种需求；

（6）用户在高速移动中，能够按需接入系统，并在不同系统中无缝切换，传送高速多媒体

业务数据；

（7）支持接入技术和网络技术各自独立发展。

7. 4G 的应用

新技术的引用和效能的提高将为 4G 带来更为广阔的应用领域和市场。

（1）4G 在智能手机中的应用。

利用 4G 可在语音通话的同时双向传递资料、图画、影像。4G 手机可根据环境、时间及其他设定的因素来提醒手机的主人此时该做什么或不该做什么。4G 手机可以将电影院票房资料直接下载下来，包括售票情况、座位情况，人们可以根据这些信息来在线购买电影票。人们可以也在 4G 手机上根据自己需要直接购买车票、机票。

（2）4G 在移动/便携游戏中的应用。

4G 网络服务的速度优势和终端设备接入所提供的便捷有助于游戏的推广，人们可通过无线网络接收 4G 信息并传输到游戏设备中。

（3）4G 在射频测量技术中的应用。

射频测量技术包括射频信号源、射频功率计、射频频谱或射频信号分析仪、网络分析仪等。随着射频技术的发展，对于射频测量提出更快速度和更高精度的要求。4G 网络拥有的高频谱带宽，可在很大程度上满足射频测量的需求。

（4）其他应用。

通过 4G 网络可以提供更好、更快、更便宜的医疗和应急服务，并在抗洪抢险、地震灾害等救灾过程中发挥作用。

6.5.2　LTE 概述

LTE（Long Term Evolution）即 3GPP 长期演进，是近两年来 3GPP 启动的最大的新技术研发项目，这种以 OFDM/FDMA 为核心的技术可作为“准 4G”技术或 3.9G。3GPP LTE 项目的主要性能目标包括：在 20MHz 频谱带宽能够提供下行 100Mbit/s、上行 50Mbit/s 的峰值速率；改善小区边缘用户的性能；提高小区容量；降低系统延迟，用户平面内部单向传输时延低于 5ms，控制平面从睡眠状态到激活状态迁移时间低于 50ms，从驻留状态到激活状态的迁移时间小于 100ms；支持 100km 半径的小区覆盖；能够为 350km/h 高速移动用户提供大于 100kbit/s 的接入服务；支持成对或非成对频谱，并可灵活配置 1.25 MHz 到 20MHz 多种带宽。

LTE 是新一代宽带无线移动通信技术，与 3G 采用的 CDMA 技术不同，LTE 以 OFDM（正交频分多址）和 MIMO（多入多出天线）技术为基础，频谱效率是 3G 增强技术的 2～3 倍。LTE 包括 FDD 和 TDD 两种制式。LTE 的增强技术（LTE-Advanced）是国际电联认可的第四代移动通信标准。

正因为 LTE 技术的整体设计都非常适合承载移动互联网业务，因此 LTE 非常受运营商的关注，并已成为全球运营商网络演进的主流技术。

1. LTE 频段

LTE 频段从两种制式来分，主要有 FDD-LTE 主流频段和 TD-LTE 主流频段。

FDD-LTE 主流频段为 1.8GHz/2.6GHz/低频段 700MHz、800MHz；TD-LTE 主流频段为 2.6GHz/2.3GHz。

2．TD-LTE 与 FDD-LTE

分别是 4G 两种不同的制式，一个是时分一个是频分。简单来说，TD-LTE 上下行在同一个频点进行时隙分配；FDD-LTE 上下行通过不同的频点区分。

TDD（时分双工）技术是移动通信技术使用的双工技术之一，与 FDD 相对应，应用 TDD 模式的 LTE 即为 TD-LTE。在 TDD 模式的移动通信系统中，基站到移动台之间的上行和下行通信使用同一频率信道（即载波）的不同时隙，用时间来分离接收和传送信道，某个时间段由基站发送信号给移动台，另外的时间由移动台发送信号给基站。TD-LTE 上行理论速率为 50Mbit/s，下行理论速率为 100Mbit/s。

FDD（频分双工）模式的特点是在分离的两个对称频率信道上进行接收和传送，用保证频段来分离接收和传送信道，应用 FDD 模式的 LTE 即为 FDD-LTE。由于无线技术的差异、使用频段的不同及各个厂家的利益等因素，FDD-LTE 的标准化与产业发展都领先于 TD-LTE。FDD-LTE 已成为当前世界上采用的国家及地区最广泛的，终端种类最丰富的一种 4G 标准。FDD-LTE 上行理论速率为 40Mbit/s，下行理论速率为 150Mbit/s。

3．FDD 与 TDD 工作原理

频分双工（FDD）和时分双工（TDD）是两种不同的双工方式，LTE 工作原理如图 6-28 所示。

FDD 在分离的两个对称频率信道上进行接收和发送，用保护频段来分离接收和发送信道。FDD 必须采用成对的频率，依靠频率来区分上下行链路，其单方向的资源在时间上是连续的。FDD 在支持对称业务时，能充分利用上下行的频谱，但在支持非对称业务时，频谱利用率将大大降低。

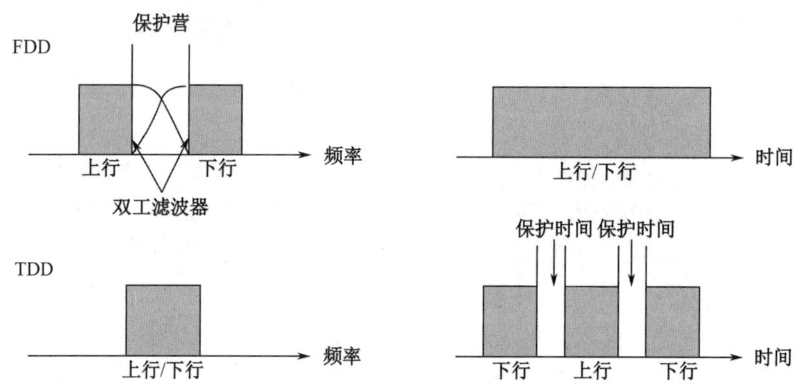

图 6-28　LTE 工作原理

TDD 用时间来分离接收和发送信道。在 TDD 方式的移动通信系统中，接收和发送使用同一频率载波的不同时隙作为信道的承载，其单方向的资源在时间上是不连续的，时间资源在两个方向上进行了分配。某个时间段由基站发送信号给移动台，另外的时间由移动台发送信号给基站，基站和移动台之间必须协同一致才能顺利工作。

4．TDD 和 FDD 优劣

TDD 双工方式的工作特点使 TDD 具有如下优势：

（1）能够灵活配置频率，使用 FDD 系统不易使用的零散频段。

（2）可以通过调整上下行时隙转换点提高下行时隙比例，能够很好地支持非对称业务。

(3)具有上下行信道一致性,基站的接收和发送可以共用部分射频单元,降低了设备成本。

(4)接收上下行数据时，不需要收发隔离器，只需要一个开关，降低了设备的复杂度。

(5)具有上下行信道互惠性，能够更好地采用传输预处理技术，如预 RAKE 技术、联合传输（JT）技术、智能天线技术等，能有效地降低移动终端的处理复杂性。

但是，TDD 双工方式相较于 FDD，也存在明显的不足：

(1)由于 TDD 方式的时间资源分别分给了上行和下行，因此 TDD 方式的发射时间大约只有 FDD 的一半，如果 TDD 要发送和 FDD 同样多的数据，就要增大 TDD 的发送功率。

(2)TDD 系统上行受限，因此 TDD 基站的覆盖范围明显小于 FDD 基站。

(3)TDD 系统收发信道同频，无法进行干扰隔离，系统内和系统间存在干扰。

(4)为了避免与其他无线系统之间的干扰，TDD 需要预留较大的保护带，影响了整体频谱利用效率。

6.5.3 LTE 系统结构

1. 系统结构

4G 系统针对各种不同业务的接入系统，通过多媒体接入连接到基于 IP 的核心网中。基于 IP 技术的网络结构使用户可实现在 3G、4G、WLAN 及固定网间无缝漫游。4G 网络结构可分为三层：物理网络层、中间环境层和应用网络层。

物理网络层提供接入和路由选择功能，中间环境层的功能有网络服务质量映射、地址变换和完全性管理等，物理网络层与中间环境层及其应用环境之间的接口是开放的，使发展和提供新的服务变得更容易，提供无缝高数据率的无线服务，并运行于多个频带，这一服务能自适应于多个无线标准及多模终端，跨越多个运营商和服务商，提供更大范围服务。

LTE 网络结构遵循业务平面与控制平面完全分离化、核心网趋同化、交换功能路由化、网元数目最小化、协议层次最优化、网络扁平化和全 IP 化原则。图 6-29 所示为 LTE 网络结构简化模型。

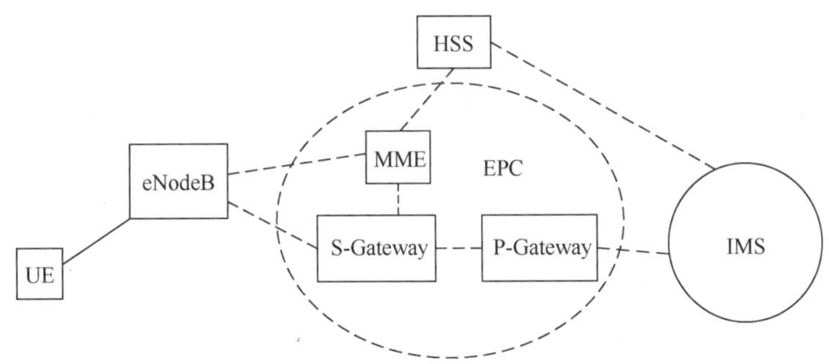

图 6-29　LTE 网络结构简化模型

整个 LTE 系统由演进型分组核心网（Evolved Packet Core，EPC）、演进型基站（eNodeB）和用户设备（UE）三部分组成。其中，EPC 负责核心网部分，EPC 控制处理部分称为 MME，数据承载部分称为 S-Gateway（S-GW）；eNodeB 负责接入网部分，也称 E-UTRAN；UE 指用户终端设备。

eNodeB 与 EPC 通过 S1 接口连接；eNodeB 之间通过 X2 接口连接；eNodeB 与 UE 之间通过 Uu 接口连接。与 UMTS 相比，由于 NodeB 和 RNC 融合为网元 eNodeB，所以 LTE 少了 Iub

接口。X2 接口类似于 Iur 接口，S1 接口类似于 Iu 接口，但都有较大简化。

MME 的功能主要包括：寻呼消息发送；安全控制；Idle 状态的移动性管理；SAE 承载管理；NAS 信令的加密与完整性保护等。

S-GW 的功能主要包括：数据的路由和传输，以及用户面数据的加密。

2. 信道

LTE 沿用了 UMTS 里面的 3 种信道：逻辑信道，传输信道与物理信道。从协议栈的角度来看，物理信道是物理层的，传输信道是物理层和 MAC 层之间的，逻辑信道是 MAC 层和 RLC 层之间的。

逻辑信道由传输的内容决定，比如广播信道（BCCH）就是用来传广播消息的。

传输信道由传输的方式决定，比如下行共享信道 DL-SCH，一些业务甚至控制消息都是通过共享空中资源来传输的。

物理信道，信号在空中传输的承载，比如 PBCH，即在实际的物理位置上采用特定的调制编码方式来传输广播消息。

（1）逻辑信道。

逻辑信道定义了传输的内容。MAC 子层使用逻辑信道与高层进行通信。逻辑信道通常分为两类，即用来传输控制平面信息的控制信道和用来传输用户平面信息的业务信道。而根据传输信息的类型又可划分为多种逻辑信道类型，并根据不同的数据类型，提供不同的传输服务。

LTE 定义的控制信道主要有如下 5 种类型。

① 广播控制信道（BCCH）：该信道属于下行信道，用于传输广播系统控制信息。

② 寻呼控制信道（PCCH）：该信道属于下行信道，用于传输寻呼信息和改变通知消息的系统信息。当网络侧没有用户终端所在小区信息时，使用该信道寻呼终端。

③ 公共控制信道（CCCH）：该信道包括上行和下行，当终端和网络间没有 RRC 连接时，终端级别控制信息的传输使用该信道。

④ 多播控制信道（MCCH）：该信道为点到多点的下行信道，用于 UE 接收 MBMS 业务。

⑤ 专用控制信道（DCCH）：该信道为点到点的双向信道，用于传输终端侧和网络侧存在 RRC 连接时的专用控制信息。

LTE 定义的业务信道主要有如下 2 种类型。

① 专用业务信道（DTCH）：该信道可以是单向的也可以是双向的，针对单个用户提供点到点的业务传输。

② 多播业务信道（MTCH）：该信道为点到多点的下行信道。用户只会使用该信道来接收 MBMS 业务。

（2）传输信道。

物理层通过传输信道向 MAC 子层或更高层提供数据传输服务，传输信道特性由传输格式定义。传输信道描述了数据在无线接口上是如何进行传输的，以及所传输的数据特征，如数据如何被保护以防止传输错误、信道编码类型、CRC 保护或交织、数据包的大小等，这些信息集就是众所周知的“传输格式”。传输信道也有上行和下行之分。

LTE 定义的下行传输信道主要有如下 4 种类型。

① 广播信道（BCH）：用于广播系统信息和小区的特定信息。使用固定的预定义格式，能够在整个小区覆盖区域内广播。

② 下行共享信道（DL-SCH）：用于传输下行用户控制信息或业务数据。能够使用 HARQ；

能够通过各种调制模式、编码、发送功率来实现链路适应；能够在整个小区内发送；能够使用波束赋形；支持动态或半持续资源分配；支持终端非连续接收以达到节电目的；支持 MBMS 业务传输。

③ 寻呼信道（PCH）：当网络不知道 UE 所处小区位置时，用于给 UE 发送控制信息。能够支持终端非连续接收以达到节电目的；能在整个小区覆盖区域发送；映射到用于业务或其他动态控制信道使用的物理资源上。

④ 多播信道（MCH）：用于 MBMS 用户控制信息的传输。能够在整个小区覆盖区域发送；对于单频点网络支持多小区的 MBMS 传输的合并；使用半持续资源分配。

LTE 定义的上行传输信道主要有如下 2 种类型。

① 上行共享信道（UL-SCH）：用于传输下行用户控制信息或业务数据。能够使用波束赋形；有通过调整发射功率、编码和潜在的调制模式适应链路条件变化的能力；能够使用 HARQ；动态或半持续资源分配。

② 随机接入信道（RACH）：能够承载有限的控制信息，如在早期连接建立的时候或者 RRC 状态改变的时候。

（3）物理信道。

物理层位于无线接口协议的最底层，提供物理介质中比特流传输所需要的所有功能。物理信道可分为上行物理信道和下行物理信道。

LTE 定义的下行物理信道主要有如下 6 种类型。

① 物理下行共享信道（PDSCH）：用于承载下行用户信息和高层信令。

② 物理广播信道（PBCH）：用于承载主系统信息块信息，传输用于初始接入的参数。

③ 物理多播信道（PMCH）：用于承载多媒体/多播信息。

④ 物理控制格式指示信道（PCFICH）：用于承载该子帧上控制区域大小的信息。

⑤ 物理下行控制信道（PDCCH）：用于承载下行控制的信息，如上行调度指令、下行数据传输指令、公共控制信息等。

⑥ 物理 HARO 指示信道（PHICH）：用于承载对于终端上行数据的 ACK/NACK 反馈信息，和 HARO 机制有关。

LTE 定义的上行物理信道主要有如下 3 种类型。

① 物理上行共享信道（PUSCH）：用于承载上行用户信息和高层信令。

② 物理上行控制信道（PUCCH）：用于承载上行控制信息。

③ 物理随机接入信道（PRACH）：用于承载随机接入前道序列的发送，基站通过对序列的检测及后续的信令交流，建立起上行同步。

6.5.4　接口与协议

1. 接口类型

空中接口是指终端与接入网之间的接口，简称 Uu 口，通常也称无线接口。在 LTE 中，空中接口是终端和 eNodeB 之间的接口。空中接口协议主要是用来建立、重配置和释放各种无线承载业务的。空中接口是一个完全开放的接口，只要遵守接口规范，不同制造商生产的设备就能够互相通信。

2. 接口协议栈

空中接口协议栈主要分为三层两面，三层是指物理层、数据链路层、网络层，两面是指控制平面和用户平面。从用户平面看，主要包括物理层、MAC 层、RLC 层、PDCP 层；从控制平面看，除了以上几层外，还包括 RRC 层和 NAS 层。RRC 协议实体位于 UE 和 eNodeB 网络实体内，主要负责对接入层的控制和管理。NAS 控制协议位于 UE 和移动管理实体 MME 内，主要负责对非接入层的控制和管理。空中接口用户平面协议栈结构如图 6-30 所示，空中接口控制平面协议栈结构如图 6-31 所示。

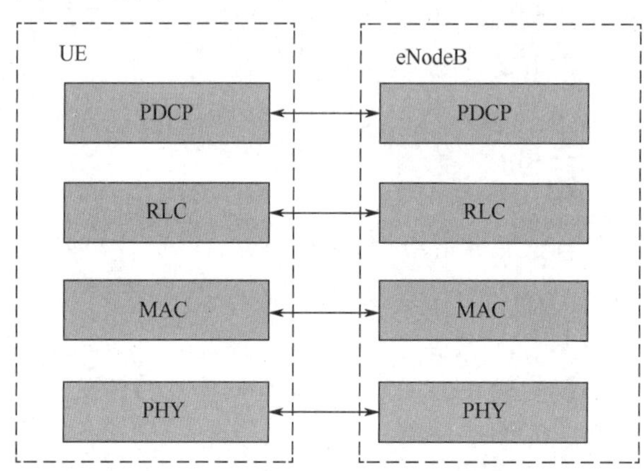

图 6-30　空中接口用户平面协议栈结构

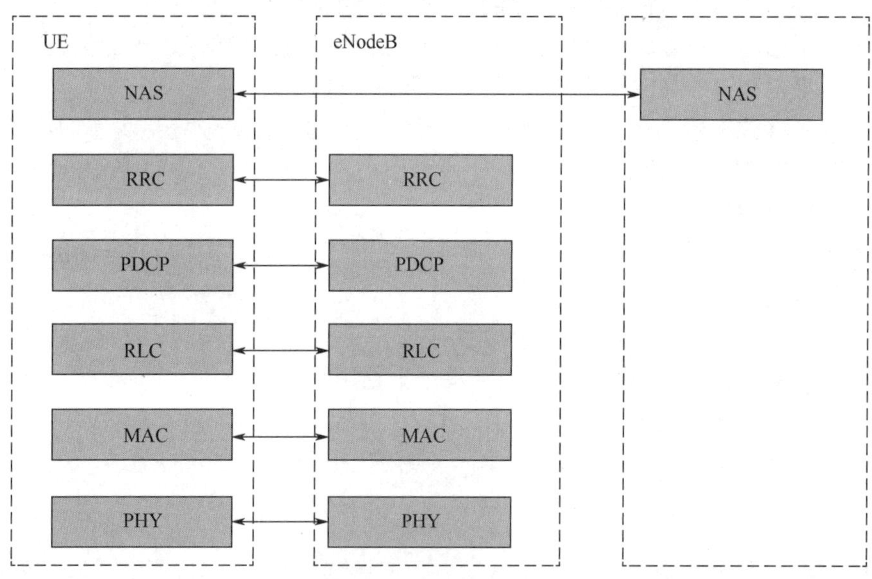

图 6-31　空中接口控制平面协议栈结构

LTE 空中接口采用分层结构，从上到下分为 RRC-PDCP-RLC-MAC-PHY 等几个层次，其中 RRC 属于网络层，PDCP、RLC 和 MAC 属于链路层，PHY 属于物理层。

RRC 无线资源控制负责 LTE 空中接口的无线资源分配与控制，还承担了 NAS 信令的处理和发送工作。由于 RRC 承担了 LTE 空中接口的无线资源管理工作，可以看成 LTE 空中接口的大脑，是 LTE 空中接口最重要的组成部分。

PDCP 是 LTE 空中接口的一个显著变化，成了必需的一个子层。理解 PDCP 还是要从控制

平面与用户平面分别看，控制平面上 PDCP 执行加密及完整性保护；用户平面上 PDCP 执行加密、包头压缩及切换支持（也就是顺序发送及重复性检查）。

RLC 在 LTE 系统中分为 3 种工作模式：TM、UM 及 AM，不过由于 LTE 取消了 CS 域，没有了 CS 相关的承载和信道，结构变得比较简单。另外，加密的工作也从 RLC 中取消了。

MAC 在 LTE 系统中的主要任务是随机接入。

LTE 的物理层反映了 LTE 的鲜明技术特点：OFDM 加上多天线，其中的时频结构、参考信号的位置、物理信道的种类，都是 LTE 所特有的。

3. 控制平面协议

控制平面负责用户无线资源的管理、无线连接的建立、业务的 QoS 保证和最终的资源释放。控制平面协议栈主要包括非接入层（Non-Access Stratum，NAS）、无线资源控制子层（Radio Resource Control，RRC）、分组数据汇聚子层（Packet Date Convergence Protocol，PDCP）、无线链路控制子层（Radio Link Control，RLC）及介质访问控制子层（Media Access Control，MAC）。

控制平面的主要功能由上层的 RRC 层和非接入子层（NAS）实现。

NAS 控制协议实体位于终端 UE 和移动管理实体 MME 内，主要负责非接入层的管理和控制。实现的功能包括 EPC 承载管理、鉴权、产生 LTE-IDLE 状态下的寻呼消息、移动性管理、安全控制等。

RRC 协议实体位于 UE 和 eNodeB 网络实体内，主要负责接入层的管理和控制，实现的功能包括：系统消息广播，寻呼建立、管理、释放，RRC 连接管理，无线承载（Radio Bearer，RB）管理，移动性功能，终端的测量和测量上报控制。

PDCP、MAC 和 RLC 的功能和在用户平面协议实现的功能相同。

4. 用户平面协议

用户平面用于执行无线接入承载业务，主要负责用户发送和接收的所有信息的处理。用户平面协议栈主要由 PDCP、MAC、RLC 三个子层构成。

PDCP 主要任务是头压缩，用户面数据加密。

MAC 子层实现与数据处理相关的功能，包括信道管理与映射、数据包的封装与解封装、HARQ 功能、数据调度、逻辑信道的优先级管理等。

RLC 实现的功能包括数据包的封装和解封装、ARQ 过程、数据的重排序和重复检测、协议错误检测和恢复等。

5. S1 接口协议栈

（1）S1 用户平面接口。

S1 用户平面接口（S1-U）是指连接在 eNodeB 和 S-GW 之间的接口。S1-U 提供 eNodeB 和 S-GW 之间用户平面协议数据单元（Protocol Date Unite，PDU）的非保障传输。S1-U 的传输网络层建立在 IP 层之上，UDP/IP 协议之上采用 GPRS 用户平面隧道协议（GPRS Tunneling Protocol for User Plane，GTP-U）来传输 S-GW 和 eNodeB 之间的用户平面 PDU。S1 用户平面接口如图 6-32 所示。

（2）S1 控制平面接口。

S1 控制平面接口（S1-MME）是指连接在 eNodeB 和 MME 之间的接口。与用户平面类似，传输网络层建立在 IP 传输基础上；不同之处在于 IP 层之上采用 SCTP 层来实现信令消息的可靠传输。应用层协议栈可参考 S1-AP（S1 应用协议）。S1 控制平面接口如图 6-33 所示。

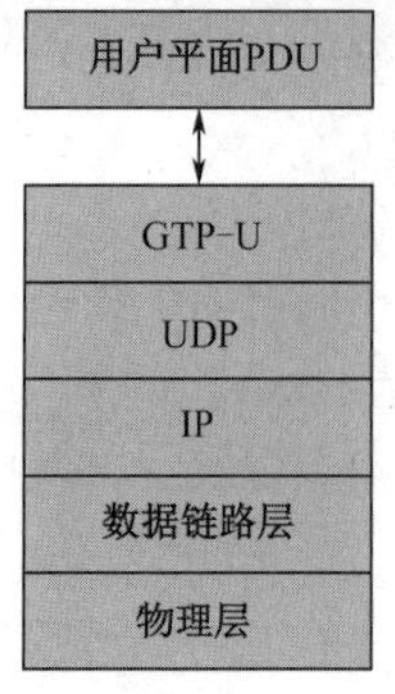

图 6-32　S1 用户平面接口

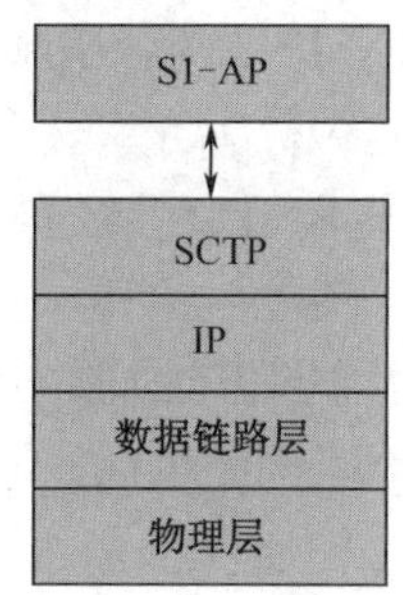

图 6-33　S1 控制平面接口

在 IP 传输层，PDU 的传输采用点对点方式。每个 S1-MME 实例都关联一个单独的 SCTP，与一对流指示标记作用于 S1-MME 公共处理流程中，只有很少的流指示标记作用于 S1-MME 专用处理流程中。

MME 分配的针对 S1-MME 专用处理流程的 MME 通信上下文指示标记，以及 eNodeB 分配的针对 S1-MME 专用处理流程的 eNodeB 通信上下文指示标记，都应当对特定 UE 的 S1-MME 信令传输承载进行区分。通信上下文指示标记在各自的 S1-AP 消息中单独传送。

（3）主要功能。

S1 接口主要具备以下功能：EPS 承载服务管理功能，包括 EPS 承载的建立、修改和释放；S1 接口 UE 上下文管理功能；EMM-CONNECTED 状态下针对 UE 的移动性管理功能，包括 Intra-LTE 切换、Inter-3GPP-RAT 切换；S1 接口寻呼功能，寻呼功能支持向 UE 注册的所有跟踪区域内的小区发送寻呼请求，基于服务 MME 中 UE 的移动性管理内容里所包含的移动信息，寻呼请求将被发送到相关 eNodeB；NAS 信令传输功能，提供 UE 与核心网之间非接入层的信令的透明传输；S1 接口管理功能，如错误指示、S1 接口建立等；网络共享功能；漫游与区域限制支持功能；NAS 节点选择功能；初始上下文建立功能。

6．X2 接口协议栈

（1）X2 用户平面接口。

X2 用户平面接口（X2-UP）提供 eNodeB 之间的用户数据传输功能。X2 用户平面接口如图 6-34 所示，与 S1-UP 协议栈类似，X2-UP 的传输网络层基于 IP 传输，UDP/IP 上采用 GTP-U 来传输 eNodeB 之间的用户平面 PDU。

（2）X2 控制平面接口。

X2 控制平面接口（X2-CP）定义为连接 eNodeB 之间接口的控制平面。X2 控制平面接口如图 6-35 所示，传输网络层建立在 SCTP 上，SCTP 在 IP 上。应用层的信令协议表示为 X2-AP（X2 应用协议）。

每 X2-CP 含一个单一的 SCTP，并具有双流标识的应用场景应用 X2-CP 的一般流程。具有多对流标识仅应用于 X2-CP 的特定流程。源 eNodeB 为 X2-CP 的特定流程分配源 eNodeB 通信的上下文标识，目标 eNodeB 为 X2-CP 的特定流程分配目标 eNodeB 通信的上下文标识。这些上下文标识用来区别 UE 特定的 X2-CP 信令传输承载。通信上下文标识通过各自的 X2-AP 消息传输。

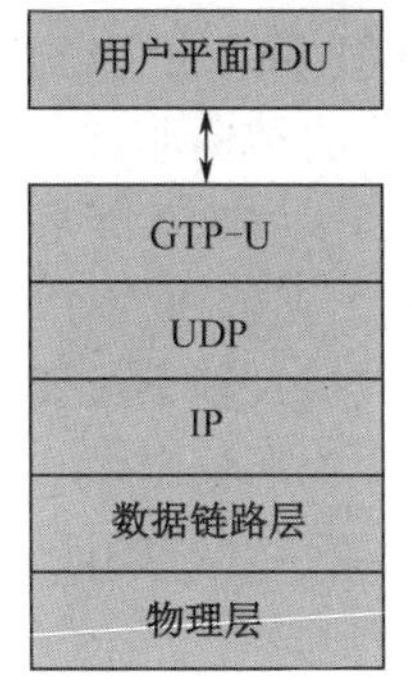

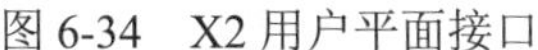

图 6-34　X2 用户平面接口

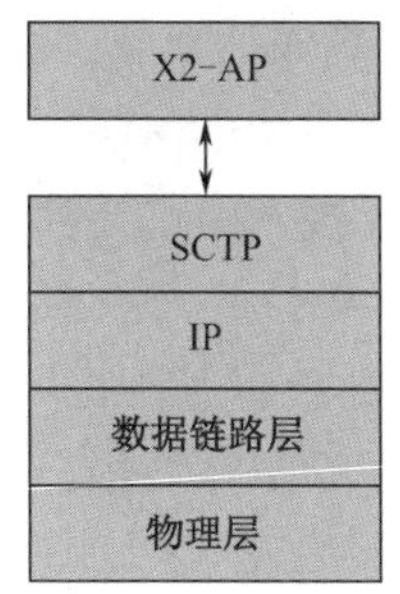

图 6-35　X2 控制平面接口

（3）主要功能。

X2-AP 协议主要支持以下功能：支持 UE 在 EMM-CONNECTED 状态时的 LTE 接入系统内的移动性管理功能，如在切换过程中由源 eNodeB 到目标 eNodeB 的上下文传输；源 eNodeB 与目标 eNodeB 之间用户平面隧道的控制、切换取消等；上行负载管理功能；一般性的 X2 管理和错误处理功能，如错误指示等。

6.5.5　LTE 关键技术 OFDM

1．OFDM 概念

OFDM（Orthogonal Frequency Division Multiplexing）即正交频分复用技术，实际上 OFDM 是 MCM（Multi-Carrier Modulation）多载波调制的一种。其主要思想是将信道分成若干正交子信道，将高速数据信号转换成并行的低速子数据流，调制到每个子信道上进行传输。正交信号可以通过在接收端采用相关技术来分开，这样可以减少子信道之间的相互干扰。每个子信道上的信号带宽小于信道的相关带宽，因此每个子信道可以看成平坦衰落，从而可以消除符号间干扰。而且由于每个子信道的带宽仅是原信道带宽的一小部分，信道均衡变得相对容易。

正交频分复用技术是多载波调制的一种，将一个宽频信道分成若干正交子信道，将高速数据信号转换成并行的低速子数据流，调制到每个子信道上进行传输。

在传统 FDM 系统中，为了避免各子载波间的干扰，相邻载波之间需要较大的保护频带，频谱效率较低。OFDM 系统允许各子载波之间紧密相邻，甚至部分重合，通过正交复用方式避免频率间干扰，降低了保护间隔的要求，从而实现很高的频率效率。

多载波技术就是在原来的频带上划分更多的子载波，而载波划得太细会产生干扰，为了避免这种干扰，两个子载波采用正交。OFDM 技术利用有效带宽的细分，从而在多个用户间共享子载波。

多载波的优点有以下几点：可以在不改变系统基本参数或设备设计的情况下使用不同的频谱带宽，频谱利用率高；可变带宽的传输资源可以在频域内自由调度，分配给不同的用户；为软频率复用和小区间的干扰协调提供便利。

2．OFDM 技术的发展

OFDM 技术是 HPA 联盟（HomePlug Powerline Alliance）工业规范的基础，它将不同频率中的大量载波信号合并成单一的信号，从而完成信号传送。由于这种技术具有在干扰下传送信号的能力，因此常被利用在容易受外界干扰或抵抗外界干扰能力较差的传输介质中。

其实，OFDM 并不是刚刚发展起来的新技术，OFDM 技术的应用已有近 40 年的历史，主要用于军用的无线高频通信系统。但是，一个 OFDM 系统的结构非常复杂，从而限制了其进一步推广。直到 20 世纪 70 年代，人们采用离散傅里叶变换来实现多个载波的调制，简化了系统结构，使得 OFDM 技术更趋于实用化。20 世纪 80 年代，人们研究如何将 OFDM 技术应用于高速 MODEM。进入 20 世纪 90 年代，OFDM 技术的研究深入到无线调频信道上的宽带数据传输中。目前 OFDM 技术已经被广泛应用于广播式的音频、视频领域和民用通信系统，主要的应用包括非对称的数字用户环路（ADSL）、ETSI 标准的数字音频广播（DAB）、数字视频广播（DVB）、高清晰度电视（HDTV）、无线局域网（WLAN）等。

在 4G 发展的过程中，OFDM 是关键的技术之一，可以结合分集、时空编码、干扰和信道间干扰抑制及智能天线技术，最大限度地提高系统性能。包括以下类型：V-OFDM、W-OFDM、F-OFDM、MIMO-OFDM、多带-OFDM。OFDM 中的各个载波是相互正交的，每个载波在一个符号时间内有整数个载波周期，每个载波的频谱零点和相邻载波的零点重叠，这样便减小了载波间的干扰。由于载波间有部分重叠，所以它比传统的 FDMA 提高了频带利用率。

在 OFDM 传播过程中，高速信息数据流通过串并变换分配到速率相对较低的若干子信道中传输，每个子信道中的符号周期相对增加，这样可减少因无线信道多径时延扩展所产生的时间弥散性对系统造成的码间干扰。另外，由于引入保护间隔，在保护间隔大于最大多径时延扩展的情况下，可以最大限度地消除多径效应带来的符号间的干扰。如果用循环前缀作为保护间隔，还可避免多径效应带来的信道间干扰。

6.5.6 LTE 关键技术 MIMO

MIMO 技术是第四代移动通信系统的重要技术，无论 TD-LTE 或 FDD-LTE 制式都会使用，原理是通过收发端的多天线技术来实现多路数据的传输，从而增加数据传输速率。

MIMO 技术大致可以分为 3 类：空间分集、空间复用和波束赋形。

1. 空间分集

利用较大间距的天线阵元之间或赋形波束之间的不相关性，发射或接收一个数据流，避免单个信道衰落对整个链路的影响。空间分集如图 6-36 所示。

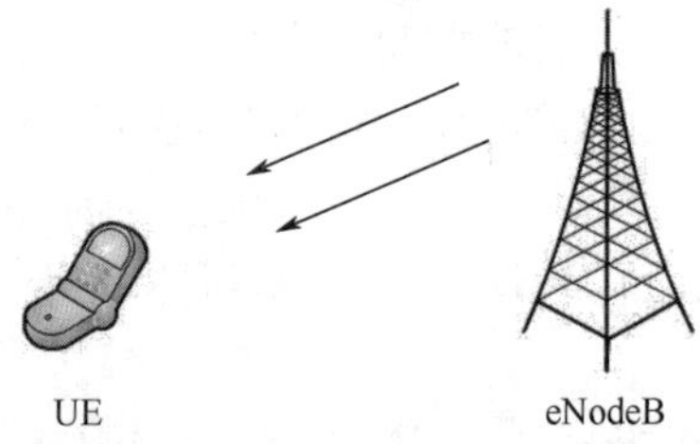

图 6-36 空间分集

系统中的两个天线传输同一个数据，但是两个天线上的数据互为共轭，一个数据传两遍，有分集增益，保证数据能够准确传输。

2. 空间复用

利用较大间距的天线阵元之间或赋形波束之间的不相关性，向一个终端/基站并行发射多个数据流，以提高链路容量（峰值速率）。空间复用如图 6-37 所示。

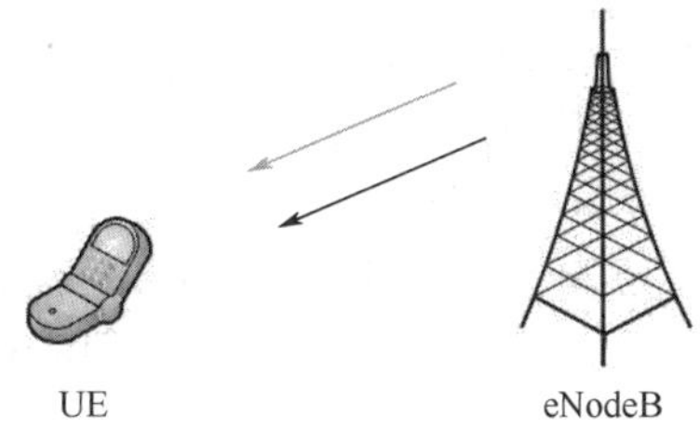

图 6-37　空间复用

如果空间分集技术可以增加可靠性，那空间复用技术就可以增加峰值速率，两个天线传输两个不同的数据流，相当于速率增加了一倍，当然，必须在无线环境好的情况下才行。

3. 波束赋形

利用较小间距的天线阵元之间的相关性，通过阵元发射的波之间形成干涉，集中能量于某个（或某些）特定方向上形成波束，从而实现更大的覆盖和干扰抑制效果。波束赋形如图 6-38 所示。

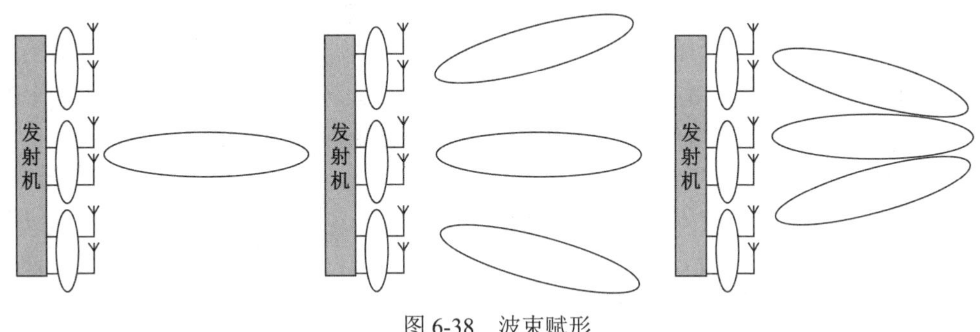

图 6-38　波束赋形

6.5.7 LTE 其他关键技术

1. 功率控制

由于 LTE 下行采用 OFDM 技术，一个小区内发送给不同 UE 的下行信号之间是相互正交的，因此不存在 CDMA 系统因远近效应而进行功率控制的必要性。就小区内不同 UE 的路径损耗和阴影衰落而言，LTE 系统完全可以通过频域上的灵活调度方式来避免给 UE 分配路径损耗和阴影衰落较大的 RB，这样对 PDSCH 采用下行功控就不是那么必要了。另外，采用下行功控会扰乱下行 CQI 测量，影响下行调度的准确性。因此，LTE 系统中不对下行采用灵活的功率控制，而只是采用静态或半静态的功率分配（为避免小区间干扰采用干扰协调时静态功控还是必要的）。

下行功率分配的目标是在满足用户接收质量的前提下尽量降低下行信道的发射功率，从而降低小区间干扰。在 LTE 系统中，使用每个资源单元容量（Transmit Energy per Resource Element，EPRE）来衡量下行发射功率的大小。

无线系统中的上行功控也是非常重要的，通过上行功控，可以使小区中的 UE 在保证上行发射数据质量的基础上尽可能地降低对其他用户的干扰，延长终端电池的使用时间。

CDMA 系统中，上行功率控制主要目的是克服“远近效应”和“阴影效应”，在保证服务质量的同时抑制用户之间的干扰。而在 LTE 系统中，上行采用 SC-FDMA 技术，小区内的用户通过频分实现正交，因此小区内干扰影响较小，不存在明显的“远近效应”，小区间干扰是影响 LTE

系统性能的重要因素。尤其当频率复用因子为1时，系统内所有小区都使用相同的频率资源为用户服务，一个小区的资源分配会影响其他小区的系统容量和边缘用户性能。对于LTE系统分布式的网络架构，各个eNodeB的调度器独立调度，无法进行集中的资源管理。因此LTE系统需要进行小区间的干扰协调，而上行功率控制是实现小区间干扰协调的一个重要手段。

按照实现的功能不同，上行功率控制可以分为小区内功率控制（补偿路损和阴影衰落）和小区间功率控制（基于相邻小区的负载信息调整UE的发送功率）。其中小区内功率控制目的是达到上行传输的目标 SINR，而小区间功率控制的目的是降低小区间干扰水平及干扰的抖动性。

2．干扰抑制

LTE 系统采用 OFDM 技术，小区内用户通过频分实现信号的正交，小区内的干扰基本可以忽略。但是同频组网时会带来较强的小区间干扰，如果两个相邻小区在小区的交界处使用了相同的频谱资源，则会产生较强的小区间干扰，严重影响边缘用户的业务体验。因此如何降低小区间干扰，提高边缘用户性能，成为LTE系统的一个重要研究课题。

在LTE的研究过程中，主要讨论了三种小区间干扰抑制技术：小区间干扰随机化、小区间干扰消除和小区间干扰协调。小区间干扰随机化主要利用了物理层信号处理技术和频率特性将干扰信号随机化，从而降低对有用信号的不利影响，相关技术已经标准化；小区间干扰消除也是利用物理层信号处理技术，但是这种方法能“识别”干扰信号，从而降低干扰信号的影响；小区间干扰协调技术通过限制本小区中某些资源（如频率、功率、时间等）的使用来避免或降低对相邻小区的干扰，这种从RRM的角度进行干扰协调的方法使用较为灵活，因此有必要深入研究以达到有效抑制干扰、提高小区边缘性能的目的。

小区间干扰协调的基本思想是通过小区间协调的方式对边缘用户资源的使用进行限制，包括限制哪些时频资源可用，或者在一定的时频资源上限制其发射功率，达到避免和减低干扰、保证边缘覆盖速率的目的。

6.6 下一代移动通信技术

6.6.1 概念

第五代移动通信技术缩写为5G，与4G是3G的延伸一样，5G也是4G的延伸。

由于物联网尤其是互联网汽车等产业的快速发展，其对网络速度有着更高的要求，这无疑成为推动5G网络发展的重要因素。因此各个国家均在大力推进5G网络，以迎接下一波科技浪潮。

未来5G网络正朝着网络多元化、宽带化、综合化、智能化的方向发展。随着各种智能终端的普及，面向2020年及以后，移动数据流量将呈现爆炸式增长。在未来5G网络中，减小小区半径，增加低功率节点数量，是保证未来5G网络支持1 000倍流量增长的核心技术之一。因此，超密集异构网络成为未来 5G 网络提高数据流量的关键技术。

未来无线网络将部署超过现有站点 10 倍以上的各种无线节点，在宏站覆盖区内，站点间距离将保持在10m以内，并且支持在每平方公里范围内为25 000个用户提供服务。同时也可

能出现活跃用户数和站点数的比例达到 1∶1 的现象，即用户与服务节点一一对应。密集部署的网络拉近了终端与节点间的距离，使得网络的功率和频谱效率大幅度提高，同时也扩大了网络覆盖范围，扩展了系统容量，并且增强了业务在不同接入技术和各覆盖层次间的灵活性。虽然超密集异构网络架构在 5G 中有很大的发展前景，但是节点间距离的减少和越发密集的网络部署将使得网络拓扑更加复杂，从而容易出现与现有移动通信系统不兼容的问题。在 5G 移动通信网络中，干扰是一个必须解决的问题。网络中的干扰主要有同频干扰、共享频谱资源干扰、不同覆盖层次间的干扰等。

现有通信系统的干扰协调算法只能解决单个干扰源问题，而在 5G 网络中，相邻节点的传输损耗一般差别不大，这将导致多个干扰源强度相近，进一步恶化网络性能，使得现有协调算法难以应对。此外，由于业务和用户对 QoS 需求的差异性很大，5G 网络需要采用一系列措施来保障系统性能，主要有不同业务在网络中的实现、各种节点间的协调方案、网络的选择，以及节能配置方法等。

6.6.2　5G 相关技术

1．自组织网络

传统移动通信网络主要依靠人工方式完成网络部署及运维，既耗费大量人力资源又增加运行成本，而且网络优化也不理想。在未来 5G 网络中，将面临网络的部署、运营及维护的挑战，这主要是由于网络存在各种无线接入技术，且网络节点覆盖能力各不相同，它们之间的关系错综复杂。因此，自组织网络（Self-Organizing Network，SON）的智能化将成为 5G 网络必不可少的一项关键技术。

自组织网络技术解决的关键问题主要有以下 2 点：

① 网络部署阶段的自规划和自配置；

② 网络维护阶段的自优化和自愈合。

自规划的目的是动态进行网络规划并执行，同时满足系统的容量扩展、业务监测或优化结果等方面的需求。自配置即新增网络节点的配置可实现即插即用，具有低成本、安装简易等优点。自优化的目的是减少业务工作量，达到提升网络质量及性能的效果，其方法是通过 UE 和 eNodeB 测量，在本地 eNodeB 或网络管理方面进行参数自优化。自愈合指系统能自动检测问题、定位问题和排除故障，大大减少维护成本并避免对网络质量和用户体验的影响。目前，主要有集中式、分布式及混合式 3 种自组织网络架构。其中，基于网管系统实现的集中式架构具有控制范围广、冲突小等优点，但也存在着运行速度慢、算法复杂度高等方面的不足；而分布式恰恰相反，主要通过 SON 分布在 eNodeB 上来实现，效率和响应速度高，网络扩展性较好，对系统依赖性小，缺点是协调困难；混合式结合集中式和分布式两种架构的优点，缺点是设计复杂。SON 技术应用于移动通信网络时，其优势体现在网络效率和维护方面，同时减少了运营商的资本性支出和运营成本投入。由于现有的 SON 技术都从各自网络的角度出发，自规划、自配置、自优化和自愈合等操作具有独立性和封闭性，在多网络之间缺乏协作，因此，研究支持异构网络协作的 SON 技术具有深远意义。

2．内容分发网络

在未来 5G 网络中，面向大规模用户的音频、视频、图像等业务急剧增长，网络流量的爆炸式增长会极大地影响用户访问互联网的服务质量。如何有效地分发大流量的业务内容，降低用户获取信息的时延，成为网络运营商和内容提供商面临的一大难题。仅依靠增加带宽并不能解决问题，它还受到传输中路由阻塞和延迟、网站服务器的处理能力等因素的影响，这些问题的出现与用户服务器之间的距离有密切关系。内容分发网络（Content Distribution Network，CDN）会对未来 5G 网络的容量与用户访问具有重要的支撑作用。

内容分发网络是构建在现有网络基础之上的智能虚拟网络。CDN 系统综合考虑各节点连接状态、负载情况及用户距离等信息，通过将相关内容分发至靠近用户的 CDN 代理服务器上，实现用户就近获取所需要的信息，使得网络拥塞状况得以缓解，降低响应时间，提高响应速度。CDN 架构在用户侧与源 server 之间构建多个 CDN 代理 server，可以降低延迟、提高 QoS。当用户对所需内容发送请求时，如果源服务器之前接收到相同内容的请求，则该请求被 DNS 重定向到离用户最近的 CDN 代理服务器上，由该代理服务器发送相应内容给用户。因此，源服务器只需要将内容发给各个代理服务器，便于用户从就近带宽的充足代理服务器上获取内容，降低网络时延并提高用户体验。随着云计算、移动互联网及动态网络内容技术的推进，内容分发网络技术逐步趋向于专业化、定制化，在内容路由、管理、推送及安全性方面都面临新的挑战。

在未来 5G 网络中，随着智能移动终端的不断普及和应用服务的快速发展，用户对移动数据业务的需求量不断增长，对业务服务质量的要求也不断提升。CDN 技术的优势正是为用户快速地提供信息服务，同时有助于解决网络拥塞问题。因此，CDN 技术成为 5G 必备的关键技术之一。

3．D2D 通信技术

在未来 5G 网络中，网络容量、频谱效率需要进一步提升，更丰富的通信模式及更好的终端用户体验也是 5G 的演进方向。设备到设备（Device-to-Device，D2D）通信具有潜在的提升系统性能、增强用户体验、减轻基站压力、提高频谱利用率的前景。因此，D2D 通信技术是未来 5G 网络中的关键技术之一。

D2D 通信技术是一种基于蜂窝系统的近距离数据直接传输技术。D2D 会话的数据直接在终端之间进行传输，不需要通过基站转发，而相关的控制信令，如会话的建立、维持、无线资源分配，以及计费、鉴权、识别、移动性管理等仍由蜂窝网络负责。蜂窝网络引入 D2D 通信，可以减轻基站负担，降低端到端的传输时延，提升频谱效率，降低终端发射功率。当无线通信基础设施损坏，或者在无线网络的覆盖盲区时，终端可借助 D2D 通信实现端到端通信甚至接入蜂窝网络。在 5G 网络中，既可以在授权频段部署 D2D 通信，也可在非授权频段部署。

D2D 是 5G 通信系统的一项重要的技术。引入 D2D 特性和功能，通过支持新的使用案例、服务和方案，可以为运营商管理的网络提供新的业务机会。在 D2D 特性和功能的设计之初就应充分考虑高效和高性能的通信机制，以确保未来可以很好地与其他 5G 技术整合、协调。

4．M2M 通信技术

M2M（Machine to Machine，M2M）是一种以机器终端智能交互为核心的、网络化的应用与服务，作为物联网在现阶段最常见的应用形式，在智能电网、安全监测、城市信息化、环境监测等领域实现了商业化应用。3GPP 已经针对 M2M 网络制定了一些标准，并已立项开始研究 M2M 关键技术。

M2M 的定义主要有广义和狭义 2 种。广义的 M2M 主要是指机器对机器、人与机器间及

移动网络和机器之间的通信，它涵盖了所有实现人、机器、系统之间通信的技术；从狭义上说，M2M 仅仅指机器与机器之间的通信。智能化、交互式是 M2M 有别于其他应用的典型特征，这一特征下的机器也被赋予了更多的“智慧”。

5．信息中心网络

随着实时音频、高清视频等服务的日益激增，基于位置通信的传统 TCP/IP 网络无法满足海量数据流量分发的要求，网络呈现出以信息为中心的发展趋势。信息中心网络（Information-Centric Network，ICN）的思想最早是 1979 年由 Nelson 提出来的，后来被 Baccala 强化。目前，美国的 CCN、DONA 和 NDN 等多个组织对 ICN 进行了深入研究。作为一种新型网络体系结构，ICN 的目标是取代现有的 IP。

ICN 所指的信息包括实时媒体流、网页服务、多媒体通信等，而信息中心网络就是这些片段信息的总集合。因此，ICN 的主要概念是信息的分发、查找和传递，不再是维护目标主机的可连通性。不同于传统的以主机地址为中心的 TCP/IP 网络体系结构，ICN 采用的是以信息为中心的网络通信模型，忽略 IP 地址的作用，甚至只是将其作为一种传输标识。全新的网络协议栈能够实现网络层解析信息名称、路由缓存信息数据、多播传递信息等功能，从而较好地解决计算机网络中存在的扩展性、实时性及动态性等问题。ICN 信息传递流程是一种基于发布订阅方式的信息传递流程。首先，内容提供方向网络发布自己所拥有的内容，网络中的节点就明白当收到相关内容的请求时如何响应该请求。然后，当第一个订阅方向网络发送内容请求时，节点将请求转发到内容发布方，内容发布方将相应内容发送给订阅方，带有缓存的节点会将经过的内容缓存。其他订阅方对相同内容发送请求时，邻近带缓存的节点直接将相应内容响应给订阅方。因此，信息中心网络的通信过程就是请求内容的匹配过程。传统 IP 网络中，采用的是“推”传输模式，即服务器在整个传输过程中占主导地位，忽略了用户的地位，从而导致用户端接收过多的垃圾信息。ICN 网络正好相反，采用“拉”模式，整个传输过程由用户的实时信息请求触发，网络则通过信息缓存的方式，实现快速响应用户。此外，信息安全只与信息自身相关，而与存储容器无关。针对信息的这种特性，ICN 网络采用有别于传统网络安全机制的基于信息的安全机制，这种机制更加合理可信，且能实现更细的安全策略力度。与传统的 IP 网络相比，ICN 具有高效性、高安全性且支持客户端移动等优势。目前比较典型的 ICN 方案有 CCN、DONA、NetInf、INS 和 TRIAD。

6．移动云计算技术

近年来，智能手机、平板电脑等移动设备的软、硬件水平得到了极大的提高，支持大量的应用和服务，为用户带来了很大的方便。在 5G 时代，全球将会出现 500 亿连接的万物互联服务，人们对智能终端的计算能力及服务质量的要求越来越高。移动云计算将成为 5G 网络创新服务的关键技术之一。移动云计算是一种全新的 IT 资源或信息服务的交付与使用模式，它是在移动互联网中引入云计算的产物。移动网络中的移动智能终端以按需、易扩展的方式连接到远端的服务提供商，获得所需资源，主要包含基础设施、平台、计算存储能力和应用资源。SaaS 软件服务为用户提供所需的软件应用，终端用户不需要将软件安装在本地的服务器中，只需要通过网络向原始的服务提供者请求自己所需要的功能软件。PaaS 平台的功能是为用户提供创建、测试和部署相关应用等服务。PaaS 自身不仅拥有很好的市场应用场景，而且能够推进 SaaS，而 IaaS 基础设施提供基础服务和应用平台。

7．SDN/NFV 技术

随着网络通信技术和计算机技术的发展，互联网+、三网融合、云计算服务等新兴产业对互联网在可扩展性、安全性、可控可管等方面提出了越来越高的要求。SDN（Software-Defined Networking，软件定义网络）/NFV（Network Function Virtualization，网络功能虚拟化）作为一种新型的网络架构与构建技术，其倡导的控制与数据分离、软件化、虚拟化思想，为突破现有网络的困境带来了希望。在欧盟公布的 5G 愿景中，明确提出将利用 SDN/NFV 作为基础技术支撑未来 5G 网络发展。SDN 架构的核心特点是开放性、灵活性和可编程性，主要分为 3 层。基础设施层位于网络最底层，包括大量基础网络设备，该层根据控制层下发的规则处理和转发数据；中间层为控制层，该层主要负责对数据转发面的资源进行编排，控制网络拓扑、收集全局状态信息等；最上层为应用层，该层包括大量的应用服务，通过开放的北向 API 对网络资源进行调用。

SDN 将网络设备的控制平面从设备中分离出来，放到具有网络控制功能的控制器上进行集中控制。控制器掌握所有必要的信息，并通过开放的 API 被上层应用程序调用。这样可以消除大量手动配置的过程，简化管理员对全网的管理，提高业务部署的效率。SDN 不会让网络变得更快，但会让整个基础设施简化，降低运营成本，提升效率。未来 5G 网络中需要将控制与转发分离，进一步优化网络的管理，以 SDN 驱动整个网络生态系统。

8．软件定义无线网络

目前，无线网络面临着一系列的挑战。首先，无线网络中存在大量的异构网络，如 LTE、WIMAX、UMTS、WLAN 等，异构网络与无线网络并存的现象将持续相当长的一段时间。目前，无线网络面临的主要挑战是难以互通、资源优化困难、无线资源浪费，这主要是由于现有移动网络采用了垂直架构的设计模式。此外，网络中的一对多模型（即单一网络特性对多种服务）无法针对不同服务的特点提供定制的网络保障，降低了网络服务质量和用户体验。因此，在无线网络中引入SDN思想将打破现有无线网络的封闭僵化现象，彻底改变无线网络的困境。

软件定义无线网络保留了 SDN 的核心思想，即将控制平面从分布式网络设备中解耦，实现逻辑上的网络集中控制，数据转发规则由集中控制器统一下发。软件定义无线网络的架构分为 3 个层面。在软件定义无线网络中，控制平面可以获取、更新、预测全网信息，例如，用户属性、动态网络需求及实时网络状态。因此，控制平面能够很好地优化和调整资源分配、转发策略、流表管理等，简化了网络管理，加快了业务创新的步伐。

9．情境感知技术

随着海量设备的增长，未来 5G 网络不仅承载人与人之间的通信，而且还要承载人与物之间及物与物之间的通信，既可支撑大量终端，又使个性化、定制化的应用成为常态。情境感知技术能够让未来 5G 网络主动、智能、及时地向用户推送所需要的信息。

6.6.3 用户中心网络 UCN

1．UCN 总体目标

（1）端到端总体架构与目标。

在提升移动网络的性能，及支持多样化应用场景的同时，5G 网络架构的目标是更简单、更高效、更灵活、更开放。

- 简单：功能、接口和协议可以进一步简化、融合，或者设计更简单的替代逻辑，例如，跨网的互操作可以通过更扁平、更简单的功能和协议来实现。
- 高效：低成本的网络部署、高效的流量转发，以及优化的业务路由能够提升业务提供的有效性，降低业务成本；接入网络和核心网络去耦合，能够独立灵活演进。
- 灵活：网络功能可以及时进行更新，能够灵活构建并迁移；网络能够识别用户和业务场景的差异性，并提供相应的定制化网络服务。
- 开放：网络的状态信息和网络的功能信息可以开放给第三方应用，提高用户的体验，拓展网络生态，提升网络营收。

面向上述抽象的网络设计准则，5G 网络架构可以设计成若干层，即接入层、汇聚层、控制层、服务层、开放式应用程序接口（API）和应用层。

- 接入层包括多种无线接入技术（RAT），如 4G、5G、Wi-Fi 等。
- 汇聚层允许传统的核心网功能下放到接入网位置；汇聚层的主要功能包括多 RAT 管理，本地转发，本地数据处理和本地数据感知。
- 控制层包含了网络的核心控制功能，包括网络策略控制、业务会话、移动性管理、集中数据网关；同时，控制层能够灵活地管理配置汇聚层的本地用户面功能。
- 服务层提供增值业务服务，如流量优化，类似防火墙的安全功能，进一步提升用户体验。
- 开放式应用程序接口可以管理和调用网络关键功能块提供的信息和能力，并开放给第三方应用。
- 应用层包括来自 OTT 服务商、企业及移动虚拟运营商提供的各种应用。

总结起来，5G 网络架构需要实现如下架构特征：控制平面和转发平面分离，网络功能虚拟化，灵活的网络业务流程，网络的开放性，多网多制式融合，本地化缓存/处理/转发，灵活组网。这些特征依赖如下相对应的技术趋势：软件定义的网络/网络功能虚拟化（SDN/NFV）技术，网络切片技术，融合多制式网络技术，超密集网络实现技术，C-RAN/下一代前传接口（NGFI）。值得一提的是，SDN/NFV 技术有助于建立一个通用、可管理的网络基础设施框架，并且，基于这个设施框架，能够实现软件定义、可编程的网络功能和网络分片。SDN/NFV 技术促成了一个全新网络理念的诞生。

（2）无线接入网络总体目标。

截至目前，无线接入网络面向所有用户提供无差别的一致网络架构和服务。然而，在 5G 时代，不仅业务将更加多样化、网络的接入点及网络的拓扑都将更加复杂。因此，UCN 接入网络（RAN）需要具体实现如下目标：

- UCN RAN 应该有足够的能力，能够支持所有 5G 用例，包括高密度流量，超低成本，超低延迟。
- UCN RAN 应该实现高效率，这意味着需要面向不同业务和网络场景，提供场景相关的效率最优化的网络服务。
- 为了实现网络的简化操作，网络中所有业务场景对应的所有网络服务需要通过一个灵活可伸缩的网络架构框架统一进行管理。
- 该架构框架需要能够感知业务需求和网络状态，决策并提供最优的网络服务和网络配置。

2．无线接入网框架

根据所述四个 UCN RAN 目标，UCN RAN 主要包含如下 4 个架构元素。

RAN 重构：在 5G 网络中，无线网络环境将变得更加复杂，且包括多样的接入点和拓扑。为了提升网络整体效率，UCN RAN 将打破传统蜂窝小区的边界。通过将 RAN 功能分配到不同的最佳承载接入点，并且通过接入点间的协作配合，UCN RAN 将充分利用不同网络接入点的差异性、通过节点间协作，实现优化的网络效率。

边缘提升：网络应该部署融合的边缘服务，以支持最低 1ms 的端到端网络延迟。与此同时，考虑到移动宽带将持续作为网络的主要驱动业务，可以通过部署边缘数据中心及边缘控制器，实现有效的数据分流、分发及本地移动性支持，从而增强移动宽带用户的体验。此外，边缘服务还包括 RAN 上下文信息及 RAN 能力的开放，可以用于支持包括跨层优化等业务提升技术。

CN-RAN 再划分：已有网络架构需要更加扁平化，以便支持多 RAT 融合，以及不超过 10ms 的端到端时延。因此，UCN 将重新划分核心网络（CN）和接入网络（RAN）的功能、简化网络功能、接口和协议，以实现高效扁平的架构逻辑。

网络切片即服务：不同于传统的所有场景通用的网络架构和流程，UCN 将面向不同业务场景提供定制化的网络服务，在满足业务需求的基础上实现较高的网络效率。网络服务的选择和提供将通过一个通用的、可管可控的网络基础设施实现。这种设施可以实现软件定义、可编程的网络功能和网络服务，从而可以帮助实现灵活和可扩展的 UCN 网络。

（1）RAN 重构。

RAN 重构可以从以下几方面考虑。

① 随着 UDN 和 C-RAN 被确定为 5G 关键使能技术，传统静态的蜂窝边界将被打破以支持平滑的移动性体验。在异构网络中，控制平面可以始终由宏站承载，用户平面可以由集中控制面进行协调调度。特别地，通过多个小蜂窝的协作，实现控制信令的分集传输，可以构造虚拟的控制面。

② 除了业务的 KPI，网络效率也被确定为 5G 的重要指标。在 4G 网络中，每个基站是一个独立的小区，具备完整的接入网络功能。每个小区独立地广播专属的存在信息、系统信息和同步信号。但是，相同的独立广播机制应用到 UDN 或重叠覆盖的多制式多接入场景，容易造成广播风暴。同时，大量的广播信息，一方面造成网络干扰，另一方面减少了可用的数据传输资源，降低了系统性能。因此，5G UCN 网络传输包括绝大多数的网络广播信息，将只在需要的时间、需要的地点发生。具体地，可以搭建一个极简广播层，保证网络可用信息的发送、进而保证用户可以随时找到可用网络；这个广播层可以为多个接入制式和多个接入网络所共用。非广播层的接入点仅在有数据要发送的时候激活。

如上所述，融合多制式多空口技术及多连接技术是 5G 的关键技术，能够满足无缝用户体验及有效网络资源利用。然而，多制式多连接的协调很难有效地在完全分布的 4G 架构逻辑上实现。NGFI 技术致力于支持不同程度的接入集中模式，它通过重新定义 C-RAN 架构中的集中基带单元（BBU）和远程射频单元（RRU）之间的功能切割、分布，能够很容易地支持网络的互操作，适配不同的前传能力和不同的业务，网络支持灵活的 RAN 功能切分。NGFI 支持的网络架构能够有效支持包括 RAN 控制面/数据面分离、融合多制式多空口及多连接技术。

（2）边缘提升。

边缘提升可以从以下几方面来说明。

① 5G 时代，在网络边缘，比如基站上，可以部署无线数据中心，以解决业务分流出口。

同时，RAN 边缘控制器可以为某个第三方应用的 IP 业务流选择最佳路由，导向本地或远程网关。此外，边缘控制器需要有效地处理用户在多个网关之间的移动性，包括本地网关之间，以及本地网关和远程网关之间的移动性。

② 无线接入网络能力和能力开放等服务性能，使得服务的提供可以适配网络能力和网络条件进行优化，提升用户体验。举个例子，用户的 MAC 或 RLC 层的吞吐量可以开放给业务侧的 TCP 窗口控制，进行 TCP 业务分发优化。

③ 除了通信网络能力，无线接入网络也可以开放边缘计算能力。这种边缘计算有助于提高要求严苛的业务服务质量，比如对延迟和带宽要求很高的业务类型。举个例子，本地数据中心的部署对于提升基于虚拟现实或增强现实的交互在线游戏的用户体验非常有效。而网络能够适配不断涌现的新的业务类型，伸缩地生成新的网络功能块。

（3）CN-RAN 再划分。

CN-RAN 再划分可以从以下几方面来考虑。

① 5G 网络需要在特定应用场景下支持毫秒量级的端到端网络延迟。因此，网络接口和协议将被重新设计，使之更加简洁、高效，从而降低网络延迟。网络需要减少通信链路必须经过的网元节点和必须激活的网络功能。举个例子，通过将传统的分级映射的网络承载进行扁平化的重新设计，潜在可以缩短网络的时延。

② 5G 需要支持融合多制式多空口技术，使得所有的无线网络资源能够统筹调度，实现最优化的用户体验和最有效的网络资源利用。然而，在传统的蜂窝网络中，多个不同制式的协调是在 CN 实现的，层次化的网络架构导致难以实现跨制式的平滑互通。因此，UCN RAN 将支持多制式多接入方式在 RAN 侧进行有效融合，在上层面向用户提供统一的无差别的通信链路，实现网络服务和空口接入方案的解耦。

③ 一旦网络业务通过边缘提供，需要有新的方式来定义 CN 和 RAN 的边界。同时，网络潜在需要定义新的功能及接口来支持边缘网络架构。

（4）网络切片即服务。

5G 网络可为特定的业务和网络场景提供定制的网络切片服务。为了实现这种“网络切片即服务”，需要进一步完成如下工作：

① 为每个垂直行业的业务用例设计最优网络切片方案，包括网络拓扑、网络架构和网络协议。

② 支持基于业务上下文感知的动态控制策略，支持最佳网络切片的决策。

③ 逻辑上分离的网络切片可以共存于同一个共享的物理网络基础设施上。支持各个网络切片的类似功能，比如各个切片的物理层功能、MAC 层功能等，在相同物理设施上的共存问题需要进行仔细研究，包括通过简单的参数配置实现灵活切片功能，以及通过完全垂直的网络功能实现不同切片等。

3．关键使能技术

（1）UDN。

UDN 可以满足 2020 年后超高流量通信的需求，将成为一种关键技术。通过在 UDN 中大量装配无线设备，可实现极高的频率复用，使热点地区系统容量获得几百倍的提升。典型的 UDN 场景包括办公室、聚居区、闹市、校园、体育场和地铁等。但是持续的网络密度提升将带来新的挑战，如干扰、移动性、回传资源、装置成本等。为满足典型场景的要求，并克服这些挑战，虚拟小区技术、干扰管理及抑制技术和协作传输及反馈技术将是 UDN 领域中的重要研究方向。

虚拟小区技术包括用户中心虚拟小区技术、虚拟分层技术和软扇区技术。用户中心虚拟小区的目标是实现无边缘的网络结构。由于用户覆盖范围及服务要求的限制，虚拟小区随着用户的移动而不断更新，并在虚拟小区及用户终端之间保持高质量的用户体验和用户服务质量（QoE/QoS），而不必考虑用户的位置。虚拟小区技术打破了传统的小区概念，不同于传统的小区化网络，此时用户周围的接入点组成虚拟小区，联合服务该用户并以之为中心。随着用户的移动，新的接入点将加入小区，而过期的接入点将被快速移除。具体来说，用户周围大量的接入点构成虚拟小区以保障用户处于虚拟小区中央。一个或多个接入点将被新的接入点替换，这意味着随着用户的移动，新的接入点将加入移动小区的边缘。这种虚拟化小区的主要优点是保持较高的用户体验速率。虚拟分层技术基于由虚拟层和真实层构成的多层架构网络。此时，虚拟层用于广播、移动性管理等，真实层用于传输数据。在相同的层内，不再需要小区重选和切换，因此用户体验将极为可观。对于软扇区技术，多个扇区由中心控制单元生成的多个波束形成。软扇区技术可以对真实扇区和虚拟扇区提供统一化的管理，减少操作复杂度。

干扰管理及抑制技术可分为两种：基于接收机和基于发射机。对于下行链路，基于接收机的干扰消去技术需要用户与基站之间的协作。在用户端，需要使用一些非线性算法，如 SIC 和 MLD 等。在基站端，各相邻小区间需要交互干扰信息。对于上行链路，基于接收机的干扰消去技术几乎只需要在基站端进行操作，与 CoMP 类似。在基站端，中控设备可实现小区间的信息/数据交互。基于发射机的干扰消去，通常被传统的 ICIC 技术采用。更进一步地说，下行链路 CoMP 可被认为是 ICIC 的一种实现方式。相比于分布式协作，中心化协作的增益要更高，收敛速度更快。在 UDN 中，各小小区协作是一种典型场景，该场景更适于设置一个中心控制器。另外，NFV 是一种网络架构的演变趋势，其将平滑地提供一种中心化的协作方式。

接入和回传的联合优化包括两种技术：级联回传技术和无线自回传技术。在级联回传架构下，基站端将进行层标号。第一层由宏小区和小小区组成，由有线链路进行连接；第二层的小小区通过单跳无线传输与第一层的基站相连；第三层及之后的各层与第二层的情况类似。在此框架下，有线与无线回传相结合，实现即插即用的网络架构。自回传是无线回传的主要形式。自回传技术的明显特征是接入和回传链路通过时分/频分复用共同使用相同的频率资源。同时，接入和回传链路的资源分配更加灵活，因此，接入回传联合优化可大幅提升资源的有效利用率。一些自回传的增强技术可显著提升自回传链路的容量，包括 BC+MAC 技术和虚拟 MIMO 技术。在 BC+MAC 方案中，第一阶段主 TP 向各从 TP 和用户广播信息；第二阶段用户通过空分多址的方式自主 TP 和从 TP 接收不同的信息。虚拟 MIMO 技术使用多个中继节点或协作用户构建一个类似于 MIMO 的网络。因此，虚拟 MIMO 最主要的优点是可以利用更高的自由度进行干扰抑制。

（2）C-RAN/NGFI。

面向无线接入网络演进和 5G 关键能力需求，C-RAN（Centralized，Cooperative，Cloud RAN）是未来无线接入网络演进的重要方向。NGFI 网络用于连接无线云中心（Radio Cloud Center，RCC）和远端无线处理系统（Remote Radio System，RRS），定义高带宽和低延迟的前传网络是 5G 的必然需求。首先，在 RCC 引入资源调配控制单元进行分层协作化，可有效地解决高容量和高密度网络中的干扰问题。其次，基于 NGFI 的 C-RAN 可实现 BBU/RRU 功能重构，从而更好地满足未来网络 C/U 分离、Massive MIMO 等新技术要求。最后，面向低时延和高带宽的上层业务需求，业务下沉和核心网功能边缘化趋势明显。在考虑业务命中率的前提下，RCC 是折中服务用户数和业务时延需求的业务下沉部署点。

RRS 汇聚小范围内 RRU 信号经部分基带处理后进行前端数据传输，可支持小范围内物理层级别的协作化算法，适用于宏微覆盖 Het Net 场景和密集 UDN 高容量场景。NGFI 网络是低时延、高带宽的包交换网络，提供 RCC 与 RRS 间的低时延信息交互，为在 RCC 实现 MAC 及以上层级的快速协作算法提供基础。RCC 可实现跨多个 RRS 间的大范围控制协调和协作化算法，以及多小区控制面/用户面逻辑上的分离，并为网络开放接口 API 和虚拟化提供部署点。

（3）SDN/NFV。

软件定义网络（SDN）来源于 Stanford 大学重构传统路由交换网络的创新工作，针对未来无线网络演进的需求，SDN/NFV 作为 5G 关键技术之一，成为无线网络架构演进的重要方向。目前大家较为认可的 SDN 定义可以概括为“控制/转发分离，简化的数据（转发）面，集中的控制面，软/硬分离、网元虚拟化及可编程的网络架构”。软件定义网络采用软件集中控制、网络开放的三层架构，提升了网络虚拟化能力，实现了全网资源高效调度，提供了网络创新平台，增强了网络智能。网络功能虚拟化（NFV）源于运营商在通用 IT 平台上通过软件实现网元功能替代专用平台的尝试，从而降低网络设备的成本。NFV 系统通常包括虚拟的网络功能（VNF）、NFV 基础设施（NFVI）、NFV 管理与协同（NFV-MANO）三部分。

SDN/NFV 由于在灵活性、支持快速创新方面的优势，被广泛认为是网络演进的主要驱动力量。然而，5G 在核心网和接入网是否需要引入 SDN 和 NFV 技术，哪些 5G 的需求需要采用 SDN 和 NFV，SDN 和 NFV 技术会对 5G 产生何种影响，SDN 和 NFV 如何演进才能满足 5G 的要求，这些都是在 5G 架构研究中亟待解决的问题。

SDN 由于控制平面和转发平面的分离，给网络的控制带来了极大的灵活性，提供快速部署、更改、按需分配的可能；同时南向和北向接口的公开，促进了设备的互连和互通，使得控制部分和数据转发部分可以分别演进和部署，提高网络的灵活性和可扩展性，朝着控制功能集中化、虚拟化，转发功能标准化、可控化发展。

NFV 将虚拟化技术引入电信领域，使得硬件和软件能够解耦，采用通用平台来完成专用平台的功能。目前核心网的控制部分较为复杂，需要多个网元、功能实体的配合完成核心网的控制功能，采用通用平台实现的方式可以基于虚拟化技术和虚拟化网络功能的方式实现核心网的控制功能，具有灵活性和可扩展性，便于维护和管理的特点。

SDN 和 NFV 技术也面临许多挑战，比如电信网络的规模一般大于数据中心的规模，设备集中化部署的程度低，更低的控制延时要求和更高的可靠性要求对 SDN 技术提出了新的挑战；电信设备的可靠性，部署环境的复杂性，低时延特性对 NFV 也提出了更高的要求。

电信网络 3G/4G 网络也将长期存在，在引入 5G 的同时，怎样兼容现有设备，怎样平滑的过渡和升级也是引入 SDN 和 NFV 的关键问题。目前，4G 网络中，在不改变协议和 SDN 交换机的情况下，可以实现核心网控制功能的虚拟化，在业务链的部署中采用 SDN 和 NFV 技术支持快速的业务链部署。ONF 正研究通过 P-GW 和 S-GW 控制和转发分离，为 SDN 交换机增加 GTP 处理的能力，在 SDN 交换机上实现 4G 网关的数据面功能。在此基础上，核心网的整个转发平面可以用 SDN 交换机实现。由于实现网关的数据面和控制面分离，通过集中控制，可以按照需要将 SDN 交换机配置成网关，在网络中支持计算和存储的功能部署。

（4）多连接与多空口。

多连接是指对给定用户配置至少两个不同网络节点的无线资源的操作。多连接的出发点主要为以下几方面：速率增强；鲁棒性连接以降低连接错误、保证连续的 QoS；无缝移动性以保证“0”切换中断；异构网络下用户被连接至频率层以提供附加的容量但却不必提供广域覆盖和移动下的性能优化。

提供多连接服务的小区可以工作在相同频率下也可以工作在不同频率下使用相同的RAT或不同的RAT。在相同频率下，用户被连接至工作在相同频率下的两个或多个小区并使用相同的RAT。这些小区可以采用集中式的布局或通过回传相互连接。这种多连接可以通过多个广区域小区的多连接保证无缝移动性，或通过多个高频段的热点小区的多连接提升链路可靠性。

对于不同频率下的多连接，互连的小区工作于不同载波频率下并使用相同的RAT。在目前的系统中，多频多连接被认为是一种提升系统吞吐率的有效方式。3GPP 已经明确了集中式小区下的载波聚合和非集中式小区下的非理想回传的双连接。考虑到5G更多样的频谱操作，这些技术仍将用于5G系统中。关于载波聚合，由于5G小区工作在低频段和高频段，这将需要配置更多的参数，如传输时间间隔、时间提前量等。同时，可能还需要优化协议栈，以便不同的配置和不同的无线资源管理。类似地，考虑到5G系统灵活的传输配置和多样的回传，在新的5G架构下需要重新审视LTE双重连接中的数据负载拆分操作。

控制层的多连接传输也注定要在5G中进行设计。实际上，3G系统中的软切换采用了切换信号的分集传输，这可能在5G系统中进一步发展。LTE双连接中，采用控制面单连接的方式，可能增加RRC信号的延迟并增加小区之间回传信号的开销。考虑到5G系统的低时延要求，多连接的RRC信号传输可以实现快速和高效RRC配置和优化。异构网络中的C/U分离将继续发挥作用，并被应用于5G宏小区和5G小小区之间的多连接，或者用于4G宏小区和5G小小区之间的多连接。

由于目前运营网络具有不同的配置和演进方式，未来5G网络架构将包含现有的RAT，如4G、3G、WLAN等。在3GPP版本12中，已经明确了LTE与WLAN之间的交互运行方式。此外，对于正在进行的LTE和WLAN聚合的研究，正试图通过探索加强底层合作，以改善整个系统的性能。可以预见，为提升网络运营效率和用户体验质量，5G中多种RAT的融合将十分必要。

多种RAT下的无线接入网络通常需要定义多种协议结构并采用多种传输技术，这也导致了需要进行多种信号的设计。在新的5G网络架构下，一方面需要一些统一的信号以支持不同网络之间的信号传输，另一方面是不同RAT网络之间的垂直切换，其特点是需要适合不同种类的服务、不同种类的QoS要求和不同种类的用户。5G网络架构应具有从多信息源收集信息的能力，具有为用户提供基于多种网络下多种决策特性提供最佳接入选择的能力，并能够克服乒乓效应。

（5）动态网络。

动态自组织网络用于满足5G系统的两方面需求：在低时延高可靠性场景降低端到端时延，提高传输可靠性；在低功耗大连接场景延伸网络覆盖和接入能力。动态自组织网络是一种分布式网络，在系统架构方面具有支持更高的灵活性、可扩展性和健壮性的特点。

新型业务带来的严格时延需求来自移动物联网下区域性部署的机器类终端场景，要求网络侧时延几乎可以忽略，如工业互联网。分布式网络相比传统蜂窝网具有明显优势。动态自组织网络具有如下特点：基于蜂窝网控制和/或使用蜂窝网资源；具有区域自主性，包括控制、管理和传输功能本地化；区域内灵活自组织、自管理；网络功能和角色、网络拓扑的动态配置（如控制中心功能位置的灵活化等）。在动态自组织网络中，终端以簇为单位进行管理和传输，头节点作为簇管理控制节点，一个簇下的多个末端节点根据位置、类型、业务需求等灵活组织。

6.6.4　软件定义空口 SDAI

1．SDAI 总体目标

传统移动通信的演进一直以来都以提升峰值速率和系统容量为主要目标，5G 将面临更加多样化的场景和极致的性能挑战，采用传统单一定制化的空口技术和参数设计无法满足上述需求。面对 5G 极为丰富的应用场景和极致的用户体验需求，5G 空口应该具备足够的“弹性”来适配未来多样化的场景需求，从而以最高效的方式满足各场景下不同的服务特性、连接数、容量及时延等要求。此外，未来 5G 空口设计需要能够实现空口能力的按需及时升级，具备 IT 产业敏捷开发、快速迭代的特征。从某种意义上讲，5G 将是“第一代多维度”通信系统标准，它将具备自我完善和自我发展的能力。

软件定义空口的目标是建立统一、高效、灵活、可配置的空口技术框架，可针对部署场景、业务需求、性能指标、可用频谱和终端能力等具体情况，灵活进行技术选择和参数配置，形成针对 eMBB、mMTC、uMTC 应用场景的空口技术方案，实现对场景及业务的“量体裁衣”，从而提高资源效率，降低网络部署成本，并能够有效应对未来可能出现的新场景和新业务需求。

2．SDAI 总体框架

灵活自适应统一的软件定义空口框架可以根据应用场景、可用频谱、性能需求、设备能力等预先定义若干空口方案，按需选取最优组合方案并优化相应参数，实现不同场景的空口优化配置。软件定义空口框架包含帧结构、双工、波形、多址、调制编码、天线等核心基础模块，各模块遵循“共性最大化”原则，最大可能地整合共性内容，协同工作，灵活实现为不同业务提供定制化的服务体验。

软件定义空口的挑战主要来自两方面：一是候选空口技术集合及相应参数的选取；二是根据场景、业务及链路环境的空口自适应机制。

在候选空口技术集合及相应参数的选取上，应该遵循灵活性和高效性两大基本设计理念。灵活性体现在软件定义空口能够提供一个足够多样性的技术集合和相关参数集合，使得候选技术集合中的技术能够支撑不同场景与业务的极端需求。高效性体现在技术方案的选择需要考虑性能与复杂度的折中，一方面是技术集中的候选技术方案的数量要控制在一定的范围内，另一方面是候选技术方案尽量使用统一的实现结构，复用相关实现模块，以提高资源的利用效率，降低商用化成本。例如，针对多种多址接入技术，可以确定统一的实现结构，区别体现在码字的使用上。针对多种波形的实现，则可以复用具有共性特征的信号处理模块，如滤波器和快速傅里叶变换。

在空口自适应机制方面，考虑到典型场景及终端类型的相对固定性，以及用户业务类型和用户链路等的动态变化特点，空口自适应可以考虑两种不同时间粒度上的自适应配置：一是根据场景和部署的需要等进行半静态配置；二是针对用户链路质量、移动性、传输业务类型、网络接入用户量等动态变化的环境参数进行动态空口自适应配置。第一种半静态配置方式的时间变化周期较长，可以通过小区广播信道通知小区的空口配置情况。相应的空口配置可以针对一些 5G 典型场景 eMBB、mMTC 和 uMTC 的需求设计相应的优化空口技术方案，具体可包括频段、帧结构、波形调制技术、接入技术等设计，最终归纳为几种典型的无线空口技术（RIT）配置。小区广播信道只需要向终端指示相应的 RIT 方式即可。第二种动态配置方式的时间变化周期短并且有用户区分性，需要通过控制信道向具体的用户通知其空口配置参数。动态配置方式会以半静态的 RIT 为基础进行配置，具体可针对信道环境变化、上下行业务量、用户的移动性及传输业务类型等瞬时变化。

为了进一步提升自适应配置的灵活性，还可以考虑第一种半静态配置方式和第二种动态配置方式相融合，保留空口参数配置时间周期层面的差异性，但在空口设计实现方面采用更加通用的融合一体化设计，即不同的半静态 RIT 均基于相同的通用信号处理流程和处理模块实现，只是在配置的参数集上进行了不同的分类设置。为了便于这种一体化的空口实现，可将空口的数据处理和配置分层，将数据处理层中的数据处理模块通过标准的应用程序接口开放给空口配置层，便于空口配置层的无线资源管理功能按需进行配置。另外，由于不同 UE 可能具有不同的空口支持能力，为了便于基站对空口进行配置，UE 在附着基站时也可通知基站 UE 自身的空口能力。

SDAI 的核心在于提高空口的灵活性，使得空口在承载不同业务时可以具有不同的传输特征以最佳匹配业务的需求。这种灵活的空口配置需要相应空口技术的支持，如统一自适应帧结构、灵活双工、灵活多址、灵活波形、大规模多天线、新型调制编码及灵活频谱使用。

3. 关键使能技术

（1）统一自适应帧结构。

空口时延总受限于其采用的物理层帧结构，比如 TD-LTE 在 10ms 帧中最多只有两个上下行切换点，这就给空口时延设置了硬性限制。面向 5G 的 1ms 时延的需求，需要设计适应低时延的新的帧结构。同时，帧结构的设计必须适应灵活的上下行数据的变化，尤其是对于局域（Local Area）的小小区密集部署的情况，传播损耗会相对减少，而且部署在 3GHz 以上的频率必然带来较短的时延扩展。这些特性加上一些 5G 时代可以预计的技术提高，比如硬件技术能实现上下行链路切换时间的缩短，会带来更为优化的参数设计，比如循环前缀（CP）、保护时间（GP）比现有系统得到压缩，而开销的降低也将带来更短的帧、更为快速的上下行切换。5G 最终也需要提供比 LTE 更为优化的广域覆盖方案，低频信道有不同的传播特征，加上用户数目的差异，必然与局域方案对于帧结构的时延有不同要求，尤其是采用 FDD 的情况下。

5G 面向更多的业务和更广泛的场景，需要有更为灵活的帧结构设计来适应这种需要。比如对于广覆盖大连接的物联网业务，可能需要设计专门的窄带系统。另外，5G 可能部署的频段也有很大的跨度，有些因素如相位噪声，随着频率的升高，对于系统性能的影响会变得越来越大。除了传统的在接收机上进行相位噪声估计和补偿的方法外，较大的子载波间隔也是对抗相位噪声影响的有效途径。因此，在频率范围从现有的 3G 一直扩展到毫米波频段，可用频谱粒度也存在极大差异的情况下，可能需要有跟所用频段相匹配的系统带宽和子载波间隔。从这个角度看，5G 的帧结构也可能是一个小的集合而非单一选项。

作为 5G 关键技术之一，Massive MIMO 应用于低于 6GHz 和毫米波上，可以增强覆盖并降低功耗。比如 Massive MIMO 可以在宏小区部署的较高频段上（3.8～4.2GHz）实现覆盖层功能，其中的挑战包括高载波频率及大带宽等都需要增加接收功率。作为一种解决方案，Massive MIMO 可以提供很大的波束赋形增益，显著增强覆盖，使重用现有蜂窝基站成为可能。为实现高赋形增益，及时准确的信道信息是必须的。对于 TDD 系统而言，可极易地利用信道互易性获取及时准确的信道信息；而对于 FDD 系统，若想及时获取准确的信道信息，将会带来大量的系统开销，比如下行导频开销和上行反馈开销。因此，大规模天线技术的广泛应用将会对 5G FDD 系统的帧结构设计提出新的挑战及要求。

灵活双工技术也被认为是 5G 的关键技术之一，用于灵活匹配系统业务变化，提升网络容量。然而，相邻小区灵活的 DL-UL 配置将会带来小区间或站点间的干扰，特别是控制信道的干扰，从而影响系统性能的提升。因此，在 5G 帧结构设计时，需要考虑灵活双工带来的干扰问题。

（2）灵活双工。

随着上下行业务不对称性的增加及上下行业务比例随着时间的不断变化，传统 LTE FDD 中的固定成对频谱使用和 TDD 中固定的上下行时隙配比已经不能有效支撑业务动态不对称特性。另外，包括上行和下行的业务总量的爆发式增长导致半双工方式已经在某些场景下不能满足需求，全双工成为一种可能的潜在技术。灵活双工充分考虑了业务总量增长和不对称特性，有机地将 TDD、FDD 和全双工融合，满足未来网络需求。

灵活半双工可以分为频域方案和时域方案。频域方案通过调整每个载波的双工方向来实现上下行带宽的动态调整，时域方案通过改变每个子帧的双工方向来控制上下行资源比例。灵活半双工可以采用 TDD 的思想，在下行载波上插入探测参考信号可以有效利用信道互易性获得信道估计值。

对于全双工传输，自干扰删除是实现同时同频发送接收信号的关键因素。删除可以在天线域、模拟域和数字域联合展开来抑制干扰，目前在实验平台上已经能够达到高达 130dB 的干扰抑制能力，下一步将是如何设计全双工芯片。为保证控制信号质量和高数据传输速率，全双工的帧结构在控制域和数据域进行了精心设计。基本原则是下行（上行）控制信号比数据要有更高的优先级不能被上行（下行）的数据或控制所干扰，上下行数据进行灵活机会传输。

另外，灵活半双工和全双工的一个共性问题是干扰控制。在多小区环境中，小区间干扰变得更加复杂和严重。除了传统 TDD 和 FDD 系统中的下行对下行干扰和上行对上行干扰，新引入了上行对下行干扰和下行对上行干扰，即基站对基站干扰和用户对用户干扰。潜在的解决方法包括自适应的资源和功率分配、用户调度、干扰避免和消除及网络协调。首先，基站和用户的发射功率可以根据上下行的信道质量、基站间和用户间的干扰情况及业务负载等因素进行详细调整，上下行联合功控是一种有效方法。其次，有效调整多个小区的上下行传输资源可以有效控制小区间干扰。最后，上下行间干扰还可以通过高级信号处理技术进行抑制。在基站侧，利用 C-RAN 的集中处理能力可以有效进行干扰消除。在用户侧，下行用户可以利用如 SIC 的先进接收算法，上行用户可以采用多天线技术在被干扰的下行用户方向上形成零陷。对于异构网络，宏站和微站间可以通过上下行传输协调形成虚拟全双工来提升网络吞吐量。

灵活双工致力于在半双工和全双工模式之间进行灵活切换进而适应干扰环境和业务变化。当灵活双工应用于多小区网络时，半双工和全双工小区的灵活组网问题需要重点考虑。不同双工类型的小区密度可以进行细致优化，还可以工作在不同或相同频段上来控制网络干扰。

（3）灵活多址。

面对 5G 通信提出的更高频谱效率、更大容量、更多连接，以及更低时延的总体需求，5G 多址技术的资源利用必须更为灵活高效。当前 5G 多址技术的主要候选集合有现有的 OFDM 正交多址技术，以及正在研究的 BDMA、MUSA、NOMA、PDMA、SCMA 等非正交多址（Non-orthogonal Multiple Access，NMA）技术。这些不同的多址技术可以采用统一的实现框架，通过不同的码本映射方式区分不同的多址技术。这样一方面可以灵活地在不同多址技术上进行切换，另一方面可以复用相关模块，提高资源利用率，降低商用化成本。

面对 5G 更为多样化的业务场景，需要灵活的多址技术支撑不同的场景与业务需求。例如，面对海量连接的业务场景，如何在有限的资源上接入更多的用户，成为5G多址技术需要解决的核心问题。非正交多址接入技术通过多个用户复用同一资源，大大提升用户连接数。由于用户有更多机会接入，网络整体吞吐量和频谱效率提升。此外，面对低延时或低功耗的业务场景，采用非正交多址接入技术可以更好地实现免调度竞争接入，实现低延时通信，并减少开启时间，降低设备功耗。在另一些场景，如下行 MTC，考虑到终端的成本和实现复杂度，可能需要使用更为简单的正交多址技术。

（4）灵活波形。

OFDM技术作为一种重要的多载波技术，不仅在4G系统中得到了广泛使用，而且作为5G系统的重要候选波形之一仍然被众多研究人员所推崇。但是与前几代移动通信系统相比，5G系统设计时不仅要考虑移动宽带业务，同时也要考虑未来对于海量机器连接及高可靠低时延业务的支持。OFDM 存在一些固有的缺点，比如对于频率同步误差、时间非同步、多普勒扩展等都比较敏感，所以如果对于未来更加多样化的业务、更高的频谱效率及海量连接，如果继续仅使用 OFDM 一种波形技术是不够的。因此，为了满足未来应用的需求，同时考虑对于低时延、零碎频谱使用，非严格同步及在高速情况下系统鲁棒性等5G系统所面临的挑战，许多新的多载波调制方案被提出，比如 UFMC、Filtered-OFDM（F-OFDM）、GFDM 及 FBMC。基于载波/波形聚合的方案可以作为这些波形方案的一种灵活兼容的设计，位于不同载波上的不同波形聚合在一起作为一种统一的空口服务于不同的5G业务。每一种波形方案及该方案中子带宽度、子载波间隔、滤波器长度和CP长度等参数可以根据不同场景及业务类型进行灵活配置。

这些新波形方案的一个共同点是通过滤波器组的方式来降低带外泄露并减小对于时频同步的要求。UFMC和F-OFDM方案中的滤波器组都是以一个子带为粒度的。两者的主要差别主要体现在两方面，一方面，UFMC使用的滤波器阶数较短，相较而言，F-OFDM需要使用较长的滤波器阶数；另一方面，UFMC 不需要使用 CP，而考虑后向兼容的问题 F-OFDM 仍然需要 CP，其信号处理流程与传统的 OFDM 基本相同。对于 GFDM 方案而言，根据一个 GFDM 块中不同的子载波及子符号数配置，该方案可以把 CP-OFDM 及 SC-FDE 作为它的一个特例。除此之外，与 OFDM 中每个符号添加 CP 不同，GFDM 通过在一个 GFDM 块前统一添加一个 CP 的方式来降低开销，而 FBMC 原理方案中所使用的滤波器组是以每个子载波为粒度的。通过优化的原型滤波器设计，FBMC 可以极大地抑制信号的旁瓣，而且与 UFMC 类似、FBMC 也通过去掉 CP 的方式来降低开销。另外，在 FBMC 及 GFDM 中通常使用 OQAM 调制，来减小邻道干扰并降低实现复杂度。

（5）大规模多天线。

MIMO 技术为系统频谱效率、用户体验、传输可靠性的提升提供了重要保证，同时也为异构化、密集化的网络部署提供了灵活的干扰控制与协调手段。目前，数据通信业务飞速发展与连接数的激增仍然是推动 MIMO 技术继续演进的内在需求，而大规模多天线理论研究已经为 MIMO 技术的进一步发展提供了有力支持，同时相关实现技术的日渐成熟为大规模多天线技术的标准化、产业化提供了必要条件。随着一系列关键技术的突破及器件、天线等技术的进一步发展，可以预见大规模多天线技术将在5G系统中发挥更为重大的作用。

（6）新型调制编码。

在3G、4G时代，Turbo码和正交振幅调制已经使得在单天线情况下可以逼近香农极限，但还是有足够的研究空间去推进一些更加优秀的调制编码方案应用在5G蜂窝系统里。并且现有的信道编码方案仅支持传统的业务类型，如大编码块，这些方案的性能增益都基于高斯白噪

声信道的理想条件获得。但在未来的 5G 时代，由于 ITU IMT-2020 定义了更加丰富的关键能力和评估场景，因此在设计调整编码方案时，一些新的技术方案应该被考虑作为候选方案来进行研究和评估。

首先，对于 ITU IMT-2020 为 5G 定义了更高的关键能力，如更好的用户体验速率、更高的峰值速率，但现有的调整编码技术都很难满足如此高的要求。

对于 5G 新引进的用户体验速率，在现有系统里类似为小区边缘速率。ITU IMT-2020 定义了用户体验速率在未来需要达到 100Mbit/s，比 4G 系统高出近 10 倍，这将会成为一个非常大的挑战。因为在基于 OFDM 技术的蜂窝小区边缘（如 LTE 小区），小区间干扰（ICI）带来的问题非常严重，而这一干扰的分布取决于干扰信号的调制方式，例如，对于 QAM 调制方式，在所有子载波都被占用时，小区间干扰接近高斯分布。所以为了缓解 ICI 从而调高用户体验速率，引入新的调制编码方案将十分必要。

FQAM 作为相关的潜在候选方案之一，就是希望能够主动地改造小区间干扰，使得这一分布非高斯化，进而提高信道容量。小区间干扰的统计特性能够通过改变干扰用户的调制方式加以改造。如果干扰用户使用这种结合 FSK 和 QAM 特性的 FQAM 调制方式，将得到统计分布非高斯化的小区间干扰，从而提升小区边缘的性能。

多元域 LDPC 码作为一个潜在的 5G 候选方案也已经在学术界得到了广泛的关注。因为多元域 LDPC 码具有的优异的码字纠错性能、良好的抵御突发错误能力、更多的天线、高阶调制方式和多载波技术提供了更高的传输速率和高频谱效率，所以其特别适用于未来带宽资源有限条件下的高速数据传输，如宽带多媒体、移动视频、影像等应用，适于满足未来 5G 系统应用所需的极高的系统峰值速率。

其次，对于 5G 引入了一些新的评估场景，如不同需求的物联网场景。由于这些物联网场景的业务类型、用户分布、评估指标与现有系统之间具有明显的差异性，所以同样需要考虑引入新的信道编码技术匹配这些新的场景。尤其是在海量连接的物联网场景，其特点为需要满足大量移动设备接入，接入网络的连接数量将会非常巨大，但每条链路仅携带远小于现有网络数据大小的数据，每个数据包甚至可能只有几十比特。这种信道具有快衰落特性，这对传统蜂窝在时域、频域上的设计有很大影响，考虑的候选信道编码方案将需要对信道的快速变化更加敏感，这样才能在短码情况下有效提升信道容量。因此，链路自适应方案作为一个能够高效处理快速衰落引起的误码问题的方案，能够帮助发送端选择合适的调制编码方案来匹配此刻的信道条件。虽然链路自适应方案在 3G、4G 时代已经提出过，但当时此方案在用户的移动性明显提高，或者码长更短的条件下，还很难准确且高效地获取快衰信道信息。在 5G 时代，更加先进的链路自适应方案能够更快使接收端高效获取信道信息，从而选择相应的调制编码方案，这能更好地避免资源浪费，提高链路传输效率。此外，从系统级去考虑海量连接的物联网场景，网络编码作为 5G 潜在的候选方案，能够通过多跳传输机制来增加系统的总吞吐量。这也是由于中继节点作为多跳传输在 5G 蜂窝中的典型应用已经被广泛认同。

（7）灵活频谱使用。

5G 谱波段将涵盖很大的频率范围，甚至高达毫米波段。因此 5G 系统必须具有在相同或不同的授权规则下工作在不同频段的能力。5G 的三大场景及 eMBB、mMTC 和 uMTC 各自具有不同的频谱需求，这种情况下，频谱使用和共享必须足够灵活以支持不同的业务场景。

eMBB 是大容量高速率场景，需要更多的频谱资源。6GHz 以下的低频段资源对增强覆盖至关重要。高频段可提供连续的大带宽，即使衰减较大、覆盖降低，但在热点地区，仍可以较低的收发复杂度提升容量，因此高低频协作是满足 eMBB 场景的基本手段。同时，一些新型的频谱使用方式在 5G 时代也有可能有所进展，比如授权共享使用（LSA）能有效使用一些现有业务使用率较低的频段，共主用户共享（Co-Primary Sharing）可能出现在一些新频段上允许对多个运营商进行同等授权接入，将来不排除出现其他新型的频谱使用方式。总的来说，5G 仍会以传统的独占授权使用频谱为主，以非授权和其他频谱使用方式为辅，频谱使用方式的多样性也需要 5G 通过灵活自适应机制来实现系统的操作和控制。

mMTC 场景通常是低速率的小包传输，覆盖必须得到保障，因此需要优先配置 6GHz 以下尤其是 1GHz 以下的频段。uMTC 是低时延、高可靠场景，因此必须独立配置授权频谱仪保证其极高的可靠性要求。

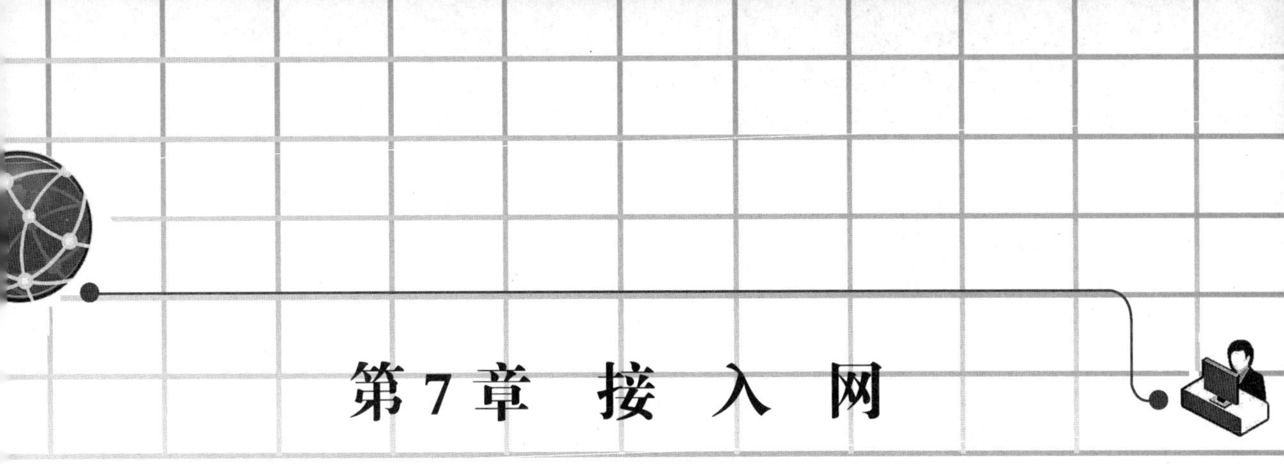

第7章 接入网

接入网是指骨干网络到用户终端之间的所有设备。接入网的接入方式包括铜线（普通电话线）接入、光纤接入、光纤同轴电缆（有线电视电缆）混合接入和无线接入等几种方式。本章将根据接入网的不同方式对接入网的几种类型进行介绍。

7.1 宽带接入网

7.1.1 宽带接入网概念

1. 接入网的演变及发展

传统的电信网一直是以电话网为基础的，电话业务在整个电信业务中占主要地位。多年来电话网一直采用以交换为中心，干线传输和中继传输为骨干的分级电话网结构。

电话网从整体结构上分为长途网和本地网。在本地网中，本地交换局到所属用户的业务分配是通过铜质双线来实现的，这一分配网络称为用户线或称为用户环路。一个交换局拥有多个不同的用户，因此，交换局与用户之间，对应不同用户的多条用户线就可组成不同结构的本地用户网络，如树形结构。

进入20世纪80年代后，随着经济水平的不断发展和人们生活质量的不断提高，整个社会对信息通信的需求日益增加，传统的电话通信方式已不能满足要求。为了满足社会发展对通信的要求，相应地出现了多种非语音业务，如数据业务、可视图文业务、电子信箱业务、会议电视业务等。

新业务的出现促进了电信网的发展，为了适应新业务发展的需要，用户环路也向数字化、宽带化等方向发展，并对用户环路灵活性、可靠性、便捷性等方面提出了新的要求。

由于各种用户环路新技术的开发与应用发展较快，复用设备、数字交叉连接设备、用户环路传输系统，也都增强了用户环路的功能和能力。因此，在这种情况下提出了接入网的概念。

接入网由传统的用户环路发展而来，是用户环路的升级，也是电信网的一部分，负责将电信业务透明地传送给用户，即用户通过接入网的传输，能灵活地接入不同的电信业务节点。接入网处于电信网的末端，为本地交换机与用户终端之间的连接部分，即本地交换机与用户终端设备之间的所有实施设备与线路，通常它由用户线传输系统、复用设备、交叉连接设备等部分组成。

引入接入网的目的是通过有限种类的接口，利用多种传输介质，灵活地支持各种不同接入类型的业务。

2．接入网的定义

ITU-T13 组于 1995 年 7 月通过了关于接入网框架结构方面的新建议 G.902，其中对接入网的定义是接入网是由业务节点接口（SNI）和用户网络接口（UNI）之间的一系列传送实体（如线路设施和传输设施）组成，为供给电信业务而提供所需传送承载能力的实施系统。

接入网所覆盖的范围可由三个接口来定界，网络侧经业务节点接口（SNI）与业务节点（SN）相连；用户侧经用户网络接口（UNI）与用户相连；管理方面则经 Q3 接口与电信管理网（TMN）相连。接入网接口如图 7-1 所示。

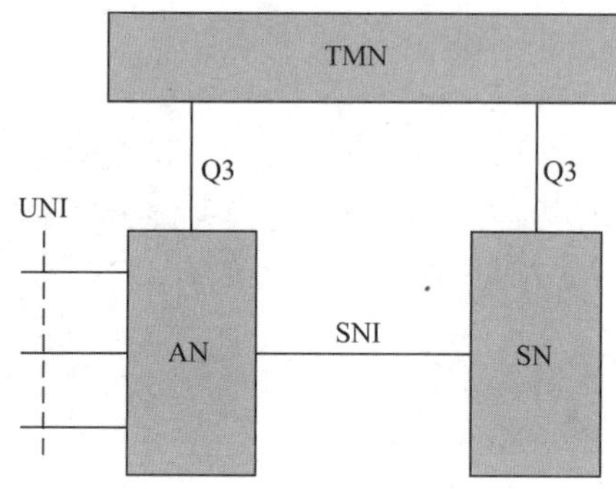

图 7-1　接入网接口

① 用户网络接口（UNI）。

用户网络接口是用户与接入网（AN）之间的接口，主要包括模拟 2 线音频接口、64 kbit/s 接口、2.048Mbit/s 接口、ISDN 基本速率接口（BRI）和基群速率接口（PRI）等。

② 业务节点接口（SNI）。

业务节点接口是接入网（AN）和业务节点（SN）之间的接口。

业务节点接口主要有两种：模拟接口，它对应于 UNI 的模拟 2 线音频接口，提供普通电话业务或模拟租用线业务；数字接口，即 V5 接口，它又包含 V5.1 接口和 V5.2 接口，以及对节点机的各种数据接口或各种宽带业务口。

③ 维护管理接口（Q3）。

维护管理接口是电信管理网（TMN）与电信网各部分的标准接口。接入网作为电信网的一部分也通过 Q3 接口与 TMN 相连，便于 TMN 实施管理功能。

7.1.2　接入网功能结构

1．通用协议参考模型

接入网的功能结构是以 ITU-T 建议 G.803 的分层模型为基础的，利用该分层模型可以对 AN 内同等层实体间的交互作明确的规定。G.803 的分层模型将网络划分为电路层（Circuit Layer，CL）、传输通道层（Transmission Path layer，TP）和传输介质层（Transmission Media layer，TM），其中 TM 又可以进一步划分为段层和物理介质层。

根据接入网框架结构和体制要求，接入网的主要特征可归纳为如下几点：

（1）接入网对于所接入的业务提供承载能力，实现业务的透明传送。

（2）接入网对用户信令是透明的，除了一些用户信令格式转换外，信令和业务处理的功能依然在业务节点中。

（3）接入网的引入不应限制现有的各种接入类型和业务，接入网应通过有限个标准化的接

口与业务节点相连。

（4）接入网有独立于业务节点的网络管理系统（简称网管系统），该网管系统通过标准化接口连接电信管理网（TMN）。TMN 实施对接入网的操作、维护和管理。

2．主要功能

接入网主要有 5 项功能，即用户口功能（User Port Function，UPF）、业务口功能（Service Port Function，SPF）、核心功能（Core Function，CF）、传送功能（Transport Function，TF）和 AN 系统管理功能（System Management Function，SMF）。接入网功能结构如图 7-2 所示。

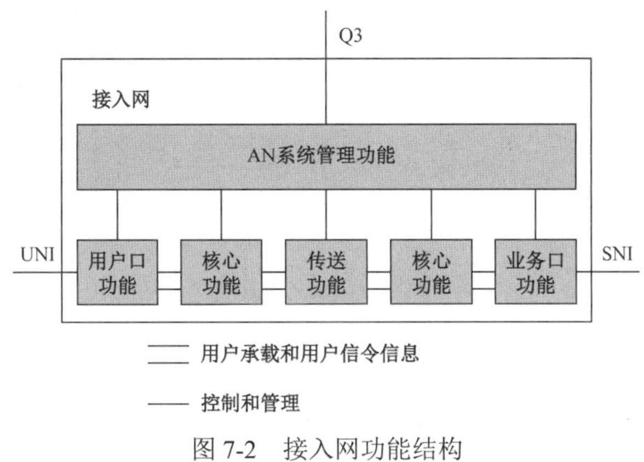

图 7-2　接入网功能结构

3．接入网的拓扑结构

网络的拓扑结构是指组成网络的物理的或逻辑的布局形状和结构构成，可以进一步分为物理配置结构和逻辑配置结构。物理配置结构指实际网络节点和传输链路的布局或几何排列，反映了网络的物理形状和物理上的连接性。

（1）星形结构。

当涉及通信的所有点中有一个特殊点（即枢纽点）与其他所有点直接相连，而其余点之间不能直接相连时，就构成了星形结构，又称单星形或大星形结构。

（2）双星形结构。

在光纤接入网环境中，将传统铜线接入网的交接箱换成远端节点或远端设备（Remote Node/Remote Terminal，RN/RT），将馈线电缆改用光缆后即称为双星形结构，也称分布式星形结构。

（3）总线型结构（链形或 T 形结构）。

当涉及通信的所有点串联起来并使首末两个点开放时就形成了链形结构，当中间各个点可以有上下业务时又称总线型结构，也称 T 形结构。

（4）环形结构。

当涉及通信的所有点串联起来，而且首尾相连，没有任何点开放时就形成了环形结构。

（5）树形结构。

传统的有线电视（Cable TeleVision/Community Antenna TeleVision，CATV）网往往采用树形结构，适于单向广播式业务。

7.1.3　接入网分类

接入网通常是按其所用传输介质的不同来进行分类的。

1．铜线接入网

端局与交接箱之间可以有远端交换模块（Remote Switching Unit，RSU）或远端（Remote Terminal，RT）。

端局本地交换机的主配线架（Main Distribution Frame，MDF）经大线径、大对数的馈线电缆（数百至数千对）连至分路点转向不同方向。由交接箱开始经较小线径较小对数的配线电缆（每组几十对）连至分线盒。

从分线盒开始通常是若干单对或双对双绞线直接与用户终端处的网络接口（Network Interface，NI）相连，用户引入线为用户专用，NI 为网络设备和用户设备的分界点。

铜线用户环路的作用是把用户话机连接到电话局的交换机上。

2．光纤接入网

光纤接入网或称光接入网（Optical Access Network，OAN）是以光纤为传输介质，并利用光波作为光载波传送信号的接入网，泛指本地交换机或远端交换模块与用户之间采用光纤通信或部分采用光纤通信的系统。

OLT 的作用是为光接入网提供网络侧与本地交换机之间的接口，并经一个或多个 ODN 与用户侧的 ONU 通信。

ODN 为 OLT 与 ONU 之间提供光传输手段，其主要功能是完成光信号功率的分配任务。

ONU 的作用是为光接入网提供直接的或远端的用户侧接口，处于 ODN 的用户侧。ONU 的主要功能是终结来自 ODN 的光纤，处理光信号，并为多个小企事业用户和居民用户提供业务接口。

3．混合接入网

混合接入网是指接入网的传输介质采用光纤和同轴电缆混合组成的。主要有三种方式，即光纤/同轴电缆混合（HFC）方式、交换型数字视像（Switched Digital Video，SDV）方式、综合数字通信和视像（Integrated Digital communication and Video，IDV）方式。

（1）光纤/同轴电缆混合（HFC）方式。

HFC 是有线电视（CATV）网和电话网结合的产物，是目前将光纤逐渐推向用户的一种较经济的方式。在 HFC 上实现双向传输，需要从光纤通道和同轴通道这两方面来考虑。从前端到光节点这一段光纤通道中，上行回传可采用空分复用（SDM）和波分复用（WDM）这两种方式。从光节点到住户这段同轴通道中，其上行回传信号要选择适当的频段。

（2）交换型数字视像（SDV）方式。

SDV 接入网是为住宅用户提供视像（以模拟视像业务为主）宽带业务的一种接入网方式，特别适合于单向、模拟的有线电视传送。

（3）综合数字通信和视像（IDV）方式。

国际上新开发的 IDV 技术将电信、视像数字传输和视像模拟传输综合在一起，既保持了数字传输质量高的优点，又保留了当前视像以模拟传输的现实情况，还可能适应将来交互式数字化视像发展，并具有交换等多种功能，是一种比较先进且有广泛应用前景的技术。

4．无线接入网

无线接入网是以无线电技术（包括移动通信、无绳电话、微波及卫星通信等）为传输手段，连接起端局至用户间的通信网。

（1）无线接入网的一般结构。

由于无线接入技术比传统的有线接入技术提供更多的自由度，因而无线接入网结构要比传

统的有线接入网结构简单得多。移动通信网接入公用固定通信网主要有用户线接入、市话中继线接入和移动电话汇接中心接入三种方式，目前主要采用移动电话汇接中心方式实现移动通信网与固定通信网的连接和联网互通。

（2）有线接入和无线接入结构的比较。

如果将无线接入作为代替有线接入的手段，那么根据不同情况，可以分别代替相应有线接入的任何一部分乃至全部，下面分别讨论不同的应用情况。

① 代替引入线。

最保守的应用是用无线接入代替有线接入中的引入线部分。

② 代替配线和引入线。

一种有效的应用是用无线接入代替有线接入中的配线和引入线。此时无线基站将设置在传统交接箱的位置，也就是数字环路载波（DLC）系统的远端设备所设置的位置，这种应用方案可以称为无线 DLC。

③ 代替全部有线接入。

一种更经济的应用是用无线接入代替全部有线接入，即不仅代替配线和引入线，也同样代替馈线电缆段。

④ 代替部分交换区。

如果 RCSA 可以超过单个交换区，似乎没有理由限制 RCSA 只应用于单个交换区。

7.1.4 接入网业务

1. 普通电话业务（POTS）的接入

接入网提供普通电话（Plain Old Telephone Service，POTS）接口，它既可以支持模拟用户，又可以支持用户交换机的接入，同时还支持虚拟用户交换机（Centrex）及 CID 等新业务。

2. 综合业务数字网（ISDN）业务的接入

接入网提供 ISDN BRI（2B+D）和 ISDN PRI（30B+D）接口。

3. 数字数据网络（DDN）专线业务的接入

数字数据网络（Digital Data Network，DDN）是一个传输速率高、质量好、网络时延小且全透明的数字数据网络。

方式一：在 DDN 节点机与 OLT 之间通过 E1 接口相连。

方式二：利用接入网将 DDN 节点机提供的 2B1Q 接口进行延伸。

方式三：在 DDN 节点机与 OLT 之间通过 V.24 或 V.35 接口相连。

4. 有线电视（CATV）业务的接入

随着我国有线电视（CATV）业务的迅速普及，在用户接入网中引入 CATV 业务势在必行。可通过内置式光发射模块、光接收机模块等构成一个独立的 CATV 光纤传输系统，同时还将 CATV 单元纳入集中监控和网络管理。

5. Internet 业务的接入

（1）局域网用户（非分组网用户）的接入。

由几个主机组成的局域网用户需要配备路由器，租用数字专线（DDN 专线），并申请一组 IP 地址及注册域名，以专线的方式接入 Internet。

（2）一般终端或主机用户（非分组网用户）的接入。

这类用户是 Internet 上为数最多的用户，接入 Internet 的方法很简单。

（3）分组网上的同步、异步终端及局域网用户接入。

Internet 通过一个 X.25 协议的转换与分组网相接。

6．其他业务的接入

（1）分组交换数据业务的接入。

分组网可以在一条电路上同时开放多条虚电路，为多个用户同时使用，具有动态路由功能和较先进的误码纠错功能。

（2）E1 租用线业务。

采用先进的区间通信功能，可在 ONU 和 OLT 之间、ONU 和 ONU 之间提供 E1 租用线业务，实现接入网系统内部租用线业务。

（3）2/4 线音频专线接口。

接入网系统可以为用户提供 2/4 线音频专线接口。2/4 线音频专线接口板为无变压器模拟接口板，通过软件实现 2/4 线转换和增益调整功能。

7.2　铜线接入网

接入网利用铜线、光纤、微波、卫星等作为传输介质，并且在通信过程中采用多种多样的传输方式、传输技术及传输手段。下面根据接入网采用铜线传输介质的方式来讨论相应的传输技术。

多年来，电信网主要采用铜线（缆）用户线向用户提供电信业务，即从本地端局至各用户之间的传输线主要是双绞铜线，而且这种以铜线接入网为主的状况还将持续相当长的时间。因此应充分利用这些资源以满足用户对高速数据、视像业务日益增长的需求。

为充分利用这些铜线可以采用数字化传输技术，为提高铜线传输速率，有以下几种技术：高速率数字用户线技术、不对称数字用户线技术和甚高速数字用户线技术。

7.2.1　高速率数字用户线（HDSL）技术

1．概念及系统结构

HDSL 在两对或三对用户线上，利用 2B1Q（2 Binary 1 Quarternary）或 CAP（Carrierless Amplitude Phase modulation）编码技术、回波抵消技术及自适应均衡技术等实现全双工的 2Mbit/s 数字传输。HDSL 系统结构及配置如图 7-3 所示。

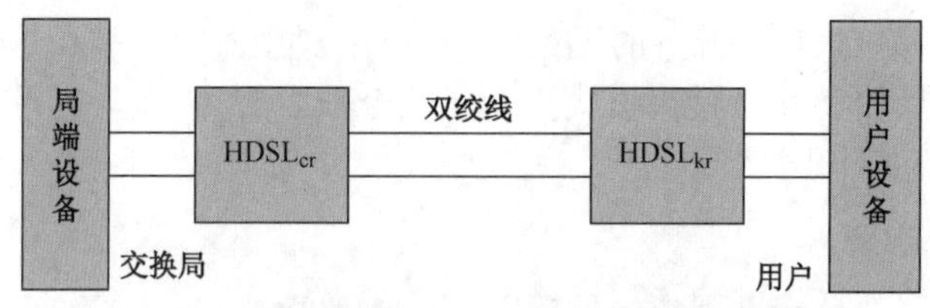

图 7-3　HDSL 系统结构及配置

如图 7-3 所示，HDSL 系统中局端设备提供交换机与系统网络侧的接口，并将来自交换机

的信息流透明地传送给远端设备。图 7-3 中的 HDSL 远端设备提供用户侧接口，它将来自交换机的下行信息经接口传送给用户设备，并将用户设备的上行信息经接口传向业务节点。

HDSL 系统中局端设备和远端设备的组成框图如图 7-4 所示。

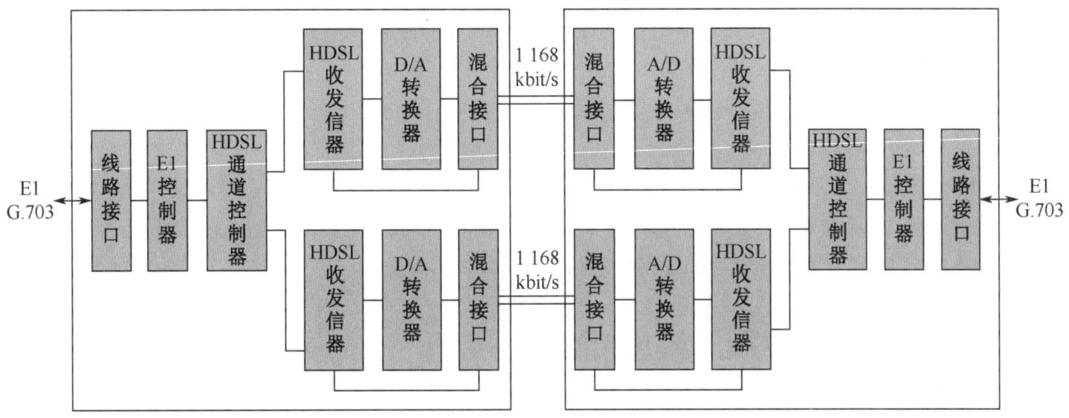

图 7-4　HDSL 系统中局端设备和远端设备的组成框图

在发送端，E1 控制器将经接口送入的 E1 信号（2.048Mbit/s）进行 HDB3 码解码和帧调整后输出，然后经 HDSL 通道控制器进行变换。

HDSL 通道控制器的主要功能是进行串/并变换，它在保留 E1 原有帧结构即时隙的基础上分成二路或三路，如对使用二对双绞线的应用，则变为二路，每路码速率为 1 168kbit/s；如对使用三对双绞线的应用，则变为三路，每路码速率为 768kbit/s。

图 7-4 中的 D/A 转换器实际上是线路传输码型的编码器，所使用的线路传输码型可以是 2B1Q 码也可以是 CAP 码。经 D/A 转换的线路编码之后，由差动变量器接口送至双绞铜线对传至对端。

由于在 HDSL 系统中采用的是全双工传输方式，即每一线对都同时发送和接收信号，这种收发信号的混合和分路就由差动变量器构成的混合接口电路实现。

在接收端，来自线路上的信号经混合接口电路后，由 A/D 转换器进行线路码解码，即转换为二进制脉冲信号；由收发信机对其进行回波抵消、数字滤波与自适应均衡，以消除回波、噪声及各种干扰。经上述处理后的信号再经通道控制器进行并/串变换、帧调整和 HDB3 编码，即可送出 E1 信号（2.048Mbit/s）。

2. 特点及应用系统配置方式

HDSL 系统可在现有的无加感线圈的双绞铜线对上以全双工方式传输 2.048Mbit/s 的信号。系统可实现无中继传输 3～6km（线径 0.4～0.6mm）。

HDSL 系统采用高速自适应滤波与均衡、回波抵消等先进技术。配合高性能数字信号处理器，可均衡各种频率的线路损耗，降低噪声，减少串扰；适应多种电缆条件，包括不同线径的电缆互连，无须拆除桥接抽头。在一般情况下，HDSL 系统可提供接近于光纤用户线的性能，采用 2B1Q 编码，可保证误码率低于 1×10^{-7}。

（1）点到点全容量配置。

对这种应用的 HDSL 系统相当于纯线路传输设备，局端设备成为线路终端（LT），远端设备成为网络终端（NT）。它可支持的主要业务有 ISDN 的 PRA 接入、2Mbit/s 帧结构租用线、2Mbit/s 无帧结构租用线等。它可用于连接局域网（LAN）和广域网（WAN）传送数据、图文及视像等信息，也可用于无线通信系统和网络管理系统中。

（2）点到点部分容量配置。

当点到点部分容量配置时，HDSL 系统允许部分时隙的信号经 2Mbit/s 信号格式传送。它可支持的业务有部分利用租用线、N×6+4kbit/s 业务，有部分利用 ISDN PRA 业务等。

HDSL 系统可以提供多种数据接口，以便用户按需租用，同时可使用一条 E1 线路为多用户服务，提高线路利用率。

（3）点到多点配置。

对于这种应用，HDSL 系统必须处在部分容量配置方式，再结合内部的交叉连接功能可以使一个局端设备与多个远端设备相连，每个远端设备的容量分配可以通过控制和分配时隙来实现。远端设备可处于不同地点，但要求不同线对的信号时延不超过一定的限制。

7.2.2　不对称数字用户线（ADSL）技术

ADSL 系统与 HDSL 系统一样也是采用双绞铜线对作为传输介质的，但 ADSL 系统可提供更高的传输速率，可向用户提供单向宽带业务、交互式中速数据业务和普通电话业务。

1．ADSL 系统结构

ADSL 与 HDSL 相比，最主要的优点是它只利用一对铜双绞线就能够实现宽带业务的传输，为只具有一对普通电话线又希望具有宽带视像业务的分散用户提供服务。ADSL 系统结构如图 7-5 所示。

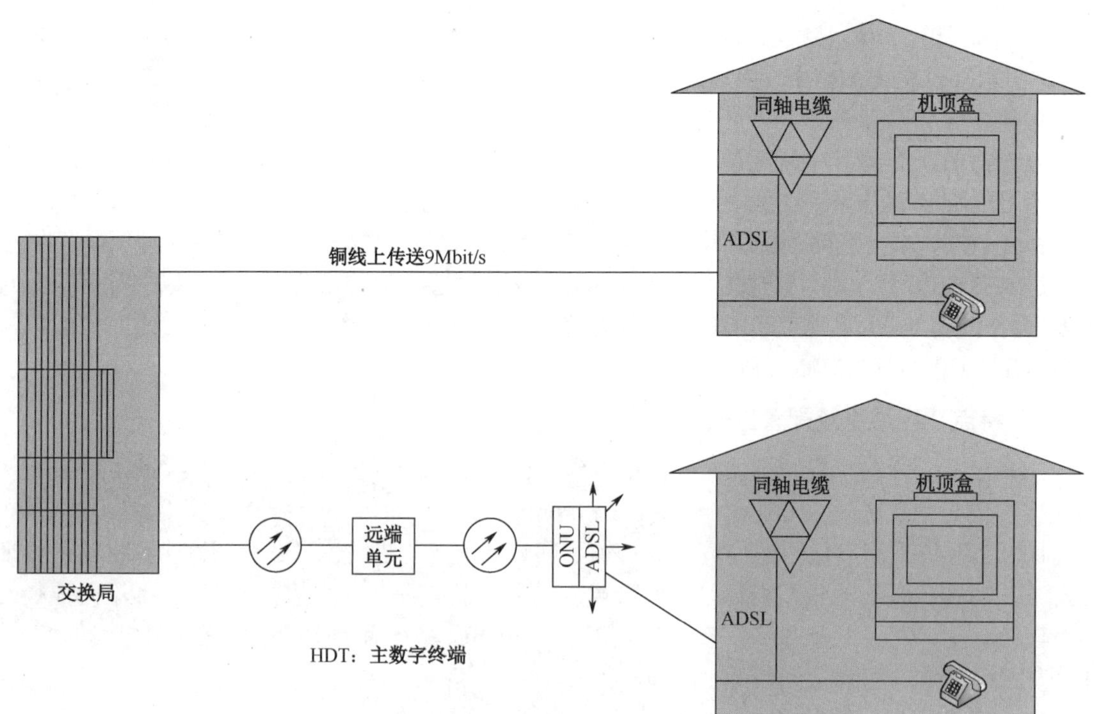

图 7-5　ADSL 系统结构

ADSL 有两种应用方式：在局端和用户端各加装一个 ADSL 收发信机经一对普通铜双绞线对传输；经过一段光纤通路传输到远端光网络单元（ONU）进行光/电变换和分路，而后经 ADSL

和铜双绞线对接入用户端。

ADSL 双绞线对上的频谱可分为 3 个频段（对应于 3 种类型的业务）：双向普通电话业务（POTS）；上行信道，144kbit/s 或 384kbit/s 的数据或控制信息（如 VOD 的点播指令）；下行信道，传送 6Mbit/s 的数字信息（如 VOD 的电视节目信号）。

ADSL 系统中所说的“不对称”是指上行和下行信息速率的不对称，即一个是高速，一个是低速。高速视频信号沿下行传输到用户；低速控制信号从用户传输到交换局。

ADSL 系统收发信机的基本结构如图 7-6 所示。

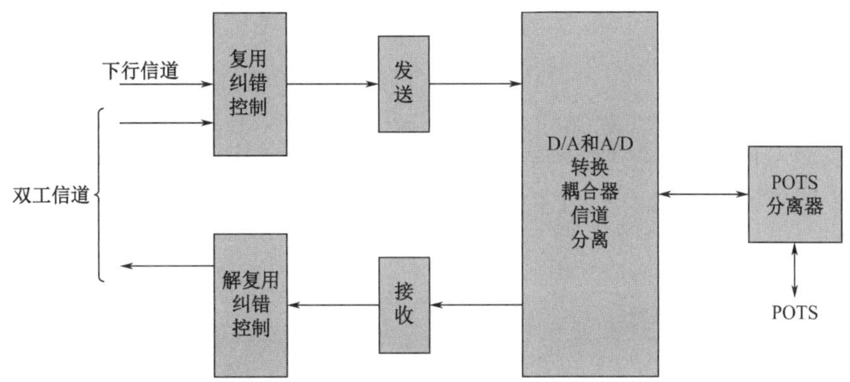

图 7-6　ADSL 系统收发信机的基本结构

从图 7-6 中可见，普通电话业务（POTS）是通过一种特殊的装置——POTS 分离器（含有无源低通滤波器和变量器式分隔器）插入 ADSL 通路中的，因此，无论 ADSL 系统出现设备故障还是电源中断，都不会影响电话通信。

在 ADSL 系统中既采用了正交振幅调制（QAM）、无载波振幅相位调制（CAP）和离散多音频调制（DMT）等调制技术，又采用了数字相位均衡及回波抵消等传输技术。

目前，ADSL 设备多用于用户接入 Internet，一般开通速率是 384kbit/s 或 512kbit/s，传输距离在 3km 以内。

2．ADSL 的调制技术

ADSL 调制解调器利用数字信号处理技术将大量的数据压缩到双绞铜质电话线上，再运用转换器、分频器、模/数转换器等组件来进行处理。ADSL 拥有极高的带宽，其信号衰减又极小，在最远约 5.5km 的距离内，每 1Mbit/s 可以低于 90dB。

（1）调制解调器的基本功能。

① 加扰及解扰。

多数 DSL 在发送端及接收端都有加扰及解扰功能。

② FEC（前向纠错控制）编译码。

FEC 是一种极其重要的差错控制技术，它比循环冗余校验（Cyclic Redundancy Check，CRC）更重要也更复杂。

③ 交错（Interleaving）。

DSL 在数据传输中常会发生一长串的错误，FEC 较难对这种长串错误进行校正。

④ 整形（Shaping）。

整形就是维持传输数据适当的输出波形。

⑤ 补偿（Equalizing）。

当通信系统在接近理论阈值运行时，通常在其发送端及接收端都会采用补偿器，以获得最佳传输。

（2）QAM 技术。

正交振幅调制（Quadrature Amplitude Modulation，QAM）是一种对无线、有线或光纤传输链路上的数字信息进行编码，并结合振幅和相位两种调制方法的非专用的调制方式。

（3）CAP 技术。

无载波振幅相位调制（Carrierless Amplitude & Phase Modulation，CAP）技术是以 QAM 技术为基础发展而来的，可以说它是 QAM 技术的一个变种。输入数据被送入编码器，在编码器内，m 位输入比特被映射为 $k=2m$ 个不同的复数符号 $An=an+\mathrm{j}bn$，由 k 个不同的复数符号构成 k-CAP 线路编码。

（4）DMT 技术。

离散多音频调制（Discrete Multi-Tone Modulation，DMT）技术是一种多载波调制技术。其核心思想是将整个传输频带分成若干子信道，每个子信道对应不同频率的载波，在不同载波上分别进行正交振幅调制，不同信道上传输的信息容量（每个载波调制的数据信号）根据当前子信道的传输性能决定。

7.2.3 甚高速数字用户线（VDSL）技术

由于 ADSL 技术在提供图像业务方面的带宽十分有限并且其成本偏高，人们又开发出了一种称为甚高速数字用户线（Very-high-speed Digital Subscriber Line，VDSL）的系统。

1. VDSL 系统结构

VDSL 系统结构如图 7-7 所示。使用 VDSL 系统，普通模拟电话线仍无须改动（上半部），图像信号由端局的局用数字终端图像接口经馈线光纤送给远端，速率可以为 STM-4（622Mbit/s）或更高。

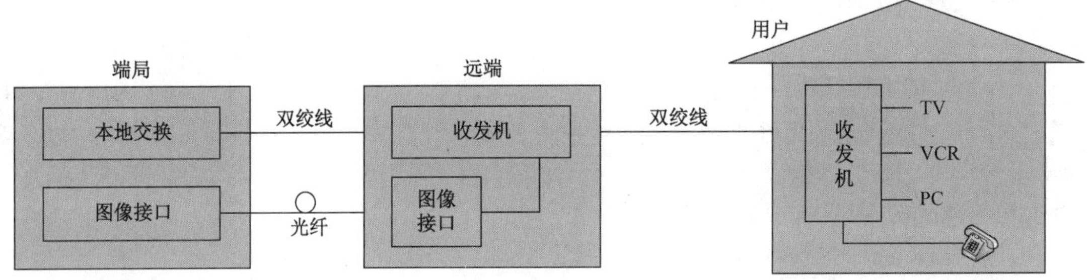

图 7-7 VDSL 系统结构

VDSL 收发机通常采用离散多音频调制也可采用无载波振幅相位调制，它具有较大的灵活性和优良的高频传送性能。

VDSL 计划用于光纤用户环路（FTTL）和光纤到路边（FTTC）网络的“最后一公里”的传输。FTTL 和 FTTC 网络需要有远离中心局（Central Office，CO）的小型接入节点，这些节点需要有高速宽带光纤传输，通常一个节点在靠近住宅区的路边，为 10～50 户提供服务。这样，从节点到用户的环路长度就比从 CO 到用户的环路短。

2. VDSL 的相关技术

（1）传输模式。

VDSL的设计目标是进一步利用现有的光纤满足居民对宽带业务的需求。ATM将作为多种宽带业务的统一传输方式。除了ATM外，实现VDSL还有其他几种方式。VDSL标准中以铜线/光纤为线路方式定义了5种主要的传输模式。在这些传输模式中大部分的结构类似于ADSL。

① 同步转移模式。

同步转移模式（Synchronous Transport Module，STM）是最简单的一种传输方式，也称STM为时分复用（TDM），不同设备和业务的比特流在传输过程中被分配固定的带宽。

② 分组模式。

在这种模式中，不同业务和设备间的比特流被分成不同长度、不同地址的分组包进行传输，所有的分组包在相同的“信道”上以最大的带宽传输。

③ ATM模式。

ATM在VDSL网络中可以有3种模式。

第一种是ATM端到端模式，它与分组包类似，每个ATM信元都带有自身的地址，并通过非固定的线路传输，不同的是ATM信元长度比分组包小，且有固定的长度。

第二、三种分别是ATM与STM和ATM与分组模式的混合使用，这两种形式从逻辑上讲是VDSL在ATM设备间形成的一个端到端的传输通道。

（2）传输速率与距离。

由于将光纤直接与用户相连的造价太高，因此光纤到户（FTTH）和光纤到大楼（FTTB）受到很多争议。

（3）其他技术。

VDSL所用的技术在很大程度上与ADSL相类似。不同的是，ADSL必须面对更大的动态范围要求，而VDSL相对简单得多；VDSL开销和功耗都比ADSL小；用户方VDSL单元需要完成物理层介质访问（接入）控制及上行数据复用功能。

在VDSL系统中经常使用的线路码技术主要有以下几种。

① 无载波振幅相位调制技术。

② 离散多音频调制技术。

③ 离散小波多音频调制技术。

④ 简单线路码是一种4电平基带信号，经基带滤波后送给接收端。

VDSL下行信道能够传输压缩的视频信号。压缩的视频信号要求有低时延和时延稳定的实时信号，这样的信号不适合用一般数据通信中的差错重发算法。

VDSL下行数据有许多分配方法。最简单的方法是将数据直接广播给下行方向上的每个用户设备（CPE），或者发送到集线器，由集线器把数据进行分路，并根据信元上的地址或直接利用信号流本身的时分复用将不同的信息分开。

3. VDSL的应用

（1）VDSL分布位置。

与ADSL相同，VDSL能在基带上进行频率分离，以便为传统电话业务（POTS）留下空间。同时传送VDSL和POTS的双绞线需要每个终端使用分离器来分开这两种信号。

从中心点出发，VDSL的范围和延伸距离分为以下几种情况。

- 对于26Mbit/s对称或52Mbit/s/6.4Mbit/s非对称，所覆盖服务区半径约为300m。
- 对于13Mbit/s对称或26Mbit/s/3.4Mbit/s非对称，所覆盖服务区半径约为800m。
- 对于6.5Mbit/s对称或13.5Mbit/s/1.6Mbit/s非对称，所覆盖服务区半径约为1.2km。

一个 ONU 可用的光纤带宽通常不大于所有 ONU 用户可能的带宽总和。

（2）VDSL 在 WAN 网络的应用。

① 视频业务。

VDSL 的高速方案选项使其成为用于视频点播（Video on Demand，VOD）的非常好的接入技术。

② 数据业务。

从目前来看，VDSL 的数据业务有很多。在不远的将来，VDSL 将占据整个住宅 Internet 接入和 Web 访问市场；可能用 VDSL 替代光纤连接，把较大的办公室和公司连到数据网络上。

③ 全服务网络。

由于 VDSL 支持高比特速率，因此它通常被认为是全服务网络（Full Service Network，FSN）的接入机制。

7.3 光纤接入网

7.3.1 基本概念

光纤接入网（Optical Access Network，OAN）是指在接入网中用光纤作为主要传输介质来实现信息传送的网络形式，或者说是本地交换机或远端模块（交换局）与用户设备之间采用光纤通信或部分采用光纤通信的接入方式。光纤接入网示意图如图 7-8 所示。

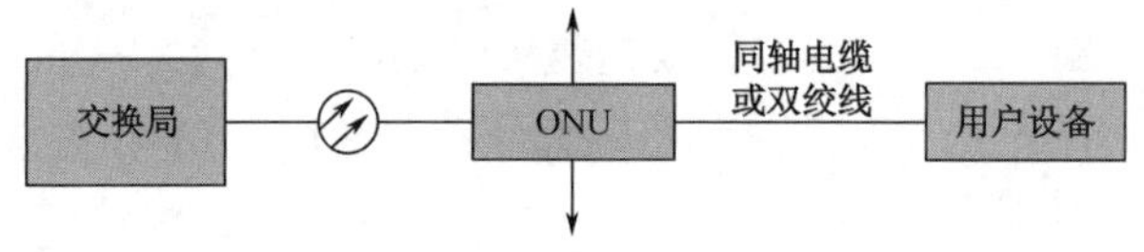

图 7-8　光纤接入网示意图

光纤接入传输系统可以作为一种使用光纤的具体实现手段，用以支持接入链路。

7.3.2 光纤接入网功能结构

光纤接入网包括 4 种基本功能块：光线路终端（OLT）、光配线网（ODN）、光网络单元（ONU）及适配功能块（AF）。光纤接入网功能模块如图 7-9 所示。

主要参考点包括光发送参考点 S、光接收参考点 R、业务节点间参考点 V、用户终端间参考点 T 及 AF 与 ONU 之间参考点 A。PON 为无源光网络，AON 为有源光网络，ODT 为光远程终端。

接口包括网络管理接口 Q3 接口、用户与网络间接口 UNI 及业务节点接口 SNI。

根据上述功能模块，可将光纤接入网定义为共享同一网络侧接口且由光接入传输系统支持的一系列接入链路，并由 OLT、ONU、ODN 及 AF 所组成的网络。

各功能块的基本功能分述如下。

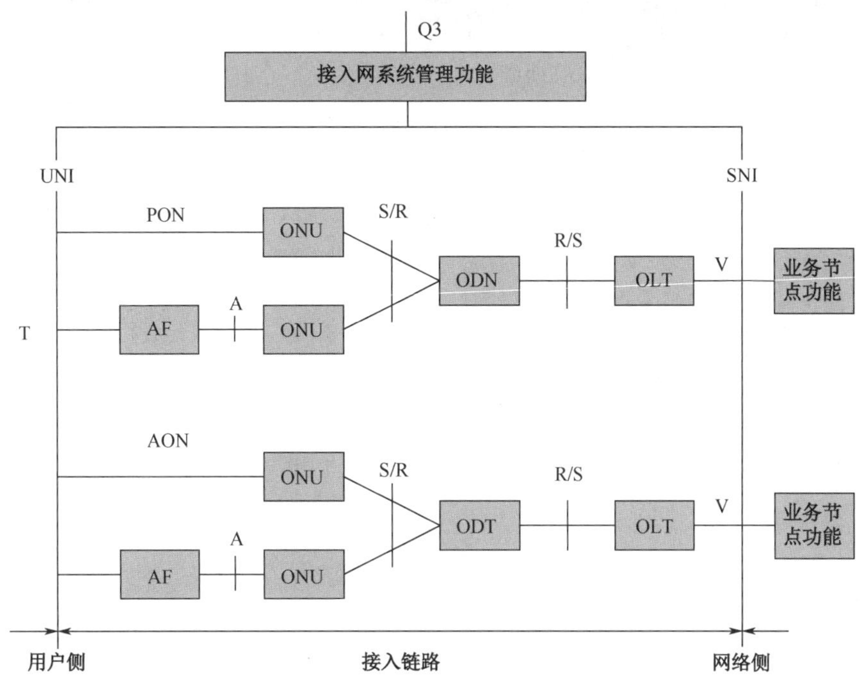

图 7-9　光纤接入网功能模块

1．OLT 功能块

OLT 的作用是为光接入网提供网络侧与本地交换机之间的接口，并经过一个或多个 ODN 与用户侧的 ONU 通信，OLT 与 ONU 的关系为主从通信关系。OLT 对来自 ONU 的信令和监控信息进行管理，从而为 ONU 和自身提供维护与供给功能。

OLT 的内部由核心部分、业务部分和公共部分组成。

（1）核心部分。

核心部分主要包括数字交叉连接功能、传输复用功能和 ODN 接口功能。ODN 接口功能是根据 ODN 的各种光纤类型而提供的一系列物理光接口，实现电/光和光/电变换。

（2）业务部分。

业务部分主要是指业务端口，对它的要求是至少能携带 ISDN 的基群速率接口，并能至少提供一种业务或能同时支持两种以上不同的业务。

（3）公共部分。

公共部分主要包括供电功能和 OAM 功能。OAM 功能通过相应的接口实现对所有功能块的运行、管理与维护，以及与上层网管的连接。

2．ONU 功能块

ONU 位于 ODN 和用户之间，ONU 的网络侧具有光接口，而用户侧为电接口，因此需要具有光/电和电/光变换功能，并能实现对各种电信号的处理与维护管理功能。

ONU 的内部由核心部分、业务部分和公共部分组成。

（1）核心部分。

核心部分主要包括 ODN 接口功能，该功能提供一系列物理光接口，与 ODN 连接，并完成光/电和电/光变换；传输复用功能，该功能用于相关信息的处理和分配；用户和业务复用功能，该功能可对来自或送给不同用户的信息进行组装或拆卸。

（2）业务部分。

业务部分功能主要提供用户端口功能（A/D，D/A），包括 $N\times$64kbit/s 适配、信令转换等。

（3）公共部分。

公共部分功能主要用于供电和 OAM，它与 OLT 中公共部分功能性质相同。

3．ODN 功能块

ODN 为 ONU 和 OLT 提供光传输介质作为其间的物理连接。多个 ODN 可以与光纤放大器结合起来延长传输距离并扩大服务用户数目。

ODN 是由无源光元件组成的无源光分配网。主要的无源光元件有光纤、光连接器、无源分路元件（又称光分路器 OBD）和光纤接头等。

ODN 的配置通常为点到点（一个 ONU 与一个 OLT 相连）和点到多点方式。

点到多点方式是指多个 ONU 通过 ODN 与一个 OLT 相连，具体结构有星形和树形等。

4．AF 功能块

AF（Adaptation Function）为适配功能块，主要为 ONU 和用户设备提供适配功能，在具体物理实现时，它既可以包含在 ONU 之内也可以完全独立。

7.3.3 光纤接入网应用类型

按照光纤接入网的参考配置，根据光网络单元（ONU）设置的位置不同，光纤接入网又可分成若干种专门的传输结构，主要包括光纤到路边（FTTC）、光纤到大楼（FTTB）、光纤到家（FTTH）或光纤到办公室（FTTO）等。

1．光纤到路边（FTTC）

在 FTTC 结构中，ONU 设置在路边的入孔或电线杆上的分线盒处，即 DP 点。从 ONU 到各用户之间的部分仍用铜双绞线对。若要传送宽带图像业务，除距离很短的情况之外，这一部分可能需要同轴电缆。

FTTC 结构主要适用于点到点或点到多点的树形拓扑结构，用户为居民住宅用户和小企事业用户，一个 ONU 支持的典型用户数在 128 个以下（一些厂家的 ONU 可支持 256 及 512 个以上的用户）。

2．光纤到大楼（FTTB）

FTTB 也可以作为 FTTC 的一种变形，不同之处在于将 ONU 直接放到楼内（通常为居民住宅公寓或小企事业单位办公楼），再经多对铜双绞线将业务分送给各用户。

FTTB 是一种点到多点结构，通常不用于点到点的结构。FTTB 的光纤化进程比 FTTC 更进一步，光纤已敷设到楼，因而更适于高密度用户区，也更接近长远发展目标。

3．光纤到家（FTTH）或光纤到办公室（FTTO）

在前面的 FTTC 结构中，如果将设置在路边的 ONU 换成无源光分路器，然后将 ONU 移到用户房间内即为 FTTH 结构。如果将 ONU 放置在大企事业用户的大楼终端设备处并能提供一定范围的灵活业务，则构成所谓的光纤到办公室（FTTO）结构。

FTTO 主要用于大企事业用户，业务量需求大，因而结构上适于点到点或环形结构；而 FTTH 用于居民住宅用户，业务量需求很小，因而经济的结构必须是点到多点方式。

7.3.4　无源光网络（PON）技术

1987 年，英国电信公司的研究人员最早提出了 PON 的概念。1995 年，全业务网络联盟 FSAN（Full Service Access Network）成立，旨在共同定义一个通用的 PON 标准。1998 年，国际电信联盟 ITU-T 工作组以 155Mbit/s 的 ATM 技术为基础，发布了 G.983 系列 APON（ATM PON）标准。这种标准目前在北美、日本和欧洲应用较多，在这些地区都有 APON 产品的实际应用。但在中国，ATM 本身的推广并不顺利，所以 APON 在我国几乎没有应用。

2000 年年底，部分设备制造商成立了第一英里以太网联盟（EFMA），提出基于以太网的 PON 概念——EPON（Ethernet Passive Optical Network）。EFMA 还促成电气和电子工程师协会（IEEE）在 2001 年成立第一英里以太网（EFM）小组，开始正式研究包括 1.25Gbit/s 的 EPON 在内的 EFM 相关标准。EPON 标准 IEEE 802.3ah 在 2004 年 6 月正式颁布。

2001 年年底，FSAN 更新网页把 APON 更名为 BPON（Broadband PON）。实际上，在 2001 年 1 月左右 EFMA 提出 EPON 概念的同时，FSAN 也已经开始了带宽在 1Gbit/s 以上的 PON，也就是 Gigabit PON 标准的研究。FSAN/ITU 推出 GPON 技术的最大原因是网络 IP 化进程加速和 ATM 技术的逐步萎缩导致之前基于 ATM 技术的 APON/BPON 技术在商用化和实用化方面严重受阻，迫切需要一种高传输速率、适宜 IP 业务承载同时具有综合业务接入能力的光接入技术出现。在这样的背景下，FSAN/ITU 以 APON 标准为基本框架，重新设计了新的物理层传输速率和 TC 层，推出了新的 GPON 技术和标准。2003 年 3 月，ITU-T 颁布了描述 GPON 总体特性的 G.984.1 和 ODN 物理介质相关（PMD）子层的 G.984.2 GPON 标准，2004 年 3 月和 6 月发布了规范传输汇聚（TC）层的 G.984.3 标准和运行管理通信接口的 G.984.4 标准。

1. PON 组成

无源光网络（Passive Optical Network，PON）由光线路终端（OLT）、光合/分路器（Spliter）和光网络单元（ONU）组成，采用树形拓扑结构，PON 组成结构如图 7-10 所示。OLT 放置在中心局端，分配和控制信道的连接，并有实时监控、管理及维护功能。ONU 放置在用户侧，OLT 与 ONU 之间通过光合/分路器连接。

PON 各组成部分的功能如下。

（1）光线路终端（OLT）。

在 PON 中，OLT 提供一个与 ODN 相连的光接口，在光接入网（OAN）的网络端提供至少一个网络业务接口。

（2）光网络单元（ONU）。

在 PON 中，ONU 提供通往 ODN 的光接口，用于实现 OAN 的用户接入。ONU 的核心功能块包括用户和服务复用功能、传输复用功能及 ODN 接口功能。ONU 服务功能块提供用户端口功能，它包括提供用户服务接口并将用户信息适配为 64kbit/s 或 $N\times$64kbit/s 的形式。

（3）光配线网（ODN）。

PON 中的 ODN 位于 ONU 和 OLT 之间，ODN 全部由无源器件构成，它具有无源分配的功能。

（4）操作管理维护（OAM）功能。

通常将操作管理维护（OAM）功能分成两部分，即光接入网（OAN）特有的 OAM 功能和 OAM 功能类别。

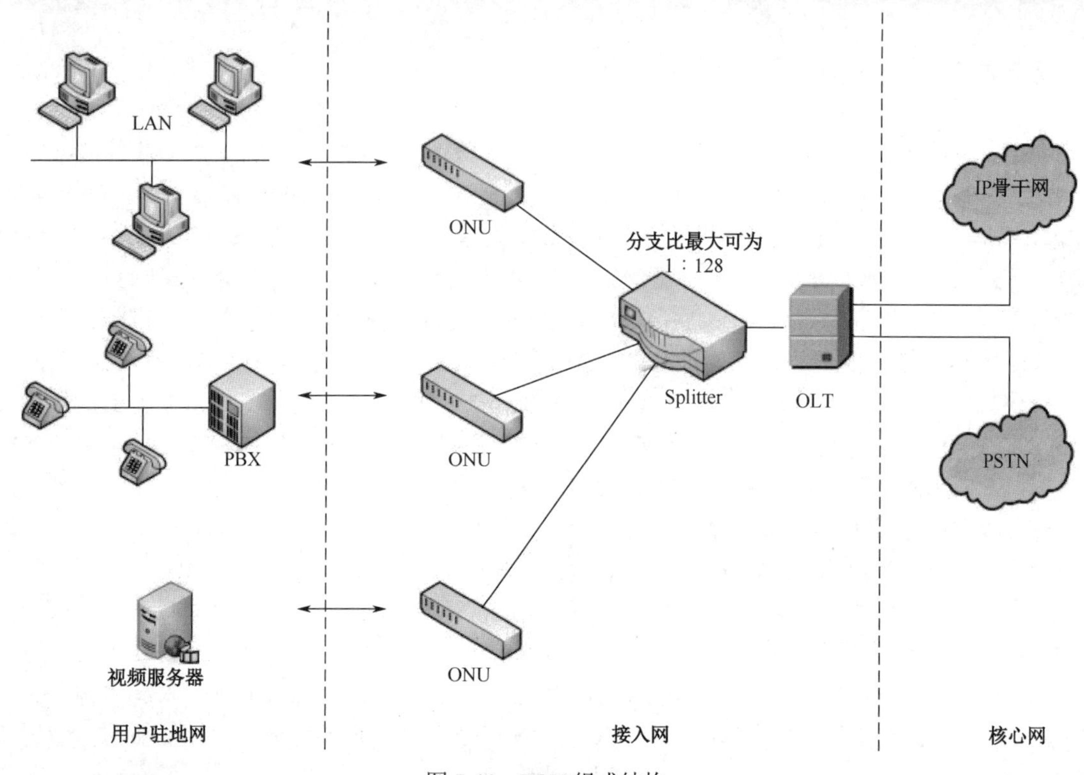

图 7-10　PON 组成结构

（5）光接入网（OAN）基本性能。

PON 组网中所谓无源，是指在 OLT（光线路终端）和 ONU（光网络单元）之间的 ODN（光分配网络）没有任何有源电子设备。

PON 使用波分复用（WDM）技术，同时处理双向信号传输，上、下行信号分别用不同的波长，但在同一根光纤中传送。OLT 到 ONU/ONT 的方向为下行方向，反之为上行方向。下行方向采用 1 490nm，上行方向采用 1 310nm。

2．基本拓扑结构

光接入网（OAN）的拓扑结构取决于光配线网（ODN）的结构。通常 ODN 可归纳为单星形、树形、总线型和环形四种基本结构，也就是 PON 的四种基本拓扑结构。

（1）单星形结构。

单星形结构是指用户端的每一个光网络单元（ONU）分别通过一根或一对光纤与端局的同一 OLT 相连，形成以光线路终端（OLT）为中心向四周辐射的星形连接结构。

（2）树形结构。

在 PON 的树形结构（也叫多星形结构）中，连接 OLT 的第一个光分支器（Optical Branching Device，OBD）将光分成 *n* 路，每路通向下一级的 OBD，如最后一级的 OBD 也为 *n* 路并连接 *n* 个 ONU。

（3）总线型结构。

总线（Bus）型结构的 PON 通常采用非均匀分光的光分路器（OBD）沿线状排列。

（4）环形结构。

环形结构相当于总线型结构组成的闭合环，其信号传输方式和所用器件与总线型结构差不多。

为便于 PON 结构选择，现将总线型、星形、环形及树形拓扑结构从性能上进行比较，如表 7-1 所示。

表 7-1　PON 四种网络拓扑结构比较

比较内容	总线型	单星形	环形	树形
成本投资	低	最高	低	低
维护与运行	测试很困难	清除故障时间长	较好	测试困难
安全性能	很安全	安全	很安全	很安全
可靠性	比较好	最差	很好	比较好
用户规模	适于中规模	适于大规模	适于选择性用户	适于大规模
新业务要求	容易提供	容易提供	每户提供较困难	每户提供较困难
带宽能力	高速数据	基群接入视频	基群接入	视频高速

3．PON 优势

PON 接入网相对成本低，维护简单，容易扩展，易于升级。PON 结构在传输途中不需要电源，没有电子部件，因此容易铺设，基本不用维护，长期运营成本和管理成本的节省大。

PON 是纯介质网络，彻底避免了电磁干扰和雷电影响，极适合在自然条件恶劣的地区使用。

PON 系统对局端资源占用很少，系统初期投入低，扩展容易，投资回报率高。提供非常高的带宽。EPON 目前可以提供上下行对称的 1.25Gbit/s 的带宽，并且随着以太技术的发展可以升级到 10Gbit/s。GPON 则是高达 2.5Gbit/s 的带宽。

服务范围大，PON 作为一种点到多点网络，以一种扇出的结构来节省 CO 的资源，服务大量用户。用户共享局端设备和光纤的方式更是节省了用户投资。

带宽分配灵活，服务有保证，G/EPON 系统对带宽的分配和保证都有一套完整的体系，可以实现用户级的 SLA。

4．PON 关键技术

（1）PON 的双向传输技术。

在 PON 中，OLT 至 ONU 的下行信号传输过程是 OLT 送至各 ONU 的信息采用光时分复用（Optical Time Division Multiplexing，OTDM）方式组成复帧送到馈线光纤；通过无源光分路器以广播方式送至每一个 ONU，ONU 收到下行复帧信号后，分别取出属于自己的那一部分信息。

① 光时分多址（OTDMA）。

光时分多址（Optical Time Division Multiple Access，OTDMA）方式是指将上行传输时间分为若干时隙，在每个时隙只安排一个 ONU，以分组的方式向 OLT 发送分组信息，各 ONU 按 OLT 规定的顺序依次发送。

这里依据树形分支结构说明 PON 信号传输的特点。树形分支结构决定了各 ONU 之间必须以共享介质的方式与 OLT 通信。下行方向（OLT 到 ONU），OLT 通过 TDM 广播的方式发送给各 ONU 信息数据，并用特定的标识来指示各时隙属于哪个 ONU；载有所有 ONU 全部信息的光信号在光分路器处被分成若干份经各分支光纤到达各 ONU，各 ONU 再根据相应的标识收取属于自己的下行信息数据（时隙），其他时隙的信息则被丢弃。上行方向（ONU 到 OLT），OUN 通过 TDMA 的方式实现接入，各 ONU 在 OLT 的控制下只在 OLT 指定的时隙发送自己的信息数据；各 ONU 的时隙在光合路器处汇合，PON 系统的测距和多址接入控制保证上行各 ONU

的信息数据不发生冲突。

② 光波分多址（OWDMA）。

采用光波分多址（Optical Wavelength Division Multiple Access，OWDMA）接入 PON 网络的关键技术是 WDMA 技术。工作过程中，OWDMA 将各 ONU 的上行传输信号分别调制为不同波长的光信号，送至 OBD 后，耦合到馈线光纤；到达 OLT 后，利用光分波器分别取出属于各 ONU 的不同波长的光信号，再分别通过光电探测器解调为电信号。

③ 光码分多址（OCDMA）。

光码分多址（Optical Code Division Multiple Access，OCDMA）是指给每一个 ONU 分配一个多址码。在光接入网上应用光码分多址，根据其编解码信号是以光的形式还是电的形式进入并转换到光域来分成两大类：光码分多址和电码分多址的光传输。

④ 光副载波多址（OSCMA）。

光副载波多址（Optical Sub-Carrier Multiple Access，OSCMA）采用模拟调制技术，将各 ONU 的上行信号分别用不同的调制频率调制到不同的电载波，然后用此模拟射频电信号分别调制到各 ONU 的激光器（Laser Device，LD），产生模拟光信号。把波长相同的各模拟光信号传输至 OBD 合路点后再耦合到同一馈线光纤到达 OLT，在 OLT 端经光电探测器后输出的电信号通过不同的滤波器和鉴相器分别得到各 ONU 的上行信号。根据电副载波调制光载波的方式，SCMA 又分成单通道和多通道 SCMA。

对比以上四种多址接入技术在 PON 中的应用可以看出，TDMA 和 SCMA 两种技术成熟度比较高、成本相对低廉，而且 TDMA 又具有适合动态带宽分配、应用灵活的优势，因而很多 PON 系统采用的是 TDMA 技术。

（2）PON 的双向复用技术。

光复用技术作为构架信息高速公路的主要技术，在过去、现在和将来，对光通信系统和网络的发展及对充分挖掘光纤巨大传输容量的潜力起着重要作用。

① 光波分复用（OWDM）技术。

实用化程度最高的当属光波分复用技术，其技术及产品已广泛地应用在光通信系统中。构成 WDM-PON 的上行回传通道有四种方案可供选择。

方案一，在 ONU 中用单频激光器，由位于远端节点的路由器将不同 ONU 送来的不同波长的信号回到 OLT。

方案二，利用下行光的一部分在 ONU 调制，从第二根光纤上环回上行信号，ONU 没有光源。

方案三，在 ONU 中用 LED 一类的宽谱线光源，由路由器切取其中的一部分。由于 LED 功率很低，需要与光放大器配合使用。

方案四，与常规 PON 一样，采用多址接入技术，如 TDMA、SCMA 等。

② 光时分复用（OTDM）技术。

采用光时分复用技术的目的是提高信道传输信息的容量。OTDM 的复接可分为两种，即以比特为单位进行逐比特交错复接和以比特组为单位的逐组交错复接。

OTDM 是电时分复用技术在光学领域的延伸和扩展，OTDM 使用高速光电器件来代替电子器件，完全在光域上实现从低速率到高速率的复用，从而克服了电 TDM 所固有的电子瓶颈问题。OTDM 是用多路电信号调制具有同一个光频的不同光通道（时隙），经复用后在同一根光纤中传输的技术，它在系统发送端对多个低速率数据流在光域进行复用，在接收端用光学方法进行解复用，而传统的电 TDM 利用复用器的分路时钟分别读取各支路的信号进行合路。

OTDM 在发送端的同一载波波长上，把时间分割成周期性的帧，每一帧再分割成若干个时隙，然后根据一定的时隙分配原则，使每个信元在每帧内只能按指定的时隙向信道发送信号；接收端在同步的条件下，分别在各时隙中取回各自的信号而不混扰。OTDM 可分为比特交错 OTDM 和分组交错 OTDM，这两种复用方式都需要利用帧脉冲信号来区分不同的复用数据或分组。

③ 光码分复用（OCDM）技术。

光码分复用技术在原理上与电码分复用技术相似。在发送端将不同的用户信息采用相互正交的扩频码序列进行调制后再发送，在接收端采用相关解调来恢复原始数据。

④ 光频分复用（OFDM）技术。

OWDM 和 OFDM 技术都在光层按其波长将可传输带宽范围分割成若干光载波频道。每个频道作为信息的独立载体，实现在一条光纤中的多频道复用传输。在发送端，将各支路信息以适当的调制方式调制在相应的光载波频道上，经合波器将各路 FDM 信号耦合到一根光纤中传输；在接收端，原则上也可采用波分复用的办法，用分波器将各路光载波信号分开，但在密集频分的情况下，传统的 WDM 器件难以区分各路光载波，需要采用分辨率更高的技术来选取各路光载波，如利用可调谐光滤波器和相干光通信技术。在接收端选取光载波的方法主要有两种，一种方法是利用相干光纤通信的外差检测方法，用本振激光器调谐；另一种方法是利用常规的光纤通信直接检测，用可调谐光纤滤波器调谐。

⑤ 光副载波复用（OSCM）技术。

OSCM 技术不同于 OWDM 和 OFDM 技术，光副载波复用（OSCM）技术是指多路信号经不同的载波调制后由同一光波长在光纤上传输的一种复用方式。光副载波复用首先将多路基带信号调制到不同频率的射频（副载波，一般为超短波到微波的频率段）上，然后将多路副载波信号复用后再调制一个光载波。在发送端经过两次调制，先进行电调制，载波是电射频波，再进行光调制，载波是光波。

在接收端，同样也需要二步解调，首先利用光电检测器恢复多路射频信号，然后用电子学的方法从各射频波中恢复多路基带信号。由此可知，副载波复用系统采用两次调制和解调，两重载波即是光波和射频波，其中射频波被称为副载波。

OSCM 技术的最大优点是可采用成熟的微波技术，以较为简单的方式实现宽带、大容量的光纤传输，它可构成灵活方便的光纤传输系统，可以为多个用户提供语音、数据和图像等多种业务。

⑥ 光空分复用（OSDM）技术。

光空分复用（Optical Space Division Multiplexing，OSDM）技术是指不同空间位置传输不同信号的复用方式，例如，利用多芯光纤传输多路信号就是光空分复用方式。光空分复用（OSDM）是指对光纤芯线的复用。OSDM 可以扭转信息网络中传输速率受限的状况，使单位带宽的成本下降，为各种宽带业务提供经济的传输和交换技术。

光空分复用技术是为了解决当前光网络广泛使用的同步数字系列制式不适应迅速发展的数据通信业务而采用的一种新技术。所谓空分复用，是指利用空间分割来构成不同信道。光空分复用技术（OSDM）在光网络中的作用就如同分组交换技术在专用线路中的作用一样，保留了光传输系统的固有特性，但是改善了对“突发性”数据业务的传输性能。既保持了原有 SDH 支持语音及 TDM 业务的特点，又能大大提高对 ATM、帧中继、以太网和 IP 的传输效率。

⑦ 时间压缩复用（TCM）技术。

时间压缩复用（Time Compression Multiplexing，TCM）技术又称“光乒乓传输”，是在一根光纤上以脉冲串形式传输信号的时分复用技术，每个方向传送的信号首先放在发送缓冲器中，然后在不同的时间间隔内发送到单根光纤上；接收端收到时间上压缩的信息在接收缓存器中解除压缩。因为在任一时刻仅有一个方向的光信号在光纤上传输，不受近端干扰的影响。

5. PON 技术应用

（1）两波分复用 PON。

ITU-T 制定的 G.983 标准只适用于 1 310nm/1 550nm（波分复用 WDM）技术，即粗波分复用（CWDM）技术。

OLT 与 ONU 间是明显的点到多点连接，上行和下行信号传输发生在不同的波长窗口中。

当 ONU 采用 TDMA 方式上传数据时，为避免数据可能发生的碰撞，OLT 与 ONU 之间要精确定时，ONU 按照 OLT 分配的时隙传送分组。

系统采用单纤波分复用方式来解决双向传输问题，即用 1 550nm 波长（1 484～1 580nm）传送下行信号；用 1 310nm 波长（1 270～1 344nm）传送上行信号。

（2）波分复用 PON。

波分复用 PON 简称 WDM-PON。WDM-PON 下行传输的关键是多波长光源，目前有许多方法制造多波长光源。

方法一：选择 16 个接近精确波长的、离散的分布反馈（DFB）激光器，每个均有温度调谐以便获得满意的信道间隔。

方法二：使用多频激光器（Multiple Frequency Laser，MFL）。

方法三：采用啁啾脉冲 WDM 光源。它使用飞秒级光纤激光器产生一个 1 500nm 附近 70nm 谱宽的脉冲，此脉冲被 22km 长的标准单模光纤啁啾。

啁啾指信号频率随时间变化，在脉冲前后沿由于调制产生频率变化使信号频谱展宽，并用啁啾系数（亦称线宽展宽因子）描述，这种变化可以是线性的，也可是非线性的。啁啾产生的原因主要是由于介质的折射率随动态电信号调制的影响发生动态变化，从而引起在介质中传播的光信号的相位也产生动态变化，这种相位的变化直接体现为光信号频率的动态变化。

7.3.5 以太网无源光网络（EPON）接入技术

1. EPON 组成

以太网无源光网络（Ethernet Passive Optical Network，EPON）接入技术是 PON 技术中最新的一种，由 IEEE 802.3EFM（Ethernet for the First Mile）提出。EPON 是一种采用点到多点网络结构、无源光纤传输方式、基于高速以太网平台和时分（Time Division Multiplexing，TDM）介质访问控制（Media Access Control，MAC）方式提供多种综合业务的宽带接入技术。

EPON 系统由局端设备光线路终端（Optical Line Terminal，OLT）、用户端设备光网络单元（Optical Network Unit，ONU）及光分配网（Optical Distribution Network，ODN）组成。EPON 结构如图 7-11 所示。

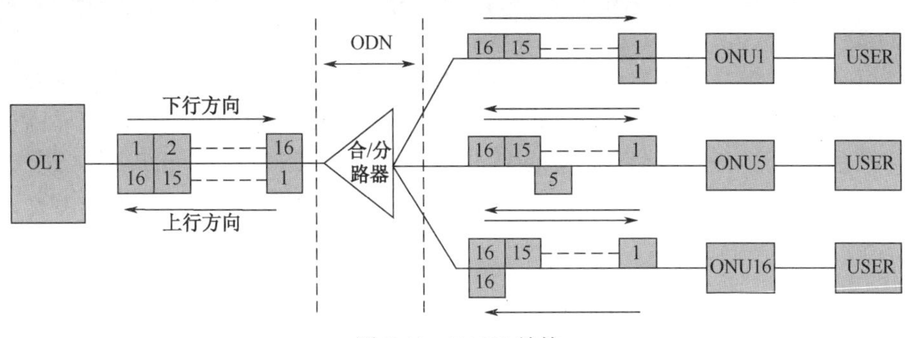

图 7-11　EPON 结构

2．基本拓扑结构

EPON 是指采用 PON 的拓扑结构实现以太网接入的网络。也就是说，EPON 的网络拓扑结构与 PON 相同，分为单星形、树形、总线型和环形四种基本结构，具体每种结构的特点，这里不再赘述。

3．EPON 传输原理

根据 IEEE 802.3 以太网协议，在 EPON 中，传送的是可变长度的数据包，最长可为 1 518 字节。OLT 传送下行数据到多个 ONU，完全不同于从多个 ONU 上行传送数据到 OLT。OLT 根据 IEEE 802.3 协议，将数据以可变长度的数据包广播传输给所有在 PON 上的 ONU，每个包携带一个具有传输到目的地 ONU 标识符的信头。EPON 下行传输帧结构由一个被分割成固定长度帧的连续信息流组成，其传输速率为 1.250Gbit/s，每帧携带多个可变长度的数据包（时隙）。按照 IEEE G.802.3 组成可变长度的数据包，每个 ONU 分配一个数据包，每个数据包由信头、可变长度净负荷和误码检测域组成。EPON 在上行传输时，采用 TDMA 技术将多个 ONU 的上行信息组织成一个 TDM 信息流传送到 OLT。

EPON 采用两波长结构，用 1 510nm 波长携带下行数据、语音和数字视频业务，用 1 310nm 波长携带上行用户语音信号和点播数字视频，并下载数据的请求信号。

4．EPON 关键技术

（1）突发同步。

由于突发模式的光信号来自不同的端点，所以可能导致光信号的偏差，消除这种微小偏差的措施是采用突发同频技术。

（2）大动态范围光功率接收。

由于 EPON 上各 ONU 到 OLT 的距离不相同，所以各 ONU 到 OLT 的路径传输损耗也互不相同，当各 ONU 发送光功率相同时，到达 OLT 后的光功率互不相同。

（3）测距和 ONU 数据发送时刻控制。

因为 EPON 采用点对多点的拓扑结构和 TDMA 技术实现信息传送，所以各 ONU 与 OLT 之间的逻辑距离是不相等的，所以可能产生相应的信号冲突。OLT 需要有一套测距功能来测试每一个 ONU 与 OLT 之间的逻辑距离，并据此来指挥 ONU 调整其信号的发送时延，使不同距离的 ONU 所发送的信号能在 OLT 处准确地复用在一起，消除这种冲突。目前一般使用比较成熟的、具有数字计时功能的带内开窗测距法。

现在，无论是长距离的核心传输网络，还是城域接入网汇聚层部分，数字通信技术已经从以 ATM 为中心，逐渐转移到以 IP 为基础的视频、音频和数据通信上了。

（4）带宽分配。

上行信道中的传输是采用时分复用接入方式来共享光纤的，带宽则根据 ONU 的需要由 OLT 分配，即 EPON 分配给每个 ONU 的上行接入带宽由 OLT 控制决定。各 ONU 收集来自用户的信息，并向 OLT 高速发送数据，不同的 ONU 发送的数据占用不同的时隙，提高了上行带宽的利用率。根据不同的用户业务类型和业务特点合理分配信道带宽，在带宽相同的情况下可以承载更多的用户终端，从而降低用户成本，有效利用网络资源。

（5）传输质量。

传输实时语音和视频业务要求传输延迟时间既恒定又很短，时延抖动也要小。一种方法是对不同的 QoS 要求的信号设置不同的优先权等级；另一种方法是采用保留带，提供一个开放的高速通道不传输数据，而专门用来传输语音业务，以确保 POTS 等需要保证响应时间的业务能得到高速传送。

（6）时钟提取。

对于系统的高速率，快速同步是必须解决的核心问题，ONU 和 OLT 及上下行比特码的时钟一致是关键。目前一般采用 PLL 从下行信号中提取时钟，利用帧同步检测方式实现帧同步。

（7）搅动。

由于 PON 固有的组播特性，为了确保信息的保密性，系统必须采用所谓搅动的保护措施。该措施介于传输系统扰码和高层编码之间，可以实施信息扰码并能为信息保密提供保护。

（8）光器件。

由于 EPON 上行信道是所有 ONU 时分复用的，每个 ONU 只能在指定的时间窗口内发送数据，因此，EPON 上行信道中使用的是突发信号，这就要求 ONU 和 OLT 中使用支持突发信号的光器件。

（9）安全性和可靠性。

EPON 下行信号以广播的方式发送给所有 ONU，每个 ONU 可以接收 OLT 发送给所有 ONU 的信息，这就必须对发送给每个 ONU 的下行信号单独进行加密。加密算法有 DES、AES 等。

5. EPON 技术优势

EPON 融合了 PON 和以太网产品的技术优点，形成以下主要优势。

（1）高带宽：从目前的技术上看，由于采用了复用技术，EPON 的上下行带宽可以达到 1.25Gbit/s。

（2）低成本：EPON 提供较大的带宽和较低的用户设备成本，它采用 PON 结构，使 EPON 网络中减少了大量的光纤和光器件及维护的成本，降低了预先支付的设备资金和与 SDH 及 ATM 有关的运行成本。

（3）易兼容：EPON 互连互通容易，各个厂家生产的网卡都能互连互通。以太网技术是目前最成熟的局域网技术。

（4）实现综合业务：EPON 不仅能综合现有的有线电视、数据、语音业务，还能兼容如数字电视、VoIP、电视会议等业务。

7.4 无线接入网

无线接入网是指从业务节点接口到用户终端全部或部分采用无线方式，即利用卫星、微波

及超短波等传输手段向用户提供各种电信业务的接入系统，无线传输所占用的信道称为无线信道。无线接入网分为两大类：固定无线接入网和移动无线接入网。

7.4.1　固定无线接入网

固定无线接入网主要为固定位置的用户或仅在小区内移动的用户提供服务，其用户终端主要包括电话机、传真机和数据终端（如计算机）等。其实现方式主要包括一点多址固定无线接入系统、无线本地环路一点多址系统、甚小型天线地球站（VSAT）系统等。

1．一点多址固定无线接入系统

一点多址固定无线接入系统连接示意图如图 7-12 所示。

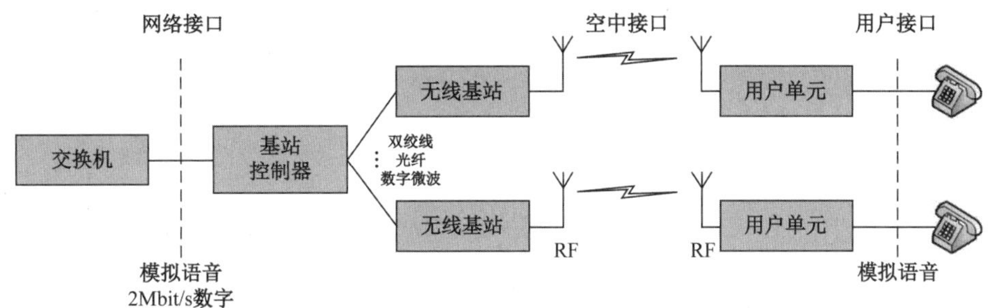

图 7-12　一点多址固定无线接入系统连接示意图

如图 7-12 所示，所谓固定无线接入系统（Fixed Wireless Access，FWA）是指从业务节点接口到用户终端全部或部分采用无线方式，所连网络一般是指接入 PSTN。因此，FWA 实际上是 PSTN 的无线延伸，其目标是为用户提供透明的 PSTN 业务。

由图 7-12 可以看出，一个典型的无线本地环路系统配置由 3 个主要部分组成：网络侧的基站控制器、无线基站和用户单元。

由于交换机传来的语声数字信号经信号集中、呼叫处理等传给无线基站，再经时分复用、调制和射频传输后经天线传给用户单元。用户单元通常有单用户单元和多用户单元两种。

目前，无线本地环路系统尚无专业的国际标准使用频段，其频段可占用任何现有无线设备的频段，即在 450MHz～4GHz 范围内。

2．无线本地环路一点多址系统（DRMASS）

DRMASS 是在交换机与电话用户（或终端）之间用无线方式连接的点到多点的通信系统，其结构如图 7-13 所示。

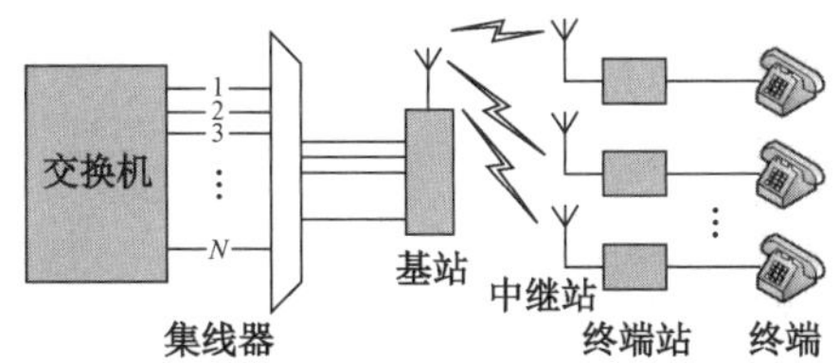

图 7-13　无线本地环路一点多址系统结构

DRMASS 系统由 3 部分组成：基站、中继站、终端站。

基站与交换机相连，基站与中继站、中继站与中继站、中继站与终端站之间采用

1.5/2.4/2.6GHz 波段的微波连接。

（1）基站。

基站由 3 部分组成。

① 集线器：最多可提供 1 024 个 2 线接口，它把 1 024 个用户端口集中，以 16∶1 集中到 64 个时隙，即两路 2Mbit/s 数字流，其中 60 个时隙用来传送电话或数据。

② 基站控制单元：提供坚实、测试、控制功能。

③ TDM 控制单元：下行发送路径中，TDM 控制单元将集线器输出的两路 2.048Mbit/s 数字流转换成 2.496Mbit/s 的无线 TDM 信号；上行接收过程则相反。公务线和监测维护信号也在 TDM 控制单元中复用。

（2）中继站。

中继站对上、下行信号进行双向再生中继传输以扩大服务区范围，使用中继站延伸后其服务区半径最大可达 540km。

（3）终端站。

终端站包括下话单元和用户单元，用户单元中用户线可通过加装用户线路板单元（LC）来增加。

DRMASS 的应用较广，由于采用较灵活的无线通信方式，可以为边远地区用户提供经济的通信业务。这些地区远离城区，用户比较分散，如果以有线方式连接是非常昂贵的，而且地理环境的不利会给线路的维护工作带来极大的困难。与有线通信方式相比，DRMASS 系统投资少，维护工作量和维护费用比较低，它可以为用户提供经济的语言、数据传输服务。

3. 甚小型天线地球站（VSAT）系统

VSAT 通常是指天线口径小于 2.4m，G/T 值低于 19.7dB/K，高度软件控制的智能化小型地球站。

VSAT 系统主要由卫星、枢纽站和许多小型地球站组成，甚小型天线地球站（VSAT）系统如图 7-14 所示。

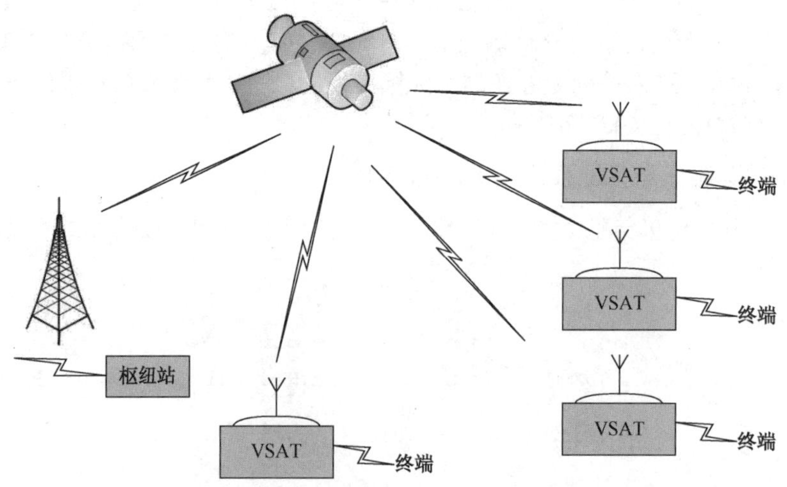

图 7-14　甚小型天线地球站（VSAT）系统

枢纽站起主控作用，整个卫星的传输线路由地球站至卫星的上行链路和卫星至地球站的下行链路组成。各用户终端之间及枢纽站与用户终端之间的联系可通过各自的 VSAT 沿上、下行

链路并依靠卫星的中继加以实现。

（1）VSAT 系统的传输技术。

VSAT 系统采用了信源编码、信道编码、调制/解调等多种数字传输技术。

① 信源编码。

在 VSAT 系统中，语音编码普遍采用自适应差分脉码调制（ADPCM），信号速率为 32kbit/s，ADPCM 的语音质量已能达到公用电话网的质量要求。

② 信道编码。

VSAT 系统希望尽量减小小站天线尺寸、降低成本，因而接收信噪比较低。为保证传输质量，在传输过程中需要采用前向纠错的信道编码。针对卫星信道以突发性误码为主的特点，采用分组码编码方式较为合适。目前，VSAT 系统中普遍采用卷积编码和维持比译码。

③ 调制/解调。

理论证明，目前所采用的几种调制方式中，在相同误码率条件下，相移键控（PSK）解调要求的信噪比较其他方式小。目前 VSAT 系统通常采用 2PSK（或 4PSK）方式进行调制。

（2）VSAT 系统多址接入技术。

所谓接入方式，是指系统内多个地球站以何种方式接入卫星信道或从卫星上接收信号。卫星通信中常用的多址接入方式有频分多址接入、时分多址接入、码分多址接入。

① 频分多址接入（FDMA）。

FDMA 是一种传统的多址接入方式，其基本概念是不同的地球站使用不同的频率（即不同的载波）。

② 时分多址接入（TDMA）。

TDMA 是一种适用于大容量通信的多址方式，系统之间各通信站均使用同一载波，仅在发射时间上错开。其优点是各站发射的信道数和通信路由的改变十分灵活，是实现按需分配地址（DAMA）的最佳方式之一。

通常的应用形式有以下两种。

a．预分配 TDMA（TDMA/PA）。

最基本的 TDMA 方式，预先分配给各站一定的信道数及路由，各站按预定的时间发送。但一般也可做到按需分配，由网络控制中心设定各站信道数及路由，并指定时刻切换改变。

b．动态分配 TDMA（TDMA/DA）。

各站仅在有发送业务时向控制中心申请时隙，由控制中心实时分配时隙。

③ 码分多址接入（CDMA）。

CDMA 方式的基本思想是不同的地球站占用同一频率和同一时间段，各站信号仅以编码的正交性来区别。其主要优点是抗干扰性强。采用 CDMA 方式的系统中各站在同一时间使用同一频率，且发射功率不需要进行严格控制，因此整个系统不需要复杂的网络控制。CDMA 的最主要缺点是频率利用率低，一般仅为百分之十几。因此，CDMA 适用于传输速率较低的业务及较小的系统。

7.4.2　移动无线接入网

无线接入网的另一个发展方向是“移动性”。20 世纪 80 年代发展起来的蜂窝移动通信实现了人们随时随地进行通信联系的愿望。移动通信是指移动体与固定体之间或一个移动体与另一个移动体之间的信息交换，它可以使用户“不受时间和空间的限制，随时随地都能交换信息”，相关内容在移动通信网已有讨论。

随着接入网中业务的不断发展，移动接入网也成为无线接入网的一个种类。移动接入网为移动体用户提供各种电信业务，由于移动接入网服务的用户是移动的，因而其网络组成要比固定网复杂，需要增加相应的设备和软件等。

1．移动电话系统

具体内容请参考移动通信网相关章节内容，在此不再赘述。

2．卫星移动通信系统

卫星移动通信系统是利用通信卫星作为中继站为移动用户之间或移动用户与固定用户之间提供电信业务的系统。卫星移动通信系统如图 7-15 所示。

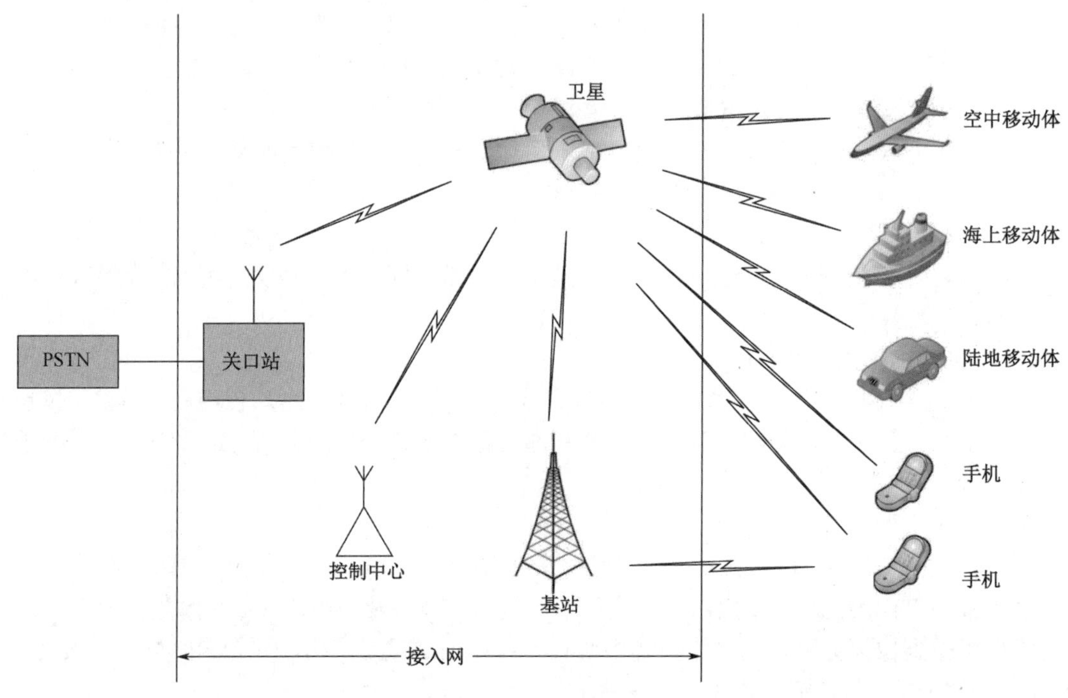

图 7-15　卫星移动通信系统

卫星移动通信系统由通信卫星、关口站、控制中心、基站及移动终端组成，与蜂窝移动电话系统相比，卫星移动通信系统增加了卫星系统作为中继站，因而可延长通信距离，扩大用户的活动范围。

控制中心是系统的管理控制中心，负责管理和控制接入卫星信道的移动终端通信过程，并根据卫星的工作状况控制移动终端的接入。

关口站是卫星通信系统与公用电话网间的接口，它负责移动终端同公用电话网用户通信的相互连接。

基站在移动通信业务中为小型网络的各个用户提供业务连接控制点。

7.4.3　无线接入的基本技术

1. 信源编码与信道编码技术

（1）信源编码技术。

信源编码就是将来自模拟信源或离散信源的信号变换为适合在数字通信系统中传输的数字信号。

① 规则脉冲激励—长时预测（RPE-LTP）编码。

RPE-LTP 编码方案以若干间距相等、相位与幅度优化的脉冲序列作为 RPE（规则脉冲激励），使合成波形接近于原信号。

② 矢量和激励线性预测（VSELP）编码。

VSELP 编码是码激励线性预测（Code Excited Linear Prediction，CELP）编码的一种。

（2）信道编码技术。

信道编码就是在数据发送之前，在信息码元中再增加冗余码元（即监督码元），用来供接收端纠正或检出信息在信道传输中产生的误码。

① 分组码。

在分组码中，监督码元只与本组的信息码元有关。

a．循环码：循环码是分组码的一个重要分支，其特点是循环码中的任何一个码字向左或向右循环移位后，仍是该码字集合中的码字。

b．BCH 码：BCH 码是一种能纠正多个随机差错的特殊循环码，其码长为 $n = 2m - 1$ 或是 $2m - 1$ 的因子，m 为正整数。

c．R-S 码：R-S 是 Reed-Solomon 码的缩写，是一种多进制的 BCH 码。一个 M 进制码元有 M 个二进制码元。

② 交织编码。

对于突发错误，交织编码是一种有效的纠错码。交织编码是将已编码的码字交织，使突发误码转换为一个纠错码字内的随机误码。

③ 卷积码。

分组码为达到一定的纠错能力和编码效率，码组长度通常都比较长，时延随着 n 的增加而线性增加。

④ Turbo 码。

Turbo 码包含重复解码、软入/软出解码、递归系统卷积编码和非均匀交织等概念。Turbo 码编码基本结构包含两个并联的相同递归系统卷积编码器，中间由一个交织器分隔。

2. 多址接入技术

目前无线接入系统中常用的多址方式有频分多址（FDMA）、时分多址（TDMA）、码分多址（CDMA）和空分多址（SDMA）等。

（1）频分多址（FDMA）。

频分多址（Frequency Division Multiple Access，FDMA）把通信系统的总频段划分成若干个等间隔的频道（或称信道），分配给不同的用户使用。

（2）时分多址（TDMA）。

时分多址（Time Division Multiple Access，TDMA）把无线频谱按时隙划分，若干个时隙组成一帧。

（3）码分多址（CDMA）。

码分多址（Code Division Multiple Access，CDMA）是使用扩展频谱技术的一种多址技术。

（4）空分多址（SDMA）。

空分多址（Space Division Multiple Access，SDMA）通过控制用户的空间辐射能量来提供多址接入能力，并通过分割空间信道分离同一时隙和同一频道上的多个用户信号。

3．数字调制与扩频调制技术

（1）数字调制技术。

无线接入系统在无线传输中一般多使用频谱效率高、抗干扰能力强的数字调制技术。

① 线性调制技术。

线性调制方案有 PSK、QPSK、DQPSK、OQPSK、π/4-QPSK、MPSK 及 MQAM 等。

a．二相相移键控（2PSK）主要有绝对相移键控（BPSK）和差分相移键控（DPSK）。

b．四相相移键控（QPSK）主要有交错 QPSK（OQPSK）和 π/4-QPSK。

② 恒包络调制技术主要有二相频移键控（2FSK）、最小频移键控（MSK）和高斯滤波最小频移键控（GMSK）。

（2）扩频调制技术。

扩展频谱通信的理论基础是香农（Shannon）公式：

$$C = B\log_2(1+S/N) \quad \text{（式 7-1）}$$

式中，C 为信道容量，单位为 bit/s；B 为带宽；S 为信号功率；N 为噪声功率。

4．分集技术

分集技术（Diversity Techniques）利用多条具有近似相等的平均信号强度和相互独立衰落特性的信号路径来传输相同信息，并在接收端对这些信号进行合并（Combining），以便降低多径衰落的影响，改善传输的可靠性。分集技术包含空间分集、时间分集、频率分集等。

（1）空间分集。

空间分集（Space Diversity）在发端使用一副发射天线，接收端使用多副接收天线，并且接收端天线的间隔足够大（$d \geqslant \lambda/2$），从而保证各接收天线输入信号的衰落特性相互独立。

（2）时间分集。

时间分集（Time Diversity）将给定的信号在时间上相隔一定的间隔重复传输多次，只要时间间隔大于相干时间，就可以得到多条独立的分集支路。

（3）频率分集。

频率分集（Frequency Diversity）将要传输的信息分别以不同的载频发射出去，只要载频的间隔大于相干带宽，那么在接收端就可以得到衰落特性不相关的信号。

在接收端取得多条相互独立的支路信号后，可以通过合并技术来得到分集增益。合并技术有选择式合并、最大比合并、等增益合并及开关合并。

5．网络安全技术

对于无线接入网安全性要求主要包括：对于接入网络的呼叫请求进行鉴权，判定用户身份的合法性；对移动台的用户识别码进行保护，即用经常变更的临时移动台识别码代替用户识别

码；对无线信道上的用户数据和信令信息进行加密。

信息加密是指基站和移动台之间交换的用户信息和用户参数不被截获或监听，用户信息是否需要加密可在呼叫建立时由信令指明。

6．本地多点分配业务（LMDS）系统

本地多点分配业务（LMDS）系统是一种崭新的宽带无线接入技术，它利用高容量点对多点微波传输，其工作频段为 24～39 GHz，可用带宽达 1.3 GHz。在较近的距离双向传输语音、数据和图像等信息。LMDS 几乎可以提供任何种类的业务接入，如双向语音、数据、视频及图像等，其用户接入速率可以从 64kbit/s 到 2Mbit/s，甚至高达 155Mbit/s。而且 LMDS 能够支持 ATM、TCP/IP 和 MPEG-Ⅱ等标准，因此被喻为“无线光纤”技术。LMDS 网络系统由四部分组成：骨干网络、基站、用户终端设备、网络运行中心（NOG）。

LMDS 的具体含义为：

L（Local）表示工作在高频波段，信号的传播特性限制了覆盖小区的范围；

M（Multipoint）表示信号的发射是一点对多点，即广播形式，而由用户返回的信号则是点对点形式；

D（Distribution）表示通过资源的固定或动态分配，可同时进行声音、数据、互联网、视频等多项业务的传输；

S（Service）描述了运营者与用户之间的关系，LMDS 网络提供的服务由运营者选择。

LMDS 的优点有频率复用度高、系统容量大；支持多种业务的接入；适于高密度用户地区；扩容方便灵活等。但是 LMDS 也有一些缺点，例如，LMDS 采用微波传输且频率较高，其传输质量和距离受气候等条件的影响较大；由于 LMDS 采用的微波波段直线传输，只能实现视距接入，所以在基站和用户之间不能存在障碍物；与光纤传输相比，传输质量在无线覆盖区边缘不够稳定；LMDS 仍属于固定无线通信，缺乏移动灵活性等。

7．无线局域网（WLAN）

无线局域网（WLAN）是无线通信技术与计算机网络相结合的产物，一般来说，凡是采用无线传输介质的计算机局域网都可称为无线局域网，即使用无线电波或红外线在一个有限地域范围内的工作站之间进行数据传输的通信系统。无线局域网具有移动性高、成本低、可靠性好等优点。

根据无线局域网采用的传输介质来分类，主要有两种：采用无线电波的无线局域网、采用红外线的无线局域网。

采用无线电波为传输介质的无线局域网按照调制方式不同，又可分为窄带调制方式和扩展频谱方式。

窄带调制方式是将数据基带信号的频谱直接搬移到射频上发射出去，而采用无线电波的无线局域网一般都要采用扩展频谱（扩频）方式，所谓扩频是将基带数据信号的频谱扩展至几倍到几十倍后再搬移至射频发射出去。扩频技术主要分为“跳频技术”和“直接序列扩频技术”。

另外，基于红外线（IR）的无线局域网技术的软件和硬件技术都已经比较成熟，具有传输速率较高、移动通信设备所必有的体积小和功率低、无须专门申请特定频率的使用执照等主要技术优势。目前一般用得比较多的是采用无线电波的基于扩展频谱方式的无线局域网。

8．微波存取全球互通（WiMAX）系统

微波存取全球互通（WiMAX）是一种可用于城域网的宽带无线接入技术，它是针对微波

和毫米波段提出的一种新的空中接口标准，其频段范围为 2～11GHz。WiMAX 的主要作用是提供无线“最后一公里”接入，覆盖范围可达 50km，最大数据速率达 75Mbit/s，将提供固定、移动、便携形式的无线宽带连接，并最终能够在不需要直接视距基站的情况下提供移动无线宽带连接。在典型的 4.83km 到 16.1km 半径单元部署中，获得 WiMAX 论坛认证的系统可以为固定和便携接入提供高达每信道 40Mbit/s 的容量，能够满足同时支持数百使用 T-1 连接速度的商业用户或数千使用 DSL 连接速度的家庭用户的需求，并提供足够的带宽。

WiMAX 标准中采用了一些关键技术以提高频谱利用率和信号传输质量，主要包括 OFDM/OFDMA 技术、多输入多输出（MIMO）技术、自适应编码调制（AMC）技术、快速混合自动重传（HARQ）技术及 QoS 机制技术。

WiMAX 具有以下技术优势：设备具有良好互用性，应用频段非常宽，频谱利用率高，抗干扰能力强，可实现长距离高速接入，系统容量可升级，新增扇区简易，有效 QoS 控制。

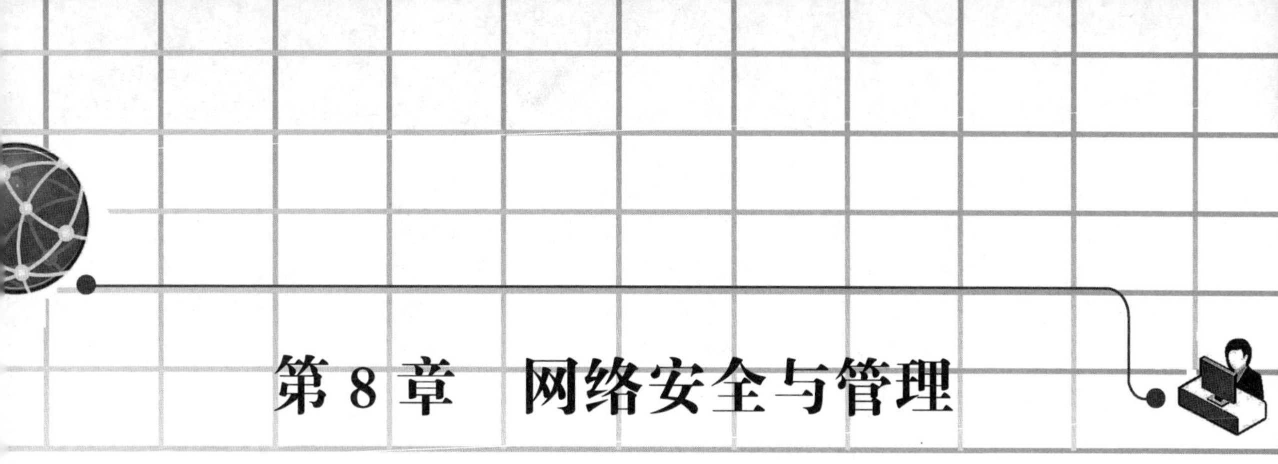

第 8 章　网络安全与管理

21 世纪是互联网时代，网络安全的内涵发生了根本性变化，网络安全在信息领域中的地位从一般性的防御手段变成了非常重要的安全防御措施，网络安全技术越来越受重视。现如今，网络安全及资源优化管理的问题已成为互联网的焦点，从应用和管理的角度建立起一套完整的网络安全体系对单位和个人都尤为重要。

8.1　网络安全基础

随着互联网技术的发展，数据信息的传输变得非常便捷，推动了社会发展，但是互联网组网技术的开放性给用户带来信息资源充分共享潜在能力的同时，也为不法人员未经授权进入用户的信息系统、非授权窃取信息资源提供了同等机会。通信网络系统的脆弱性和漏洞正是风险产生的客观条件，威胁或攻击是风险产生的主观条件，通信网络系统的安全隐患主要来源于以下三方面。

硬件组件：信息系统硬件组件的安全隐患多来源于设计，这些问题主要表现为物理安全方面的问题，由于这种问题是固有的，除在管理上强化人工弥补措施外，采用软件程序的方法见效不大，因此在自制硬件和选购硬件时应尽可能减少或消除这类安全隐患。

软件组件：软件组件的安全隐患来源于设计和软件工程中的问题，如软件设计中不必要的功能冗余及容量过大；软件设计不按信息系统安全等级要求进行模块化设计，导致软件的安全等级不能达到应有的安全级别；在软件设计编程中，因疏忽留下安全漏洞而导致系统内部逻辑混乱等方面问题。

通信网络和通信协议：在通信网络和通信协议中，局域网和专用通信网络的通信协议具有相对封闭性，因为它不能直接与异构通信网络连接和通信，这样的“封闭”通信网络比开放式互联网的安全特性好主要基于两个原因，一是通信网络体系的相对封闭性降低了从外部通信网络或站点直接攻入系统的可能性，但信息的电磁泄漏性和基于协议分析的搭线截获问题仍然存在；二是专用通信网络自身具有较为成熟完善的身份鉴别、访问控制和权限分割等安全机制。

8.1.1　网络安全概述

网络安全是指保护网络系统中的软件、硬件和数据信息资源并保证网络系统的正常运行、网络服务不中断，使之免受偶然或恶意的破坏、盗用、暴露和篡改而采取的措施和行为。

从用户角度看，网络安全主要是保证个人数据和信息在网络传输和存储中的保密性、完整性、不可否认性，以及防止信息的泄露、破坏和防止信息资源的非授权访问；对于网络管理员来说，网络安全的主要任务是保障用户正常使用网络资源，避免病毒、拒绝非授权访问等安全威胁，及时发现安全漏洞，制止攻击行为等；从教育和意识形态方面看，网络安全主要是保障信息内容的合法和健康，控制含不良内容的信息在网络中传播。网络安全的主要目标是保护网络信息系统，使其远离危险、不受威胁、不出事故，从技术角度来说网络安全体现在以下几方面。

1．保密性

保密性是指防止信息泄露给非授权个人或实体，只允许授权用户访问的特性，其面向信息的安全性并建立在可靠性和可用性的基础之上，是保障网络信息系统安全的基本要求。

2．完整性

完整性是一种面向信息的安全性，它要求保持信息的原样，即信息的正确生成、正确存储和正确传输。信息在未经合法授权时不能被改变的特性，也就是信息在生成、存储或传输过程中保证不被偶然或蓄意地删除、修改、伪造、乱序、插入等破坏和丢失的特性。

3．可用性

可用性是指网络信息系统可被授权实体访问并按需求使用的特性，即网络信息系统在需要时，允许授权用户或实体使用的特性，或者是网络信息系统部分受损或需要降级使用时仍能为授权用户提供有效服务的特性。

4．可靠性

可靠性是指网络信息系统能够在规定条件下和规定的时间内完成规定功能的特性，它是网络和系统安全的最基本要求之一，可靠性包括硬件可靠性、软件可靠性、通信可靠性、人员可靠性和环境可靠性等。

5．真实性

真实性主要用于确保网络信息系统的访问者与其声称的身份是一致的，确保网络应用程序的身份和功能与其声称的身份和功能是一致的，确保网络信息系统操作的数据是真实有效的数据等方面。

6．不可抵赖性

不可抵赖性也称不可否认性，它指在网络信息系统的信息交互过程中所有参与者都不可能否认或抵赖曾经完成的操作的特性。

8.1.2 网络安全系统与技术

网络通信要求各方按照规定的协议或规则进行通信，当通信用户不按照规则或利用协议缺陷进行通信时就可能导致网络通信出现混乱、系统出现漏洞或信息被非法窃取。

1．网络安全的脆弱性

Internet（互联网）从建立开始就缺乏安全方面的总体构想和设计，TCP/IP 协议是建立在可信计算环境的假设前提之上的，缺乏安全措施的考虑，所以必然导致互联网存在安全上的脆弱性。由于网络分布的广域性、网络体系结构的开放性、信息资源的共享性和通信信道的共享

性等特征日益明显，互联网安全漏洞变得越来越多，与此同时随着密码分析研究的发展和网络攻击手段的日渐丰富，网络安全的脆弱性日益明显，网络安全问题更趋严重化，网络安全的脆弱性主要体现在以下几个方面。

（1）网络体系结构的脆弱性。

网络体系结构要求上层调用下层的服务，上层是服务调用者，下层是服务提供者，当下层提供的服务出错时，会使上层的工作受到影响。

（2）网络通信的脆弱性。

网络安全通信是实现网络设备之间、网络设备与主机节点之间进行信息交换的保障，然而通信协议或通信系统的安全缺陷往往危及网络系统的整体安全。

（3）网络操作系统的脆弱性。

目前终端的操作系统主要有 Windows、UNIX 和 Netware，但它们都有可能出现新的安全漏洞，这些漏洞一旦被发现和利用将对整个网络系统造成巨大的损失。

（4）网络应用系统的脆弱性。

随着网络的普及，网络应用系统越来越多，网络应用系统也可能存在安全漏洞，这些漏洞一旦被发现和利用将可能导致数据被窃取或破坏，应用系统瘫痪，甚至威胁整个网络的安全。

（5）网络管理的脆弱性。

在网络管理中，常常会出现安全意识淡薄、安全制度不健全、岗位职责混乱、审计不力、设备选型不当和人事管理漏洞等问题，这些人为造成的安全问题往往导致巨大的损失。

2. 网络安全系统功能

由于上述威胁的存在，因此采取措施对网络加以保护，以使受到攻击的威胁减到最小是必要的，网络安全系统应该具有以下功能。

（1）身份识别：身份识别是安全系统应具备的最基本功能，是验证通信双方身份的有效手段，用户向其系统请求服务时，要出示自己的身份证明，如输入 User ID 和 Password。而系统应具备查验用户身份证明的能力，对于用户的输入，能够明确判别该输入是否来自合法用户。

（2）存取权限控制：其基本任务是防止非法用户进入系统及防止合法用户对系统资源的非法使用，在开放系统中网上资源的使用应制定一些规则，一是定义哪些用户可以访问哪些资源，二是定义可以访问的用户各自具备的读、写、操作等权限。

（3）数字签名：即通过一定的机制如 RSA 公钥加密算法等，使信息接收方能够做出“该信息是来自某一数据源且只可能来自该数据源”的判断。

（4）保护数据完整性：即通过一定的机制如加入消息摘要等，以发现信息是否被非法修改，避免用户或主机被伪信息欺骗。

（5）审计追踪：即通过记录日志、对有关信息统计等手段，使系统在出现安全问题时能够追查原因。

（6）密钥管理：信息加密是保障信息安全的重要途径，以密文方式在相对安全的信道上传递信息，可以让用户比较放心地使用网络。如果密钥泄露或居心不良者通过积累大量密文而增加密文的破译机会，都会对通信安全造成威胁。因此，对密钥的产生、存储、传递和定期更换进行有效控制并引入密钥管理机制，对增加网络的安全性和抗攻击性也是非常重要的。

3. 常用的网络安全技术

网络安全是对付威胁、克服脆弱性、保护网络资源的所有措施的总和，涉及政策、法律、管理、教育和技术等方面的内容，网络安全是一项系统工程，针对来自不同方面的安全威胁，需要采取不同的安全对策。从法律、制度、管理和技术上采取综合措施，以便相互补充，达到较好的安全效果，技术措施是最直接的屏障，目前常用而有效的网络安全技术对策有如下几种。

（1）防火墙技术。

防火墙技术主要是为了保护与互联网相连的企业内部网络或单独节点，它具有简单实用的特点并且透明度高，可以在不修改原有网络应用系统的情况下达到一定的安全要求。防火墙一方面通过检查、分析、过滤从内部网流出的 IP 包，尽可能地对外部网络屏蔽被保护网络或节点的信息、结构；另一方面对内屏蔽外部某些危险地址，实现对内部网络的保护。

（2）数据加密与用户授权访问控制技术。

与防火墙相比，数据加密与用户授权访问控制技术比较灵活，更加适用于开放网络。用户授权访问控制主要用于对静态信息的保护，需要系统级别的支持，一般在操作系统中实现。数据加密主要用于对动态信息的保护，对动态数据的攻击分为主动攻击和被动攻击，对于主动攻击虽无法避免，但却可以有效地检测，而对于被动攻击虽无法检测，但却可以避免，而实现这一切的基础就是数据加密。数据加密实质上是对以符号为基础的数据进行移位和置换的变换算法，这种变换是受称为密钥的符号串控制的。

（3）访问控制机制。

访问控制机制使用鉴别机制限制任何非授权对象对数据、功能、计算资源和通信资源的访问。

（4）数据完整性机制。

该机制发送实体在数据中加入验证码，这个验证码是数据本身的函数或密码校验函数并予以加密。接收实体在收到数据后采用相同的函数产生一个对应的验证码，并将此验证码与原先的验证码相比，确定在传输过程中数据是否被篡改或有所遗漏等。

（5）代码审核机制。

服务提供者通过较为完整的代码审核手段，利用黑盒和白盒测试的方法减少代码中的安全漏洞，弥补流程上的缺陷以保证服务的强壮性。

（6）流量填充机制。

为了对抗非法访问者在线路上监听数据，并对数据进行流量和流向分析，通信系统的保密装置可以在无信号传输时连续发出伪随机序列信号，使非法访问者无法判断和辨别有用信息和无用信息。

（7）路由选择机制。

路由选择机制实际上就是流向控制机制，用户可以选择安全通路并在数据前做路由标志，也可以在网络安全控制机构检测到不安全通路后，通过动态调整路由表避开这些不安全通路。

（8）入侵检测。

入侵检测是对防火墙的合理补充以帮助系统对付网络攻击，IDS（Intrusion Detection System，入侵检测系统）收集和分析网络或主机系统的通信情况，检查是否存在违反安全策略的行为和遭到袭击的迹象。

（9）数字签名技术。

数字签名技术即进行身份认证的技术，在数字化文档上的数字签名类似于纸张上的手写签名，它是不可伪造的。接收者能够验证文档确实来自签名者并且签名后文档没有被修改过，从而保证信息的真实性和完整性。在指挥自动化系统中，数字签名技术可用于安全地传送作战指

挥命令和文件。

（10）鉴别认证机制。

鉴别认证是为每一个通信方查明另一实体身份和特权的过程，对等实体相互交换认证信息或通过第三方公证机构识别认证信息以检验和确认彼此的合法性，鉴别包括以下四个步骤。

① 信息采集。

信息采集是识别系统最为重要的一部分，一种识别技术的优劣主要体现在其使用的信息采集手段上并且它将影响到后面所有的处理步骤，而且在特征算法稳定的前提下，一种识别技术的发展和进步，也主要体现在信息采集部分。

② 信息处理。

信息处理的时候将识别所需要的部分找出来，这个步骤有时也被称为“降低噪点”。在经过处理后，可以得到识别内容（或目标），识别内容不含无用部分只包含完全“纯正”的识别目标，这些“纯正”的数据将为第三步的特征计算提供良好支持。

③ 特征计算。

特征计算主要由计算机进行数学计算完成，它的算法将决定特征识别技术的准确性，使用不同的身体特征（比如指纹和虹膜）都将对应不同的算法，而使用同一种人体特征识别也将存在许多不同算法，且它们各有针对性，可以在不同的情况下通过采用不同的算法来保证识别的有效性和可靠性。

④ 特征对比。

特征对比阶段需要特征库的配合，特征库可以提供大量的参比信息，如果是单纯的特征采集，那么此阶段也可以录入特征信息。

需要注意的是，这四个过程是作为一个整体存在的，其中任何一个部分都不可或缺，它们组成了最基本的识别系统，一般情况下识别系统会根据使用情况的变化对这四个过程稍有更改，但是其本质没有发生任何改变，从另一个方面看，正是由于人体识别技术的模式成熟，才使其可以得到迅速地普及和发展。

8.2　操作系统安全

计算机的操作系统是计算机系统配置中最基础的部分，操作系统安全是系统安全的前提，上层软件要获得运行的可靠性和信息的完整性、保密性，必须依赖操作系统提供的系统软件基础。在网络环境中，网络安全性依赖网络中各主机的安全性，而主机的安全性是由其操作系统决定的。

操作系统作为计算机的重要组成部分，它在保证用户使用计算机及相关服务这一环节中发挥着重要作用，正因如此操作系统的安全性才受到各行各业的普遍关心。对于计算机而言，操作系统是在硬件基础上运行的，而计算机软件系统只有与硬件系统在各方面处于稳定、协调的状态，整个计算机才能正常运转。就如今的操作系统而言，在种类和类型上呈现出多样性的特点，大致包括 Windows、UNIX 及 Linux 系列操作系统，它们在如今的操作系统市场中占据比较大的比重，但是系统的安全性问题一直是重中之重，我国尚没有大批量使用的国产系统，使用比较广泛的是 Windows 操作系统，所以在系统安全性方面也就必然埋下了一定的隐患。计算机操作系统安全具体实现起来并非易事，总是面临着许多的安全威胁，系统安全也是相对而言的，用户加强计算机安全设置及防范工作是十分必要的。

8.2.1 系统威胁的来源

计算机操作系统只有运行在一个较为安全和稳定的状态中，才能给用户提供最为优质的服务，但计算机一经联网后，对用户安全构成威胁的行为便得以实施，并且在作用方式及作用机理上均表现出多样性的特点。

首先，操作系统容易受到来自自然因素的影响，因为操作系统是计算机系统的子部分，当另外的硬件系统遭到破坏时，其必然会受到影响而无法正常工作，尤其在雷雨等恶劣天气之中，自然灾害也无疑是个大威胁；其次，人为的错误操作也是威胁计算机操作系统的重要方面，当计算机用户或计算机操作人员进行删除系统文件、非法调用系统参数等错误行为时，整个操作系统便会陷入一种瘫痪的状态之中；再次，用户对计算机的安全设置的相关知识把握不清，这样无疑造成了计算机安全管理方面形同虚设的现象；最后，联网计算机拥有各自的 IP 地址，用户在浏览网页的过程中会留下痕迹，当这种痕迹与 IP 地址和计算机系统自身存在的漏洞结合在一起时，黑客、恶意病毒便很容易得到该用户的非法操作权，从而造成用户数据丢失或隐私公开等恶劣后果。

8.2.2 威胁防护方法

计算机操作系统安全性影响因素较多，各类威胁对操作系统带来的负面影响较为严重，用户应借助相关技术措施，将计算机操作系统安全性能提升至最佳状态。就操作系统而言，包括身份鉴别机制、访问控制及授权控制在内的多种安全机制，这些机制为操作系统的安全设置及防范工作提供了有力支撑。

1. 屏蔽闲置端口

计算机硬件领域的端口又称接口，如 USB 端口、串行端口等，软件领域的端口一般指网络中面向连接服务和无连接服务的通信协议端口，它是一种抽象的软件结构，包括一些数据结构和 I/O（基本输入输出）缓冲区。计算机端口（Port）可以认为是计算机与外界通信交流的进出口，按端口号可分为 3 类：公认端口（Well Known Ports）、注册端口（Registered Ports）和动态和/或私有端口（Dynamic and/or Private Ports）。用户计算机所有的端口都可能成为黑客或病毒侵入的渠道，所以必须关闭闲置和有潜在危险的端口。

2. 禁止终端服务远程控制

远程控制是利用无线或电信号对远端的设备进行操作的一种能力，远程控制通常通过网络才能进行，位于本地的计算机是操纵指令的发出端，称为主控端或客户端，非本地的被控计算机称为被控端或服务器端。远“程”不等同于远“距离”，主控端和被控端可以位于同一局域网的同一房间中，也可以是连入 Internet 的处在任何位置的两台或多台计算机。

远程控制是指操作人员在异地通过网络拨号或接入 Internet 等手段，连接被控制的计算机并将被控计算机的桌面显示到自己的计算机上，连接成功后可通过本地计算机对远方计算机进行配置、软件安装程序、修改等工作。远程控制可为用户使用计算机提供一定的便捷，可实现远程办公、远程教育、远程运维和设备遥控等功能，但也为黑客攻击计算机预留了后门。

3. 数据备份

一旦用户计算机防御系统被黑客攻破就无任何防御能力可言，其内部的任何资料均可被恶意修改、复制和删除，定期备份数据将是恢复资料的唯一途径。数据备份是容灾的基础，是为防止系统出现操作失误或系统故障导致数据丢失，而将全部或部分数据集合从应用主机的硬盘或阵列复制到其他存储介质的过程。传统的数据备份主要采用内置或外置的磁带机进行冷备份，但是这种方式只能防止操作失误等人为故障，而且其恢复时间也很长，随着技术的不断发展，数据容量的增加，不少用户开始采用网络备份，网络备份一般通过专业的数据存储管理软件结合相应的硬件和存储设备来实现。

4. 杀毒软件

杀毒软件也称反病毒软件或防病毒软件，它是一种可对病毒、木马等一切已知的对计算机有危害的程序代码进行清除的程序工具，它集成了防火墙的“互联网安全套装”“全功能安全套装”等功能。杀毒软件通常集成监控识别、病毒扫描和清除及自动升级等功能，有的杀毒软件还带有数据恢复等功能。Windows 操作系统并没有附带杀毒软件，一款好的杀毒软件不仅能够杀除一些病毒程序，还可以查杀大量的木马和黑客工具，用户在正确设置了杀毒软件后，要注意定期升级病毒库。

5. 安装防火墙

防火墙（Firewall）也称防护墙，是由 Check Point 创立者 Gil Shwed 于 1993 年发明并引入国际互联网的，它是一种位于内部网络与外部网络之间的网络安全系统，防火墙不仅是系统有效应对外部攻击的第一道防线，也是最重要的一道防线，在新系统第一次连接网络之前，防火墙就应该被安装并且配置好，防火墙应配置为拒绝接收所有数据包，从而避免含病毒的文件被接收并传染整个系统。

6. 账户和组的管理

用户账户用来记录用户的用户名和口令、隶属的组、可以访问的网络资源，以及用户的个人文件和设置。每个用户都应在域控制器中有一个用户账户，才能访问服务器并使用网络上的资源。设想一下，如果某家庭只有一台计算机供三人使用，若使用单用户操作系统，所有用户都只能使用同样的工作环境，显然不能满足大家的个性化需求，而且还会带来很多隐私问题，比如父母收发的邮件信息很可能会被孩子看到。如果每个用户都为自己建立一个用户账户并设置密码，只有在输入自己的用户名和密码之后才可以进入系统中，每个账户登录之后都可以对系统进行自定义设置，而一些隐私信息也必须用用户名和密码登录才能看见，在上面的例子中，孩子和父母都可以建立自己的用户账户，这样就不会互相干扰了。

（1）基本用户组。

① Administrators。

属于该 Administrators 本地组内的用户，都具备系统管理员的权限，它们拥有对这台计算机最大的控制权限，可以执行整台计算机的管理任务。内置的系统管理员账号 Administrator 就是本地组的成员，而且无法将它从该组删除。如果这台计算机已加入域，则域的 Domain Admins 会自动地加入该计算机的 Administrators 组内，也就是说域上的系统管理员在这台计算机上也具备系统管理员的权限。

如果黑客希望远程登录系统，就必须拥有具有远程登录权限的账户，而管理员账户自然具备了远程登录权限，另外，由于 Administrator 是系统中默认建立的管理员账户，而且一般无法删除，所以黑客都会选择 Administrator 作为用户名猜解登录密码。用户应为 Administrator 账户设置强密码，强密码通常在 8 位以上，以大小写字母、数字、特殊符号混合排列而成。不应使用名字缩写及自己、家人的生日作为密码元素，不宜将常用单词作为密码元素，即使要使用，也要使用特殊符号或数字使其略为变形，如将“apple”改为“@pple”再加上@#￥%…！&*等字符。

② Backup Operators。

该组成员不论是否有权访问这台计算机中的文件夹或文件，都可以通过“开始”—“所有程序”—“附件”—“系统工具”—“备份”的途径，备份与还原这些文件夹与文件。

③ Guests。

该组供没有用户账户但是需要访问本地计算机内资源的用户使用，该组成员无法永久地改变其桌面的工作环境。该组最常见的默认成员为用户账号 Guest。

④ Network Configuration Operators。

该组成员可以在客户端执行一般的网络设置任务，如更改 IP 地址，但是不可以安装/删除驱动程序与服务，也不可以执行与网络服务器设置有关的任务，如 DNS 服务器、DHCP 服务器的设置。

⑤ Power Users。

该组成员具备比 Users 组更多的权利，但是比 Administrators 组拥有的权利少一些，例如：

a．可以创建、删除、更改本地用户账户；

b．创建、删除、管理本地计算机内的共享文件夹与共享打印机；

c．自定义系统设置，如更改计算机时间、关闭计算机等，但是不可以更改 Administrators 与 Backup Operators、无法夺取文件的所有权、无法备份与还原文件、无法安装与删除设备驱动程序、无法管理安全与审核日志。

⑥ Remote Desktop Users。

该组成员可以通过远程计算机登录，如利用终端服务器从远程计算机登录。

⑦ Users。

该组成员只拥有一些基本的权利，如运行应用程序，但是不能修改操作系统的设置、不能更改其他用户的数据、不能关闭服务器级的计算机。所有添加的本地用户自动属于该组。如果这台计算机已经加入域，则域的 Domain Users 会自动地被加入该计算机的 Users 组中。

（2）内置特殊组。

内置账户是微软在开发 Windows 时预先为用户设置的能够登录系统的账户，使用最多的有 Administrator 和 Guest，这两个账户默认无法从系统中删除，即使从未使用这两个账户登录系统。如果在安装系统后使用其他账户登录系统，这样在“C\Documents and Settings”目录中就不会产生所对应的配置文件目录，但这两个账户仍是存在的，用此账户登录一次后，系统就会生成相应的目录。

① Everyone。

任何一个用户都属于这个组。如果 Guest 账号被启用，则给 Everyone 组指派权限时必须小心，因为当一个没有账户的用户连接计算机时，其被允许自动利用 Guest 账户连接，但是因为 Guest 也属于 Everyone 组，所以其将具备 Everyone 组所拥有的权限。

② Authenticated Users。

任何一个利用有效的用户账户连接的用户都属于这个组，建议在设置权限时，尽量针对 Authenticated Users 组进行设置，而不要针对 Everyone 组进行设置。

③ Interactive。

任何在本地登录的用户都属于这个组。

④ Network。

任何通过网络连接此计算机的用户都属于这个组。

⑤ Creator Owner。

文件夹、文件或打印文件等资源的创建者即为该资源的 Creator Owner（创建所有者），但是如果创建者是属于 Administrators 组内的成员，则其 Creator Owner 为 Administrators 组。

⑥ Anonymous Logon。

任何未利用有效的 Windows Server 账户连接的用户都属于这个组，但 Everyone 组内并不包含 Anonymous Logon 组。

（3）安全策略。

① 停止 Guest 账号。

在“计算机管理”中将 Guest 账号停止，任何时候不允许 Guest 账号登录系统，为了保险起见最好给 Guest 账号加上一个复杂的密码，并且修改 Guest 账号属性，设置拒绝远程访问。

② 限制用户数量。

去掉所有的测试账户、共享账号和普通部门账号等，用户组策略设置相应权限，并且经常检查系统的账号，删除已经不适用的账号，很多账号不利于管理员管理，而黑客在账号多的系统中可利用的账号也就更多，所以应合理规划系统中的账号分配。

③ 多个管理员账号。

管理员不应该经常使用管理员账号登录系统，这样有可能被一些能够察看 Winlogon 进程中密码的软件窥探，应该为自己建立普通账号来进行日常工作，这样当管理员账号被入侵者得到时，管理员拥有备份的管理员账号还可以有机会得到系统管理员权限，但因此也带来了多个账号的潜在安全问题。

④ 管理员账户改名。

在 Windows 部分操作系统中，管理员 Administrator 账户是不能被停用的，这意味着攻击者可以一再尝试猜测此账户的密码，更改管理员账户名称可以有效防止这一点，应避免将名称改为类似 Admin 之类，而是尽量将其伪装为普通用户。在 Windows 操作系统中，“Administrator”账户拥有最高的系统权限，需要从“运行”中输入“gpedit.msc”打开组策略编辑器，依次定位到“计算机配置/Windows 设置/安全设置/本地策略/安全选项”，从右侧窗口的底端找到“账户：重命名系统管理员账户”，双击打开后便可以进行修改。

⑤ 陷阱账号。

用户在更改了管理员的名称后，可以建立一个 Administrator 的普通用户，将其权限设置为最低，并且加上一个 10 位以上的复杂密码，借此花费入侵者的大量时间，并且发现其入侵企图。

⑥ 更改文件共享的默认权限。

微软的初衷是便于网管进行远程管理，这虽然方便了局域网用户，但对个人用户来说这样的设置是不安全的，如果计算机联网，那么网络上的任何人都可以通过共享硬盘，随意进入用户计算机，所以有必要关闭这些共享。更为可怕的是，黑客可以通过连接用户计算机实现对这些默认共享的访问，“Everyone”意味着任何有权进入网络的用户都能够访问这些共享文件，用户应将共享文件的权限从“Everyone”更改为“授权用户”。

⑦ 文档保密。

在多账户系统中，每个用户都有一个属于自己的专用文件夹，用户需要将自己的“我的文档”文件夹设置为“专用”，方法如下：使用自己的账户登录系统，在“我的文档”文件夹上点击鼠标右键，选择属性，打开属性对话框的共享选项卡，选中“将这个文件夹设为专用”选项即可。此外对于其他公共位置的文档，用户可以在其高级属性中选中“加密内容以保护数据”选项，这样即使其他用户看到该文档也无法打开，这种加密方式被称为 EFS 加密。

7. NTFS

NTFS（New Technology File System）是 Windows NT 环境的文件系统，新技术文件系统是 Windows NT 家族（Windows 2000、Windows XP、Windows Vista、Windows 7 和 Windows 8.1）专用的文件系统，NTFS 文件系统相比 FAT 文件系统可以提供权限设置、加密等更多的安全功能，随着微软文件系统技术的发展，NTFS 逐渐取代了老式的 FAT 文件系统，NTFS 做了若干改进，具体如下。

（1）NTFS 提供长文件名、数据保护和恢复并通过目录和文件许可实现安全性。

（2）NTFS 支持在大硬盘和多个硬盘上存储文件。

（3）NTFS 提供内置安全性特征，它控制文件的隶属关系和访问，从 DOS 或其他操作系统上不能直接访问 NTFS 分区上的文件，如果要在 DOS 下读写 NTFS 分区文件的话可以借助第三方软件，Linux 系统上已可以使用 NTFS-3G 进行对 NTFS 分区的完美读写，不必担心数据丢失。

（4）NTFS 允许文件名的长度可达 256 个字符，虽然 DOS 用户不能访问 NTFS 分区，但是 NTFS 文件可以复制到 DOS 分区，每个 NTFS 文件包含一个可被 DOS 文件名格式认可的 DOS 可读文件名，这个文件名是 NTFS 从长文件名的开始字符中产生的。

（5）NTFS 支持的分区（如果采用动态磁盘则称为卷）大小可以达到 2TB，而 Windows 2000 中的 FAT32 支持分区的大小最大为 32GB。

（6）NTFS 提供更好的安全性：

① 在 NTFS 分区上，可以为共享资源、文件夹及文件设置访问许可权限，许可的设置包括两方面的内容，一是允许哪些组或用户对文件夹、文件和共享资源进行访问；二是获得访问许可的组或用户可以进行什么级别的访问。访问许可权限的设置不但适用于本地计算机的用户，同样也应用于通过网络的共享文件夹对文件进行访问的网络用户，与 FAT32 文件系统下对文件夹或文件进行访问相比，安全性要高得多。另外在采用 NTFS 格式的 Windows 2000 中，应用审核策略可以对文件夹、文件及活动目录对象进行审核，审核结果记录在安全日志中，通过安全日志就可以查看哪些组或用户对文件夹、文件或活动目录对象进行了什么级别的操作，从而发现系统可能面临的非法访问，通过采取相应的措施，将这种安全隐患减到最低。

② 在 Windows 2000 的 NTFS 文件系统下可以进行磁盘配额管理，磁盘配额就是管理员可以为用户所能使用的磁盘空间进行配额限制，每个用户只能使用最大配额范围内的磁盘空间。设置磁盘配额后，可以对每个用户的磁盘使用情况进行跟踪和控制，通过监测可以标识出超过配额报警阈值和配额限制的用户，从而采取相应的措施。磁盘配额管理功能的提供使得管理员可以方便合理地为用户分配存储资源，避免由于磁盘空间使用的失控可能造成的系统崩溃，提高了系统的安全性。

8. 组策略

策略（Policy）是 Windows 中的一种自动配置桌面设置的机制，组策略（Group Policy）是 Windows 操作系统管理员为用户和计算机定义并控制程序、网络资源及操作系统行为的主要工具，它以 Windows 中的一个 MMC 管理单元的形式存在，可以帮助系统管理员针对整个计算机或特定用户来设置多种配置，包括桌面配置和安全配置。简而言之，组策略是 Windows 中的一套系统更改和配置管理工具的集合，组策略功能具有强大的功能，一般常用组策略来实现软件分发、IE 维护、软件限制、脱机文件、安全设置、漫游配置文件、文件夹重定向、基于注册表的设置、计算机和用户脚本等。

组策略的每个 Windows Server 版本中都会引入新特性，但组策略的基础内容自从 Windows 2000 引入以来基本上没有发生变化，Windows Server 2016 的配置过程做了一些调整，但组策略的设置仍应用在本地、站点、域和组织单元级别。GPO 的级别是很重要的，因为新组策略会覆盖先前应用的策略，组策略管理员应该在较高级别进行设置，组策略级别越高影响的用户就越多，相反特定的组策略设置应该设置在较低级别，这样就不容易被遗漏，组策略编辑器是微软管理控制台的一个嵌入式管理单元，Power Shell 命令自 Windows Server 2008 版本开始引入。

9. 安装系统补丁

由于微软的 Windows 操作系统容量大且设计复杂，在设计之初有考虑不周的地方，因此产生了系统漏洞，这些程序和软件漏洞在长期使用中才被发掘出来，而若重新编程及制作系统，需要投入大量的精力和财力，因此官方针对这些问题专门设计了一些程序或软件来进行补充增强，这便是系统补丁。大量的系统侵入事件都是因为用户没有及时更新系统补丁，进而导致用户信息遭到修改、泄露甚至删除，用户应及时下载并安装微软官方推出的系统补丁。

Service Pack（SP）是容量较大且非常重要的系统升级补丁，直译是服务包，主要用于修补系统或大型软件中的安全漏洞，它一般是以补丁的集合形式发布的。

Hotfix 是微软公司研发的程序，发布较 Service Pack 更为频繁，它是为解决专门的漏洞或安全问题而发布的，通常称为修补程序。

8.3　网络攻击与防护

随着互联网技术的发展，在计算机网络安全领域存在一些非法用户利用各种手段和系统的漏洞攻击计算机网络，网络安全已经成为人们日益关注的焦点，网络中的安全漏洞无处不在，即便旧的安全漏洞补上了补丁，新的安全漏洞又将不断涌现。网络攻击是造成网络不安全的主要原因，单纯掌握攻击技术或单纯掌握防御技术都不能适应网络安全技术的发展，为了提高计算机网络的安全性，必须了解计算机网络的不安全因素和网络攻击的方法，同时采取相应的防御措施。

8.3.1　网络攻击类型

近年来，网络攻击技术日新月异，攻击行为已经从小规模的攻击发展成为大规模的、分布式和手段多样化的攻击，如果没有适当的安全措施和安全的访问控制方法，在网络上传输的数据很容易受到各式各样的威胁。网络攻击既有被动型的，也有主动型的，被动攻击通常指信息受到非法侦听，而主动攻击则往往意味着对数据、网络提供的服务甚至网络本身恶意的篡改和破坏，网络攻击可以分为以下几类。

1．窃听

攻击者侦听网络数据流，获取通信数据，造成通信信息外泄，甚至危及敏感数据的安全，其中一种较为普遍的是 Sniffer 攻击（Sniffer Attack），Sniffer 是指能解读、监视、拦截网络数据交换并且阅读数据包的程序或设备。

2．数据篡改

网络攻击者通过未授权的方式，非法读取并篡改数据，以达到通信用户无法获得真实信息的攻击目的。

3．盗用口令攻击（Password-Based Attacks）

攻击者通过多种途径获取合法用户的账号和口令后进入目标网络，攻击者可以随心所欲地盗取合法用户信息及网络信息，修改服务器和网络配置，增加、篡改和删除数据等。

4．中间人攻击（Man-in-the-Middle Attack）

中间人攻击是指通过第三方进行网络攻击达到欺骗被攻击系统、反跟踪、保护攻击者或组织大规模攻击的目的，中间人攻击类似于身份欺骗，被利用作为中间人的主机称为 Remote Host，网络上的大量计算机被黑客通过这样的方式控制，将造成巨大的损失，这样的主机也称为僵尸主机。

5．缓冲区溢出攻击

缓冲区溢出（又称堆栈溢出）攻击是最常用的黑客技术之一，攻击者输入的数据长度超过应用程序给定的缓冲区长度，覆盖其他数据区，造成应用程序错误，而覆盖缓冲区的数据恰恰是黑客的入侵程序代码，黑客就可以获取程序的控制权以达到攻击目的。

6．后门攻击（Backdoor Attack）

后门攻击又称陷门攻击，是指攻击者故意在服务器操作系统或应用系统中制造一个后门，以便可以绕过正常的访问控制，攻击者利用后门可以轻松绕过原先的安全策略非法访问系统。

7．欺骗攻击

欺骗攻击可以分为地址欺骗、电子邮件欺骗、Web 欺骗和非技术类欺骗，攻击者隐瞒个人真实信息，使用网络钓鱼手段欺骗对方，以达到攻击的目的。

8．DoS（Denial of Service）

DoS 攻击就是拒绝服务攻击，其目的是使计算机或网络无法提供正常的服务，常见的方式是使用极大的通信量冲击网络系统，使得所有可用网络资源都被消耗殆尽，最后导致网络系统无法向合法的用户提供服务。如果攻击者组织多个攻击点对一个或多个目标同时发动 DoS 攻击，就可以极大提高 DoS 攻击的威力，这种方式称为 DDoS（Distributed Denial of Service，分布式拒绝服务）攻击。

9．分发攻击

在系统的软硬件生产或分发期间对其软件或硬件进行恶意修改或破坏，以干扰系统的正常

运行或事后能对信息系统进行非授权访问及破坏，分发攻击也可以利用系统或管理人员向用户分发账号和密码的过程窃取资料。

10. 野蛮攻击

野蛮攻击包括字典攻击和穷举攻击，字典攻击使用常用的术语或单词列表进行验证，攻击取决于字典的范围和广度。如果字典攻击依然不能成功，入侵者会采取穷举攻击。穷举攻击一般从长度为 1 的口令开始，按长度递增进行尝试攻击。由于人们通常偏爱简单易记的口令，野蛮攻击的成功率往往很高。

11. SQL 注入

利用对方的 SQL 数据库和网站的漏洞来实施攻击，入侵者通过提交一段数据库查询代码，根据程序返回的结果获得攻击者想得知的数据或提高访问用户权限从而达到攻击目的。

12. ARP 欺骗

ARP 在进行地址解析的工作过程中，没有对数据报和发送实体进行真实性和有效性的验证，因此存在着安全缺陷。攻击者可以通过发送伪造的 ARP 消息给被攻击对象，使被攻击对象获得错误的 ARP 解析，如攻击者可以伪造网关的 ARP 解析，使被攻击对象将发给网关的数据报错误地发到攻击者所在主机，于是攻击者就可以窃取、篡改、阻断数据的正常转发，甚至造成整个网段的瘫痪。

13. XSS 和 CSRF 攻击

XSS 又称 CSS（Cross Site Script，跨站点脚本），攻击者在 Web 页面或者 url 上加入恶意脚本，当其他用户访问和执行脚本时，就可以获取用户的敏感数据，达到攻击目的。CSRF（Cross Site Request Forgery，跨站请求伪造）的攻击者伪造恶意脚本，使得浏览者在未知情况下执行 Web 请求，导致数据被篡改或蠕虫传播。

14. 计算机病毒攻击

计算机病毒（Computer Virus）是指编制者编写的一组计算机指令或程序代码，它能够进行传播和自我复制，修改其他的计算机程序并夺取控制权，以达到破坏数据、阻塞通信及破坏计算机软硬件功能的目的，其中蠕虫病毒是一种可以利用计算机系统的漏洞在网络上大规模传播的病毒。下面列举两种常见的计算机病毒。

（1）特洛伊木马（Trojan Horse）：它是一种恶意程序，可潜伏在宿主机器上运行，在用户毫无察觉的情况下，让攻击者获得远程访问和控制系统的权限。特洛伊木马程序事先已经以某种方式潜入用户机器并在适当的时候激活，潜伏在后台监视系统的运行，它同一般程序一样能实现任何软件的任何功能，如复制、删除文件、格式化硬盘，甚至发电子邮件。典型的特洛伊木马窃取别人在网络上的账号和口令，它有时在用户合法登录前伪造一登录现场，提示用户输入账号和口令，然后将账号和口令保存至一个文件中并显示登录错误。完整的木马程序一般由两部分组成，一个是服务器程序，另一个是控制器程序。

（2）蠕虫（Worm）：蠕虫是一种智能化、自动化、综合化的网络攻击方式，它包含了密码学和计算机病毒的技术，虽然很多人习惯将蠕虫称为蠕虫病毒，但严格来说计算机病毒和蠕虫是有所不同的，计算机病毒是通过修改其他程序而将其感染的，而蠕虫是独立的一种智能程序，它可以通过网络等途径将自身的全部代码或部分代码复制、传播给其他计算机系统，但它在复制、传播时不寄生于病毒宿主之中。同时具有蠕虫和病毒特征的程序称为蠕虫病毒，由于蠕虫病毒有着极强的感染能力和破坏能力，它已成为网络安全的主要威胁。

8.3.2 计算机病毒

1．病毒定义

计算机病毒是指编制者在计算机程序中插入的破坏计算机功能或毁坏数据影响计算机使用并能自我复制的一组计算机指令或者程序代码，它具有以下特性。

（1）传染性。

计算机病毒能够自我复制，将自己的代码插入其他程序的代码中并在其他程序运行时夺取控制权，传染性是计算机病毒的最根本特性，没有传染性就不能称为计算机病毒。

（2）非授权可执行性。

用户调用执行一个程序时，系统会将执行权交给该程序，用户对程序的执行是可知的，程序的执行过程对用户是透明的。计算机病毒是未授权可执行程序，正常用户不会知道病毒程序是如何启动和执行的，病毒感染正常程序后，当用户运行该程序时，病毒伺机窃取系统的控制权而用户对这个过程一无所知。

（3）隐蔽性。

计算机病毒在潜伏和传播过程中，会通过线程插入等手段尽可能地隐藏自己，降低被发现的概率，它可以依附在正常程序或磁盘扇区中，表面上保持被传染文件大小和长度，标注相应的磁盘扇区为“坏扇区”。

（4）潜伏性。

计算机病毒传染程序和系统后不会立即发作而是潜伏下来，在用户无法察觉的情况下进行传染。其潜伏的越深，病毒在系统中存在的时间就越长，传染范围就越广，危害性也就越大。

（5）破坏性。

计算机病毒基本上都有一段破坏代码，可以执行文件和文件系统破坏、网络阻塞和硬件破坏等功能。

（6）可触发性。

计算机病毒一般都有一个或几个触发条件，一旦满足触发条件就能进行传染或破坏，触发条件由病毒编写者制定，可以是某个特定的输入、某个特定日期或时刻等。

2．病毒的分类

（1）计算机病毒可以有多种分类方式，按照寄生方式，可以分为以下 4 种类型。

① 引导型病毒：此种计算机病毒会感染硬盘的引导扇区，在系统启动时获得执行权，病毒进程驻留内存后，再将执行权转交给真正的系统引导代码。系统引导扇区的容量很小，因此引导型病毒通常也不大。

② 文件型病毒：此种计算机病毒会感染可执行文件，将病毒代码插入文件的尾部或数据区，并修改文件运行代码，文件被运行时首先执行病毒代码，病毒进程驻留内存后，再将执行权转交给原先的文件运行代码。

③ 复合型病毒：此种病毒兼具引导型病毒和文件型病毒的两种特征，不但能感染硬盘的引导扇区也能感染文件。

④ 宏病毒：此种病毒利用软件支持的宏命令编写具有传染能力的宏，它感染的是支持宏

命令的文档文件。

（2）按照传染途径，计算机病毒可以分为以下 3 种类型。

① 存储介质病毒：该类型计算机病毒通过磁盘、U 盘和文件进行传染。

② 网络病毒：该类型病毒通过网络进行传播，利用操作系统和应用程序的漏洞进行感染。

③ 电子邮件病毒：该类型病毒通过电子邮件进行传播，利用用户的疏忽进行感染。

（3）按照破坏能力，计算机病毒可以分为以下 2 种类型。

① 良性病毒：该类型病毒是指那些只为了表现自身并不对系统和数据造成彻底破坏的病毒，这些病毒只占用部分 CPU，增加系统开销，降低系统工作效率。

② 恶性病毒：恶性病毒是指那些会破坏系统或数据的计算机病毒，这些病毒会删除文件、篡改文件、破坏操作系统或攻击硬件，给用户造成难以挽回的损失。

3．计算机中毒迹象

如果病毒已潜伏在计算机中，虽未被触发，但也会留下"蛛丝马迹"，用户要想知道计算机是否感染病毒，最有效的方法就是使用杀毒软件对磁盘进行全面检测，同时应保证所使用的杀毒软件的病毒数据库得到及时更新，如果用户没有杀毒软件，则可根据下列情形做出初步判断。

（1）计算机系统无故死机。

如果出现了这种现象，在排除 CPU 故障、显卡过热等硬件可能出现的问题后，就需要考虑计算机是否感染了病毒，因为绝大部分病毒是要驻留计算机内存的，而设计有缺陷的病毒容易造成内存操作系统运行错误，从而使系统无故死机。

（2）计算机系统运行速度明显减慢。

当感染有病毒的文件被执行时，寄生在其中的病毒会争夺系统的控制权。取得了系统控制权的病毒会抢先进行病毒自身的操作，然后才把控制权交给系统，这时系统才能进行正常的操作，这样会占用系统执行正常命令的时间和相应的部分资源，造成系统的运行速度减慢。虽然造成这样结果的原因还有许多，但是系统运行速度变慢是系统感染病毒后普遍出现的一种现象。

（3）系统出现异常重新启动。

在 Windows 操作系统的安装过程中，或在 Windows 操作系统下安装应用软件时，安装程序可能需要重新启动计算机，此时重新启动计算机属于正常的重启现象，但是部分计算机病毒会在执行某一个文件时让计算机突然重新启动，导致在使用计算机的过程中毫无征兆的突然发生重新启动的现象。

（4）磁盘坏簇骤然增多。

病毒为了隐藏自己，常常会把自身占用的磁盘空间标志为坏簇，导致计算机磁盘坏簇增多。

（5）操作系统无故频繁报警或虚假报警。

当软件执行出现错误时，系统会给出相应的提示信息，中止当前应用的程序。如果系统一直运行正常并且使用的是正版软件，但是最近运行软件时经常出现这样的报警信息，即使重新安装操作系统也没有丝毫改善时，有可能是病毒在发作。有的病毒还寄生在可执行文件中，当用户查看或运行该文件时会接收虚假报警信息"File not found"，而当用户用干净无毒的系统盘重新启动计算机时却发现文件还在磁盘内。

（6）丢失文件或文件被破坏。

一些病毒在发作时，会将被传染的文件删除或重命名，或者将文件真正的内容隐藏起来，而文件的内容则变成了病毒的源代码，此时文件不能正确地读取、复制或打开。

（7）系统中的文件时间、日期、大小发生了变化。

这是最明显的计算机病毒感染迹象，计算机病毒感染可执行文件后会自动地隐藏在原始文件后面，文件大小大多会有所改变，文件的访问和修改日期、时间也会被改成感染时的时间，值得注意的是，应用程序使用的数据文件，其容量大小、修改日期和时间可能会改变，并不一定是计算机病毒造成的。

（8）磁盘出现特殊标签或系统无法正常引导磁盘。

病毒会用一个特殊标记给感染过的磁盘做标签，有时还会修改磁盘的卷标名；有的病毒寄生在磁盘的引导区内，会覆盖引导区的部分代码，如果病毒不具有弥补磁盘引导功能的能力，系统就不能正常地引导磁盘。

（9）磁盘空间迅速减少。

病毒在计算机中大量复制繁殖导致用户即便没有安装新的应用程序，系统可用的磁盘空间也会骤然减少，另外一些病毒还可以通过系统的反复启动来制造磁盘坏簇标记（使自身部分隐藏其中），这样会造成磁盘的可用空间急剧减少。值得注意的是，经常浏览网页、回收站中的文件过多、临时文件夹下的文件数量过多过大、计算机系统有过意外断电等情况也可能造成可用的磁盘空间减少。

（10）计算机屏幕上出现异常显示。

一些病毒在发作时，会在计算机的屏幕上显现一些文字或是图像的异常信息，比如“小球”病毒在发作时，屏幕上会出现一个上下浮动的小球，当屏幕上出现类似的异常显示时，很可能是计算机已被病毒感染了。

（11）部分文档自动加密。

一些计算机病毒会利用加密算法，将加密密钥保存在计算机病毒程序体内或其他隐蔽的地方，以此加密被感染的文件。如果内存中驻留这种计算机病毒，那么在系统访问被感染的文件时它就会自动将文档解密，这样用户就不会察觉到文档被加密了，这种计算机病毒即使被清除，加密的文档也很难恢复。

（12）自动发送电子邮件。

大多数电子邮件病毒都是采用自动发送电子邮件的方式作为其传播手段的，一些电子邮件计算机病毒还能做到在某一特定的时间向同一个邮件服务器发送大量无用的信件，以达到阻塞该邮件服务器正常服务功能的目的。

在计算机的使用过程中，如不注意网络安全防范就极易遭到黑客的攻击，甚至使整个系统崩溃，黑客攻击的手段防不胜防，用户应不断完善计算机的防范措施。

4．病毒防护策略准则

（1）拒绝访问能力：来历不明的软件（尤其是通过不明网络下载的）不得进入计算机。

（2）病毒检测能力：系统中应设置检测病毒的机制，除了检测已知类病毒外，能否检测未知病毒是一个重要的指标。

（3）控制病毒传播的能力：一旦病毒进入系统，系统应具有控制病毒传播的能力，不得让病毒在系统中迅速传播。

（4）清除能力：如果病毒突破了系统的防护，即使它的传播受到控制，也要有相应的措施将其清除。对于已知病毒可以使用专用杀毒软件，对于未知病毒，在发现后使用软件工具对其进行分析并尽快编写杀毒软件。如果有后备文件，也可使用后备文件直接覆盖受感染文件，但要查清病毒感染的方法避免再次中毒。

（5）恢复能力：如果病毒在被消除前就破坏了计算机中的数据，那么系统应提供一种高效的方法来恢复被感染或被删除的数据。

（6）替代操作：当系统发生问题而临时没有可用的技术时，系统应该提供一套替代操作方案，用于在系统恢复前替代系统工作，等问题解决后再交换回原系统，这一准则对于战时的军事指挥系统是必不可少的。

5. 防病毒方法

自 1983 年 11 月 3 日首次提出并验证计算机病毒以来，计算机病毒也随着计算机技术的飞速发展而迅速泛滥、蔓延，计算机病毒的防治主要包括以下几点。

（1）提高网络安全管理水平，增强网络安全防范意识。

计算机病毒是利用系统漏洞进行攻击的，所以用户需要在保持系统和应用软件安全性的同时，为相应操作系统和应用软件进行更新。由于各种漏洞的出现，使得系统安全不再一劳永逸，计算机受到攻击的可能性也日趋增加，这就要求用户提高网络管理水平和增强网络安全防范意识。

（2）建立病毒检测系统。

企业或公司应建立病毒检测系统，并为所有终端安装操作系统和应用软件补丁，防止黑客和病毒利用系统或程序漏洞进行入侵及传播，同时定期更新病毒资料库并扫描系统，查杀发现的病毒，确保系统能够在第一时间检测到网络异常和病毒攻击。

（3）建立应急响应系统，将风险降到最低。

计算机病毒具有爆发性，可能在病毒发现的时候已蔓延整个网络，应建立应急响应系统，以确保在第一时间提供相应的解决方案。

（4）建立灾难备份系统。

对于数据库和数据系统必须采用定期备份和多机备份措施，防止因意外灾难导致数据丢失。

（5）对于局域网而言，可以采用以下手段进行防护。

① 在互联网接入口处设置防火墙和防御病毒的产品，将病毒隔离在局域网之外。

② 对邮件服务器进行监控，防止带毒邮件传播。

③ 对局域网用户进行安全培训，增强用户网络安全防范意识。

④ 建立局域网内部的升级系统，它包括操作系统和相应软件的升级补丁及升级杀毒软件病毒库。

8.3.3　网络安全常用技术

1. 网络监听

网络监听技术本来是提供给网络安全管理人员进行管理的工具，可以用来监视网络的状态、数据流动情况及网络上传输的信息等。当信息以明文的形式在网络上传输时使用网络监听技术进行攻击并不是一件难事，只要将网络接口设置成监听模式，便可以源源不断地将网上传输的信息截获。

在互联网上有很多使用以太网协议的局域网，许多主机通过电缆、集线器连在一起。当同一网络中的两台主机通信的时候，源主机将写有目的主机地址的数据包直接发向目的主机。但这种数据包不能在 IP 层直接发送，必须从 TCP/IP 协议的 IP 层交给网络接口，也就是数据链路层，而网络接口是不会识别 IP 地址的，因此在网络接口数据包又增加了一部分以太帧头的信息。在帧头中有两个域，分别为只有网络接口才能识别的源主机和目的主机的物理地址，这是一个与 IP 地址相对应的 48 位的地址。

当主机工作在监听模式下，所有的数据帧都将被交给上层协议软件处理，而且当连接在同一条电缆或集线器上的主机被逻辑地分为几个子网时，如果一台主机在监听模式下，它还能接收到发向与自己不在同一子网（使用了不同的掩码、IP 地址和网关）的主机的数据包，即在同一条物理信道上传输的所有信息都可以被接收。正确使用网络监听技术可以发现入侵并对入侵者进行追踪定位，在对网络犯罪进行侦查取证时获取有关犯罪行为的重要信息，成为打击网络犯罪的有力手段。

（1）对怀疑运行监听程序的机器，用正确的 IP 地址和错误的物理地址 ping，运行监听程序的机器会有响应，这是因为正常的机器不接收错误的物理地址，处于监听状态的机器能接收，但如果其 IP stack 不再次反向检查的话就会响应。

（2）许多网络监听软件都会尝试进行地址反向解析，在怀疑有网络监听发生时可以在 DNS 系统上观测有没有明显增多的解析请求。

（3）向网上发大量不存在的物理地址的数据包，由于监听程序分析和处理大量数据包会占用很多 CPU 资源，将导致机器性能下降。通过比较发送前后该机器性能加以判断，这种方法难度比较大。

（4）向怀疑有网络监听行为的网络发出大量垃圾数据包，根据各主机回应的情况进行判断，正常系统回应的时间应该没有太明显的变化，而处于混杂模式的系统由于对大量的垃圾信息照单全收，所以很有可能回应时间会发生较大的变化。

（5）利用 arp 数据包进行监测，这种方法是 ping 方式的一种变体，使用 arp 数据包替代了 ICMP 数据包，向主机发送非广播式的 arp 包，如果主机响应了这个 arp 请求，就可以判断它很可能处于网络监听状态了，这是目前相对较好的监测模式。

2. 缓冲区溢出攻击

缓冲区溢出是指当一个超长的数据进入缓冲区时，超出部分就会被写入其他缓冲区，其他缓冲区存放的可能是数据、下一条指令的指针或是其他程序的输出内容，这些内容都会被覆盖或被破坏掉。缓冲区溢出攻击有时又称堆栈溢出攻击，是过去的十多年里网络安全漏洞常用的一种形式，并且易于扩充，相比于其他因素缓冲区溢出攻击是网络受到攻击的主要原因。

（1）编写正确的代码。

由于缓冲区溢出是一个编程问题，所以只能通过修复被破坏的程序的代码来解决问题。开放程序时仔细检查溢出情况，不允许数据溢出缓冲区。

（2）非执行的缓冲区。

使被攻击程序的数据段址空间不可执行，从而使得攻击者不可能执行被植入的攻击程序输入缓冲区代码。

（3）数组边界检查。

数组边界检查结束且没有缓冲区溢出的产生和攻击，这样只要数组不能被溢出，溢出攻击也就无从谈起。为了实现数组边界检查，所有对数组的读写操作都应被检查，以确保在正确范围内对数组进行操作。

（4）堆栈溢出检查。

使用检查堆栈溢出的编译器或在程序中加入某些记号，以便程序运行时确认禁止黑客有意

造成的溢出，对于新程序来讲，需要修改编译器。

（5）操作系统和应用程序检查。

应经常检查用户的操作系统和应用程序提供商的站点，如发现其提供的补丁程序，应尽快下载并且应用在操作系统中。

3. 加密技术

加密技术即对信息进行编码和解码的技术，编码把原来可读信息（又称明文）译成代码形式（又称密文），其逆过程就是解码。加密技术的要点是加密算法，加密算法可以分为对称加密、非对称加密和不可逆加密三类算法。

（1）对称加密算法。

在对称加密算法中，数据发信方将明文（原始数据）和加密密钥一起经过特殊加密算法处理后，使其变成复杂的加密密文发送出去。收信方收到密文后，若想解读原文，需要使用加密过的密钥及相同算法的逆算法对密文进行解密，才能使其恢复成可读明文，如图 8-1 所示。

在对称加密算法中，使用的密钥只有一个，发收信双方都使用这个密钥对数据进行加密和解密，这就要求解密方事先必须知道加密密钥。对称加密算法的特点是算法公开、计算量小、加密速度快、加密效率高。不足之处是发收信双方都使用同样的密钥，安全性得不到保证；每对用户每次使用对称加密算法时，都需要使用其他人不知道的唯一密钥，这会使发收信双方所拥有的密钥数量呈几何级数增长，密钥管理成为用户的负担。

对称加密算法中最具代表性的是 DES（Data Encryption Standard）算法，它是一种用 56 位密钥来加密 64 位数据的方法。

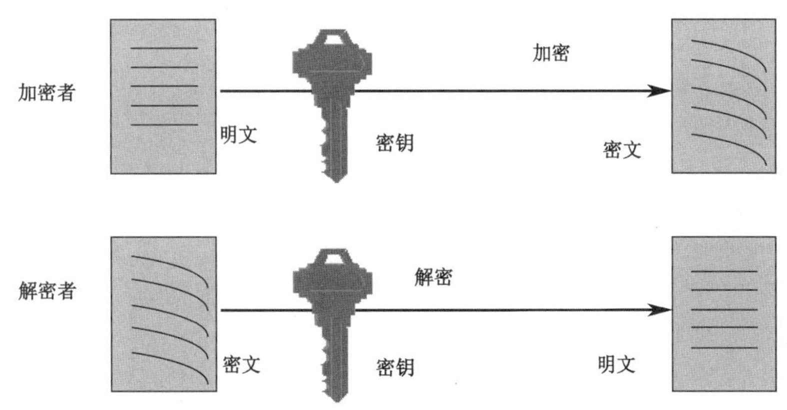

图 8-1　对称加密算法

（2）非对称加密算法（公开密钥算法）。

非对称加密算法使用两把完全不同但又完全匹配的一对密钥——公钥和私钥，在使用非对称加密算法加密文件时，只有使用匹配的一对公钥和私钥才能完成对明文的加密和解密过程。

公钥和私钥：公钥就是公布出来，所有人都知道的密钥，它的作用是供公众使用；私钥则是只有拥有者才知道的密钥。加密明文时采用公钥加密，解密密文时使用私钥才能完成，而且发信方（加密者）知道收信方的公钥，只有收信方（解密者）才是唯一知道自己私钥的人，如图 8-2 所示。

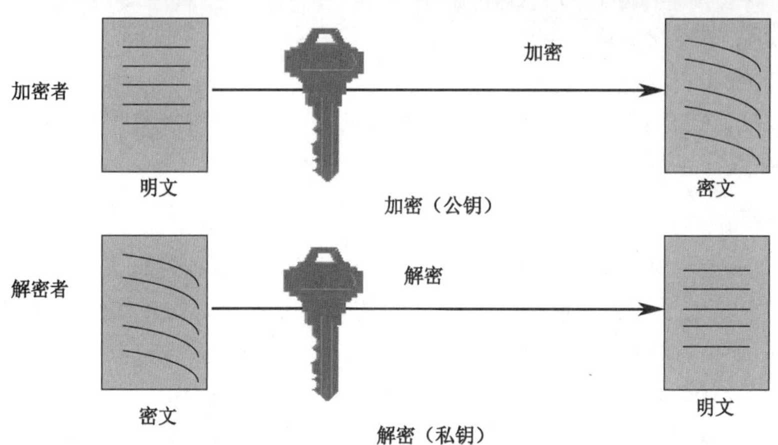

图 8-2　非对称加密算法

非对称加密算法的基本原理是：

① 如果发信方想发送只有收信方才能解读的加密信息，发信方必须首先知道收信方的公钥，然后利用收信方的公钥来加密原文；

② 收信方收到加密密文后，使用自己的私钥才能解密密文。显然，采用非对称加密算法，收发信双方在通信之前，收信方必须将自己早已随机生成的公钥送给发信方，而自己保留私钥。

广泛应用的非对称加密算法有 RSA 算法和美国国家标准局提出的数字签名算法 DSA，由于非对称算法拥有两个密钥，因而特别适用于分布式系统中的数据加密。RSA 算法是第一个能同时用于加密和数字签名的算法。根据 RSA 算法的原理，可以利用 C 语言实现其加密和解密算法。

RSA 算法比 DES 算法复杂，加解密所需要的时间也比较长。

（3）不可逆加密算法。

不可逆加密算法的特征是加密过程中不需要使用密钥，输入明文后，由系统直接经过加密算法处理成密文，这种加密后的数据是无法被解密的，只有重新输入明文，并再次经过同样不可逆的加密算法处理，得到相同的加密密文并被系统重新识别后才能真正解密，显然在这类加密过程中，加密是自己，解密还得是自己，而所谓解密，实际上就是重新加一次密，所应用的“密码”也就是输入的明文。

不可逆加密算法不存在密钥保管和分发问题，非常适合在分布式网络系统上使用，但因加密计算复杂，工作量相当繁重，通常只在数据量有限的情形下使用，如广泛应用在计算机系统中的口令加密，利用的就是不可逆加密算法。

（4）其他加密技术。

PGP 加密技术是一个基于 RSA 公钥加密体系的邮件加密软件，提出了公钥或不对称文件的加密技术。由于 RSA 算法计算量极大，在速度上不适合加密大量数据，所以 PGP 实际上用来加密的不是 RSA 本身，而是采用传统的加密算法 IDEA，IDEA 加解密的速度比 RSA 快得多。PGP 工作原理是随机生成一个密钥，用 IDEA 算法对明文加密，然后用 RSA 算法对密钥加密，收件人同样用 RSA 解出随机密钥，再用 IDEA 解出原文。

4. 防火墙技术

随着世界各国信息基础设施的逐渐形成，国与国之间的通信距离变得“近在咫尺”，Internet 已经成为信息化社会发展的重要保证，它已深入国家的政治、军事、经济、文教等诸多领域，

许多重要的政府宏观调控决策、商业经济信息、银行资金转账、股票证券、能源资源数据、科研数据等重要信息都通过网络存储、传输和处理，因此难免会遭遇各种主动或被动的攻击，例如信息泄露、信息窃取、数据篡改、数据删除和计算机病毒等。网络安全已经成为迫在眉睫的重要问题，没有网络安全就没有社会信息化。

防火墙技术最初是针对 Internet 网络不安全因素所采取的一种保护措施，该技术是用来阻挡外部不安全因素影响的内部网络屏障，其目的是防止外部网络用户未经授权的访问。它是一种计算机硬件和软件的结合，使 Internet 与 Internet 之间建立一个安全网关(Security Gateway)，从而保护内部网免受非法用户的侵入，防火墙主要由服务访问控制策略、验证工具、包过滤和应用网关四部分组成。

防火墙是一个位于计算机和它所连接的网络之间的软件或硬件设施（因为价格昂贵，硬件防火墙只有大型政府部门等地才使用），计算机流入流出网络的所有数据流均要经过此防火墙。在互联网领域，防火墙是一种非常有效的网络安全系统，通过它可以隔离风险区域（Internet 或有一定风险的网络）与安全区域（局域网）的连接，同时不会妨碍安全区域对风险区域的访问，网络防火墙结构如图 8-3 所示。

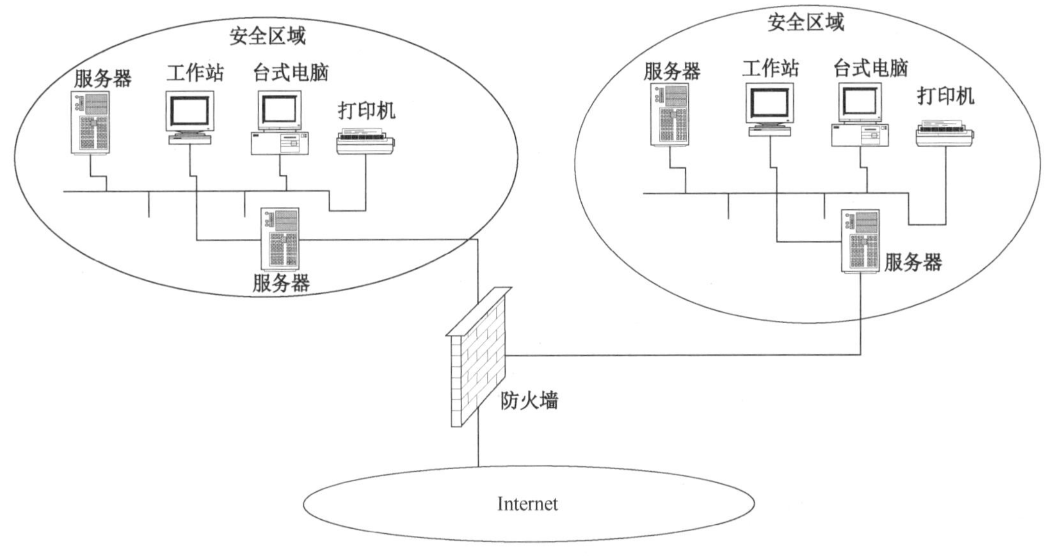

图 8-3　网络防火墙结构

防火墙已成为新兴的保护计算机网络安全的技术性措施，它是一种隔离控制技术，在某个机构的网络和不安全的网络（如 Internet）之间设置屏障，阻止对信息资源的非法访问，也可以使用防火墙阻止重要信息从企业的网络上被非法输出，作为 Internet 的安全性保护软件，防火墙已经得到广泛的应用，它一般安装在路由器上以保护一个子网，也可以安装在一台主机上，保护这台主机不受侵犯，防火墙的发展经历了以下 4 个阶段。

基于路由器的防火墙：因为多数路由器本身已经包含分组过滤的功能，所以可以通过路由控制来实现网络访问控制功能，具有分组过滤功能的路由器称为第一代防火墙产品。

用户化防火墙工具集：为了弥补上一代路由器防火墙的不足，很多大规模的网络用户都要求开发专门的防火墙系统来保护自己的网络，从而推动了用户化防火墙工具集的出现。

建立在通用操作系统上的防火墙：基于软件的防火墙在销售、使用和维护上的问题迫使防火墙开发商迅速地推出建立在通用操作系统上的商用防火墙产品，近年来在市场上广泛采用的就是这一代产品。

具有安全操作系统的防火墙：防火墙技术和产品随着网络攻击和安全防护手段的发展而不断完善，使得具有安全操作系统的防火墙产品面世，防火墙产品进而步入了第四阶段，安全操作系统的防火墙本身是一个操作系统，因而在安全性上较第三代防火墙有质的飞跃。获得安全操作系统的办法有两种，一种是通过许可证方式获得操作系统的源码，另一种是通过固化操作系统内核来提高可靠性。

（1）防火墙的功能。

防火墙的主要功能是对网络进行保护以防止其他网络的影响，阻止非法用户访问敏感数据的同时，允许合法用户无阻碍和安全地访问网络资源，所有进出网络的数据流都应该经过防火墙处理，只有符合安全策略的数据流才允许穿过防火墙，一般来说防火墙具有以下基本功能。

① 控制对网点的访问和封锁网点信息的泄露：防火墙可以看作检查点，所有进出的信息必须穿过它，防火墙为网络安全起到了把关的作用，只允许授权的信息通过。一个防火墙（作为阻塞点、控制点）能极大地提高一个内部网络的安全性，并过滤不安全的服务，所以网络环境变得更安全。

② 限制被保护子网的暴露：防火墙可被用来隔离网络的一个子网和另一个网段，限制局部网络安全问题对整个网络的影响，通过利用防火墙对内部网络的划分可实现内部网重点网段的隔离，从而限制局部重点或敏感网络安全问题对全局网络造成的影响，它同样可以阻塞有关内部网络中的 DNS 信息，这样一台主机的域名和 IP 地址就不会被外界所了解。

③ 具有审计作用：防火墙能有效地记录 Internet 的活动情况，帮助记录和总结有关内部网与外部网的互访信息及入侵者的行为，进出网络的数据都必须经过防火墙，它能记录这些访问并做出日志记录，同时也能提供网络使用情况的统计数据，当发生可疑动作时，防火墙能进行适当的报警并提供网络是否受到监测和攻击的详细信息。

④ 强制安全策略：Internet 上的许多服务是不安全的，防火墙正是这些服务的“交通警察”，它执行站点的安全策略，仅允许“许可”和符合规则的服务通过。通过以防火墙为中心的安全方案配置，能将所有安全软件（如口令、加密、身份认证、审计等）配置在防火墙上，与将网络安全问题分散到各个主机上相比，防火墙的集中安全管理更经济。

⑤ 防火墙技术数据包过滤：网络上的数据都是以包为单位进行传输的，每一个数据包中都会包含一些特定的信息，如数据的源地址、目标地址、源端口号和目标端口号等。防火墙通过读取数据包中的地址信息来判断这些包是否来自可信任的网络，并与预先设定的访问控制规则进行比较，进而确定是否需要对数据包进行处理和操作。数据包过滤可以防止外部不合法用户对内部网络的访问，但由于不能检测数据包的具体内容，所以不能识别具有非法内容的数据包，无法实施对应用层协议的安全处理。

⑥ 防火墙技术网络 IP 地址转换：网络 IP 地址转换是一种将私有 IP 地址转化为公网 IP 地址的技术，它被广泛应用于各种类型的网络和互联网的接入中。网络 IP 地址转换一方面可隐藏内部网络的真实 IP 地址，使内部网络免受黑客的直接攻击；另一方面由于内部网络使用了私有 IP 地址，从而有效解决了公网 IP 地址不足的问题。

⑦ 防火墙技术虚拟专用网络：虚拟专用网络将分布在不同地域上的局域网或计算机通过加密通信，虚拟出专用的传输通道从而将它们从逻辑上连成一个整体，不仅省去了建设专用通信线路的费用，还有效地保证了网络通信的安全。

（2）防火墙的分类。

从实现原理上分，防火墙的技术包括四大类：网络防火墙（也叫包过滤型防火墙）、应用网关、电路网关和规则检查防火墙，它们之间各有所长，具体使用哪一种或是否混合使用，要合理根据实际情况进行安排。

① 网络防火墙。

该类型防火墙一般基于源地址和目的地址、应用、协议及每个 IP 包的端口来做通过与否的判断，一个路由器便是一个“传统”的网络防火墙，大多数路由器都能通过检查这些信息来决定是否将所收到的包转发，但它不能判断出一个 IP 包来自何方，去向何处。防火墙检查每一条规则直至发现 IP 包中的信息与某规则相符，如果没有一条规则能符合，防火墙就会使用默认规则，一般情况下默认规则就是要求防火墙丢弃该 IP 包，其次通过定义基于 TCP 或 UDP 数据包的端口号，防火墙能够判断是否允许建立特定的连接。

② 应用网关。

应用代理（Application Proxy）是运行在防火墙上的一种服务器程序，防火墙主机可以是一个具有两个网络接口的双重宿主主机，也可以是一个堡垒主机。代理服务器被放置在内部服务器和外部服务器之间，用于转接内外主机之间的通信，它可以根据安全策略来决定是否为用户进行代理服务，代理服务器运行在应用层，因此又被称为“应用网关”，应用代理运行示意图如图 8-4 所示。

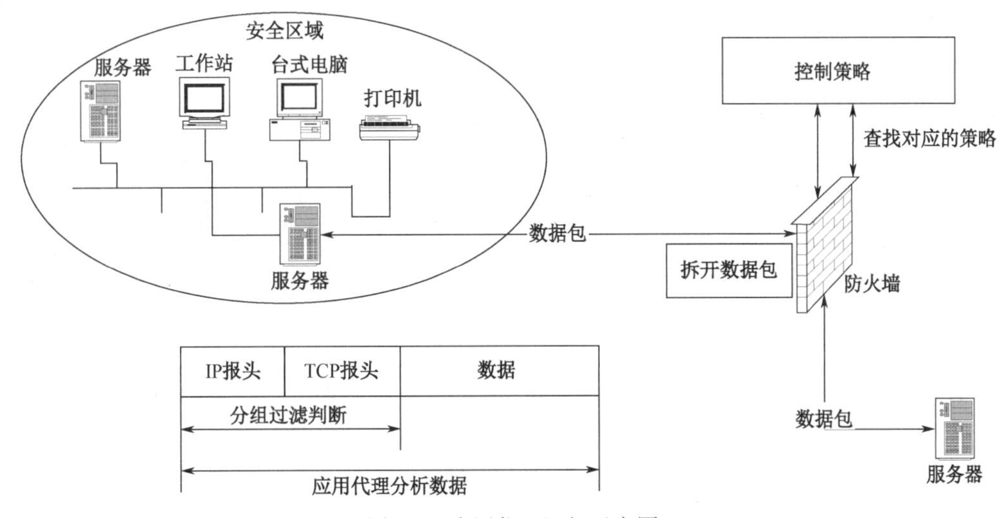

图 8-4　应用代理运行示意图

③ 电路网关。

电路网关用来监控受信任的客户或服务器与不受信任的主机间的 TCP 握手信息，这样来决定该会话（Session）是否合法，电路网关在 OSI 模型中会话层上过滤数据包，这样比包过滤型防火墙要高两层。电路网关还提供一个重要的安全功能：代理服务器（Proxy Server）是设置在 Internet 防火墙网关的专用应用代码，这种代理服务器准许网管员允许或拒绝特定的应用程序或一个应用的特定功能，包过滤技术和应用网关通过特定的逻辑判断来决定是否允许特定的数据包通过，一旦判断条件满足，防火墙内部网络的结构和运行状态便“暴露”在外来用户面前，由此引入了代理服务的概念，即防火墙内外计算机系统应用层的“链接”由两个终止于代理服务的“链接”来实现，这就成功地实现了防火墙内外计算机系统的隔离，同时代理服务器还可用于实施较强的数据流监控、过滤、记录和报告等功能，代理服务技术主要通过专用计算机硬件（如工作站）来承担。

④ 规则检查防火墙。

该防火墙结合了包过滤型防火墙、应用网关和电路网关的特点，它同包过滤型防火墙一样，规则检查防火墙能够在 OSI 网络层上通过 IP 地址和端口号过滤进出的数据包。它也像电路网关一样，能够检查 SYN 和 ACK 标记及序列数字是否逻辑有序，当然它也像应用网关一样可以在 OSI 应用层上检查数据包的内容，查看这些内容是否符合企业网络的安全规则。规则检查防火墙虽然集成前三者的特点，但是不同于一个应用网关，它并不打破客户机/服务器模式来分析应用层的数据，它允许受信任的客户机和不受信任的主机建立直接连接。规则检查防火墙不依靠与应用层有关的代理，而是依靠某种算法来识别进出的应用层数据，这些算法通过已知合法数据包的模式来比较进出数据包，这样从理论上就能比应用网关在过滤数据包上更有效。

（3）防火墙的特点。

防火墙是一种非常有效的网络安全模型，从物理上说防火墙是放在内部网络和外部网络之间的各种系统组件的集合，它是安全策略的一部分。防火墙主要用来保护安全网络免受来自不安全网络的入侵，但防火墙不只用于Internet与内部网络之间，也用于Intranet的部门网络之间，这种作用于单位内部的防火墙被称为内部防火墙，利用防火墙来保护内部网络主要有以下几个方面的优点。

① Internet 防火墙允许网络管理员定义一个中心“遏制点”来防止非法用户（如黑客及网络破坏者等）进入网络，它禁止存在安全脆弱性的服务器进出网络并抗击来自各种路线的攻击。Internet 防火墙能够简化安全管理，网络安全性通过防火墙得到加固而不是分布在内部网络的所有主机上。

② 防火墙通过过滤存在安全缺陷的网络服务来降低内部网络遭受攻击的威胁，因为只有经过选择的网络服务才能通过防火墙，防火墙还可以防止基于源路由选择的攻击，如企图通过 ICMP 重定向把数据包发送路径转向不安全网络，防火墙可以拒绝接收所有源路由发送的数据包和 ICMP 重定向，并把事件告诉系统管理人员，这样一来防火墙可以从一定程度上提高内部网络的安全性。

③ 在防火墙上可以很方便地监视网络的安全性并产生报警，对一个内部网络已经连接到互联网的机构来说，重要的问题并不是网络是否会受到攻击，而是何时会受到攻击，网络管理员必须审计并记录所有通过防火墙的重要信息。

④ 如果一个内部网络的所有或大部分需要改动的程序及附加的安全程序都能集中地放在防火墙系统中，而不是分散到每个主机中，这样防火墙的保护范围就相对集中，安全成本也就相对便宜。

⑤ Internet 防火墙可以作为部署网络地址翻译（Network Address Translator，NAT）的逻辑地址，因此防火墙可以用来缓解地址空间短缺的问题，也可以隐藏内部网络的结构。

⑥ 对一些内部网络节点而言，使用防火墙系统可阻塞网络节点中 Finger 及 DNS 域名服务，攻击者经常利用 Finger 列出的当前使用者名单、一些用户信息和 DNS 服务能提供的一些主机信息，防火墙能封锁这类服务从而使得外部网络主机无法获取这些利于攻击的有用信息，进而增强保密性、强化私有性。

⑦ Internet 防火墙是审计和记录 Internet 使用量的最佳地方，网络管理员可以在此向管理部门提供 Internet 连接的费用情况，查出潜在的带宽瓶颈的位置并能够根据机构的核算模式提

供部门级的计费。

⑧ Internet 防火墙也可以成为向客户发布信息的地点，Internet 防火墙作为部署 WWW 服务器和 FTP 服务器的地点非常理想，同时还可以对防火墙进行配置，从而实现允许 Internet 访问服务器而禁止外部设备对受保护的其他系统进行访问。

虽然防火墙可以提高内部网络安全性，但是防火墙也存在以下局限性和不足：防火墙不能防范不经过防火墙的攻击，防火墙能够有效地防止通过它进行传输的信息的攻击，然而不能防止不通过它而传输的信息；防火墙不能解决来自网络的攻击和安全问题，防火墙被用来防备已知的威胁，如果是一个很好的防火墙设计方案可以防备新的威胁，但没有一个防火墙能自动防御所有的威胁；防火墙不能防止配置不当或错误引起的安全威胁；防火墙不能防止可接触的人为或自然的破坏；防火墙不能防止利用标准网络协议中的缺陷进行的攻击；防火墙不能防止利用服务器系统漏洞进行的攻击；防火墙不能防止受病毒感染的文件的传输，防火墙本身并不具备查杀病毒的功能，即使集成了第三方的杀毒软件，也没有一种软件可以查杀所有的病毒，同时防火墙也不能消除网络上的病毒；防火墙不能防止来自内部的攻击，如果入侵者已经在防火墙内部，防火墙就变得无能为力，内部用户可以偷窃数据、破坏硬件和软件，并巧妙地修改程序而不接近防火墙。

8.4 网络管理

一般来说，网络管理（Network Management）是指网络管理员通过网络管理程序对网络上的资源进行集中化管理的操作，它包括配置管理、性能和记账管理、问题管理、操作管理和变化管理等，其目的是使网络中的资源得到更加有效的利用，常见的网络管理方式有三种：SNMP 管理技术、RMON 管理技术、基于 Web 的网络管理。

国际标准化组织（ISO）在 ISO/IEC7498-4 中定义并描述了开放系统互连（OSI）管理的术语和概念，提出了一个 OSI 管理的结构并描述了 OSI 管理应有的行为，它认为开放系统互连管理是指这样一些功能，它们控制、协调、监视 OSI 环境下的一些资源，这些资源可保证 OSI 环境下的通信，通常对一个网络管理系统需要定义以下内容：系统的功能、网络资源的表示、网络管理信息的表示和系统的结构。

事实上网络管理技术是伴随着计算机、网络和通信技术的发展而发展的，二者相辅相成。从网络管理范畴来分类，可分为对网“路”的管理，即针对交换机、路由器等主干网络进行管理；对接入设备的管理，即对内部 PC、服务器、交换机等进行管理；对行为的管理，即针对用户的使用进行管理；对资产的管理，即统计 IT 软硬件的信息等。

根据网管软件的发展历史，可以将网管软件划分为三代。

第一代网管软件就是最常用的命令行方式结合一些简单的网络监测工具，它不仅要求使用者精通网络的原理及概念，还要求使用者了解不同厂商的不同网络设备的配置方法。

第二代网管软件有着良好的图形化界面，用户无须过多了解设备的配置方法，就能图形化地对多台设备同时进行配置和监控。大大提高了工作效率，但仍然存在由于人为因素造成的设备功能使用不全面或不正确的问题，容易引发操作失误。

第三代网管软件相对来说比较智能，是真正将网络和管理进行有机结合的软件系统，具有“自动配置”和“自动调整”功能。对网管人员来说，只要把用户情况、设备情况及用户与网络资源之间的分配关系输入网管系统，系统就能自动地建立图形化的人员与网络的配置关系，并自动鉴别用户身份，分配用户所需要的资源（如电子邮件、Web、文档服务等）。

网络管理对国家机构运行及企业发展都具有十分重要的意义，若管理不当将造成设备硬件故障、系统出现漏洞、病毒入侵等问题，引发数据丢包、传输速率慢等故障，进而产生网络无法提供正常服务或降低服务质量的情况。如今，越来越多的业务软件运行于网络架构之上，保障网络持续、高效、安全的运行，成为网络管理者面临的巨大挑战。尽管做了周密部署，配置了严格的安全策略，但是网络管理方面的问题还是层出不穷，针对这些问题，用户可以利用网络分析技术快速查找问题根源。

8.4.1 网络管理的五大功能

国际标准化组织（ISO）定义了网络管理的五大功能：故障管理、计费管理、配置管理、性能管理、安全管理。针对网络管理软件产品功能的不同，又可细分为五类，即网络故障管理软件、网络计费管理软件、网络配置管理软件、网络性能管理软件、网络服务/安全管理软件。

1. 故障管理（Fault Management）

故障管理是网络管理中最基本的功能之一，用户都希望有一个可靠的计算机网络，当网络中某个组成失效时，网络管理器必须迅速查找到故障并及时排除。因为网络故障的产生原因往往相当复杂，所以通常不大可能迅速隔离某个故障，特别是当故障由多个网络组成共同引起时，一般需要先将网络修复，然后再分析网络故障的原因。分析故障原因对于防止类似故障的再发生相当重要，故障管理包括故障检测、隔离和排除三方面，应包括以下典型功能。

（1）故障监测：主动探测或被动接收网络上的各种事件信息并识别出其中与网络和系统故障相关的内容，对其中的关键部分保持跟踪，生成网络故障事件记录。

（2）故障报警：接收故障监测模块传来的报警信息，根据报警策略驱动不同的报警程序，以报警窗口/振铃（通知一线网络管理人员）或电子邮件（通知决策管理人员）发出网络严重故障警报。

（3）故障信息管理：依靠对事件记录的分析，定义网络故障并生成故障卡片，记录排除故障的步骤和与故障相关的值班员日志，构造排错行动记录，将事件—故障—日志构成逻辑上相互关联的整体，以反映故障产生、变化、消除的整个过程的各个方面。

（4）排错支持工具：向管理人员提供一系列的实时检测工具，对被管设备的状况进行测试并记录测试结果以供技术人员分析和排错，根据已有的排错经验和管理员对故障状态的描述给出对排错行动的提示。

（5）检索/分析故障信息：阅读并以关键字检索查询故障管理系统中所有的数据库记录，定期收集故障记录数据，在此基础上给出被管网络系统、被管线路设备的可靠性参数。

检测网络故障通常依据网络组成部件状态的监测结果，简单故障通常被记录在错误日志中，不做特别处理，而严重一些的故障则需要通知网络管理器。一般网络管理器应根据有关信息对警报进行处理，及时排除故障，当故障比较复杂时，网络管理器应能执行一些诊断测试来辨别故障原因。

2. 计费管理（Accounting Management）

计费管理记录网络资源的使用，目的是控制和监测网络操作的费用和代价，其对一些公共

商业网络尤为重要。它可以估算出用户使用网络资源可能需要的费用和代价，以及已经使用的资源。网络管理员还可规定用户可使用的最大费用，从而控制用户过多占用和使用网络资源，这也从另一方面提高了网络效率，另外当用户为了一个通信目的需要使用多个网络中的资源时，计费管理应可计算总计费用，它主要包括以下几方面。

（1）计费数据采集：计费数据采集是整个计费系统的基础，但计费数据采集往往受到采集设备硬件与软件的制约，而且与进行计费的网络资源有关。

（2）数据管理与数据维护：计费管理人工交互性很强，虽然有很多数据维护系统自动完成，但仍然需要人为管理，包括交纳费用的输入、联网单位信息维护，以及账单样式决定等。

（3）计费政策制定；由于计费政策经常灵活变化，实现用户自由制定输入计费政策尤其重要，因此需要一个制定计费政策的友好人机界面和实现计费政策的完善的数据模型。

（4）政策比较与决策支持：计费管理应该提供多套计费政策的数据比较，为政策制定提供决策依据。

（5）数据分析与费用计算：利用采集的网络资源使用数据，联网用户的详细信息及计费政策计算网络用户资源的使用情况，并计算出应交纳的费用。

（6）数据查询：提供给每个网络用户关于自身使用网络资源情况的详细信息，网络用户根据这些信息可以计算、核对自己的收费情况。

3．配置管理（Configuration Management）

配置管理可以初始化网络并进行配置以使其提供网络服务，目的是实现某个特定功能或使网络性能达到最优，它包括以下几方面。

（1）配置信息的自动获取：在一个大型网络中，需要管理的设备是比较多的，如果每个设备的配置信息都完全依靠管理人员的手工输入，工作量是相当大的，而且还存在出错的可能性。对于不熟悉网络结构的人员来说，这项工作甚至无法完成，因此一个先进的网络管理系统应该具有配置信息自动获取功能。即使在管理人员不是很熟悉网络结构和配置状况的情况下，也能通过有关的技术手段来完成对网络的配置和管理。在网络设备的配置信息中，根据获取手段大致可以分为三类，一是网络管理协议标准的 MIB 中定义的配置信息（包括 SNMP 和 CMIP 协议）；二是不在网络管理协议标准中定义，但是对设备运行比较重要的配置信息；三是用于管理的一些辅助信息。

（2）自动配置、自动备份及相关技术：配置信息自动获取功能相当于从网络设备中“读”信息，相应的在网络管理应用中还有大量“写”信息的需求，同样根据设置手段对网络配置信息进行分类，一是可以通过网络管理协议标准中定义的方法（如 SNMP 中的 Set 服务）进行设置的配置信息；二是可以通过自动登录到设备进行配置的信息；三是需要修改的管理性配置信息。

（3）配置一致性检查：在一个大型网络中，由于网络设备众多，而且由于管理的原因，这些设备很可能不是由同一个管理人员进行配置的，即使是同一个管理员对设备进行的配置，也会由于各种原因导致配置不一致的问题，因此对整个网络的配置情况进行一致性检查是必要的。在网络的配置中，对网络正常运行影响最大的主要是路由器端口配置和路由信息配置，要进行一致性检查的也主要是这两类信息。

（4）用户操作记录功能：配置系统的安全性是整个网络管理系统安全的核心，因此必须记录用户进行的每一配置操作。在配置管理中，需要对用户操作进行记录并保存下来，管理人员可以随时查看特定用户在特定时间内进行的特定配置操作。

4．性能管理（Performance Management）

性能管理负责估价系统资源的运行状况及通信效率等系统性能，其能力包括监视和分析被管网络及其所提供服务的性能机制，性能分析的结果可能会触发某个诊断测试过程或重新配置网络以维持网络的性能，性能管理收集分析有关被管网络当前状况的数据信息并维持和分析性能日志，一些典型的功能包括以下几方面。

（1）性能监控：由用户定义被管对象及其属性，被管对象类型包括线路和路由器等硬件设施，而被管对象属性包括流量、延迟、丢包率、CPU 利用率、温度、内存余量，对于每个被管对象，定时采集性能数据，自动生成性能报告。

（2）阈值控制：可对每一个被管对象的每一条属性设置阈值，对于特定被管对象的特定属性可以针对不同的时间段和性能指标进行阈值设置，可通过设置阈值检查开关控制阈值检查和告警，提供相应的阈值管理和溢出告警机制。

（3）性能分析：对历史数据进行分析、统计和整理，计算性能指标并对性能状况做出判断，为网络规划提供参考。

（4）可视化的性能报告：对数据进行扫描和处理，生成性能趋势曲线，以直观的图形反映性能分析的结果。

（5）实时性能监控：它提供了一系列实时数据采集，分析和可视化工具，用于对流量、负载、丢包、温度、内存、延迟等网络设备和线路的性能指标进行实时检测，可任意设置数据采集间隔。

（6）网络对象性能查询：它可通过列表或按关键字检索被管网络对象及其属性的性能记录。

5．安全管理（Security Management）

安全性一直是网络的薄弱环节之一，而用户对网络安全的要求又相当高，因此网络安全管理非常重要，网络中主要有以下几大安全问题：网络数据的私有性（保护网络数据不被侵入者非法获取）；授权（防止侵入者在网络上发送错误信息）；访问控制（控制对网络资源的访问）。相应的网络安全管理应包括对授权机制、访问控制、加密和加密关键字的管理，另外还要维护和检查安全日志。

网络管理过程中，存储并传输的管理和控制信息对网络的运行和管理至关重要，一旦泄密、被篡改和伪造，将给网络带来灾难性的破坏。网络管理本身的安全由以下机制来保证：管理员身份认证，采用基于公开密钥的证书认证机制，为提高系统效率，对于信任域内（如局域网）的用户可以使用简单口令认证；管理信息存储和传输的加密与完整性，Web 浏览器和网络管理服务器之间采用安全套接字层（SSL）传输协议，对管理信息加密传输并保证其完整性；内部存储的机密信息，如登录口令也是经过加密的；网络管理用户分组管理与访问控制，网络管理系统的用户（管理员）按任务的不同分成若干用户组，不同的用户组中有不同的权限范围，对用户的操作由访问控制检查，保证用户不能越权使用网络管理系统；系统日志分析记录用户所有的操作，使系统的操作和对网络对象的修改有据可查，同时也有助于故障的跟踪与排除。

网络对象的安全管理有以下功能：网络资源的访问控制，通过管理路由器的访问控制链表，完成防火墙的管理功能，即从网络层和传输层控制对网络资源的访问，保护网络内部的设备和应用服务，防止外来的攻击；告警事件分析，接收网络对象所发出的告警事件，分析员安全相关的信息（如路由器登录信息、SNMP 认证失败信息），实时向管理员告警并提供历史安全事件的检索与分析机制，及时地发现正在进行的攻击或可疑的攻击迹象；主机系统的安全漏洞检

测，实时监测主机系统的重要服务（如 WWW、DNS 等）的状态，提供安全监测工具，以搜索系统可能存在的安全漏洞或安全隐患并给出弥补措施。

8.4.2　网络管理常用技术

1．SNMP

简单网络管理协议（Simple Network Management Protocol，SNMP）是由 Internet 工程任务组织（Internet Engineering Task Force）的研究小组为了解决 Internet 路由器管理问题而提出的，它的前身是 1987 年发布的简单网关监控协议（SGMP），SGMP 给出了监控网关（OSI 第三层路由器）的直接手段，随后人们对 SGMP 进行了很大的修改，特别是加入了符合 Internet 定义的 SMI 和 MIB 体系结构，改进后的协议就是著名的 SNMP。它的目标是管理 Internet 上众多厂家生产的软硬件平台，因此 SNMP 受 Internet 标准网络管理框架的影响也很大。SNMP 是目前最常用的环境管理协议，它可以在 IP、IPX、AppleTalk、OSI 及其他传输协议上使用，SNMP 是一系列协议组和规范，它们提供了一种从网络上的设备中收集网络管理信息的方法，同时也为设备向网络管理工作站报告问题和错误提供了一种方法。

现如今几乎所有的网络设备厂家都实现了对 SNMP 的支持，它是一个从网络上进行设备收集管理信息的公用通信协议，设备的管理者收集这些信息并记录在管理信息库（Management Information Base，MIB）中，这些信息报告了设备的特性、数据吞吐量、通信超载和错误等。由于 MIB 有公共的格式，所以来自多个厂商的 SNMP 管理工具可以收集 MIB 信息，在管理控制台上呈现给系统管理员。通过将 SNMP 嵌入数据通信设备，如交换机或集线器中，就可以从一个中心站管理这些设备，并以图形方式查看信息。一个被管理的设备有一个管理代理，它负责向管理站请求信息和动作，代理还可以借助陷阱为管理站主动提供信息，因此一些关键的网络设备（如集线器、路由器、交换机等）提供这一管理代理以便通过 SNMP 管理站进行管理。SNMP 已经出到了第 3 个版本，其功能较以前已经大大地加强和改进了。

（1）SNMP 的体系结构及操作。

① SNMP 的体系结构是围绕着以下 4 个概念和目标进行设计的：保持管理代理（Agent）的软件成本尽可能低；最大限度地保持远程管理的功能，以便充分利用 Internet 的网络资源；SNMP 的体系结构必须有扩充的余地；保持 SNMP 的独立性，不依赖具体的计算机、网关和网络传输协议。

② SNMP 中提供了 4 类管理操作：Get 操作用来提取特定的网络管理信息；Get-next 操作通过遍历活动来提供强大的管理信息提取能力；Set 操作用来对管理信息进行控制（修改、设置）；Trap 操作用来报告重要的事件。

③ SNMP 消息主要分为 5 种类型。

Get Request：管理站请求获得代理中当前管理对象的值。

Get-next Request：管理站请求获得代理中当前对象的下一个对象值。

Set Request：管理站请求修改代理中当前对象值。

Get Response：返回的一个或多个参数值，代理对上述 3 种请求的响应。

Trap：代理主动发送给管理站的告警信息。

（2）SNMP 的管理控制框架。

SNMP 定义了管理进程（Manager）和管理代理（Agent）之间的关系，这个关系称为共同体（Community），描述共同体的语义是非常复杂的，但其句法却很简单。位于网络管理工作站（运行管理进程）和各网络元素上的利用 SNMP 相互通信对网络进行管理的软件统称为 SNMP 应用实体。若干个应用实体和 SNMP 组合起来形成一个共同体，不同的共同体之间用名字来区分，共同体的名字必须符合 Internet 的层次结构命名规则，由无保留意义的字符串组成，此外一个 SNMP 应用实体可以加入多个共同体。

SNMP 的应用实体对 Internet 管理信息库中的管理对象进行操作，一个 SNMP 应用实体可操作的管理对象子集称为 SNMP MIB 授权范围。SNMP 应用实体对授权范围内管理对象的访问还有进一步的访问控制限制，比如只读、可读写等。SNMP 体系结构中要求对每个共同体都规定其授权范围及其对每个对象的访问方式，记录这些定义的文件称为共同体定义文件。

SNMP 的报文总源自每个应用实体，报文中包括该应用实体所在的共同体的名字。这种报文在 SNMP 中称为有身份标志的报文，共同体名字是在管理进程和管理代理之间交换管理信息报文时使用的。管理信息报文中包括以下两部分内容。

① 共同体名：它加上发送方的一些标识信息（附加信息），用于验证发送方确实是共同体中的成员，共同体实际上就是用来实现管理应用实体之间身份鉴别的。

② 数据：它是指两个管理应用实体之间真正需要交换的信息。

在第三版本前的 SNMP 中只实现了简单的身份鉴别，接收方仅凭共同体名来判定收发双方是否在同一个共同体中。接收方在验明发送报文的管理代理或管理进程的身份后要对其访问权限进行检查，访问权限检查涉及以下因素。

① 一个共同体内各成员可以对哪些对象进行读写等管理操作，这些可读写对象称为该共同体的“授权对象”（在授权范围内）。

② 共同体成员对授权范围内每个对象定义了访问模式：只读或可读写。

③ 规定授权范围内每个管理对象（类）可进行的操作（包括 Get、Get-next、Set 和 Trap）。

④ 管理信息库（Management Information Base，MIB）是由网络管理协议访问的管理对象数据库，它包括 SNMP 可以通过网络设备的 SNMP 管理代理进行设置的变量。管理信息结构（Structure of Management Information，SMI）用于定义通过网络管理协议可访问对象的规则。

（3）SNMP 的重要组成部分。

管理基站通常是一个独立的设备，它作为网络管理者进行网络管理的用户接口，基站上必须装有管理软件、管理员可以使用的用户接口和从 MIB 取得信息的数据库，同时为了进行网络管理，它应该具备将管理命令发出基站的能力。

管理代理是一种网络设备，如终端、网桥、路由器和集线器等，这些设备都必须能够接收管理基站发来的信息，它们的状态也必须可以由管理基站监视。管理代理响应基站的请求进行相应的操作，也可以在没有请求的情况下向基站发送信息。

MIB 是对象的集合，它代表网络中可以管理的资源和设备，每个对象基本上是一个数据变量，它代表被管理对象的一方面信息。

另一个方面是管理协议，也就是 SNMP，它的基本功能是取得、设置和接收代理发送的意外信息，“取得”指的是基站发送请求，代理根据这个请求回送相应的数据；“设置”是基站设置管理对象（也就是代理）的值；“接收代理发送的意外信息”是指代理可以在基站未请求的状态下向基站报告发生的意外情况。

SNMP 是应用层协议，也是 TCP/IP 协议族的一部分，它通过用户数据报协议（UDP）来操作，在分立的管理站中，管理者进程对位于管理站中心的 MIB 的访问进行控制并提供网络管理员接口，管理者进程通过 SNMP 完成网络管理，SNMP 在 UDP、IP 及有关的特殊网络协议（Ethernet、FDDI、X.25）之上实现。

（4）SNMP 的命名方式。

为了能遍历管理信息库，SNMP 在其 MIB 中采用了树状命名方法对每个管理对象实例命名：每个对象实例的名字都由对象类名字加上一个后缀构成，对象类的名字是不会相互重复的，因而不同对象类的对象实例之间也少有重名的情况。

在共同体的定义中一般规定该共同体授权的管理对象范围，相应地也就规定了哪些对象实例是该共同体的“管辖范围”，据此共同体的定义可以想象为一个多叉树，以词典序提供遍历所有管理对象实例的手段。有了这个手段，SNMP 就可以使用 Get-next 操作符，按顺序从一个对象找到下一个对象。Get-next（Object-instance）操作返回的结果是一个对象实例标识符及其相关信息，这种手段的优点在于即使不知道管理对象实例的具体名字，管理系统也能逐个找到它并提取到它的有关信息。遍历所有管理对象的过程可以从第一个对象实例开始（这个实例一定要给出），然后逐次使用 Get-next，直到返回一个差错（表示不存在的管理对象实例）结束（完成遍历）。

（5）SNMP 的技术优点。

SNMP 是管理进程（NMS）和代理进程（Agent）之间的通信协议，它规定了在网络环境中对设备进行监视和管理的标准化管理框架、通信的公共语言、相应的安全和访问控制机制，网络管理员使用 SNMP 功能可以查询设备信息、修改设备的参数值、监控设备状态、自动发现网络故障、生成报告等，SNMP 具有以下技术优点。

① 基于 TCP/IP 互联网的标准协议，传输层协议一般采用 UDP。

② 网络管理员可以利用 SNMP 平台在网络上的节点检索信息、修改信息、发现故障、完成故障诊断、进行容量规划和生成报告，以实现自动化网络管理。

③ SNMP 只提供最基本的功能集，使得管理任务与被管设备的物理特性和实际网络类型相对独立，从而屏蔽不同设备的物理差异，实现对不同厂商产品的自动化管理。

④ 简单的请求-应答方式和主动通告方式相结合，并有超时和重传机制。

⑤ 报文种类少、格式简单、方便解析、易于实现。

⑥ SNMPv3 版本提供了认证和加密安全机制及基于用户和视图的访问控制功能，有效增强了安全性。

⑦ 与 SNMP 相关的管理信息结构（SMI）及管理信息库（MIB）非常简单，从而能够迅速、简便地实现。

⑧ SNMP 是建立在 SGMP 基础上的，开发人员在 SGMP 协议中已积累了大量的操作经验。

（6）SNMP 协议的版本。

① SNMPv1 是 SNMP 协议的第 1 个版本，在目前流行的管理代理数据库中，它的应用范围很广，但这个版本的 SNMP 协议还存在几个问题：首先该版本缺少坚固的安全机制，限制了它的进一步应用，因此为了最大限度地减小安全风险，许多厂商限制了设置管理代理的操作项目；其次 SNMPv1 无法处理大量信息，这也影响了 SNMPv1 框架体系的应用；再次 SNMPv1 中明确定义了网络管理员和管理代理之间的关系，即管理代理的作用很简单，它只是机械地接受上级管理系统的命令，这一点大大限制了 SNMPv1 的应用，特别是在需要智能化的管理代理来实现分布方式的网络管理时。

② SNMPv2 是 SNMP 协议的第 2 个版本，它的管理信息结构（SMI）在几个方面对 SNMPv1

的 SMI 进行了扩充，定义对象的“宏”中包含了一些新的数据类型，最引人注目的变化是提供了对表中的行进行删除或建立操作的规范，新定义的 SNMPv2 MIB 包含有关 SNMPv2 协议操作的基本流量信息和有关 SNMPv2 管理者和代理者的配置信息。在通信协议操作方面，最引人注目的变化是增加了两个新的 PDU——Get Bulk Request 和 Inform Request，前者使管理者能够有效地提取大块的数据，后者使管理者能够向其他管理者发送 Trap 信息。

③ SNMPv3 是 SNMP 协议的第 3 个版本，SNMPv3 与前两种版本相比增加了安全管理方式及远程控制，它的结构引入了基于用户的安全模型用于保证消息安全及基于视图的访问控制模型用于访问控制（USM），这种安全管理方式支持不同安全性的访问控制及消息处理等模式的并发使用。SNMPv3 使用 SNMP Set 命令配置 MIB 对象，使之能动态配置 SNMP 代理，这种动态配置方式支持本地或远程配置实体的添加、删除及修改。SNMP 经历了两次版本升级后各项功能都得到了极大的增强，而在最新的版本中，SNMP 在安全性方面有了很大的改善，SNMP 缺乏安全性的弱点正逐渐得到克服。

（7）SNMP 安全。

SNMP 缺乏证明能力，导致多种安全攻击威胁，包括伪装事件、修改信息、消息序列、定时修改和揭发。伪装事件包括一个未授权的实体企图通过伪装成一个经授权的管理实体来执行管理操作；修改信息包括未授权的实体企图更改一个经授权的实体产生的消息，从而导致未授权管理操作或配置管理操作；消息序列和定时修改是指一个未授权的实体重新排序、延迟或复制、更新了一个经授权实体产生的消息；揭发是指一个未经授权的实体析取存储在被管理对象中的值或学习应申报的监视管理器与代理间的交换事件。以上威胁 SNMP 无法实现鉴定，许多卖主没有实现 Set 操作，因此削减了 SNMP 的监控能力。

2. RMON

远端网络监控（Remote Network Monitoring，RMON）最初的设计是用来解决从一个中心点管理各局域分网和远程站点的问题。RMON 规范由 SNMP MIB 扩展而来，它的网络监视数据包含了一组统计数据和性能指标，它们在不同的监视器（或称探测器）和控制台系统之间相互交换。结果数据可用来监控网络利用率，以用于网络规划、性能优化和协助网络错误诊断。

SNMP 是在 IP 网络应用最广泛的网管协议，网络管理员可以使用 SNMP 监视和分析网络运行情况。但是 SNMP 存在一些不足：由于 SNMP 使用轮询采集数据，在大型网络中轮询会产生巨大的网络管理报文，从而导致网络拥塞，SNMP 不能提供可靠的安全保证。为了有效地管理报文，减少网管工作站的负载，IETF 开发了 RMON，其作用是定义标准的网络监视功能和接口，而 RMON MIB 可以记录一些网络事件、网络性能数据和故障，可以在任何时候访问故障历史数据，方便有效地进行故障诊断，使 SNMP 更有效、更积极主动地监测远程设备，网络管理员可以更快地跟踪网络、网段或设备出现的故障。

RMON 主要用于对一个网段乃至整个网络中数据流量的监视，是目前应用相当广泛的网络管理标准之一。RMON 包括网络管理站（Network Management Station，NMS）和运行在各网络设备上的 Agent 两部分，RMON Agent 在网络监视器或网络探测器上，跟踪统计其端口所连接的网段上的各种流量信息。RMON 与现有的 SNMP 框架兼容，不需要对该协议进行任何修改，RMON 能够减少 NMS 与代理间的通信流量，从而可以简便而有效地管理大型网络。

（1）RMON 的工作方式。

RMON 有两种收集管理信息的方式：一是利用专用的 RMON Probe 收集数据，NMS 直接从 RMON Probe 获取管理信息并控制网络资源，这种方法可以获取 RMON MIB 的全部信息；

二是将RMON Agent直接植入网络设备中，使它们成为带RMON Probe功能的网络设备。RMON NMS 使用 SNMP 的基本命令与 SNMP Agent 交换数据信息，收集网络管理信息，但这种方式受设备资源限制，大多数只收集告警组、事件组、历史组和统计组，不能获得 RMON MIB 的所有信息。以太网交换机以第二种方法实现 RMON 功能，以太网交换机里直接植入 RMON Agent，通过运行在以太网交换机上支持 RMON 的 SNMP Agent，NMS 可以获得与以太网交换机端口相连的网段上的整体流量、错误统计和性能统计等信息，实现对网络的有效管理。

（2）RMON 组的分析。

① 事件组。

事件组用来定义 RMON Agent 产生的所有事件信息的表，事件组定义的事件主要用在告警组配置项和扩展告警组配置项中告警触发产生的事件上，将事件记录在日志表中并向网管站发 Trap 消息。

② 告警组。

RMON 告警管理可对指定的告警变量进行监视，当被监视数据的值在相应的方向上越过定义的阈值时会产生告警事件，然后按照事件的定义进行相应的处理。事件的定义在事件组中实现，用户定义了告警表项后，系统对告警表项的处理如下：对所定义的告警变量 Alarm-Variable 按照定义的时间间隔 Sampling-Time 进行采样，若超过该阈值，即触发相应事件。

③ 主机组（Host）。

主机组包含对连接在一个子网上所有在线主机的各种类型流量的记数值，它能够发现子网上的新主机，能维护全子网内所有主机的 MAC 地址。

④ 历史组。

RMON 历史组能使以太网交换机定期收集网络统计信息，并暂时存储起来，提供有关网段流量、错误包、广播包、带宽利用率等统计信息的历史数据。利用历史数据管理功能，可以对设备进行设定定期采集的时间、采集历史数据、定期采集并保存指定端口的数据等设置。

⑤ 统计组。

统计组信息反映子网内每个设备的每个监控端口相关指标的统计值。统计信息包括网络冲突数、CRC 校验错误报文数、过大或过小的数据报文数、广播或多播的报文数、接收字节数、接收报文数等。利用 RMON 统计管理功能，可以监视端口的使用情况、统计端口使用中发生的错误、统计各种类型包的分布、统计一个网段的流量。

⑥ 包捕获组（Capture）。

包捕获组控制数据被发往网管站的方式，它可以把报文发送到某个通道后记录数据报文。

⑦ 矩阵组（Matrix）。

矩阵组用于记录关于子网上两个主机之间流量的信息，该信息以矩阵形式存储起来。这种方法对于检索特定主机之间的流量信息十分有用，如用于找出哪些设备对服务器的使用最多。

3. 服务质量（QoS）管理

能用于构建宽带通信网络的技术主要是异步传输模式（ATM）与互联网协议（IP），这两种技术都具有支持各种宽带业务的能力，二者是相互竞争的。ATM 从传统电信网络发展而来，其服务质量有保障、安全性好、易于管理和运营，但网络相当复杂且开放性差；IP 从计算机网络发展而来，其协议简单，最初的设计目标只是用于数据通信，开放性使以 IP 为基础的互联网获得巨大成功，IP技术已经成为宽带网络中的主流技术，但是由于IP协议自身的不足，Internet

也面临了巨大挑战，如地址匮乏、缺乏 QoS 保障、网络安全问题、移动性支持、可运营和可管理能力不足等都成为 IP 网络支持更多宽带业务的障碍。

随着市场和技术的变化使得固网运营商正在寻求新的业务战略转型，传统的通信业务正向信息娱乐、数字化生活领域扩展，IPTV、VoIP 及 P2P 应用等业务种类不断丰富，使得宽带网络所承载的业务将从以传统互联网业务为主逐步向多业务承载方向发展，这就要求宽带网络实施网络转型，以适应业务需求的变化和业务发展的要求。能否成功实施网络转型涉及多个方面的因素，主要包括网络的物理架构、网络的业务提供及 QoS 能力、网络的运营支撑体系等，其中网络的业务提供及 QoS 能力是最基本的因素。

（1）QoS 定义。

在数据包交换网络和计算机网络领域中，流量工程术语服务质量（Quality of Service，QoS）指的是网络满足给定业务合同的概率，在许多情况下，非正式地用来指分组在网络中两点间通过的概率。QoS 是一种控制机制，它提供了针对不同用户或不同数据流采用相应不同的优先级，或者根据应用程序的要求，保证数据流的性能达到一定的水准。QoS 对于容量有限的网络来说是十分重要的，特别是对于多媒体应用，例如 VoIP 和 IPTV 等，这些应用常常需要固定的传输速率，对延时也比较敏感。

QoS 是网络的一种安全机制，是用来解决网络延迟和阻塞等问题的一种技术。在正常情况下，如果网络只用于特定的无时间限制的应用系统，并不需要 QoS，比如 Web 应用或 E-mail，但是对关键应用和多媒体应用就十分必要。当网络过载或拥塞时，QoS 能确保重要业务量不受延迟或丢弃，同时保证网络的高效运行。

在互联网创建初期，没有意识到 QoS 应用的需要，因此整个互联网运作如一个“竭尽全力”的系统。每段信息都有 4 个“服务类别”位和 3 个“优先级”位，但是完全没有派上用场。依发送端和接收端看来，数据包从起点到终点的传输过程中会发生许多事情，并可能产生如下有问题的结果。

① 丢失数据包：当数据包到达一个缓冲器（Buffer）已满的路由器时，代表此次的发送失败，路由器会依据网络的状况决定是否丢弃一部分或所有数据包，而且这不可能预先知道，接收端的应用程序在这时必须请求重新传送，而与此同时可能造成总体传输的严重延迟。

② 延迟：数据包或许需要很长时间才能传送到终点，因为它会被漫长的队列迟滞，或者需要运用间接路由以避免阻塞从而导致数据传输的延迟。

③ 传输顺序出错：当一群相关的数据包被路由经过互联网时，不同的数据包可能选择不同的路由器，这会导致每个数据包有不同的延迟时间。最后数据包到达目的地的顺序会和数据包从发送端发送出去的顺序不一致，这个问题必须要有特殊额外的协议负责刷新失序的数据包。

④ 出错：数据包在被运送的途中会发生跑错路径、被合并甚至是毁坏的情况，这时接收端必须能侦测出这些情况并将它们统一判别为已遗失的数据包，请求发送端再送一份同样的数据包。

（2）宽带接入 QoS 的现状。

目前的宽带接入网主要以承载数据业务为主，也有少量的视频流业务，所有业务都无法得到 QoS 保证，网络为所有业务提供的只是一种尽力而为的转发服务。对于专线业务，一般是通过 ATM、SDH 及 DDN 网络来提供的。早期的城域网/接入网设备在 DiffServ/802.1p 优先级等 QoS 保障机制方面的能力参差不齐，缺乏可运营的电信级 QoS 方案，无法实现端到端的 QoS

保证，导致视频播放时断时续，VoIP 业务经常出现丢包情况，用户无法尽情享受多媒体 IP 业务体验。

（3）QoS 的保障。

要在网络上实现 QoS 的先决条件是必须有精密的猜测，也就是使用者的数据包流（Per Flow）在进入网络前，先经过一个网络资源判定的机制（Call Admission Control）来判定网络能否提供足够的资源，这就相当于使用者与网络提供者制定一个能实现 QoS 的契约，当契约达成后，网络提供者必须对各网络节点进行 QoS 参数的设定，同时网络节点必须提供监控（Policing）及排程（Scheduling）的机制，监控程序将监视使用者送入网络节点的数据包流，若超出契约内容的数据包，则予以丢弃或将 QoS 等级降级，排程则是对竞争性数据包（不同输入端的数据包同时要到相同输出端）依 QoS 等级的不同给予不同优先级。

一般而言，服务品质的特质是指网络组件（如应用程序、终端计算机或路由器）所能提供的当信息在网络传递时保障其相关特性的能力，对于不同的应用，所需的服务品质特性亦不相同，目前关于服务品质的实现方式有两种基本形态：资源保留（Resource Reservation）与优先等级化（Prioritization）。为满足对 QoS 的不同需要，有以下几种 QoS 协议和算法。

① RSVP——资源预留。

RSVP 是一个信令协议，它提供建立连接的资源预留，控制综合业务，往往在 IP 网络上提供仿真电路，RSVP 是所有 QoS 中最复杂的一种，它与尽力而为的 IP 服务标准差别最大，能提供最高的 QoS 等级，使得服务得到保障、资源分配量化，服务质量的细微变化能反馈给支持 QoS 的应用和用户。

② 分类型服务——DiffServ 优先级排列。

分类型服务提供一种简单粗略的方法对各种服务加以分类，目前对两个最有代表性的服务等级（业务类别）作了规定。

快速转发（EF）：有一个单独的码点（DiffServ 值），EF 可以把延迟和抖动减到最小，因而能提供符合服务质量的最高等级，任何超过服务范围的业务都被删除。

保证转发（AF）：有四个等级，每个等级有三个下降过程（总共 12 个码点），超过 AF 范围的业务不会像“业务范围内”的业务那样以尽可能高的概率传送出去。

③ MPLS——标记交换。

MPLS 引用与 ATM 交换技术类似的标记交换技术来转送 IP 数据包到目的地，当一个 IP 数据包进入 MPLS 网域时，LER（Label Edge Router）会先检查进入 MPLS 网络的 IP 数据包头，再根据此 IP 数据包头找出其相对应服务等级的标记，然后将 IP 数据包贴上此标记后送入 MPLS 网络区内；位于 MPLS 网络内部的 LSR（Label Switch Router）收到贴上标记后的 IP 数据包时，LSR 可依据数据包的标记值来以硬件转送该数据包至目的地。

④ SBM 子网带宽治理。

用于以太网资源共享和交换的子网带宽治理（SBM）协议是一种信令协议，它答应网络节点之间的通信、协作及交换并使之能够映射更高层的 QoS 协议。

⑤ QoS 的网络架构。

在整合型服务路径上的所有路由器都必须针对每一个数据包流信道记录其相关参数，且路由器必须记录及治理目前的网络资源，以作为 RSVP 建立信道时的进入许可控制依据。而在分类型服务中，有关进入许可控制部分的机制转移至带宽治理者执行，这使得分类型服务的扩充性大为增加，更适用于骨干网络，除了单独使用整合型服务或分类型服务架构之外，也可将两者混合使用。

整合型服务架构以 RSVP 作为信道建立的信号规约，若要实现端到端 QoS 网络架构，RSVP 必须能控制分类型服务网域，且在分类型服务网域转换并建立相关的 QoS 信道参数。以 QoS 网络架构实现的难易度而言，整合型服务因为有扩充性问题，比较适合企业网络的应用，对 ISP 而言，短期内要实现 QoS，以分类型服务架构较为可行。

（4）QoS 方案的实施。

① 改变网络结构。

典型的宽带网络分为接入层、汇聚层、核心层三层结构，接入层提供 XDSL 等多种接入方式，接入 PC、IPSTB、ePhone、IAD 等多种终端设备，通过各种终端开展宽带接入、语音、视频等业务。汇聚层设备对接入层通过 FE/GE、ATM155 等接口接入的业务流通过 GE/POS 汇聚到城域网核心层，最终由城域核心设备汇聚到骨干网。这种宽带网络的分层结构使网络层次清晰。接入层为不同用户提供各种接入手段，汇聚层对接入层业务流汇聚，城域网核心层保证快速转发，但是在典型的树状拓扑宽带接入网中，对于上行方向来说，不同业务的上行通信量存在着汇聚现象，需要确保各种业务的上行通信量的服务质量，对于下行方向来说，BAS 作为业务控制点，同样存在对不同业务下行通信量的汇聚现象，特别是在不同业务流量来自不同骨干网络的情况下，另外宽带接入网可能使用不同速率的数据链路，导致速率不匹配，引起短暂的拥塞发生，因此下行通信量也需要确保服务质量。

② 总体规划。

实施宽带接入 QoS 策略，首先必须进行 QoS 策略的总体规划，其规划原则如下。

a．根据不同业务特性在接入网内实施针对业务类型的业务分流，目前可考虑的业务类型可以分为 VoIP 语音、视频、专线连接及互联网接入等，另外还必须考虑宽带网络本身还存在管理和控制信令等，这种消息流与 VoIP 数据流具有同等的 QoS 保证需求。

b．在接入网的汇聚层实施业务 VLAN 策略，并根据业务及流量特性对业务 VLAN 进行合理的带宽规划。

c．不同客户实施不同的 QoS 策略：对于重要的企业 VPN 专线、同城互联客户，至少在接入网汇聚层实施独享带宽和独立逻辑通道（业务 VLAN）的二层 QoS 策略；对于个人和家庭用户，可针对用户的业务类型，提供不同的 QoS 策略。

d．不同业务类型实施不同的 QoS 策略：个人和家庭用户的业务基本上以 VoIP、视频和互联网接入为主，其业务优先等级依次由高到低，这三类业务之间实施绝对优先级调度策略，而互联网接入业务在下行方向可再根据内容细分成两类优先级，具有一定 QoS 保证的互联网业务和无 QoS 保证的普通互联网业务，这两种优先级实施加权平均的调度策略。

③ QoS 的引入。

QoS 机制的引入主要包括资源控制、资源隔离和资源调度等各种技术及策略的运用，资源控制对使用的网络资源进行限制，主要通过对流量的许可控制实现，例如对不同类型的流量限制、对流量的优先级控制等，资源的限制使得在网络中不同类型的流量具有合理的比例和分布。资源隔离主要保证不同的流量不会相互干扰，这种隔离可以通过设置流量优先级来实现，优先级主要确保低优先级的流量不会干扰高优先级的流量。资源调度是对资源进行分配和调度。考虑到现实 QoS 机制成熟程度的限制，QoS 机制的引入实施及完善必将是长期的过程，可分两

个阶段来实施。

第一阶段：在宽带多业务发展初期，可在宽带接入网内引入 802.1D 二层优先级和拥塞调度机制的静态 QoS 机制。

a. 根据业务需要，定义服务等级。

b. 在网络边缘，实施业务区分与标记策略，下行方向由业务边缘网关根据 IP 地址/五元组对业务流进行识别，上行方向由接入终端根据物理端口进行业务区分与标记。

c. 汇聚层及宽带接入平台根据 802.1D 优先级标记执行预设置的 QoS 策略，如队列调度、拥塞处理等，另外宽带接入平台负责对上行 802.1D 二层优先级标记的信任度检查和重标记。

d. 汇聚层通过 VLAN 技术进行必要的带宽资源隔离，至少应实现组播业务带宽资源与其他业务带宽资源的隔离。

第二阶段：802.1D 二层优先级和拥塞调度机制的 QoS 机制存在许多不足，因此随着宽带业务的发展，必须在网络层的基础上引入承载控制层，实现基于呼叫接纳控制技术的动态 QoS 机制。

动态 QoS 机制主要通过资源预留及呼叫接纳控制（CAC）机制实现对基于呼叫的 VoIP 和 VoD 业务的 QoS 保证，另外通过动态 QoS 机制还可以灵活地实现基于用户/内容的按需 QoS 保证业务等，其基本思路如下。

在网络层之上构建网络层的“大脑”，即承载控制层，实现对网络中关键节点（如 BRAS 设备）的资源控制和调度。承载控制层包括两个基本部件：资源管理服务器和用户位置信息系统。另外，为了便于动态 QoS 机制的部署，还需要在业务管理层面引入 QoS 业务管理平台或业务服务器中间件，QoS 业务管理平台主要针对非呼叫类业务，业务服务器中间件主要针对基于呼叫的业务。用户在使用具有 QoS 保证的业务前或在建立基于呼叫的业务过程中，增加资源请求和分配的过程，从而实现对用户的动态 QoS 保证。

QoS 业务管理平台提供 QoS 业务管理、用户管理、资源管理及 QoS 计费信息等；资源管理服务器用于 QoS 策略分发、带宽资源利用等情况的统计；用户位置信息系统用于提供用户所在的接入节点的线路信息。

用户通过计算机在使用具有 QoS 保证的业务之前，可以通过 Portal 页面方式进行 QoS 请求，相关的 QoS 参数可以包括用户服务等级、用户所需带宽、时长及对端 IP 地址等，下面以用户的按需申请带宽业务为例，说明其具体业务流程。

a. 用户通过 QoS 业务管理平台的 Portal 页面申请所需要的带宽大小及相应的服务等级。

b. QoS 业务管理平台通过 SOAP 接口向资源管理服务器申请资源。

c. 资源管理服务器通过 SOAP 接口查询用户的物理位置。

d. 资源管理服务器根据用户的物理位置查询资源，并决定是否接纳或拒绝来自 QoS 业务管理平台的请求。

e. 如果接纳，资源管理服务器进行资源预留并通过 COPS 接口将用户的服务等级下发给 BRAS 设备，BRAS 设备建立用户 IP 地址与服务等级之间的映射关系，同时资源管理服务器响应 QoS 业务管理平台的资源请求。

f. QoS 业务管理平台接收来自资源管理服务器的响应，将计费信息通过相关接口下发给计费系统。

g. 用户开始使用具有 QoS 保证的互联网业务。

另外，BRAS 设备需要具有带宽资源预留功能，为了在宽带接入网范围内提供更好的 QoS 保证，BRAS 设备应能够将用户的服务等级信息转化成 802.1D 二层优先级标记下发给下层网络，下层网络直接根据 802.1D 优先级标记进行队列调度和 QoS 处理。如果是基于呼叫的 VoIP、VoD 等业务，则可以直接定义这种业务的服务等级，用户发起业务请求时，只需要通过业务服务器中间件向资源管理服务器提出业务资源占用请求即可。

④ 改变 QoS 方式。

针对宽带接入 QoS 的部署需求，应从以下几方面入手实施宽带接入网络的技术改造，以解决接入网适应多业务承载所面临的 QoS 技术问题。

a. 优化宽带接入网络架构。

使 BRAS 下移，减少汇聚网络的层次，将规模较大的二层汇聚网络改成多个相互隔离的规模较小的二层网络，尽量减少 DSLAM 级联级数，扩展 DSLAM 设备的上联口带宽能力。

b. DSLAMIP 化改造。

为支持视频业务，现有的 ATM 上行的 DSLAM 设备必须改造成 IP 上行，或在原有的 ATM-DSLAM 节点旁新建 IP-DSLAM 节点，直接将多业务用户割接到新的 IP-DSLAM 节点。

c. 多业务 VLAN 隔离。

在汇聚网络通过实施不同业务采用不同的 VLAN 策略进行业务分流，并保证 VLAN 之间的隔离，根据 VLAN 进行相应的 QoS 策略。

d. 网络设备 QoS 功能的统一和升级。

对接入网范围内网络设备的 QoS 功能进行统一规划，特别是涉及的 BRAS、接入终端和接入平台三个关键部件，并进行相应的技术升级或改造以保证接入网范围内网络设备对端到端的 QoS 功能的支持。

e. 智能多业务端口接入终端。

采用智能多业务端口接入终端替换现有的单端口终端，并采用多 PVC 上行实施业务与端口、端口与 PVC 绑定的策略。

8.5 电信管理网

电信管理网（Telecommunication Management Network，TMN）是 ITU-T 从 1985 年开始制定的一套电信网络管理国际标准。世界企业团体及标准化组织目前仍在进一步充实 TMN，对 M.3000 系列定义的 TMN 的体系结构、模型、定义、功能进行修改。TMN 为电信网和业务提供管理功能并提供与电信网和业务进行通信的能力，它的基本思想是提供一个有组织的体系结构，实现各种运营系统（OS）及电信设备之间的连接，利用标准接口所支持的体系结构交换管理信息，从而为管理部门和厂商在开发设备及设计管理电信网络和业务的基础结构时提供参考。

TMN 的复杂度是可变的，从一个运营系统与一个电信设备的简单连接，到多种运营系统和电信设备互相连接的复杂网络。TMN 在概念上是一个单独的网络，在一些点上与电信网相通，以发送和接收管理信息控制其运营，TMN 可以利用电信网的一部分来提供它所需要的通信。

8.5.1　TMN 的管理技术

1. 管理功能

（1）性能管理。

性能管理是对电信设备的性能、网络或网络单元的有效性进行评价，并提出评价报告的一组功能。网络单元是指电信设备和支持网络单元功能的设备或终端，网络单元有交换设备、传输设备、复用器及信令终端等。它的功能内容包括性能监测功能、负荷管理和网络管理功能、服务质量观察功能。

（2）故障管理。

故障管理实现了对电信网的运行情况和设备安装环进行监测、隔离和校正的功能。ITU-T 对故障管理定义了三个方面的功能：告警监视功能、故障定位功能、测试功能。

（3）配置管理功能。

配置管理功能包括提供状态、控制及安装功能，即对网络单元的配置、业务的投入、开/停业务等进行管理，对网络的状态进行管理。配置管理功能包括以下三个方面：保障功能、状况和控制功能、安装功能。

（4）计费管理功能。

计费管理功能可以测量网络中各种业务的使用情况和使用的费用，并对电信业务的收费过程提供支持。计费管理功能是 TMN 的操作系统，能从网络单元收集用户的资费数据，以便形成用户账单。这项功能要求数据传送要及时有效，而且具有冗余数据传送能力，以便保持记账信息的准确性。

（5）安全管理功能。

安全管理主要提供对网络及网络设备进行安全保护的能力。主要有接入及用户权限的管理，安全审查及安全告警处理。TMN 定义多种管理业务：用户管理、用户接入管理、交换网管理、传输网管理、信令网管理等。

2. 管理层次

TMN 采用分层管理的概念，将电信网络的管理应用功能划分为 4 个管理层次：事物（商务）管理层、业务（服务）管理层、网络管理层、网元管理层，TMN 的 4 个管理层次的主要功能如下。

（1）事物（商务）管理层。

负责全局性网络管理事务、涉及经济事务、网络运营者之间的协议和设定目标任务，但不从事管理服务，该层活动需要管理人员的介入。

（2）业务（服务）管理层。

负责将下层提供的管理信息通过 Q3 接口与事物管理层实现互通。

（3）网络管理层。

提供网上的管理功能，如网络话务监视与控制，网络保护路由的调度，中继路由质量的监测，对多个网元故障的综合分析、协调等。

（4）网元管理层。

网元管理层由一系列的 SDH 网元构成，其功能是负责网元本身的基本管理。包括操作一个或多个网元的功能，由交换机、复用器等进行远端操作维护，设备软件、硬件的管理等。网元管理如图 8-5 所示。

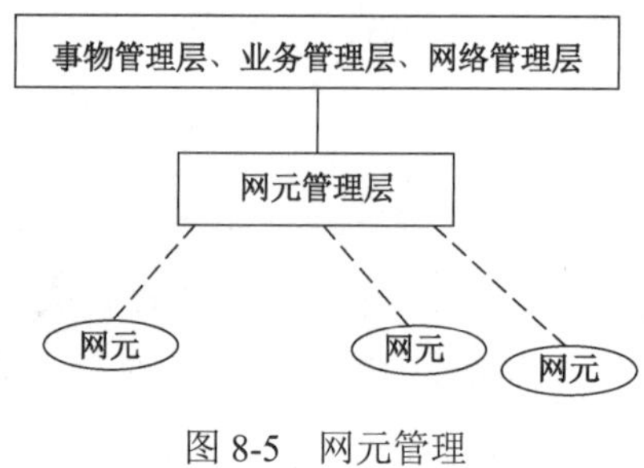

图 8-5　网元管理

8.5.2　TMN 的管理

1. 管理业务

TMN 的一种业务是从使用者所需要的角度来概述，对被管理网络进行操作、组织管理和维护的管理活动。它基本可以分为三类：通信网日常业务和网络运行管理业务；通信网的监测、测试和故障处理等网络维护管理业务；网络控制和异常业务处理等网络控制业务。

M3200 定义了 11 种 TMN 电信管理业务，它们是客户管理、网络提供管理、人力资源管理、资费与账务管理、服务质量及网络性能管理、业务量测量及分析管理、业务量管理、路由管理、维护管理、安全管理和后勤管理。

2. 管理功能

TMN 的每种管理业务都是由许多 TMN 管理功能的组合来支持的，TMN 的某种管理功能是 TMN 管理业务中的一个组成部分，是最小功能单元。TMN 管理功能是由定义的对象或被管对象上的一系列行为组成的，是管理系统与被管理系统上应用进程间的相互作用。

TMN 的管理业务和管理功能是 TMN 信息建模的基础。TMN 管理功能利用 OSI 系统管理功能并对其有所拓宽，根据应用范围的不同共分为五类，即性能管理、故障管理、配置管理、账务管理和安全管理。每一类管理功能的范畴又可以分出许多子功能集。

（1）性能管理的目的是对网络、网络单元或设备进行性能监视，采集相关的性能统计数据，评价网络和网络单元的有效性，报告电信设备的状态，支持网络规划和网络分析。主要包括性能质量保证、性能监视、性能控制和性能分析。

（2）故障管理是对电信网络的运行情况异常和设备安装环境进行监测、隔离和校正的功能。主要包括可生存性质量保证、告警监测、故障定位、故障修正、测试和障碍报告管理。

（3）配置管理对网元/网络设备配置进行整体控制，其中有识别网元，从网元收集和向网元发送与网元配置相关的数据。主要包括网络规划与网络工程、安装、业务规划与合同协商、提供、状态与控制。

（4）账务管理不仅包括账单管理，还包括资费管理、收费与资金管理、账务审计管理。

（5）安全管理功能要保证管理事物处理的安全、TMN 本身与电信网的安全，以及安全的组织管理。TMN 管理业务、管理功能和逻辑分层的关系如图 8-6 所示。

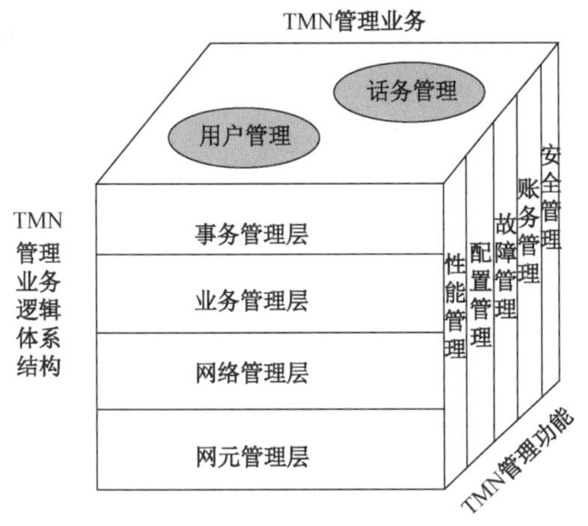

图 8-6　TMN 管理业务、管理功能和逻辑分层的关系

8.5.3　物理体系结构

TMN 的物理体系结构中包含的元素有运营系统（OS）、中介设备（MD）、Q 适配器（QA）、数据通信网（DCN）、网元（NE），以及工作站（WS）。其中 MD 和 QA 不是所有 TMN 的必要元素。另外，DCN 可以取 1 对 1 接续形态，也可以采用分组交换网。如果将相互接续功能嵌入装置中，则参考点表现为 Q、F、G、X 接口。

1. TMN 的物理元素

（1）运营系统（OS）。

OS 是完成 OSF 的系统。OS 可以选择性地提供 MF、QAF 和 WSF。OS 物理体系结构中包括应用层支持程序、数据库功能、用户终端支持、分析程序、数据格式化和报表。OS 的体系结构可以是集中式，也可以采取分布式。

（2）中介设备（MD）。

MD 是完成 MF 的设备，MD 也可以选择性地提供 OSF、QAF 和 WSF。当用独立的 MD 实现 MF 时，MD 对 NE、QA 和 OS 的接口都是一个或多个标准接口（Qx 和 Q3）。当 MF 被集成在 NE 中时，只有对 OS 的接口是一个或多个标准接口（Qx 和 Q3）。

（3）Q 适配器（QA）。

QA 是将具有非 TMN 兼容接口的 NE 或 OS 连接到 Qx 或 Q3 接口上的设备。一个 Q 适配器可以包含一个或多个 QAF。Q 适配器可以支持 Q3 或 Qx 接口。

（4）数据通信网（DCN）。

DCN 实现 OSI 的 1 到 3 层的功能，是 TMN 中支持 DCF 的通信网。在 TMN 中，需要的物理连接可以由所有类型的网络，如专线、分组交换数据网、ISDN、公共信道信令网、公用交换电话网、局域网等提供。

DCN 通过标准 Q3 接口将 NE、QA 和 MD 与 OS 连接。另外，DCN 通过 Qx 接口实现 MD 与 NE 或 QA 的连接。DCN 可以由点对点电路、电路交换网或分组交换网实现。设备可以是 DCN 专用的，也可以是共用的（例如，利用 CCSS No.7 或某个现有的分组交换网络）。

（5）网元（NE）。

NE 由电信设备构成，支持设备完成 NEF。根据具体实现的要求，NE 可以包含任何 TMN

的其他功能块。NE 具有一个或多个 Q 接口，并可以选择 F 接口。当 NE 包含 OSF 功能时，还可以具有 X 接口。一个 NE 的不同部分不一定处理同一地理位置。例如，各部分可以在传输系统中分布。

（6）工作站（WS）。

WS 是完成 WSF 的系统。WS 可以通过通信链路访问任何适当的 TMN 组件，并且在能力和容量方面是不同的。然而，在 TMN 中，WS 被看成通过 DCN 与 OS 实现连接的终端，或者是一个具有 MF 的装置。这种终端对数据存储、数据处理及接口具有足够的支持，以便将 TMN 信息模型中具有的，并在 f 参考点可利用的信息转换为 g 参考点的显示给用户的格式。这种终端还为用户配备数据输入和编辑设备，以便管理 TMN 中的对象。在 TMN 中，WS 不包含 OSF，如果一个实体中同时包含 OSF 和 WSF，则这个实体为 OS。

2. TMN 的互操作接口

TMN 的各元素间要相互传递管理信息，必须用信道连接起来，并且相互通信的两个元素要支持相同的信道接口。为了简化多厂商产品所带来的通信上的问题，TMN 采用了互操作接口。

互操作接口是传递管理信息的协议、过程、消息格式和语义的集合。具有交互性的互操作接口基于面向对象的通信视图，所有被传递的消息都涉及对象处理。互操作接口的消息提供一个一般机制来管理为信息模型定义的对象。在每个对象的定义中，含有对该对象合法的一系列操作类型，另外还有一些一般的消息被用于多个被管对象类。

3. TMN 的标准接口

NE、OS、QA、MD 之间利用标准接口相互接续，利用这些接口，可以使 TMN 的各个管理系统相互接续起来，为此在实现 TMN 管理功能的时候，需要制定标准通信协议，对被管设备及其不依赖厂商的一般信息进行定义。

TMN 标准接口定义与参考点相对应，当需要对参考点进行外部物理连接时，要在这些参考点上应用标准接口。每个接口都是参考点的具体化，但是某些参考点可能落入设备之中，因而不作为接口实现。参考点上需要传递的信息由接口的信息模型来描述，需要注意的是，需要传递的信息往往只是参考点上能够提供的信息的一个子集。

（1）Qx 接口。

Qx 接口被用在 qx 参考点，Qx 接口至少实现简单协议栈（OSI 的 1 层和 2 层）所限定的最低限度的运营、管理和维护（OAM）功能。这些功能可用于简单事件的双向信息流，如逻辑电路故障状态的变化、故障的复位、环回测试等。要实现更多 OAM 功能，Qx 需要 3 层到 7 层之间的高层服务。

（2）Q3 接口。

Q3 接口被用在 q3 参考点，Q3 接口用于实现最复杂的功能。Q3 接口利用 OSI 参考模型第 1 层到第 7 层协议实现 OAM 功能，但从经济性及性能要求考虑，一部分服务（层）可以为“空”。

（3）F 接口。

F 接口被应用在 f 参考点，具有实现工作站通过数据通信网与包含 OSF、MF 的物理要素相连接的功能。

（4）X 接口。

X 接口被应用在 x 参考点，它被用于两个 TMN 或一个 TMN 与另一个包含类 TMN 接口的管理网之间的连接，因此该接口往往需要高于 Q 类接口所要求的安全性，在各个联系建立之前

需要进行安全检查，如口令、访问能力。

4．TMN 协议族

Q3、Qx、X 和 F，每个 TMN 接口都有一族协议。协议的选择取决于物理配置的实现要求。每个族的应用层是共通的，以提供互操作的基础。第 7 层的某些功能有时不需要（如文件传输）。在特定的接口中，某层的功能可以被简化，低层的作用是支持高层。已经认定了一些适合传输 TMN 消息的网络，但只要能够实现互通，任何一个网络或混合网络都可以使用。

对于没有互操作接口的网络设备，需要将协议和消息转换为互操作接口格式。这种转换由消息通信功能（MCF）和 Q 适配器功能完成，MCF 功能可以驻留在 Q 适配器、网元、中介设备或运营系统中。

参 考 文 献

[1] 通信行业职业技能鉴定指导中心．通信网络管理员[M]．北京：人民邮电出版社，2011

[2] 全国通信专业技术人员职业水平考试办公室．通信专业综合能力[M]．北京：人民邮电出版社，2008

[3] 华为技术有限公司．HCNA 网络技术学习指南[M]．北京：人民邮电出版社，2015

[4] 李文海．现代通信网[M]．北京：北京邮电大学出版社，2007

[5] 穆维新．现代通信网[M]．北京：电子工业出版社，2017

[6] 张银娥．通信网与数字程控交换技术[M]．北京：高等教育出版社，2012

[7] 劳文薇．程控交换技术与设备[M]．北京：电子工业出版社，2015

[8] 乔·卡萨德．TCP/IP 入门经典[M]．6 版．北京：人民邮电出版社，2018

[9] 福罗赞．TCP/IP 协议族[M]．北京：清华大学出版社，2011

[10] 吴琦．移动通信网络规划与优化项目化教程[M]．北京：机械工业出版社，2017

[11] 张中荃．接入网技术[M]．北京：人民邮电出版社，2017

[12] 赵晓华．现代通信技术基础[M]．北京：北京工业大学出版，2006

[13] 刘锡轩，丁恒．计算机基础[M]．北京：清华大学出版社出版，2012

[14] 杨彦彬．数据通信技术[M]．北京：北京邮电大学出版社，2009

[15] 高健．现代通信系统[M]．北京：机械工业出版社，2009

[16] 石磊．网络安全与管理[M]．北京：清华大学出版社，2009

[17] 张玉清．网络攻击与防御技术[M]．北京：清华大学出版社，2011

[18] 樊昌信．通信原理[M]．6 版．北京：国防工业出版社，2009

[19] 中国安全生产协会注册安全工程师工作委员会，中国安全生产科学研究院．安全生产管理知识[M]．北京：中国大百科全书出版社，2011

[20] 胡名义，郭联发．公务员保密知识读本[M]．北京：中国人事出版社，2010